"十四五"时期国家重点出版物出版专项规划项目
工业和信息化部"十四五"规划专著
新一代人工智能理论、技术及应用丛书

高光谱遥感图像智能分类与检测

赵春晖　冯　收　闫奕名　宿　南　著

科学出版社

北　京

内 容 简 介

本书阐述高光谱遥感图像（可以简称为高光谱图像，也可以称为高光谱图像数据或高光谱数据）智能分类与检测的相关方法，主要内容包括高光谱遥感图像成像原理及特点，高光谱图像智能分类相关理论概述，基于机器学习、深度学习的高光谱图像分类，高光谱图像检测相关理论概述，以及高光谱图像特定目标、异常目标检测方法等内容。

本书适合遥感技术、遥感图像处理等相关专业的工程技术人员及科研人员参考使用，也可以供高等院校相关专业本科生或者研究生学习。

图书在版编目（CIP）数据

高光谱遥感图像智能分类与检测 / 赵春晖等著. —北京：科学出版社，2024.5

（新一代人工智能理论、技术及应用丛书/李衍达主编）

"十四五"时期国家重点出版物出版专项规划项目

ISBN 978-7-03-078364-6

Ⅰ.①高…　Ⅱ.①赵…　Ⅲ.①遥感图像-图像处理　Ⅳ.①TP751

中国国家版本馆CIP数据核字(2024)第072331号

责任编辑：孙伯元 / 责任校对：崔向琳
责任印制：赵　博 / 封面设计：陈　敬

科学出版社 出版
北京东黄城根北街 16 号
邮政编码：100717
http://www.sciencep.com

北京中科印刷有限公司印刷
科学出版社发行　各地新华书店经销

*

2024 年 5 月第　一　版　开本：720×1000 1/16
2025 年 1 月第二次印刷　印张：24
字数：484 000

定价：198.00 元
（如有印装质量问题，我社负责调换）

"新一代人工智能理论、技术及应用丛书"序

科学技术发展的历史就是一部不断模拟和扩展人类能力的历史。按照人类能力复杂的程度和科技发展成熟的程度，科学技术最早聚焦于模拟和扩展人类的体质能力，这就是从古代就启动的材料科学技术。在此基础上，模拟和扩展人类的体力能力是近代才蓬勃兴起的能量科学技术。有了上述的成就做基础，科学技术便进展到模拟和扩展人类的智力能力。这便是 20 世纪中叶迅速崛起的现代信息科学技术，包括它的高端产物——智能科学技术。

人工智能，是以自然智能(特别是人类智能)为原型、以扩展人类的智能为目的、以相关的现代科学技术为手段而发展起来的一门科学技术。这是有史以来科学技术最高级、最复杂、最精彩、最有意义的篇章。人工智能对于人类进步和人类社会发展的重要性，已是不言而喻。

有鉴于此，世界各主要国家都高度重视人工智能的发展，纷纷把发展人工智能作为战略国策。越来越多的国家也在陆续跟进。可以预料，人工智能的发展和应用必将成为推动世界发展和改变世界面貌的世纪大潮。

我国的人工智能研究与应用，已经获得可喜的发展与长足的进步：涌现了一批具有世界水平的理论研究成果，造就了一批朝气蓬勃的龙头企业，培育了大批富有创新意识和创新能力的人才，实现了越来越多的实际应用，为公众提供了越来越好、越来越多的人工智能惠益。我国的人工智能事业正在开足马力，向世界强国的目标努力奋进。

"新一代人工智能理论、技术及应用丛书"是科学出版社在长期跟踪我国科技发展前沿、广泛征求专家意见的基础上，经过长期考察、反复论证后组织出版的。人工智能是众多学科交叉互促的结晶，因此丛书高度重视与人工智能紧密交叉的相关学科的优秀研究成果，包括脑神经科学、认知科学、信息科学、逻辑科学、数学、人文科学、人类学、社会学和相关哲学等研究成果。特别鼓励创造性的研究成果，着重出版我国的人工智能创新著作，同时介绍一些优秀的国外人工智能成果。

尤其值得注意的是，我们所处的时代是工业时代向信息时代转变的时代，也是传统科学向信息科学转变的时代，是传统科学的科学观和方法论向信息科学的科学观和方法论转变的时代。因此，丛书将以极大的热情期待与欢迎具有开创性的跨越时代的科学研究成果。

　　"新一代人工智能理论、技术及应用丛书"是一个开放的出版平台,将长期为我国人工智能的发展提供交流平台和出版服务。我们相信,这个正在朝着"两个一百年"目标奋力前进的英雄时代,必将是一个人才辈出百业繁荣的时代。

　　希望这套丛书的出版,能为我国一代又一代科技工作者不断为人工智能的发展做出引领性的积极贡献带来一些启迪和帮助。

李衍达

前　言

近年来，随着遥感技术的快速发展，一系列具有高光谱分辨率的成像光谱仪被搭载到空间站、卫星以及无人机等航天器和飞行器平台上，广泛应用于对地观测等实际任务中。高光谱遥感技术有效结合了二维成像技术与光谱技术，具有纳米级的光谱分辨率，能够获得地表物体(简称地物)几十个至几百个连续谱段的信息。与全色图像、RGB 图像和多光谱图像相比，高光谱遥感技术所得到的高光谱图像不再是一个二维图像，而是同时包含了光谱信息和地物空间信息的三维图像。不同的地物具有不同的物质成分和特性，对不同光谱波段的吸收率和反射率等辐射情况也不尽相同，其光谱曲线也会有一定的差异，即不同的地物具有独特的光谱指纹信息，高光谱图像在很宽的光谱范围内拥有数百个相邻波段，可以将地物在不同波段下的辐射情况很好地展示出来，使得利用高光谱遥感图像处理技术可以更容易地对地物信息进行提取，进而对地物进行精细化检测、分类、识别和解译。因此，以高光谱图像分类和检测技术为代表的图像处理技术广泛应用于精细农业、环境监测、国防军事等多个领域，具有非常重要的研究意义。

早期高光谱图像分类任务是通过目视解译方法来实现的，使用这种方法进行图像解译往往需要耗费大量的人力、物力和财力，且非常耗时。随着高光谱数据的大量采集和应用，计算解译方法成为完成图像分类任务的有效途径，随着人工智能技术的不断进步，以高光谱图像分类和检测为代表的图像处理方法也已从传统的统计方法进入智能时代。本书围绕高光谱遥感图像智能分类与检测这一主题，将全书分为高光谱图像智能分类与智能检测两个主要部分，在整理和分析前人工作的基础上，针对当前研究中存在的具体问题，结合作者相关研究成果，着重介绍以机器学习、深度学习等为代表的智能新方法和新技术在高光谱图像分类与检测中的应用，构建完整的高光谱图像分类与检测体系，并反映该领域目前最新的研究成果与发展趋势。本书密切结合遥感应用和图像处理中的相关问题，在介绍智能方法基本原理的同时，注重阐述方法与应用问题的机理性结合，突出启发性和实用性。为便于阅读，本书提供部分彩图的电子版文件，读者可自行扫描前言的二维码查阅。

本书内容是在国家自然科学基金项目(62002083，61971153，62071136，62271159，62371153)和黑龙江省自然科学基金项目(LH2021F012，YQ2022F002)的支持下撰写而成的。博士研究生唐英杰、陈勇奇、李闯、王明星、朱文祥、秦博奥以及硕士研究生成浩、吴丹、陈茂阳、樊元泽、丰瑞、张鸿哲、王雪晴、张偰赫、邓红涛、李泽超等为本书的方法设计及仿真实验做了大量工作，在此表示感谢。另外，在本书的撰写过程中，参阅了相关书籍和文献，向这些书籍和文献的作者致以诚挚的谢意！在本书的撰写过程中也得到了学校、学院各级领导的关心和指导，在此表示感谢。最后，感谢科学出版社对本书出版给予的配合与支持。

由于作者水平有限，书中在理论和技术层面还存在不足之处，也存在一定的疏漏，恳请广大读者批评指正。

部分彩图二维码

目　录

第 1 章　高光谱遥感图像成像原理及特点

1.1　高光谱遥感理论基础概述

自然界内的所有物体在温度高于绝对零度时都会发射电磁波，并吸收或反射其他物体发射的电磁波。遥感技术就是接收、记录电磁波与地物间的相互作用随波长大小发生变化的技术。按照波长范围的不同，电磁波波谱可分为不同的波谱区间，遥感技术采用的电磁波波谱范围为紫外线到微波波段，遥感技术所用电磁波波谱图如图 1-1 所示。高光谱遥感是高光谱分辨率遥感的简称，可以同时获取描述地物分布的二维空间分布与描述地物光谱特征属性的一维光谱信息，可以获取包括可见光、近红外、短波红外、中红外等电磁波谱范围内的近似连续的反映地物属性的光谱特征曲线，其光谱分辨率为纳米级，使得许多原本在可见光或者多光谱图像中无法获取的光谱信息能够被探测到[1]。

1.1.1　太阳辐射基本理论

太阳辐射的能量是遥感技术的主要能量来源，太阳辐射是指太阳以电磁波的形式向外传递能量的物理现象。地球上主要的电磁辐射是太阳辐射，太阳辐射的光学频谱，即太阳辐射谱覆盖了从 X 射线到无线电波的频谱范围，主要集中在 $0.2 \sim 10.0 \mu m$ 波段，其中又可以分为波长较短的紫外线、波长较长的红外线和介于二者之间的可见光三个主要波段。太阳辐射的能量主要分布在可见光与红外线（$0.3 \sim 5.6 \mu m$），其中可见光的辐射能量约占太阳辐射总能量的 50%，红外线的辐射能量约占太阳辐射总能量的 40%。

1.1.2　太阳辐射与物质的相互作用

太阳辐射在传输过程中会不可避免地受到与之相关介质的相互作用，其中，主要包括太阳辐射与大气间的相互作用、太阳辐射与地物间的相互作用。下面将对二者进行简要介绍。

1. 太阳辐射与大气间的相互作用

从微观组成上看，大气成分主要包含气体分子和其他微粒。气体分子以氮气（N_2）和氧气（O_2）为主，二者占比达到了 99%，剩余部分为臭氧（O_3）、二氧化碳（CO_2）和其他气体（N_2O、CH_4、NH_3 等）。其他微粒主要包括烟、尘埃、小水滴和

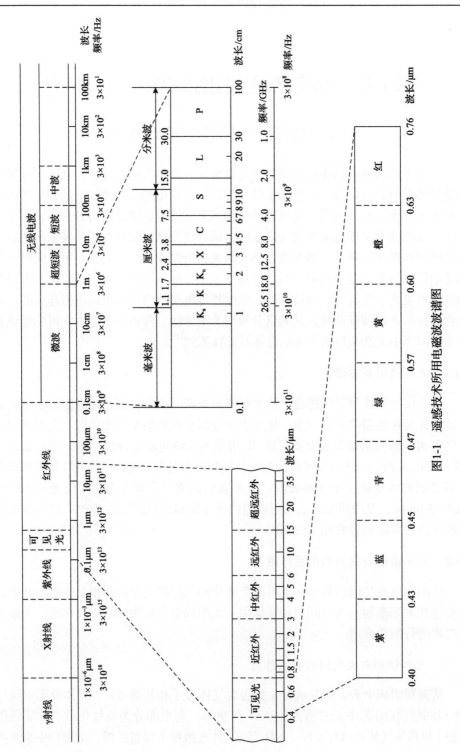

图1-1 遥感技术所用电磁波谱图

气溶胶。

从宏观结构上看,大气结构,即大气层,从低到高主要包括对流层、平流层、中间层、电离层和外层。对流层位于大气层的最底层。平流层的上层为中间层,底部为同温层(航空遥感活动层),同温层以上,温度由于臭氧层对紫外线的强吸收而逐渐升高。电离层大气中的氧气、氮气受紫外线照射而电离,对遥感波段是透明的,是陆地遥感卫星的活动空间。外层内的空气极其稀薄,对遥感卫星的活动基本没有影响。此外,基于高光谱遥感器采集的太阳辐射信号波段选择的原因,在大气宏观结构内,对高光谱遥感器影响最大的是对流层与平流层。

当太阳辐射穿过大气层而到达地面时,大气中的空气分子、水蒸气和尘埃等对太阳辐射的吸收、折射和散射,不仅使辐射强度减弱,还会改变辐射的方向和辐射的光谱分布。太阳辐射被大气层反射回太空的部分约占太阳总辐射的 30%,被大气吸收的部分约占太阳总辐射的 17%,被大气散射成为漫反射的部分约占太阳总辐射的 22%,剩余部分约占太阳总辐射的 31%,直射到达地球表面。海平面的太阳辐射图如图 1-2 所示。大气上界太阳辐射光谱曲线理论上近似于 5800K 黑体辐射的光谱曲线。但是,地球大气会在多个波段对太阳辐射进行吸收,使得海平面上太阳辐照度光谱曲线变得与大气上界太阳辐照度光谱曲线相差较大。

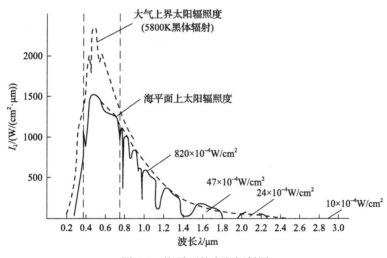

图 1-2 海平面的太阳辐射图

2. 太阳辐射与地物间的相互作用

任何地物都有自身的电磁辐射规律,如反射、发射、吸收电磁波的特性,少数还有透射电磁波的特性。不同地物的反射、吸收和透射能力是不同的。地物对电磁波反射、吸收和透射能力通常利用反射率、吸收率和透射率进行定量衡量。

目前，在高光谱遥感技术研究中，高光谱传感器记录的主要是地物本身发射的电磁波信息和地物对到达地表太阳辐射的反射电磁波信息。因此，地物的光谱反射率是在高光谱遥感研究中用来对地物特性进行研究的主要对象。影响地物光谱反射率的因素包括：太阳高度角和方位角、传感器的方位角和观测角、地理位置、地形、季节、大气透明度、地物本身的变异、时间推移、入射电磁波的波长，以及地物的类别、组成、结构、电磁特性和地物表面特征(质地、粗糙程度)等。

其中，影响地物光谱反射率的主要因素包括入射电磁波的波长和地物类别。地物光谱反射率会随着入射电磁波波长的变化而变化，这种变化规律称为地物的反射光谱。地物光谱反射率随波长变化的曲线称为光谱反射率曲线。地物光谱特征差异是高光谱遥感技术对地物进行识别的基本原理。下面将简要介绍自然界中常见的典型地物类型的反射光谱特征。

几种不同典型地物的光谱反射率曲线图如图 1-3 所示。从图中可以看出，不同典型地物的光谱反射率曲线存在较为明显的差异。具体地说，雪在蓝光 0.5μm 附近有一个反射峰，随着波长的增加，反射率逐渐降低，但在可见光的蓝绿波段反射率均较高。小麦在绿光 0.74μm 附近有一个反射峰，两侧的红光和蓝光有着明显的吸收，在近红外波段有强反射。沙漠在橙光 0.6μm 附近有一个反射峰。湿地在所有波段上的反射都较弱。因此，使用 0.4～0.5μm 波段的光谱反射率曲线可以把雪与其他地物区分开；使用 0.5～0.6μm 波段的光谱反射率曲线可以把沙漠和小麦、湿地区分开；使用 0.7～0.9μm 波段的光谱反射率曲线可以把小麦和湿地区分开。

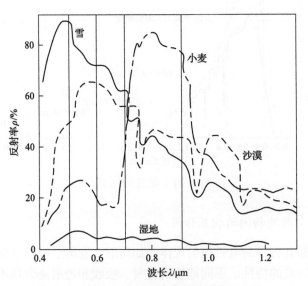

图 1-3　几种不同典型地物的光谱反射率曲线图

1.2　高光谱遥感图像成像机理与方式

1.2.1　高光谱遥感图像成像机理

高光谱遥感图像是由高光谱传感器获取的。高光谱传感器通常是指在 400～2500nm 波长范围内能够产生光谱分辨率小于 10nm 的成像传感器。由于高光谱传感器的光谱分辨率通常较高,在一定波长范围内对地物进行连续光谱成像,所以高光谱传感器也称为成像光谱仪。

太阳辐射传递成像过程示意图[2]如图 1-4 所示。在太阳辐射从辐射源(太阳)到高光谱传感器的传输过程中,必须经历太阳—大气—地物—大气—成像光谱仪的太阳辐射信号传递过程。携带地物属性信息的太阳辐射信号到达成像光谱仪后,通过前置光学设备,被分光装置分解成不同波长、近似连续的高光谱分辨率信号。然后,由对应的光电探测器接收并转换为电信号,实现光电转换过程,最后通过数模转换器得到原始的高光谱数据,成像光谱仪主要成像过程示意图如图 1-5 所示[3]。

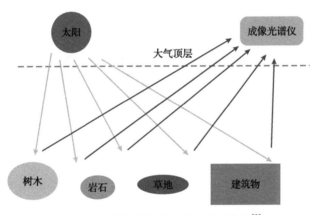

图 1-4　太阳辐射传递成像过程示意图[2]

1.2.2　成像光谱仪的空间成像方式

高光谱遥感的数据成像既包含一维光谱数据成像,也包含二维空间数据成像。成像光谱仪按照空间成像方式的不同,主要分为摆扫式、推扫式、框幅式以及窗扫式等[4],常用的为摆扫式成像光谱仪和推扫式成像光谱仪。下面分别简要介绍这两种空间成像方式成像光谱仪。

第一种是摆扫式成像光谱仪。摆扫式成像光谱仪示意图如图 1-6 所示。摆扫式成像光谱仪由扫描镜的左右摆扫和飞行平台向前运动完成二维空间成像,其采

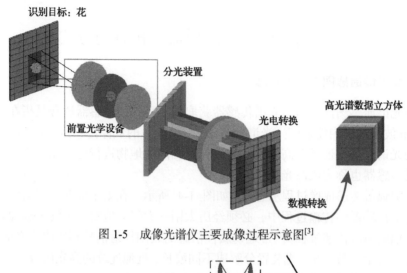

图 1-5　成像光谱仪主要成像过程示意图[3]

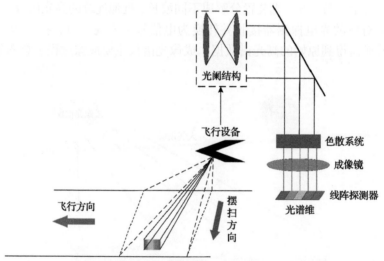

图 1-6　摆扫式成像光谱仪示意图

用线阵探测器来同时获取瞬时视场像元的所有光谱维信息[5]。摆扫式成像光谱仪是逐像元成像的，其优点是：总视场范围广，像元配准好，不同波段任何时候都凝视同一像元；在每个光谱波段只有一个探测元件需要定标，增强了数据的稳定性。其不足之处在于：采用光机扫描，每个像元的凝视时间很短，严重制约了图像分辨率及信噪比的提高，而且跨轨方向扫描成像，造成跨轨方向图像边缘被压缩，且离星下点越远，压缩畸变越严重，并形成固有畸变。

　　第二种是推扫式成像光谱仪。推扫式成像光谱仪采用一个垂直于运动方向的面阵探测器，在飞行平台向前运动的同时获得待测地物空间一个成像行中每个空间像元的所有光谱维信息。推扫式成像光谱仪示意图如图 1-7 所示。推扫式成像光谱仪的优点在于：像元的凝视时间大大增加，因为其凝视时间只取决于飞行平台运动的对地速度，与摆扫式成像光谱仪相比，其凝视时间可增加 10^3 数量级。因此，系统的灵敏度和信噪比要远高于摆扫式成像光谱仪。另外，由于没有光机扫描运动设备，所以仪器的体积比较小。属于该类成像光谱仪的典型代表为中国科学院上海技术物理研究所的推扫式成像光谱仪[6]，其波长范围均为可见光到近红外波段。而美国原定为地球观测系统(Earth observation system，EOS)研制的高分辨率成像光谱仪以及超分辨率数字图像收集实验仪同样采用推扫式成像光谱仪进行空间成像。

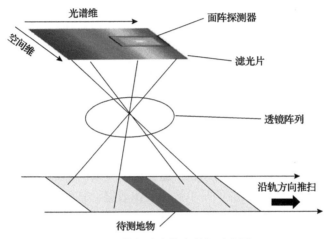

图 1-7 推扫式成像光谱仪示意图

1.2.3 几种典型成像光谱仪简介

成像光谱仪系统主要包括前置成像系统、光谱色散成像系统和探测器系统。成像光谱仪的核心部分是光谱色散成像系统，该系统决定了成像光谱仪的主要性能参数，也是仪器在进行设计和研制时需要完成的最关键部分。一般来说，根据成像光谱仪中的光谱色散成像系统获取光谱信息的不同方式，可以将成像光谱仪分为滤光型成像光谱仪、色散型成像光谱仪和干涉型成像光谱仪三种类型。

(1)最简单形式的滤光型成像光谱仪是窄带滤光片型成像光谱仪[7]。窄带滤光片是一种能够对探测目标辐射光谱中的特征光谱进行有效提取的同时对带外杂光进行高抑制的光学器件，将窄带滤光片置于相机中的探测器前，即可实现相机对拟观测目标的特征光谱图像进行探测。此外，随着成像光谱仪的轻小型化，研究学者在传统分光方式的基础上发明了调谐分光技术[8]，借助电控、温控、机械等控制方式实现光波长的分离和选择，如声光可调谐滤光器(acousto-optic tunable filter，AOTF)[9]、液晶双折射可调谐滤光器(liquid crystal tunable filter，LCTF)[10]、法布里-珀罗(F-P)滤光器(Fabry-Perot filter)[11]等。

(2)色散型成像光谱仪是目前所有成像光谱仪中形式最为成熟的,也因为其高性能和高环境适应性而成为应用最为广泛的成像光谱仪类型。色散型成像光谱仪的基本组成包括狭缝、准直镜、色散分光器件、聚焦镜和探测器。其核心部分为色散分光器件,该器件主要包括棱镜、光栅及其组合的分光器件。根据色散分光器件的主要类型,可以将色散型成像光谱仪分为棱镜型成像光谱仪[12]、光栅型成像光谱仪[13]及棱镜-透射光栅-棱镜型成像光谱仪[14]。

(3)干涉型成像光谱仪一般是指傅里叶变换光谱仪[15],其核心分光器件是分束器。干涉型成像光谱仪的基本原理是动镜产生不同的光程差,具有光程差的分束光线被后端聚焦镜组合束,并被探测器接收。干涉型成像光谱仪在获取数据立方体的过程中类似滤光型成像光谱仪,但是其光谱分辨率一般远高于滤光型成像光谱仪,且其获取探测目标全部光谱信息的速度要比色散型成像光谱仪快许多,因此具有很好的应用前景。

1.3 高光谱图像数据特点与表达方式

在高光谱遥感技术出现之前,光学遥感技术获取的都是全色图像数据或者多光谱图像数据。全色图像获取的是单波段图像数据,其处理与分析大多基于图像纹理、灰度等信息和图像的空间分布特性。多光谱成像仪一般在红外及可见光波段范围内记录几个或十几个波段,其光谱分辨率一般为100nm数量级。在实际应用中,一般根据不同的目的选择相应的波段进行图像的彩色合成,用于在复杂地物中突出感兴趣目标。许多地物的吸收特性在吸收峰高度 1/2 处的宽度为 20～40nm,多光谱图像中每个像元的光谱数据是离散的线段,因此多光谱图像不能分辨出地物光谱的细微差别[16]。而高光谱成像光谱仪能够获取上百个波段的高光谱图像数据,并且光谱分辨率高达 10nm 数量级,这对精细地物的识别有很大帮助。

1.3.1 高光谱图像数据特点

高光谱成像光谱仪获取的高光谱数据以立方体形式呈现,其中二维是空间维,另一维是光谱维,高光谱数据示意图如图 1-8 所示。由于具有较高的光谱分辨率,高光谱遥感能够解决在可见光与多光谱中无法解决的问题。高光谱图像数据具有以下主要特点。

第一,波段连续性、相邻波段冗余度高。传统的可见光遥感图像和多光谱遥感图像的光谱波段数非常有限。然而,高光谱遥感图像的光谱波段非常丰富,通常覆盖电磁波谱的可见光、近红外和中红外波段范围,有许多非常窄的光谱连续的影像数据。高光谱图像数据的光谱曲线近似连续,能更细致、更完整地记录有

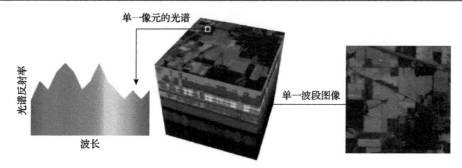

图 1-8 高光谱数据示意图

关地物的光谱信息，使得一些决策性的重要特征信息不丢失。高光谱图像的光谱连续性较高，会导致高光谱图像相邻波段之间的冗余度较高，这种相邻波段间的冗余关系可以用相邻波段间图像的互相关系数表示。假设一幅高光谱图像可以表示为 $Y \in \mathbb{R}^{m \times n \times p}$ ，图像的大小为 $m \times n$ ，波段数为 p ，图中相邻波段之间的相关系数 $R_{k,k+1}$ 可以表示为[17]

$$R_{k,k+1} = \frac{\left| \sum_{i=1}^{m} \sum_{j=1}^{n} \left(Y(i,j,k) - \overline{Y}_k\right)\left(Y(i,j,k+1) - \overline{Y}_{k+1}\right) \right|}{\sqrt{\sum_{i=1}^{m} \sum_{j=1}^{n} \left(Y(i,j,k) - \overline{Y}_k\right)^2} \sqrt{\sum_{i=1}^{m} \sum_{j=1}^{n} \left(Y(i,j,k+1) - \overline{Y}_{k+1}\right)^2}} \tag{1-1}$$

其中，$k(1 \le k \le p-1)$ 为当前所计算的波段；$\overline{Y}_k$ 为当前所计算波段图像中所有像元的灰度的平均值；$\overline{Y}_{k+1}$ 为当前所计算波段的相邻波段图像中所有像元的灰度的平均值。

$\overline{Y}_k$ 与 $\overline{Y}_{k+1}$ 的计算公式可以分别表示为

$$\overline{Y}_k = \frac{1}{mn} \sum_{i=1}^{m} \sum_{j=1}^{n} Y(i,j,k) \tag{1-2}$$

$$\overline{Y}_{k+1} = \frac{1}{mn} \sum_{i=1}^{m} \sum_{j=1}^{n} Y(i,j,k+1) \tag{1-3}$$

其中，$Y(i,j,k)$ 、$Y(i,j,k+1)$ 分别为 k 与 $k+1$ 处相邻两个波段的图像在 (i,j) 位置处的灰度值。

在实际中，高光谱图像中位于同一位置的像元在相邻波段间的灰度值是十分近似的。因此，高光谱图像波段间的冗余度与相关系数正相关。由于本书涉及公式众多，符号繁杂，相同符号在不同章节可能具有不同的含义，具体将在各符号出现时——指明，后面不再赘述。

第二，光谱分辨率高。高光谱遥感图像的光谱分辨率通常在 10nm 左右，目前随着遥感技术的不断发展，新型的高光谱成像仪可以在几百个甚至上千个近似连续的光谱波段获取目标图像，波段宽度为波长的 1/1000～1/100，称为超高光谱遥感，其光谱分辨率进一步提高[18,19]。高光谱图像的高光谱分辨率大大提高了地物识别能力。

第三，图谱合一。成像光谱仪获得的立方体图像能同时利用二维空间信息和一维光谱信息分别描述地物分布和光谱特征属性，呈现出图谱合一[20]的特点。立方体图像中的任一像元除了具有自身固有的光谱特性外，其空间也不孤立，具有自身特定的空间位及空间毗邻像元。

第四，数据冗余大。高光谱分辨率有较强的地物识别能力，然而，波段增长与样本数目之间的不均衡导致维数灾难现象[21]。另外，由于相邻波段高度相关，冗余信息也相对增加，这种相邻波段之间的高度冗余使光谱之间的共线性特征明显，降低了数据解译的精度。

1.3.2　高光谱图像数据表达方式

在数学上如何描述高光谱数据是决定数据处理方式的关键。目前，针对高光谱数据的特点，为了更合理地利用其多维信息，高光谱数据的表达方式通常分为如下三种：

第一，图像空间。从人眼的视觉角度来看，高光谱数据的单个波段或者三个波段的伪彩色图像是最直观的表达方式。常用的高光谱数据表达方式示意图如图 1-9 所示。图 1-9(a)为图像空间，这种表达方式直观地提供了数据样本之间的几何关系，从而反映出真实地物之间的空间关系。研究者可以从图像空间中粗略获取地物的类别、纹理和结构等信息，进行很直观的判读解译。这种表达方式在高光谱图像某些处理领域非常有用，例如，在局部检测的窗口设计中，可以根据目标的空间大小确定局部窗口范围，从而进行更精确的目标检测。然而，高光谱数据波段数达几十至几百个，且波段间存在较为复杂的非线性关系，这种每次只能观察单个波段或者少数几个波段的方式，不能充分反映高光谱数据的全部信息，存在一定的局限性。

第二，光谱空间。高光谱图像数据的光谱空间提供了每个像元的光谱信息，如图 1-9(b)所示，其横坐标为波长，纵坐标为光谱反射率。高光谱图像中每个样本点在光谱空间中以一条光谱响应曲线的形式表示。在各个波段，不同地物会有不同的电磁波反射特性和吸收特性，对应在高光谱图像中会有不同的辐射强度。因此，可以根据光谱响应曲线来区分不同的地物。然而，受自然环境和成像光谱仪技术等因素的制约，存在同物异谱或异物同谱的情况，因此光谱空间也不能完全真实地反映地物特征。

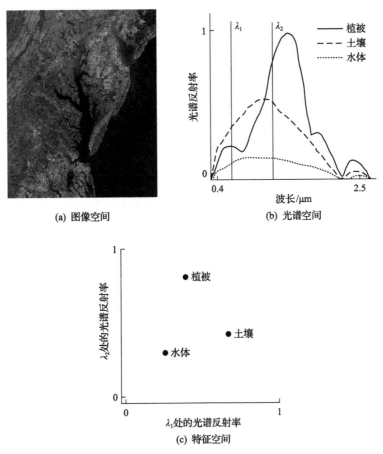

图 1-9　常用的高光谱数据表达方式示意图

第三，特征空间。高光谱图像数据的特征空间通过另一种表达方式反映数据的光谱响应。特征空间是对光谱空间的取样，将光谱特征离散化，是光谱响应的另一种表达方式。虽然这种表达方式不够直观化，但是为遥感数据的数学分析提供了基础，并且可以充分利用每个样本点在所有波段的有效光谱信息。在特征空间中，同类别的样本点聚集度高，不同类别的样本点具有分散性，如图 1-9(c) 所示。特征空间分为波段特征空间和变换特征空间两类，其中，波段特征空间常以波段数为横坐标，每个样本点在波段空间中的维数即为波段总数，存在较大的冗余信息；变换特征空间通常通过如主成分分析(principal component analysis，PCA)、局部线性嵌入(locally linear embedding，LLE)和堆栈自动编码器(stacked auto encoder，SAE)等将高维高光谱数据映射到低维特征空间，冗余信息和噪声干扰等均被抑制，从而提高了地物识别等信息处理的准确性。

1.4　高光谱图像处理及其应用概述

1.4.1　高光谱图像处理的具体种类

高光谱图像的优势在于较高的光谱分辨能力，对成像地物的光谱采样间隔要小于多数地物的光谱吸收特征宽度，因此能够较为完整地记录地物的反射光谱信息。根据对光谱信息处理的精细程度不同，高光谱图像数据处理主要分为以下几个具体种类：

第一，光谱解混。光谱解混指的是判断出高光谱图像中每个混合像元是由哪些纯像元以怎样的方式混合的，即预测出混合像元中包含各种纯像元的比例。

第二，地物分类。地物分类是指根据待测地物的光谱特征，对高光谱遥感图像中每个像元指定一个具体的类别标号，将待测地物根据不同的光谱属性划分为多个不同类别的区域。

第三，目标检测。目标检测是指依据目标地物与背景地物在光谱特征上的差异在高光谱数据内寻找已知光谱或未知光谱形状的目标像元。寻找已知光谱目标像元的高光谱图像处理过程又称为匹配目标检测；寻找未知光谱目标像元的高光谱图像处理过程又称为异常目标检测。

第四，变化检测。变化检测是指对同一区域不同时刻的高光谱图像进行识别，从而确定该区域地表覆盖变化的技术。

1.4.2　高光谱图像处理的特点

相比于其他类型的遥感数据源，高光谱图像的优点是具有上百个连续的通道，同时具有较高的光谱分辨率。但是由于成像光谱仪设计及制造方面的技术限制，高光谱图像在信噪比、空间分辨率等方面不如可见光成像传感器。高光谱图像的这些特点使得对高光谱图像的处理和分析方法区别于可见光和多光谱图像。下面简要阐述高光谱图像处理的特点：

第一，高光谱图像处理是以光谱分析为核心的。高光谱图像最突出的特点是光谱分辨率很高，在可见光-短红外波段的光谱分辨率一般为 10nm 左右。相对于低光谱分辨率的全色图像和中光谱分辨率的多光谱图像，高光谱图像能以较窄的波段区间、较多的波段数量提供遥感信息，使得基于高光谱图像内地物光谱信息对地物进行分类和检测成为可能。此外，从机器学习的角度出发，高光谱图像较多的波段数提供了描述高光谱图像的波段特征空间。相比于全色图像的单波段特征空间或多光谱图像的十几个波段特征空间，在高光谱图像的几十个乃至上百个波段特征空间内，不同地物间的区分性将被大大增加。最后，高光谱图像的量化位数一般也要高于全色图像或多光谱图像。这样也会极大地增加高光谱图像波段特征空间地物样本点的可能取值。因此，在巨大的高光谱图像波段特征空间内，两个不同地物样本重合的概率非常小，这对于高光谱图像的分类和检测非常有利。

第二，基于空谱联合信息的高光谱图像处理方法是较为重要的发展趋势。由于早期成像光谱仪的空间分辨率较低，高光谱图像在获取丰富的光谱信息的同时空间分辨率受到了较大限制，例如，2000 年，美国发射的 EO-1 卫星上搭载的 Hyperion 传感器的空间分辨率仅为 30m，这种空间分辨率的高光谱图像中的地物光谱往往是像元级或亚像元级的，因而高光谱遥感技术领域早期的方法普遍高度依赖图像中的光谱信息而不太重视目标像元之间的邻近关系。随着高光谱传感器技术水平和商业化程度的提升，空间分辨率为 3.4m 的机载可见光/红外成像光谱仪（airborne visible/infrared imaging spectrometer，AVIRIS）、2018 年中国发射的空间分辨率为 10m 的珠海一号高光谱遥感卫星等越来越多的优质高光谱数据源出现，使得高光谱图像中空间域的信息得以发挥更大的作用，越来越多的研究人员也开始关注光谱像元向量之间的位置、相关性及其构成的形状纹理等空间信息。空谱联合的方式能有效提高方法的整体性能，充分发挥高光谱数据图谱合一的特性，是高光谱图像各个应用领域中共同的发展趋势[22]。

第三，混合像元是高光谱图像处理面临的一个重要问题。高光谱成像光谱仪的空间分辨率限制及自然界地物的复杂多样性，使得在高光谱图像中每个像元对应的地表区域往往包含多种地物覆盖类型，这样的像元称为混合像元[23]。混合像元在高光谱图像内广泛存在，不但影响了高光谱地物分类和识别的精度，而且已经成为阻碍高光谱遥感向定量遥感发展的主要因素。对于高光谱图像像元级分类任务，如果将混合像元归为一类，必然会带来一定的分类误差。因此，为了提升高光谱图像的处理精度，必须解决混合像元的问题。特别是在目标检测中，感兴趣目标经常是以亚像元的形式存在的，为了提升高光谱图像的目标检测精度，必须考虑混合像元问题，使目标检测的对象由像元级达到亚像元级。

1.4.3　高光谱图像处理的应用

近几十年来，随着航空航天技术、传感器技术、半导体工艺等科学技术的不断发展，遥感成像技术越来越成熟。高光谱遥感的出现是遥感领域的一场革命，突破了人们对数字图像的传统认知，在根据观测对象的二维空间信息进行成像的同时，实现了从可见光到短波红外范围内的连续光谱采集。高光谱遥感提供的丰富的光谱信息能够反映肉眼及普通光学传感器无法探测的地物内在的物理、化学属性，这种独特的感知能力已被成功应用在农林、环境、地质、测绘、军事与公共安全等诸多领域中，在提升国民经济及加强国防建设等方面发挥着重要作用。

首先是高光谱遥感技术在农业方面的应用。不同的作物具有多种理化性质，具体表现在叶片翠绿成分、叶肉细胞、叶片结构、叶片含水量等方面。虽然人类仅凭肉眼看不到这种差异，但是可以通过参与光谱反射面的规律性进行科学分析[24]。具体来说，作物叶片可见光波段的光谱透射率主要受包括叶绿素在内的各种色斑的影响，而近红外光谱仪原料波段的透射率则受叶片含水量、氮元素等因素的影响。因此，作物的基本光谱特征是当今快速获取农业信息的关键，对智慧农业具有重要的现实意义。基于高光谱遥感技术的作物检测的基本任务是选择合适的检测指标值，进而对作物特性进行快速、准确、大范围的检测，例如，叶面积指数(leaf area index，LAI)是一个与作物长势的个体特征与群体特征有关的综合指数；归一化差异植被指数(normalized difference vegetation index，NDVI)是与叶面积指数、植被覆盖度、生长发育水平、土壤含水量等相关的综合参数。归一化差异水体指数(normalized difference water index，NDWI)利用绿色种群中的水质和近红外光谱仪明显的反射面差异来获取水质信息，可以灵敏地反映植物群落冠层水的组成。温度条件指数(temperature condition index，TCI)用于反映地温，可以更直观地反映干旱的发生、发展趋势和完成情况。植被状况指数(vegetation status index，VSI)用于反映植物群落的健康状况，也可以反映同一生理时期植物群落的发展情况[25]。

因此，高光谱遥感技术广泛应用在农业方面，尤其是精准农业方面。文献[26]利用 ASD Field SpecFR Pro 2500 光谱辐射仪和 Cubert UHD185 Firefly 成像光谱仪(Cubert UHD185 Firefly imaging spectrometer，UHD185)在冬小麦试验田进行空地联合实验，基于获取的孕穗期、开花期和灌浆期地面数据以及无人机高光谱遥感数据，估测冬小麦 LAI。文献[27]以武夷山国家公园黄岗山顶的亚高山草甸为研究对象，通过建立多种高光谱植被指数和拟合多光谱 NDVI 反演 LAI 的统计模型，并比较高光谱与多光谱对 NDVI 反演的效果，阐明用于反演高覆盖率亚高山草甸的最适高光谱 NDVI 和拟合多光谱 NDVI。

此外，高光谱遥感技术应用于农业病虫害的监测及防治也取得了较大进展，解决了农业生产管理中长期存在的病虫害等有害生物农情信息大尺度监测不及时以及监测精度无法实现定量的难题[28]。文献[29]采用小麦条锈菌在田间诱发侵染冬小麦健康植株，在小麦不同生育期分别调查不同感染等级冬小麦的病情指数，同时测定其冠层光谱数据，对测定的光谱数据进行平滑处理并计算一阶微分值，与病情指数进行相关性分析后，构建了冬小麦条锈病的识别技术，基本达到小麦条锈病的监测指标。文献[30]利用近红外高光谱成像系统检测小麦虫害，在波长范围为 900～1700nm 波段进行图像采集，以正常小麦为对照，采集受米象虫、甲虫等侵蚀的小麦图谱信息，然后进行高光谱数据降维统计分析、聚类。结果表明，健康小麦正确识别率为 96.4%，虫蛀麦粒的识别精准率达 91.1%以上。文献[31]对浙江省和黑龙江省 6 个县(市、区)5 种水稻病虫害进行观测，运用包括高光谱遥感数据在内的多种数据处理方法，筛选出对水稻病虫害响应的敏感光谱区域和谱段，对水稻不同病虫害的危害等级分类和色素含量、病虫害严重度指数、虫情指数等危害指标的估算方法进行了研究。

综上，高光谱遥感技术是一项较为先进的遥感影像技术，高光谱图像具有光谱连续、波段多且连续以及数据量大等特点，可为现代农业研究提供精准的技术手段。

其次是高光谱遥感技术在地质方面的应用。高光谱遥感由于其宏观、快速、准确、多尺度、多层次等特性，在对地观测中获得了广泛应用，包括地质勘探、矿物及油气探测、地质环境监测，以及月球和行星地质探测等方面。

在地质勘探方面，地质勘探围绕一定地区内的岩石、地质构造、矿物，以及地下水地貌等地质情况展开，其主要通过地质制图和地质反演的方式展示当地地质情况。地质作用过程伴随许多地质元素的类质同象置换反应，如绿泥石和黑云母类发生 Fe^{2+} 和 Mg 的置换反应、斜长石中 Ca^{2+} 与 Na^+ 的置换等。这些置换反应导致地质矿物中某一组成元素失衡，而高光谱由于其高光谱分辨率，能够对地质中随着某些特定元素含量变化而发生的漂移现象进行检测，并由此获得物质含量，从而实现地质化合物的识别[32]。文献[33]采用高分五号数据对以川藏铁路所经藏东南怒江峡谷拥巴地区进行岩性监督分类。高分五号数据作为一种高光谱数据，在岩性监督分类上具有更高的分类精度。对获得的高分五号数据去除干扰波段后采用支持向量机构造分类器，选取 11 类训练样本训练分类器，结果显示该方法的样本分离性良好，分类结果与实际考察结果基本一致，为推测环境恶劣或人类难以到达的未知地区的岩性地层类型以及地层界限信息的有效提取提供了解译方法。

在矿物及油气探测方面，矿物和石油资源作为人类社会物质发展的基础，一直以来都是全球各国争相竞争的中心。经过几十年的矿物开采，地表浅层矿物资源和油田基本被开采完，未被开采的矿物和油气资源通常隐藏在深层地表以下，并在地质运动的作用下形成更加复杂的开采环境,急需实现更加高效的资源探测，满足我国对矿物及油气资源的需求。具有高光谱分辨率的高光谱遥感技术，可以直接识别矿物和组合类型，在矿物识别和地质矿产勘查中发挥着重要作用。文献[34]对我国西部的东天山玉带地区进行了深入的地质勘查。该研究利用搭载的机载成像光谱仪采集航空高光谱数据，通过对航空高光谱数据进行辐射校正和几何校正等，对处理后的地面光谱数据进行矿化蚀变分带和蚀变矿物组合特征分析、典型蚀变矿物诊断性波谱特征精细研究、影像光谱与实测光谱对比分析等，完成了绿帘石矿物、铁氧化物矿物、方解石矿物、黄钾铁矾矿物、云母矿物及蒙脱石矿物、硫酸盐矿物及高岭石矿物的提取和分析，绘制了几种矿物在该地区的分布丰度图。根据高光谱遥感矿物信息提取结果与实际查证结果的对比分析，可以获得该地区的矿物分布状况，为进一步的调查研究以及找矿提供指示。文献[35]在新疆伊犁盆地巩留凹陷地区采集航空高光谱数据，并对该地区的油气进行了相关研究。该研究首先对数据进行预处理，然后根据遥感图像处理平台(the environment for visualizing images，ENVI)软件中的沙漏模型对重建数据进行最小噪声分离(minimum noise fraction，MNF)变换、纯净像元指数(pixel purity index，PPI)端元提取、N维可视等处理完成填图，在阿吾拉勒西段山前提取了烃、黏土化和碳酸盐化信息，在巩留凹陷地区提取了黏土化和碳酸盐化信息。

在地质环境监测方面，高光谱成像技术具有应用范围广、效率高、动态监测等优势，因此在森林资源、沙漠演化、水环境监测等方面都有越来越重要的应用。文献[36]对广州沙坝河部分河段进行了高光谱水质无人机监测。通过搭载无人机采集城市河网的高光谱成像遥感数据，采集周期为每天7小时，共2天。将采集的数据进行预处理后，对水样水质结果和反射率前3阶导数进行相关性分析，再利用统计回归方法构建相应水质指标定量反演模型。对水中一些典型水质参数的高光谱数据进行定量反演，反演结果很好地呈现出水质空间分布，该研究工作对城市水体环境治理和监测具有重要意义。

在月球和行星地质探测方面，高光谱遥感技术除了对地球的地质结构、地物分布等进行探测外，在月球和行星地质探测方面也取得了重要进展。2005年，美国在发射的火星轨道勘测器上搭载了小型火星高光谱勘测载荷，用于火星地表的地质勘测、水源探测和两极冰盖变化大气成分的季节性变化等研究[37]。2007年，我国发射了首颗绕月人造卫星"嫦娥一号"，成像光谱仪也作为一种主要载荷进入月球轨道。该光谱仪是我国第一台基于傅里叶变换的航天干涉成像光谱仪，其核心部件为Sagnac干涉成像光谱仪，波段数为3，用于分析月球表面有用元素的含量和物质类型的分布特点，探测月壤厚度和地球至月球的空间环境等[38]。

在环境监测方面，高光谱遥感以其特有的高光谱分辨率，对水体泥沙含量和污染浓度进行有效识别，对调查和监测环境问题具有独特的效果。高光谱遥感在环境方面的应用包括大气污染检测、土壤侵蚀检测和水环境检测。回归分析和预测是环境遥感监测中最常用的方法。

在大气污染检测方面，利用高光谱机载或星载遥感的方法来反映气溶胶的时空分布情况，可以弥补地基监测或遥感气溶胶的不足，实现对大气环境进行大面积、适时、非破坏性监测，为区域大气环境污染研究和定量遥感发展提供依据，还能够通过其精细光谱优势提高反演精度和准确性，促使高光谱遥感技术应用于大气环境的研究中。我国科学家从20世纪80年代中期开始开展气溶胶遥感方面的研究工作。文献[39]利用相关资料，根据理论计算的气溶胶光学厚度与卫星反射率的关系，进行了海上大气气溶胶的遥感。文献[40]利用多波段太阳辐射计对黄海海域气溶胶光学厚度进行了测量和研究，结果表明，黄海海域大气气溶胶主要由自然来源的气溶胶构成，气溶胶光学厚度在 0.1μm 左右，光学厚度的日变化和逐日变化不大，Angstrom 波长指数约为 1.2，大气浑浊度指数在 0.05 左右。目前，利用卫星遥感气溶胶形成了一个非常丰富的研究体系。卫星遥感产品也从反演气溶胶光学厚度发展到反演气溶胶粒子谱分布、折射率指数以及气溶胶类型等，为更全面、深入、细致地研究气溶胶提供了丰富的信息和广阔的前景。

在土壤侵蚀检测方面，土壤光谱受到很多因素的影响，包括土壤成土母质、有机质、水分、土壤质地、铁氧化物等；另外，土壤表面状态、大气、光照和辐射条件等也将对土壤光谱产生影响。已有研究表明：紫外、可见光、近红外和热红外光谱均能够用来精确地估计土壤某些成分的含量。人们利用高光谱技术对土壤性质进行了定量化研究，主要集中在土壤水分、盐分、有机质、养分等属性上，通常是在实验条件下获取土壤光谱，通过光谱特征分析和数学统计方法建立线性或非线性的经验模型，实现对土壤属性的快速定量预测。

土壤水分是土壤的重要组成部分，也是评价土壤资源优劣的主要特征之一，它在陆地表面和大气之间的物质和能量交换方面扮演着重要角色。已有研究表明，土壤含水量与土壤光谱反射率呈负相关关系，干燥的土壤具有较高的反射率；而热红外反射率随着含水量的增加而上升，呈正相关关系。文献[41]采用多元线性回归方法和指数模式分析法对吉林省黑土土壤光谱和土壤含水量进行建模。文献[42]利用陕西省横山县采集的数据，采用多元线性回归、BP 神经网络、模糊识别方法探讨了土壤含水量高光谱估测模型，研发出高光谱数据模糊处理系统。

在水环境监测方面，高光谱遥感是用很窄而连续的光谱通道对地物进行持续遥感成像，因此具备捕捉细微光谱特征的能力。针对水环境中水体目标复杂多样的特点，高光谱遥感丰富的光谱信息能够提高水体目标的识别精度，分析并提取水体的影像波谱、纹理等特征信息[43]。文献[44]的研究表明，高光谱图像数据可以反映水体的特征，包括悬浮物含量、叶绿素富集度、水体深度等。文献[45]指出内河水体色彩可用于估算水体的深度，机载航空高光谱图像对水质的评估是基于水体反射率与水质因子之间的先验关系，采用了一套数据去拟合这种先验关系，然后用另一套数据来验证这种先验关系。波长在 400~500nm、560~590nm、624nm 及 675nm，水体反射波谱依次由黄色物质吸收、藻类低吸收、藻青蛋白吸收、叶绿素 a 强烈吸收等引起。文献[46]用交叉相关方法探测海水的 rhodamine-B（罗丹明，一种红色荧光染料）的浓度。

高光谱遥感在铁矿区水环境监测中的具体应用方法主要有以下三个方面。首先，基于高分二号数据的植被与水体的信息提取。为合理保护矿区生态环境，以高分二号国产卫星遥感影像为数据源，采用波段运算和密度分割，分析受污染的水体及污染级别，监测重要矿集区的矿山开发状况和环境变迁[47]。其次，基于高光谱数据的多源数据融合。高光谱数据融合不同于传统的多光谱图像融合，为了满足光谱解译的应用需求，主要以 HJ-1A 为数据源，在尽量保持光谱信息不缺失的基础上提升高光谱数据的空间分辨率。最后，区域水体高光谱遥感精细识别技术。基于多源数据融合同化后的数据集，研究面向水体精细识别的特征选择方法及不同污染物在水中的存在特征和对不同光谱特征的响应机理，分析并提取水体的影像波谱、纹理、空间几何等特征信息，从而实现基于高光谱遥感的水体精细识别。

最后是高光谱遥感在军事及公共安全方面的应用。高光谱遥感同样作为一种比较成熟的侦察和探测手段在军事及公共安全方面得到了广泛应用。高光谱遥感相较于传统的遥感技术具有光谱分辨率高、光谱覆盖范围广，并且可以同时提取空间-光谱(简称空谱)特性的优点，可以直接准确地反映地物光谱特征，通过分析数据可以快速分辨出侦察探测范围内各个目标物体的组成成分及其位置。美国、加拿大、日本、中国等国家的高光谱遥感技术发展迅速，并且在某些领域已经可以成熟运用。高光谱遥感在军事及公共安全方面的应用主要包括军事伪装和侦察战场详情等方面。

在现代军事战争中，伪装技术是一种常用的军事手段。伪装技术的使用可以有效避免敌方的侦察，是保护己方目标的重要手段之一。军事伪装技术演化出了保护迷彩、变形迷彩、伪造迷彩、数码迷彩、仿生迷彩等多种形式，朝着自动化、智能化方向不断发展，如根据不同作战环境所设计的军用迷彩服、军事装备涂装及军事设施伪装等[48]。

高光谱遥感技术主要通过接收不同地物发射、吸收或反射的电磁波的空间信息及光谱信息特征来识别不同物体，因此可以在识别军事伪装目标方面得到有效应用。高光谱遥感可以识别出背景地物与敌方伪装目标的光谱特征差异，根据遥感图像所反映的光谱特征曲线分析出不同物体的组成成分，从而准确识别出敌方的军事伪装目标。

同时，也可以利用高光谱遥感的成像特点来发展军事伪装技术，提高军队及军事设施等在战场上的存活率。通过加强对战场内部环境光谱特性的分析研究，在战时利用装备涂层或其他伪装手段模拟出各个波段的植物、土壤、石头、河流等光谱特性，从而使敌方的高光谱遥感侦察手段失效；或者通过研究己方设施的光谱特性，在战场内投放与其光谱特性相同的假目标迷惑敌方的侦察，从而达到伪装己方设施的目的。

高光谱遥感的成像特点可以直观准确地反映出影像中各个物体的光谱信息特征，对各个物体进行识别、分类及其对应位置，实现战场详情的绘制。海军所使用的高光谱成像仪可以准确地绘制舰船近海环境的实时特征，将识别到的实时环境信息提供给海上作战舰艇，为其作战提供数据支持[49]；此外，美军在阿富汗战争期间通过高光谱遥感成像侦察并绘制了敌方的夜间行动路线，为军队提供了详细的行动依据。

参 考 文 献

[1] 张兵, 高连如. 高光谱图像分类与目标探测[M]. 北京: 科学出版社, 2011.

[2] Hong D F, He W, Yokoya N, et al. Interpretable hyperspectral artificial intelligence: When nonconvex modeling meets hyperspectral remote sensing[J]. IEEE Geoscience and Remote Sensing Magazine, 2021, 9(2): 52-87.

[3] 尹辰松. 高光谱遥感图像自适应区域异常检测算法研究[D]. 北京: 中国科学院大学, 2021.

[4] 浦瑞良, 宫鹏. 高光谱遥感及其应用[M]. 北京: 高等教育出版社, 2000.

[5] 李西灿, 朱西存. 高光谱遥感原理与方法[M]. 北京: 化学工业出版社, 2019.

[6] 邵晖, 王建宇, 薛永祺. 推帚式超光谱成像仪(PHI)关键技术[J]. 遥感学报, 1998, 2(4): 251-254.

[7] Mathew S K, Bayanna A R, Tiwary A R, et al. First observations from the multi-application solar telescope (MAST) narrow-band imager[J]. Solar Physics, 2017, 292(8): 1-25.

[8] Chi M B, Wu Y H, Qian F, et al. Signal-to-noise ratio enhancement of a Hadamard transform spectrometer using a two-dimensional slit-array[J]. Applied Optics, 2017, 56(25): 7188-7193.

[9] Xu Z F, Zhao H J, Jia G R, et al. Optical schemes of super-angular AOTF-based imagers and system response analysis[J]. Optics Communications, 2021, 498: 127204.

[10] Yamashita T, Kinoshita H, Sakaguchi T, et al. Objective tumor distinction in 5-aminolevulinic acid-based endoscopic photodynamic diagnosis, using a spectrometer with a liquid crystal tunable filter[J]. Annals of Translational Medicine, 2020, 8(5): 178.

[11] Yang Z Y, Albrow-Owen T, Cai W W, et al. Miniaturization of optical spectrometers[J]. Science, 2021, 371(6528): 480.

[12] Tang Z Y, Gross H. Improved correction by freeform surfaces in prism spectrometer concepts[J]. Applied Optics, 2021, 60(2): 333-341.

[13] Dong J N, Chen H, Zhang Y C, et al. Miniature anastigmatic spectrometer design with a concave toroidal mirror[J]. Applied Optics, 2016, 55(7): 1537-1543.

[14] Xue Q S, Qi M, Li Z F, et al. Fluorescence hyperspectral imaging system for analysis and visualization of oil sample composition and thickness[J]. Applied Optics, 2021, 60(27): 8349-8359.

[15] Zhao Y Y, Yang J F, Xue B, et al. Optical system design of broadband astigmatism-free Czerny-Turner spectrometer[J]. Infrared and Laser Engineering, 2014, 43(4): 1182-1187.

[16] 谷延锋. 高光谱遥感图像解译[M]. 哈尔滨: 哈尔滨工业大学出版社, 2020.

[17] 刘恒殊, 彭风华, 黄廉卿. 超光谱遥感图像特征分析[J]. 光学精密工程, 2001, 9(4): 392-395.

[18] 张钧屏, 方艾里, 万志龙, 等. 对地观测与对空监视[M]. 北京: 科学出版社, 2001.

[19] 谷延锋. 基于核方法的高光谱图象分类和目标检测技术研究[D]. 哈尔滨: 哈尔滨工业大学, 2005.

[20] 成宝芝. 基于光谱特性的高光谱图像异常目标检测算法研究[D]. 哈尔滨: 哈尔滨工程大学, 2012.

[21] Bruce L M, Koger C H, Li J. Dimensionality reduction of hyperspectral data using discrete wavelet transform feature extraction[J]. IEEE Transactions on Geoscience and Remote Sensing, 2002, 40(10): 2331-2338.

[22] 冯振远. 基于空谱信息联合的高光谱图像目标检测算法研究[D]. 哈尔滨: 哈尔滨工业大学, 2020.

[23] Vane G, Goetz A F. Terrestrial imaging spectrometry: Current status, future trends[J]. Remote Sensing of Environment, 1993, 44(2-3): 117-126.

[24] 柳芳. 高光谱成像技术在农业中的应用概述[J]. 时代农机, 2018, 45(6): 185.

[25] 应银链, 刘青培, 范文祥. 玉米新品种栽培技术及推广探究[J]. 河南农业, 2020, (32): 26-27.

[26] 高林, 杨贵军, 于海洋, 等. 基于无人机高光谱遥感的冬小麦叶面积指数反演[J]. 农业工程学报, 2016, 32(22): 113-120.

[27] 安德帅, 徐丹丹, 刘月, 等. 高光谱与拟合多光谱植被指数反演武夷山亚高山草甸 LAI 的对比研究[J]. 生态科学, 2022, 41(5): 187-196.

[28] 李玮. 农业病虫害监测中高光谱遥感技术应用研究进展[J]. 现代农业科技, 2019, (14): 126-128.

[29] 蒋金豹, 陈云浩, 黄文江. 利用高光谱红边与黄边位置距离识别小麦条锈病[J]. 光谱学与光谱分析, 2010, 30(6): 1614-1618.

[30] Singh C B, Jayas D S, Paliwal J, et al. Identification of insect-damaged wheat kernels using short-wave near-infrared hyperspectral and digital colour imaging[J]. Computers and Electronics in Agriculture, 2010, 73(2): 118-125.

[31] 刘占宇. 水稻主要病虫害胁迫遥感监测研究[D]. 杭州: 浙江大学, 2008.

[32] Cloutis E A. Review article hyperspectral geological remote sensing: Evaluation of analytical techniques[J]. International Journal of Remote Sensing, 1996, 17(12): 2215-2242.

[33] 王世明, 范世杰, 裴秋明, 等. 多光谱、高光谱遥感岩性解译在川藏铁路勘察中的应用——以藏东南怒江峡谷拥巴地区为例[J]. 工程地质学报, 2021, 29(2): 445-453.

[34] 石菲菲, 朱谷昌. 高光谱遥感在东天山玉带地区地质调查中的应用[J]. 矿产勘查, 2019, 10(11): 2753-2757.

[35] 童勤龙, 刘德长, 杨燕杰, 等. 新疆伊犁盆地巩留凹陷航空高光谱油气探测[J]. 地质学报, 2019, 93(4): 945-956.

[36] 董月群, 冒建华, 梁丹, 等. 城市河道无人机高光谱水质监测与应用[J]. 环境科学与技术, 2021, 44(S1): 289-296.

[37] Singh M, Rajesh V J. Mineralogical characterization of Juventae Chasma, Mars: Evidences from MRO-CRISM[J]. The International Archives of the Photogrammetry, Remote Sensing and Spatial Information Sciences, 2014, (8): 477-479.

[38] 赵葆常, 杨建峰, 常凌颖, 等. 嫦娥一号卫星成像光谱仪光学系统设计与在轨评估[J]. 光子学报, 2009, 38(3): 479-483.

[39] 赵柏林, 俞小鼎. 海洋大气气溶胶光学厚度的卫星遥感研究[J]. 科学通报, 1986, 31(21): 1645-1649.

[40] 李正强, 赵凤生, 赵崴, 等. 黄海海域气溶胶光学厚度测量研究[J]. 量子电子学报, 2003, 20(5): 635-640.

[41] 姚艳敏, 魏娜, 唐鹏钦, 等. 黑土土壤水分高光谱特征及反演模型[J]. 农业工程学报, 2011, 27(8): 95-100.

[42] 王晓. 土壤含水量高光谱特性与估测模型研究[D]. 泰安: 山东农业大学, 2012.

[43] 童庆禧, 张兵, 张立福. 中国高光谱遥感的前沿进展[J]. 遥感学报, 2016, 20(5): 689-707.

[44] Bagheri S, Stein M, Dios R. Utility of hyperspectral data for bathymetric mapping in a turbid estuary[J]. International Journal of Remote Sensing, 1998, 19(6): 1179-1188.

[45] Gitelson A, Garbuzov G, Szilagyi F, et al. Quantitative remote sensing methods for real-time monitoring of inland waters quality[J]. International Journal of Remote Sensing, 1993, 14(7): 1269-1295.

[46] Danaher S, O'Mongain E, Walsh J. A new cross-correlation algorithm and the detection of rhodamine-B dye in sea water[J]. International Journal of Remote Sensing, 1992, 13(9): 1743-1755.

[47] 马秀强, 彭令, 徐素宁, 等. 高分二号数据在湖北大冶矿山地质环境调查中的应用[J]. 国土资源遥感, 2017, 29(B10): 127-131.

[48] 刘姝妍. 基于高光谱成像的迷彩伪装识别研究[D]. 太原: 中北大学, 2022.

[49] 耿修瑞, 赵永超. 高光谱遥感图像小目标探测的基本原理[J]. 中国科学(D辑), 2007, 37(8): 1081-1087.

第 2 章　高光谱图像智能分类相关理论概述

高光谱图像是一种同时刻画光谱信息和地物空间分布信息的三维立体图像,可以对地物进行特征提取和目标识别[1,2]。随着遥感成像传感器的快速发展,精细的光谱分辨率和空间分辨率刻画了地物光谱的细微特征,为识别高光谱图像地物成分提供了强有力的支撑;高光谱图像整合了丰富的地物光谱信息和目标几何空间信息,可以更加深刻地表征地物的类别信息[3]。在高光谱图像处理流程中,对地物进行准确的分类和识别是最基础和最重要的一个环节[4-6],高光谱图像分类的准确率直接影响后续处理结果的可信度。本章对高光谱图像智能分类中涉及的相关理论进行概述,首先概括介绍高光谱图像分类技术的基本概念,然后对高光谱图像分类的基本流程和常用方法进行总结分析,最后介绍常用的高光谱图像分类评价指标。

2.1　高光谱图像分类技术概述

2.1.1　高光谱图像分类的概念

普通全色遥感图像获取的是单波段数据,而多光谱成像技术仅记录少数几个离散波段的图像,使得地物的可区分性比较低[7]。高光谱成像光谱仪获得的高光谱图像包含几十甚至几百个波段,具有较高的光谱分辨率,光谱曲线不再是离散波段,而是连续的曲线[8]。高光谱图像数据也称为数据立方体,包含空间维和光谱维,每个波段描述的空间维表示地物在该波段的反射率,不同地物类别在同一波段的反射率不同,描述该区域的二维空间分布。每个像元描述的光谱维表示该地物在不同波段的光谱反射率,地物类别不同,对应的光谱曲线也不同。

在光谱空间中,每条连续光谱响应曲线可以看成一个特定像元,通常不同地物具有不同的光谱幅值,即对应不同的光谱曲线,利用这一特性可以识别高光谱图像。

高光谱图像分类的目的是识别图像中所包含的各个土地覆盖类,对于图像中的每个像元点,依据像元的光谱幅值或图像具有的空间结构等信息对地物进行分类。高光谱图像分类建立在场景中同类地物像元具有光谱相似性和异类地物像元具有光谱异性的基础上,判定场景中每个像元的类别,高光谱图像分类也可以理解为像元级分类[9,10]。

2.1.2　高光谱图像分类特点及面临的挑战

随着高光谱图像获取技术的发展，单幅高光谱图像的数据量日益增多，光谱分辨率更加精细，这使得高光谱图像具有更加丰富的空间信息和光谱信息，为实现高光谱图像的快速精确分类提供了可能。然而高光谱图像在提供丰富信息的同时，也带来了挑战[11]。高光谱图像具有光谱分辨率高、训练样本缺乏、数据量大、信息冗余、非线性分布、类间距离小以及类内光谱异质性大等特点，因此在高光谱图像分类中，主要面临以下挑战。

(1)高光谱图像数据的高维性[12]。高光谱图像是利用机载或星载成像光谱仪在上百个波段上采集光谱反射率值而获得的，相应高光谱图像的光谱信息维数也高达上百维，数据量庞大，对数据冗余处理不当，将对高光谱图像分类性能产生一定的影响。高光谱图像的高维特征会出现休斯现象以及维数灾难，随着特征维数的上升，分类精度反而会下降，计算量呈几何倍数上升。

(2)高光谱图像的标记样本少。在实际应用中，采集高光谱图像数据比较容易，然而获取图像的类标签信息极其困难[13]，所以在高光谱图像分类中往往面临标记样本缺乏的问题。获取标记样本的人力、物力成本极大，所以新获取的高光谱图像往往面临无任何先验信息的挑战，这大大降低了深度学习等方法的分类精度。

(3)高光谱图像光谱信息的变异性[14]。由于受大气条件、传感器、地物成分与分布以及周边环境等因素的影响，高光谱图像同物异谱和同谱异物的现象普遍存在，即同一类别地物的光谱曲线具有较大的差异性，而不同类别地物的光谱曲线却具有相似性。

(4)高光谱图像的空间分辨率相对较低[15,16]。受通信能力以及存储空间的限制，为保障光谱数据传输，必须在空间分辨率上做出妥协，这就导致其空间分辨率相对较低。传统的多光谱遥感图像空间分辨率可达厘米级，而高光谱图像空间分辨率往往达数十米，机载高光谱图像空间分辨率最高可达到米级。

(5)高光谱图像的质量[17]。在高光谱图像采集过程中，噪声和背景因素的干扰严重影响采集数据的质量，而图像质量直接影响高光谱图像的分类精度。

(6)高光谱图像的样本不均衡[18]。高光谱图像中各类别样本数量相差很大，可能会存在某个或某些类别的样本数远大于另一些类别的样本数的情况。使用不平衡的样本训练出来的模型一定会导致样本少的种类预测性能很差，甚至无法分类预测。

2.2　高光谱图像分类基本流程

高光谱图像分类基本流程一般包括图像预处理、标记训练样本、特征提取与特征选择、分类判决以及分类结果和精度评价五部分。

2.2.1　图像预处理

高光谱图像在获取过程中存在一定的噪声，以及不同程度、不同性质辐射量的失真和几何畸变等现象，这些畸变和失真均会导致图像质量下降，严重影响其应用效果，必须对图像进行预处理来消除这些因素的影响。高光谱数据的预处理包括很多方面的内容，主要包括条带噪声去除、波段间配准、数据压缩、光谱定标、辐射定标、大气校正、几何定标等。由于很多高光谱数据在获得时遥感研究所已经对数据进行了部分预处理，所以进行高光谱图像预处理一般包括遥感器定标、几何校正和大气校正等内容。

2.2.2　标记训练样本

在分类时，训练样本的选取是非常重要的，直接关乎后面的分类结果。在开始数据分析之前，一般先选取红、绿、蓝波段或者其他波段合成假彩色图像，根据假彩色图像进行整体的直观分析，从而确定出所要分类的类别组。定义的最优类别需要满足分类的有用性和可分性，同时要满足分类的完整性。在进行分类时确定分类的类别，针对每一类别选择出适合条件的训练样本，在进行训练样本的选择时，样本的标记必须与地面的真实数据相吻合，这样才能保证分类的可行性。这些训练样本必须是相应类别的一个均质样本，不能包含其他类别，也不能是其他类别之间的边界或混合像元，但同时必须包括该类别的变化范围，因此常需要对每一类别标定多于一个的训练区。对于每一类别，训练样本集的大小应该一致，以此来保证分类的均匀性。样本数目应该保持在一定的范围内，训练样本数目过少，不能保证分类的准确度，同时样本数目过多则会出现过学习的情况，影响分类方法可迁移性。

2.2.3　特征提取与特征选择

一般来说，光谱中的每个波段图像都提供了研究对象一定的信息，但其重要性有所不同，而且在多数情况下，各波段图像提供的信息常常有所重叠，波段间具有很强的相关性。为了消除数据间不必要的冗余信息，减少数据量和计算时间，需要对高光谱图像进行特征提取。

特征提取是通过映射和变换的方法，把原始模式空间的高维数据变成特征空间的低维数据，然后对特征更集中的低维数据进行处理。特征提取可以分为两类：一类是基于变换的方法，如主成分分析（又称为 K-L 变换）、最小噪声分离变换、小波变换等，这些降维方法速度很快；另一类是基于非变换的方法，如波段选择等，其优点是保持了图像的原有特征。光谱特征提取是从原始数据中提取其特征参数，以满足后续处理要求。由电磁波理论可知，相同物体具有相同的电磁波谱特征，不同物体由于物质组成、内部结构和表面状态不同，具有相异的电磁波谱特性，这是利用地物光谱特征来识别和区别地物的基础。从本质上讲，特征选择的过程就是一个组合优化问题。特征选择是要选择部分有效特征，摒弃多余特征，但是不能损失原始数据的有用信息，同时选择的特征相对于其他特征能够更有效地进行分类。

2.2.4　分类判决

分类判决是分类处理的核心阶段，关系到是否能够充分挖掘高光谱图像所包含的丰富信息。在高光谱图像的分类过程中，由于高光谱图像分辨率很高，所以能够识别的类别数目比较多，如果用一些传统的分类方法进行分类，其分类效果比较差，这就需要一些根据图像特点和分类目的设计或选择恰当的分类器及其判决准则来提高其分类精度，对未知区域的样本进行类别归属的判断。

2.2.5　分类结果和精度评价

在分类结束后，要对分类结果进行评价，确定分类的精度和可靠性。高光谱图像分类精度评价是指在完成高光谱图像分类后，依据地面真实标记参考图，评估分类后影像的准确性。随着高光谱遥感技术的进展以及不同应用的复杂化、具体化，高光谱图像分类精度评价显得越来越重要。

2.3　高光谱图像分类方法概述

2.3.1　有监督分类、半监督分类与无监督分类

按是否利用标记样本信息，高光谱图像分类方法可分为无监督分类、有监督分类以及半监督分类三种方法[19-22]，其中有监督分类方法使用带标签的样本，无监督分类方法使用没有带标签的样本，而半监督分类方法是既使用有标签的样本又使用无标签的样本。下面分别对这三类分类方法进行总结和分析。

首先是无监督分类方法。无监督分类方法就是在没有任何标记先验信息条件下，根据数据的光谱相关性进行聚类分析的方法。K-means 聚类方法、迭代自组织数据分析聚类方法是两种比较典型的无监督分类方法，这些方法都是首先初始

化一些聚类中心，然后根据某种距离度量将样本划分到不同的聚类中，并重复执行上述过程直到满足某种条件[23]。尽管无监督分类方法在高光谱图像分类中给出了一定的分类精度，但是由于没有利用任何标记先验信息，分类精度难以满足条件，而且无监督分类方法只给出了地物的聚类关系，不能给每个样本分配相应的类别。

然后是有监督分类方法。有监督分类方法通常需要足够多的标记先验信息来训练分类模型，然后可以利用该分类模型对测试样本进行分类[24,25]。与无监督分类方法相比，有监督分类方法利用了大量标记先验信息参与训练，获得了更高的分类精度。高光谱图像有监督分类方法大致分成以下两类：①基于光谱特征相似性的方法，具有代表性的是光谱角匹配；②基于统计分析的方法，具有代表性的是最大似然分类方法、支持向量机、基于神经网络的方法。

与有监督分类方法不同的是，半监督分类方法可以在大量未标记样本的辅助下仅利用少量的标记样本进行学习。在有监督高光谱图像分类中，常常需要足够多的标记样本来训练可靠的分类模型。然而，对样本进行标记是一件耗时、耗力的工作。另外，可以轻易地获得大量未标记样本，因此能够充分利用丰富的未标记样本来学习的半监督分类方法受到了研究人员的广泛关注。

无监督分类方法没有用到任何标记先验信息，在分类精度上难以达到满意的结果[26]。在充足的标记样本情形下，有监督分类方法可以得到可靠的分类模型，从而可以得到比较理想的分类结果，与无监督分类方法相比，有监督分类方法的分类精度更高，更适合于实际应用。然而，在实际应用中，有监督高光谱图像分类方法也面临一些问题，高光谱图像通常覆盖很大的范围，实地考察并标记样本是一件非常困难的事情，导致很难获得足够多的训练样本，从而面临有限标记样本与高光谱图像高维数之间的矛盾，产生休斯现象。

2.3.2　高光谱图像分类方法的种类

高光谱图像分类方法发展迅速，受到了众多学者的关注，涌现出许多经典的方法。依据对特征的表达能力，高光谱图像分类方法可以分为基于机器学习的高光谱图像分类方法和基于深度学习的高光谱图像分类方法；依据有无利用高光谱图像的空间信息，高光谱图像分类方法可以分为基于光谱信息的高光谱图像分类方法和基于空谱信息的高光谱图像分类方法。

机器学习的处理对象是数据，从数据出发提取数据的特征；发现数据中的规律并建立模型；最后对数据进行分析与预测。在高光谱图像分类领域，机器学习是根据高光谱图像的原始数据构建概率统计模型，从而对数据进行分析和预测的方法。然而高光谱图像具有高维数据，机器学习在应对大量、高维信息时主要表现出两方面缺陷[22]：一是机器学习严重依赖人为手动确定特征，然后手动对特征进行编码；二是机器学习无法学习到数据中的深度特征，对输入数据的抽象拟合能力不足，无法提取非线性的高维特征。

深度学习在语音识别、计算机视觉、自然语言处理等方面均获得了很多突破性的进展。深度学习可以理解为一种特殊的机器学习，展现出强大的能力和灵活性。深度学习将输入的数据表达成很多特征的嵌套，浅层的、简单的特征组合成更为深层和复杂的特征，抽象的特征都是由不太抽象的特征计算而来的。随着深度学习在计算机视觉领域应用的巨大成功，深度学习方法也迁移到高光谱图像分类领域中[18,27]。

基于光谱信息的高光谱图像分类方法根据网络结构的不同，利用高光谱图像的光谱特征进行分类的方法大致可分为以堆栈自动编码器网络为基础的方法、以深度置信网络为基础的方法和以卷积神经网络为基础的方法等。

以堆栈自动编码器网络为基础的方法，将 SAE 与逻辑回归（logistic regression，LR）连接起来用于分类，验证了将 SAE 用于高光谱图像光谱特征提取的可行性[28,29]。后来为了提高 SAE 的分类性能，在微调过程中增加了相对距离这一先验知识，从而使得高光谱图像分类网络更加适应小样本数据。

高光谱图像既包含光谱信息，又包含空间信息。由于高光谱图像缺乏训练样本，而且普遍存在同谱异物和同物异谱现象，通过网络的学习得到每个像元的类别标签，高光谱图像需要展成一维的矩阵来满足模型的输入需求，这样将会破坏高光谱图像原有的空谱结构特征，导致高光谱图像的信息不能被有效利用，没有充分考虑其空间信息[1]。

为了缓解这一问题，许多学者开始挖掘高光谱图像的空间信息[30]，空间信息的引入不仅能弥补高光谱样本标记信息的不足，还能有效克服同谱异物和同物异谱现象，能够获得空间连续性较好且精度较高的分类结果图，但空间信息能提供有效判别信息的前提是高光谱图像存在均质区域，即存在空间平滑性。

2.4　高光谱图像分类精度评价

针对高光谱图像分类任务，通常使用定性和定量两种方式来评估分类方法的有效性。其中，定性评估是分类结果的视觉比较，即评估比较分类方法的结果图和真实地物分布图。对于定量评估，根据地物真实分类结果来评定所用方法的有效性，常用的是三种典型的定量评价指标，即整体分类精度（overall accuracy，OA）、平均分类精度（average accuracy，AA）和 Kappa 系数[31-35]。通常在分类任务中，混淆矩阵（confusion matrix，CM）是评价分类精度的基本指标。在对高光谱数据进行分类后，将获得的分类结果和真实的地物分布标记图进行比较，从而获得混淆矩阵和 OA、AA 和 Kappa 系数[36,37]。

2.4.1 混淆矩阵

混淆矩阵用于评价分类器的结果与真实的地物类别信息图的一致程度，假设 C 代表分类方法的混淆矩阵。详细地说，假设待检测样本包含 L 个类，且 $C \in \mathbb{R}^L$，$C(i, j)$ 表示第 j 类的样本被分为第 i 类的样本的个数，类别 i 的错分率为

$$E_{i,j} = \frac{C(i, j)}{N_i} \tag{2-1}$$

其中，N_i 为类别 i 具有的样本总数。

因此，类别 j 的漏分误差为

$$E_{j,i} = \frac{C(j, i)}{N_i} \tag{2-2}$$

2.4.2 OA 与 AA

已知，C 是大小为 $L \times L$ 的矩阵，L 是类别数量，C_{ij} 代表类别 i 被分为类别 j 的样本个数。OA 用于度量总体正确分类样本的百分比，其计算公式可以表示为

$$\text{OA} = \sum_{i=1}^{L} C_{ii} / N \tag{2-3}$$

其中，N 为样本总个数；C_{ii} 为被正确分为第 i 类的样本个数。

类别准确率(class accuracy，CA)又称为生产者分类准确率，代表属于第 i 类的样本被分类器准确识别为第 i 类的比例，即

$$\text{CA}_i = \frac{C_{ii}}{\sum_{j=1}^{L} C_{ij}} \times 100\% \tag{2-4}$$

而 AA 是指所有类别准确率的均值，其计算公式可以表示为

$$\text{AA} = \frac{\sum_{i=1}^{L} \text{CA}_i}{L} \times 100\% \tag{2-5}$$

2.4.3 Kappa 系数

Kappa 系数是一种评估分类精度的统计方法，可以刻画分类结果中存在的不

确定性，从而更加精准地反映图像分类的误差性。Kappa 系数的计算过程综合考虑了混淆矩阵中被正确分类和被错分的误差，即

$$\text{Kappa} = \left[N\left(\sum_{i=1}^{L} C_{ii}\right) - \sum_{i=1}^{L}\left(\sum_{j=1}^{L} C_{ij} \sum_{j=1}^{L} C_{ji}\right) \right] \bigg/ \left[N^2 - \sum_{i=1}^{L}\left(\sum_{j=1}^{L} C_{ij} \sum_{j=1}^{L} C_{ji}\right) \right] \qquad (2\text{-}6)$$

通常，当 Kappa 系数为正数且较大时，说明对应分类方法的分类结果一致性较好，当 Kappa 系数为 1 时，说明分类方法具有百分之百的识别率。

参 考 文 献

[1] Rasti B, Hong D F, Hang R L, et al. Feature extraction for hyperspectral imagery-The evolution from shallow to deep: Overview and toolbox[J]. IEEE Geoscience and Remote Sensing Magazine, 2020, 8(4): 60-88.

[2] Jiang J J, Ma J Y, Liu X M. Multilayer spectral-spatial graphs for label noisy robust hyperspectral image classification[J]. IEEE Transactions on Neural Networks and Learning Systems, 2022, 33(2): 839-852.

[3] Li S T, Song W W, Fang L Y, et al. Deep learning for hyperspectral image classification: An overview[J]. IEEE Transactions on Geoscience and Remote Sensing, 2019, 57(9): 6690-6709.

[4] Agilandeeswari L, Prabukumar M, Radhesyam V, et al. Crop classification for agricultural applications in hyperspectral remote sensing images[J]. Applied Sciences, 2022, 12(3): 1670.

[5] Hong D F, Han Z, Yao J, et al. SpectralFormer: Rethinking hyperspectral image classification with transformers[J]. IEEE Transactions on Geoscience and Remote Sensing, 2022, 60: 1-15.

[6] Ding Y, Guo Y Y, Chong Y W, et al. Global consistent graph convolutional network for hyperspectral image classification[J]. IEEE Transactions on Instrumentation and Measurement, 2021, 70: 1-16.

[7] Du B, Zhang L P, Chen T, et al. A discriminative manifold learning based dimension reduction method for hyperspectral classification[J]. International Journal of Fuzzy Systems, 2012, 14(2): 272-277.

[8] Fang L Y, Li S T, Duan W H, et al. Classification of hyperspectral images by exploiting spectral-spatial information of superpixel via multiple kernels[J]. IEEE Transactions on Geoscience and Remote Sensing, 2015, 53(12): 6663-6674.

[9] Feng F, Zhang Y S, Zhang J, et al. Small sample hyperspectral image classification based on cascade fusion of mixed spatial-spectral features and second-order pooling[J]. Remote Sensing, 2022, 14(3): 505.

[10] Ghasrodashti E K, Sharma N. Hyperspectral image classification using an extended auto-encoder method[J]. Signal Processing: Image Communication, 2021, 92: 116111.

[11] Yu C Y, Huang J H, Song M P, et al. Edge-inferring graph neural network with dynamic task-guided self-diagnosis for few-shot hyperspectral image classification[J]. IEEE Transactions on Geoscience and Remote Sensing, 2022, 60: 1-13.

[12] Hong D F, Gao L R, Yao J, et al. Graph convolutional networks for hyperspectral image classification[J]. IEEE Transactions on Geoscience and Remote Sensing, 2020, 59(7): 5966-5978.

[13] Liu B, Gao K L, Yu A Z, et al. Semisupervised graph convolutional network for hyperspectral image classification[J]. Journal of Applied Remote Sensing, 2020, 14(2): 026516.

[14] Li R, Zheng S Y, Duan C X, et al. Classification of hyperspectral image based on double-branch dual-attention mechanism network[J]. Remote Sensing, 2020, 12(3): 582.

[15] Yu H Y, Gao L R, Liao W Z, et al. Multiscale superpixel-level subspace-based support vector machines for hyperspectral image classification[J]. IEEE Geoscience and Remote Sensing Letters, 2017, 14(11): 2142-2146.

[16] Khodadadzadeh M, Li J, Plaza A, et al. A subspace-based multinomial logistic regression for hyperspectral image classification[J]. IEEE Geoscience and Remote Sensing Letters, 2014, 11(12): 2105-2109.

[17] Liu Q C, Xiao L, Yang J X, et al. Multilevel superpixel structured graph U-Nets for hyperspectral image classification[J]. IEEE Transactions on Geoscience and Remote Sensing, 2022, 60: 1-15.

[18] Audebert N, le Saux B, Lefevre S. Deep learning for classification of hyperspectral data: A comparative review[J]. IEEE Geoscience and Remote Sensing Magazine, 2019, 7(2): 159-173.

[19] Song M P, Yu C Y, Xie H Y, et al. Progressive band selection processing of hyperspectral image classification[J]. IEEE Geoscience and Remote Sensing Letters, 2019, 17(10): 1762-1766.

[20] Ahmad M, Shabbir S, Roy S K, et al. Hyperspectral image classification-Traditional to deep models: A survey for future prospects[J]. IEEE Journal of Selected Topics in Applied Earth Observations and Remote Sensing, 2021, 15: 968-999.

[21] Liu W W, Shen X B, Du B, et al. Hyperspectral imagery classification via stochastic HHSVMs[J]. IEEE Transactions on Image Processing, 2018, 28(2): 577-588.

[22] Zhao C H, Zhu W X, Feng S. Hyperspectral image classification based on kernel-guided deformable convolution and double-window joint bilateral filter[J]. IEEE Geoscience and Remote Sensing Letters, 2022, 19: 1-5.

[23] Zhong S W, Chang C I, Li J J, et al. Class feature weighted hyperspectral image classification[J]. IEEE Journal of Selected Topics in Applied Earth Observations and Remote Sensing, 2019, 12(12): 4728-4745.

[24] Sun W W, Yang G, Peng J T, et al. Lateral-slice sparse tensor robust principal component

analysis for hyperspectral image classification[J]. IEEE Geoscience and Remote Sensing Letters, 2020, 17(1): 107-111.

[25] Chan J C W, Ma J L, van de Voorde T, et al. Preliminary results of superresolution-enhanced angular hyperspectral (CHRIS/PROBA) images for land-cover classification[J]. IEEE Geoscience and Remote Sensing Letters, 2011, 8(6): 1011-1015.

[26] Nalepa J, Myller M, Imai Y, et al. Unsupervised segmentation of hyperspectral images using 3-D convolutional autoencoders[J]. IEEE Geoscience and Remote Sensing Letters, 2020, 17(11): 1948-1952.

[27] Zhu J, Fang L Y, Ghamisi P. Deformable convolutional neural networks for hyperspectral image classification[J]. IEEE Geoscience and Remote Sensing Letters, 2018, 15(8): 1254-1258.

[28] Wan X Q, Zhao C H, Wang Y C, et al. Stacked sparse autoencoder in hyperspectral data classification using spectral-spatial, higher order statistics and multifractal spectrum features[J]. Infrared Physics & Technology, 2017, 86: 77-89.

[29] Wan X Q, Zhao C H. Local receptive field constrained stacked sparse autoencoder for classification of hyperspectral images[J]. Journal of the Optical Society of America A, 2017, 34(6): 1011-1020.

[30] Hu W, Huang Y Y, Wei L, et al. Deep convolutional neural networks for hyperspectral image classification[J]. Journal of Sensors, 2015, 2015: 1-12.

[31] Zhao C H, Li W, Li X H, et al. Sparse representation based on stacked kernel for target detection in hyperspectral imagery[J]. Optik-International Journal for Light and Electron Optics, 2015, 126(24): 5633-5640.

[32] Bo C J, Lu H C, Wang D. Hyperspectral image classification via JCR and SVM models with decision fusion[J]. IEEE Geoscience and Remote Sensing Letters, 2015, 13(2): 177-181.

[33] Tong F, Zhang Y. Spectral-spatial and cascaded multilayer random forests for tree species classification in airborne hyperspectral images[J]. IEEE Transactions on Geoscience and Remote Sensing, 2022, 60: 1-11.

[34] Hu X, Wang X Y, Zhong Y F, et al. S^{3}ANet: Spectral-spatial-scale attention network for end-to-end precise crop classification based on UAV-borne H^2 imagery[J]. ISPRS Journal of Photogrammetry and Remote Sensing, 2022, 183: 147-163.

[35] Meng S Y, Wang X Y, Hu X, et al. Deep learning-based crop mapping in the cloudy season using one-shot hyperspectral satellite imagery[J]. Computers and Electronics in Agriculture, 2021, 186: 106188.

[36] Sun H, Zheng X T, Lu X Q, et al. Spectral-spatial attention network for hyperspectral image classification[J]. IEEE Transactions on Geoscience and Remote Sensing, 2020, 58(5): 3232-3245.

[37] Zhao C H, Qin B A, Feng S, et al. Multiple superpixel graphs learning based on adaptive multiscale segmentation for hyperspectral image classification[J]. Remote Sensing, 2022, 14(3): 681.

第 3 章　基于机器学习的高光谱图像分类

3.1　基于机器学习的高光谱图像经典分类方法概述

机器学习一直是高光谱图像分类的主要手段，通过机器学习处理高光谱图像数据及挖掘的内在模式成为高光谱领域的基本方法。近年来，深度学习的发展非常迅速，各种性能优良的网络层出不穷，得益于深度学习的快速发展，出现了很多基于深度学习的高光谱图像分类方法。深度学习在高光谱图像分类领域展现出强大的学习能力，但是深度学习对样本数量和质量依赖性较高，尽管现在有很多研究都是在解决小样本条件下的分类问题，但是单凭深度网络的搭建无法解决样本数量不足的问题。相较于深度学习，传统的机器学习通过聚类、分割以及光谱角匹配等方法对高光谱图像进行分类，反而在实际应用中具备很好的应用能力和鲁棒性，如何将统计学方法更好地结合机器学习是当今深度网络"百花齐放"的时代中更需要去解决的根本性问题。本章介绍五种传统的高光谱机器学习分类方法，以便更好地认识机器学习对于高光谱图像分类的重要性。

3.1.1　基于组合核的高光谱图像分类方法

核方法在解决非线性可分的问题上具有很大的技术优势，可以利用核函数的非线性映射能力，将样本映射到高维特征空间，从而有效解决分类中的非线性可分问题。同时，映射后高维特征空间的内积运算可以利用核函数隐式地表达出来，进而大大降低了在映射后高维特征空间中直接计算内积的操作难度和计算复杂程度，也避免了随着特征维度的增加而对分类结果产生负面影响的休斯现象。支持向量机(support vector machines，SVM)作为核方法中最具代表性的分类器，被成功引入高光谱图像分类的研究中，并且实验也证明了 SVM 在较少训练样本下的分类鲁棒性[1]。然而，当样本数据规模较大、异构特征明显时，这些较早提出的单核方法无法很好地表达特征空间。文献[2]提出了基于组合核(composite kernel，CK)的空间和光谱分类方法，该方法的核心分类思想是使用线性组合空间核和光谱核得到的组合核来代替 SVM 中的原始光谱核函数。然而，对于不规则的边缘区域，该方法使用矩形窗口提取信息可能会采集到周围邻近像元的类别信息，从而造成混淆并降低分类精度。为了缓解该问题，文献[3]于 2018 年提出一种基于最近邻域驱动的组合核高光谱图像分类方法，该方法建立在原始组合核方法的基础上，增加了一些预处理。首先选取最优的最近邻域，在选出的最近邻域内通过欧氏距离计算空间信息，然后利用均值滤波器对对应的像元集求均值，在处理完全部的数据集之后，应用原始组合核方法进行分类。

3.1.2　基于稀疏表示的高光谱图像分类方法

稀疏表示分类方法能自适应地揭示数据的内在关系而成为机器学习领域的研究热点，近年来广泛应用于高光谱图像特征提取与分类任务中。文献[4]提出了联合稀疏表示模型，用于分类高光谱图像，该方法的实现思想是同时对能体现空间信息的多个样本进行稀疏表示，然后在进行稀疏重构操作时将空间上下文结构信息融入其中，使计算的稀疏编码更具有判别性，从而获得了较好的分类结果。随后，文献[5]提出了基于核稀疏表示的高光谱图像分类方法。然而，文献[4]提出的是基于固定大小的窗口式联合稀疏表示方法，无法利用高光谱图像的多尺度结构信息。在此基础上，基于多尺度自适应稀疏表示的空谱联合分类方法被提出，进一步提高了联合稀疏表示的地物识别性能。

文献[6]在匹配追踪(matching pursuit，MP)方法中提出稀疏表示原理。文献[7]指出稀疏表示的基本思想是用一个过完备字典将信号用一个稀疏向量进行表示，该稀疏向量中大部分元素均为 0，即利用较少的非零元素来刻画初始信号的主要信息，从而确保信号的稀疏性。随着稀疏表示相关理论的发展，一些学者已经证明基于稀疏表示的高光谱图像分类方法在识别高光谱图像时可以取得较好的分类结果。稀疏表示的实现原理如下：

对于一个高光谱图像，假设有 M 种土地覆盖类，字典设定为 $A = [A_1, \cdots, A_m, \cdots, A_M]$，其中，$A_m$ 为第 m 类子字典，即对应数据集中第 m 种地物的训练样本。对于测试样本 x，可用字典 A 中的不同系数线性表示，即

$$x = A\alpha = A_1\alpha_1 + A_2\alpha_2 + \cdots + A_M\alpha_M \tag{3-1}$$

其中，α_m 为子字典 A_m 对应的稀疏表示系数。

稀疏表示系数 α 可由式(3-2)进行求解：

$$\begin{cases} \hat{\alpha} = \arg\min\|\alpha\|_0 \\ \text{s.t. } \|x - A\alpha\|_2 \leqslant \varepsilon \end{cases} \tag{3-2}$$

其中，ε 为重构误差的阈值。

因此，测试样本 x 的标签可通过最小化样本与重构信号之间的残差来获得，即

$$\text{Label}(x) = \arg\min_{m \in \{1,2,\cdots,M\}} \|x - A_m\hat{\alpha}_m\|_2 \tag{3-3}$$

其中，$\hat{\alpha}_m$ 为稀疏表示系数 $\hat{\alpha}$ 中属于第 m 类的区间。

3.1.3　基于随机森林的高光谱图像分类方法

随机森林是在决策树的基础上发展而来的一种集成方法，该方法采用随机子空间特征选择方法降低了输入数据的维度，同时通过主要投票机制确定多个决策树的结果。文献[8]指出相比于决策树方法，随机森林具有的特点为：有放回地抽样产生用于生成单棵树的样本，使得每棵树输入的样本数不是所有样本，可以避免数据的过拟合；在自上而下形成树的过程中，从随机选择的特征子集中抽取最优特征，在一定程度上降低了树间的相关性；该方法对参数选择不敏感、分类结果稳定和学习过程速度快；然而在噪声较大的分类或回归问题上易产生过拟合。文献[9]提出了基于随机森林的高光谱-雷达整合数据分类方法。文献[10]将随机森林用于森林物种的分类，实验表明，随机森林相比于支持向量机更有利于区分森林的种类。

随机森林结合引导聚合(Bootstrap aggregating)思想和随机子空间(random subspace)思想，通过构建决策树来集成。随机森林内部的多个决策树、二叉决策树是最基本的决策树模型，也称为分类和回归树。对于决策树，在定义分类的规则后，每个节点将会对整个特征向量进行搜索，通过搜索最优特征和阈值对数据进行正确分类，即将特征值大于阈值的数据设定为"真"。随机森林的结构图主要包括Bootstrap采样、训练决策树模型和分类决策三部分，随机森林分类器的结构框图如图 3-1 所示。

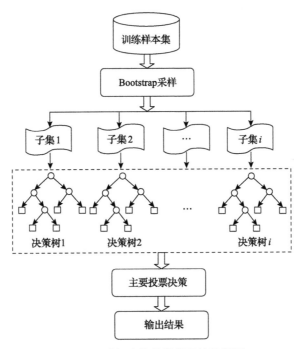

图 3-1　随机森林分类器的结构框图

Bootstrap 采样的实现思想是，随机有放回地从原训练数据集中提取样本构建新的训练数据集。Bootstrap 采样方法的优势是保证每棵决策树的独立性，从而提高随机森林的预估能力。训练决策树模型是根据 Bootstrap 采样之后获得的训练集生成决策树的过程。随机森林的决策准则为

$$H(x) = \arg \max_Y \sum_i I(h_i(x) = Y) \tag{3-4}$$

其中，$h_i(x)$ 为决策树的输出；Y 为地物类标签；$I(\cdot)$ 为组合策略；$H(x)$ 为组合函数。

随机森林分类器的分类结果由所有决策树的投票结果共同决定，即按照主要投票机制将待测样本归属于投票最多的类别。随机森林采用随机选取子空间特征的方法来减少输入数据的维度，而且可以快速构建决策树，因此可以寻址传统高光谱图像分类任务时面对的维数灾难问题，从而有效地识别高光谱图像。

3.1.4　基于图像分割的高光谱图像分类方法

一直以来图像分割在光学领域备受关注，通过无监督方式或者有监督方式对需要处理的图像进行分割，这样会对后续的分类或者识别等处理有很大的帮助。因此，将图像分割方法用到高光谱图像分类中对提高分类性能具有较大的帮助，在分类前对图像进行分割预处理，从而提高分类的识别度以及样本的扩充。近年来，超像元因其强大的提取空间信息的能力，被广泛应用于高光谱图像分类中。超像元可以根据图像的纹理结构自适应地改变形状和大小，能够包含更为准确的空间信息。诸多基于超像元的方法(如基于超像元的多核方法、基于区域的多尺度核方法、基于邻近超像元的多尺度空间光谱核方法等)均被用于高光谱图像分类中，并取得了较为满意的分类结果。这些方法表明，获取更为准确的空间信息可以有效提高分类精度。

超像元图学习分类器是一种基于图变换的半监督超像元分类器，图学习分类器主要分为两部分，即图的构建和标签传播。图的构建是在超像元分割图上提取均值特征、权重特征和聚类中心特征，最后构成一个无向子图 $G = (V, E, W)$。均值特征向量定义为

$$S_i^m = \frac{\sum_{j=1}^{n_i} \hat{I}(p_{i,j})}{n_i} \tag{3-5}$$

权重特征向量表示为

$$S_i^w = \sum_{j=1}^{J} w_{i,z_j} S_{z_j}^m \qquad (3\text{-}6)$$

其中，w_{i,z_j} 为高斯核函数。

最终的聚类中心特征的计算公式为

$$S_i^p = \frac{\sum_{j=1}^{n_i} p_{i,j}}{n_i} \qquad (3\text{-}7)$$

获得三个特征后，超像元块之间的图连接由两个高斯核函数的权重构建。

最终图像的标签可以采用一个标签矩阵进行统计，标签矩阵的成本函数为

$$Q(F) = \frac{1}{2} \sum_{i,j=1}^{n} W_{ij} \left\| \frac{F_i}{\sqrt{D_{ii}}} - \frac{F_j}{\sqrt{D_{jj}}} \right\|^2 + \frac{\mu}{2} \sum_{i=1}^{n} \| F_i - Y_i \|^2 \qquad (3\text{-}8)$$

标签矩阵计算为 $F^* = \arg\min_{F \in \mathcal{F}} Q(F)$，最终的分类结果图通过计算每个超像元的标签获得。

3.1.5　基于边缘保持滤波的高光谱图像分类方法

高光谱图像在采集、存储和传输过程中易受到来自系统内部和周围环境的干扰，导致图像的一些细节信息被噪声掩盖，给图像分析、特征提取和识别等处理过程带来很大的挑战[11]。因此，在对图像土地覆盖类进行识别分类前，最大限度地修复受损的图像并刻画有用的空域特征是迫切需要的。图像去噪方法大致分为变换域滤波和频域滤波两类，在实际应用中，通常采用线性空域滤波器来衰减图像噪声，如维纳滤波器和均值滤波器，然而这些线性空域滤波器在削弱噪声的同时，也使得图像的边缘变得模糊[12]。针对这一问题，已有学者提出了边缘保留滤波技术，即在去噪的同时尽可能地保留图像的边缘信息。常用的边缘保留滤波器有加权最小二乘(weighted least squares，WLS)、各向异性扩散(anisotropic diffusion，AD)和抗差估计(robust estimation，RE)方法[13]。尽管这些基于偏微分方程的方法可以获得较好的去噪效果，但必须通过迭代方法对其进行求解，这需要耗费较多的时间。相比较而言，双边保持滤波方法的计算过程不需要进行迭代操作，因此操作速度和去噪效果接近甚至优于上述基于偏微分方程的方法。

边缘保持滤波是指在滤波时可以保持图像的边缘信息，主要分为全局优化滤波和局部优化滤波，全局优化滤波对图像全局进行滤波处理，能够获得很好的性能，但是需要较长的计算时间。而局部优化滤波是对图像局部块进行滤波，不仅

能够保持良好的边缘信息，而且缩短了计算时间，不会产生梯度翻转。假设引导滤波器在一个局部窗口 w 内，则引导图像 X 与滤波输出的图像 Y 是线性变换模型，即

$$Y_m = a_k X_m + b_k, \quad \forall m \in w_k \tag{3-9}$$

输入图像与输出图像的代价函数为

$$E(a_k, b_k) = \sum_{m \in w_k} \left[(a_k X_m + b_k - X_m)^2 + \varepsilon a_k^2 \right] \tag{3-10}$$

最后对窗口内所有可能的取值进行平均处理，即

$$Y_m = \bar{a}_m X_m + \bar{b}_m = \frac{1}{|N|} \sum_{k \in w_m} (a_k X_m + b_k) \tag{3-11}$$

3.2　基于脊波和 SWNN 的高光谱图像融合分类方法

数字脊波变换(digital ridgelet transform，DRT)因其在图像增强、图像融合、边缘检测、图像去噪等方面表现出较之小波变换更加优良的性能而受到人们的广泛关注。二进脊波变换继承了数字脊波变换的优点，同时具有二进小波的冗余性、平移不变性和部分系数扰动不会影响到信号重构的特点。将二进脊波变换引入高光谱图像融合分类中，能有效提高分类的性能。脊波变换就是在 Randon 切片上应用一维小波变换。Randon 变换的作用是将直线型奇异转化为点奇异，而一维小波变换能有效处理点状的奇异性，因此脊波在处理直线型奇异性和超平面型奇异性时有很好的效果。有限脊波变换存在环绕效应的问题，给高光谱图像融合分类带来了不好的影响。为了解决这一问题，采用基于真实脊函数的数字脊波变换来代替二进脊波变换。

3.2.1　方法原理

首先给出数字脊波变换的相关原理。

考虑大小为 $n \times n$ 的图像，对于给定的正数，数字脊波 $\rho_{j,k,s,l}$ 是一个 $n \times n$ 方阵，由式(3-12)和式(3-13)给出，即

$$\rho_{j,k,s,l}(u,v) = \psi_{j,k}\left(u + \tan(\theta_l^s)v\right), \quad s = 1 \tag{3-12}$$

$$\rho_{j,k,s,l}(u,v) = \psi_{j,k}\left(v + \cot(\theta_l^s)u\right), \quad s = 2 \tag{3-13}$$

同样地，也可以用分数微分 Meyer 小波来定义数字脊波，即

$$\tilde{\rho}_{j,k,s,l}(u,v) = \tilde{\psi}_{j,k}\left(u + \tan\left(\theta_l^s\right)v\right), \quad s = 1 \tag{3-14}$$

$$\tilde{\rho}_{j,k,s,l}(u,v) = \tilde{\psi}_{j,k}\left(v + \cot\left(\theta_l^s\right)u\right), \quad s = 2 \tag{3-15}$$

以上这两种定义实际上保证了数字脊波 $\rho_{j,k,s,l}(u,v)$ 和 $\tilde{\rho}_{j,k,s,l}(u,v)$ 是连续脊函数的数字采样。注意到：实际上这个过程中有 $m = 2n$ 个小波和 $2 \times n$ 个角度 $\theta_{l,n}^s$，记 $\lambda = (j,k,s,l)$，Λ 代表所有可能的 $4n^2$ 个取值组成的集合。

数字脊波分解算子 R 将大小为 $n \times n$ 的图像 $(I(u,v):-n/2 \leqslant u,v < n/2)$ 变换为 $4n^2$ 个脊波系数，即

$$RI = \left(\langle I, \rho_\lambda \rangle : \lambda \in \Lambda\right) \tag{3-16}$$

相应的归一化算子 $\tilde{R}$ 存在关系为

$$\tilde{R}I = \left(\langle I, \tilde{\rho}_\lambda \rangle : \lambda \in \Lambda\right) \tag{3-17}$$

无论是以上哪种情况，都认为数字脊波变换大小为 $2n \times 2n$。

设 R 的共轭算子为 R^*，则 $R^* = S^* \cdot W^{-1}$，其中 W^{-1} 为 Meyer 小波重构算子，S^* 为 S 的共轭算子。小波变换的计算量为 $O(N)$，S 和 S^* 的计算量为 $O(N \lg N)$，所以脊波变换 R 与共轭脊波变换 R^* 的计算量为 $O(N \lg N)$。由于相邻方向的数字脊波会产生很大的内积，所以不能期望脊波系数有很大的衰减。可以考虑再对其进行小波变换，那么就可以得到伪极正交脊波。

设脊波指标集为 Λ，m 为 Λ 中元素的个数，$\{\rho_\lambda\}_{\lambda \in \Lambda}$ 张成 H 的子空间为 V，它们构成子空间 V 的框架，算子 $C:V \to l^2(m)$ 定义为

$$(Cf)_{\lambda \in \Lambda} = \langle f, \rho_\lambda \rangle_{\lambda \in \Lambda}, \quad \forall f \in V \tag{3-18}$$

若将 C 的定义域扩大为 H，则可以定义另一算子 $\bar{C}:V \to l^2(m)$ 为

$$\left(\bar{C}f\right)_{\lambda \in \Lambda} = \langle g, \rho_\lambda \rangle_{\lambda \in \Lambda}, \quad \forall g \in H \tag{3-19}$$

对应的框架算子 L_v、$\bar{L}_v$ 定义如下，即 $L_v:V \to V$ 满足

$$L_v f = \sum_{\lambda \in \Lambda} \langle f, \rho_\lambda \rangle \rho_\lambda, \quad \forall f \in V \tag{3-20}$$

$\overline{L}_v : H \to V$ 满足

$$\overline{L}_v g = \sum_{\lambda \in \Lambda} \langle g, \rho_\lambda \rangle \rho_\lambda, \quad \forall g \in H \tag{3-21}$$

易知，$L_v = C^* C$，$\overline{L}_v = C^* \overline{C}$。由框架算子 L_v 可以得到 $\{\rho_\lambda\}_{\lambda \in \Lambda}$ 的局部对偶框架 $\{\tilde{\rho}_\lambda\}_{\lambda \in \Lambda}$ 为

$$\{\tilde{\rho}_\lambda\}_{\lambda \in \Lambda} = L_v^{-1} \rho_\lambda \tag{3-22}$$

设 $\{\rho_\lambda\}_{\lambda \in \Lambda}$ 是 H 空间的子空间 V 的框架，对于 $\forall I \in H$，$f = L_v^{-1} \overline{L}_v I = \sum_{\lambda \in \Lambda} \langle I, \rho_\lambda \rangle \tilde{\rho}_\lambda$ 是 I 在子空间 V 中的正交投影。对于给定的图像 I，利用全局对偶框架重构的图像为

$$\tilde{I} = \sum_{\lambda \in \Lambda} \langle I, \rho_\lambda \rangle \rho_\lambda^* = L^{-1} \sum_{\lambda \in \Lambda} \langle I, \rho_\lambda \rangle \rho_\lambda = L^{-1} \overline{L}_v I \tag{3-23}$$

若利用局部对偶框架，则重构的图像为

$$f = \sum_{\lambda \in \Lambda} \langle I, \rho_\lambda \rangle \tilde{\rho}_\lambda = L_v^{-1} \sum_{\lambda \in \Lambda} \langle I, \rho_\lambda \rangle \rho_\lambda = L_v^{-1} \overline{L}_v I \tag{3-24}$$

等式(3-24)的实现由以下三步来完成。

第一步：对图像进行脊波分解，阈值后得到所选基的指标集合 Λ 和脊波系数矩阵为

$$M = \begin{cases} \langle I, \rho_\lambda \rangle, & \lambda \in \Lambda \\ 0, & \lambda \notin \Lambda \end{cases} \tag{3-25}$$

第二步：对 M 进行共轭脊波变换，得到 $b = R^* M$，其中 $R^* = S^* W^{-1}$。具体来说用 Mallat 方法进行小波重构，得到 $W^{-1} M$，利用重构方法计算 $S^* (W^{-1} M)$。

第三步：在给定精度下求解，即

$$L_v f = b \tag{3-26}$$

式(3-26)可用共轭梯度法进行求解。

其次给出样条权神经网络(sample weight neural network, SWNN)的相关原理。为了克服传统神经网络训练的收敛速度慢、对初值敏感、权值难以反映训练样本信息等缺陷，引入一种基于人工神经网络的样条权函数学习方法，简称为样条权

函数学习方法。该神经网络与以往的传统神经网络如误差反向传播(back propagation, BP)、径向基函数(radial basis function, RBF)核相比存在许多显著的优点：训练后的神经网络是输入样本的三次样条函数，而不是常数，且能反映样本的信息特征；拓扑结构简单，只有两层(传统神经网络至少为 3 层)，且只有输入层的权与神经元互连，输出层没有权；需要的神经元个数与样本数无关，仅取决于输入输出的节点个数；可将问题转换为对线性方程组的求解，因而速度快，不存在传统神经网络局部极小、收敛速度慢、初值敏感等问题。

1. 学习曲线与投影方程

一般而言，可以认为神经网络完成的工作是实现多维输入(m 维)到多维输出(n 维)之间的映射。该映射的一般关系可以写为

$$z = f(x) \tag{3-27}$$

假设 $x \in R^m$、$z \in R^n$(R 为欧氏空间)，则有

$$(z_1, z_2, \cdots, z_n) = f(x_1, x_2, \cdots, x_m) \tag{3-28}$$

式(3-27)和式(3-28)意味着，每给定一个 m 维自变量 $x = (x_1, x_2, \cdots, x_m) \in R^m$ 的数值，就得到了一个 n 维因变量 $z = (z_1, z_2, \cdots, z_n) \in R^n$ 的数值(即函数值)，因此只要给定 $x = (x_1, x_2, \cdots, x_m) \in R^m$，每一个 $z_i (i = 1, 2, \cdots, n)$ 也可以看成 m 维自变量 $x = (x_1, x_2, \cdots, x_m) \in R^m$ 的函数，即

$$\begin{cases} z_1 = f_1(x_1, x_2, \cdots, x_m) \\ z_2 = f_2(x_1, x_2, \cdots, x_m) \\ \quad \vdots \\ z_n = f_n(x_1, x_2, \cdots, x_m) \end{cases} \tag{3-29}$$

其中，各个方程式都可以看成彼此互相独立的方程式。

假设 D 为自变量 $x = (x_1, x_2, \cdots, x_m) \in R^m$ 的区域，该区域由式(3-30)给定：

$$D = [a_1, b_1] \times [a_2, b_2] \times \cdots \times [a_m, b_m] \tag{3-30}$$

则一般来说，方程组(3-30)中的每一个方程式都可以看作在给定区域内的一个 $m+1$ 维超曲面。

假设对于给定的参数 $t \in [t_a, t_b]$，$x_i(t)(i = 1, 2, \cdots, m)$ 在给定的区域 $[a_i, b_i]$ 上有定义，则以下方程式：

$$\begin{cases} x_1 = x_1(t) \\ x_2 = x_2(t) \\ \quad\vdots \\ x_m = x_m(t) \end{cases} \tag{3-31}$$

所定义的空间超曲线称为输入样本曲线，简称为样本曲线，而 $x_i(t)(i=1,2,\cdots,m)$ 称为输入样本函数，简称为样本函数。

样本曲线限定了输入样本的选择范围，也就是说，所有的输入样本都应该满足式(3-31)，避免了盲目选择训练样本，有助于神经网络训练方法的实现。

假设对于给定的参数 $t \in [t_a, t_b]$，样本函数 $x_i(t)$ $(i=1,2,\cdots,m)$ 以及函数 $z(t) = f(x_1(t), x_2(t), \cdots, x_m(t))$ 在给定的区域 $t \in [t_a, t_b]$ 内有定义，则以下方程式：

$$\begin{cases} x_1 = x_1(t) \\ x_2 = x_2(t) \\ \quad\vdots \\ x_m = x_m(t) \\ z = z(t) = f(x_1(t), x_2(t), \cdots, x_m(t)) \end{cases} \tag{3-32}$$

所定义的空间超曲线称为学习曲线，其中 $z(t) = f(x_1(t), x_2(t), \cdots, x_m(t))$ 称为由样本曲线 $x_i(t)$ $(i=1,2,\cdots,m)$ 定义的目标函数(也称为训练函数、学习函数、网络函数)，简称为目标函数。

假设空间曲线的参数方程形如式(3-32)，则该曲线在 x_1Oz 平面上的投影柱面方程为

$$\begin{cases} x_1 = x_1(t) \\ z = z(t) \end{cases} \tag{3-33}$$

当仅考虑在 x_1Oz 平面上的投影时，可以将柱面方程(3-33)看成在 x_1Oz 平面上的投影方程。将式(3-33)消去变量 t 后，可以写为

$$z = u_1(x_1) \tag{3-34}$$

式(3-34)两端乘以常数 η_1 得到

$$\eta_1 z = z_1 = \eta_1 u_1(x_1) \tag{3-35}$$

同样地，式(3-32)可以在 $x_i Oz$ 平面上进行投影，消去变量并像式(3-35)那样在两边乘以常数，则曲线方程(3-32)可以改写为

$$\begin{cases} \eta_1 z = z_1 = \eta_1 u_1(x_1) \\ \eta_2 z = z_2 = \eta_2 u_2(x_2) \\ \qquad\quad\vdots \\ \eta_m z = z_m = \eta_m u_m(x_m) \end{cases} \tag{3-36}$$

其中

$$\sum_{i=1}^{m} \eta_i = 1, \qquad 0 \leqslant \eta_i \leqslant 1 \tag{3-37}$$

式(3-37)中 η_i 是加权因子(可以用来反映各个不同神经元的贡献大小)，将式(3-36)的各个方程相加得到

$$z = \sum_{i=1}^{m} z_i = \sum_{i=1}^{m} \eta_i u_i(x_i) \tag{3-38}$$

表达式 $z = \sum_{i=1}^{m} \eta_i u_i(x_i)$ 中的 $\eta_i u_i(x_i)$ 是加权因子 η_i 与投影函数 $u_i(x_i)$ 的乘积，称为加权投影函数。将加权投影函数 $\eta_i u_i(x_i)$ 定义成一个新的函数 $w_i(x_i)$，得到

$$w_i(x_i) = z_i = \eta_i z = \eta_i u_i(x_i) \tag{3-39}$$

式(3-39)定义的函数 $w_i(x_i)$ 称为理论权函数或简称为权函数，则式(3-38)可以简写为

$$z = \sum_{i=1}^{m} z_i = \sum_{i=1}^{m} w_i(x_i) \tag{3-40}$$

式(3-40)说明，目标样本 z 可以表示成权函数的和，或者说由权函数的和来精确实现。

式(3-40)、式(3-39)和式(3-32)是构造样条函数神经网络的基础。权函数 $z_i = w_i(x_i)$ 在 $x_i O z_i$ 平面上的曲线就是加权投影函数 $\eta_i u_i(x_i)$ 在 $x_i O z_i$ 平面上的曲线，与投影函数 $u_i(x_i)$ 在 $x_i O z$ 平面上的曲线只相差一个加权因子 η_i。

2. 第一类权函数神经网络的拓扑结构

以上基于加权求和运算的权函数神经网络称为第一类权函数神经网络。第一类权函数神经网络的具体结构如下：输入层直接与神经元相连，假设每一个输入样本向量是 m 维的，则输入端有 m 个节点，每个节点通过连接权前馈连接到所有神经元的输入端。假设每一个输出样本向量是 n 维的，则输出端有 n 个节点，第

$j(j=1,2,\cdots,m)$ 个神经元的输出端就是第 j 个输出节点，将第 $j(j=1,2,\cdots,m)$ 个神经元的运算结果直接输出。本节的神经网络结构是一般的情况。

为了使用前馈神经网络完成对式(3-33)的训练，首先需要构造神经网络，假设权函数为理论权函数时的神经网络如图 3-2 所示。

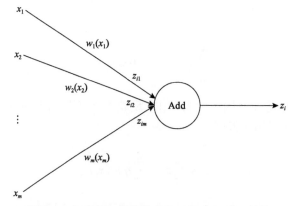

图 3-2　假设权函数为理论权函数时的神经网络

显然，对于假设权函数为理论权函数时的神经网络，需要训练的权值仅有 1 层，即与输入层相连的权值。这些权值由样条函数构成，而不是常数，因此将这样的权值称为权函数。

图 3-2 中的圆圈表示加法器，标识为 Add。输入变量 x_i $(i=1,2,\cdots,m)$ 经过权函数 $w_i(x_i)$ 变换之后的输出量就是 z_i $(i=1,2,\cdots,m)$。这个 z_i 就称为加法器的输入量，即有如下等式：

$$z = \sum_{i=1}^{m} z_i \tag{3-41}$$

$$z_i = w_i(x_i) \tag{3-42}$$

如果图 3-2 中的 z_i 与 z 的关系通过如下的加权系数联系起来，即

$$z_i = \eta_i z \tag{3-43}$$

其中，加权系数 η_i 满足式(3-37)。
则由式(3-42)和式(3-43)可以得到

$$z = \frac{1}{\eta_i} w_i(x_i) \tag{3-44}$$

显然，如果将图 3-2 中的权函数 $w_i(x_i)$ 写为 $\eta_i u_i(x_i)$，即

$$w_i(x_i) = \eta_i u_i(x_i) \tag{3-45}$$

则有

$$z = u_i(x_i) \tag{3-46}$$

式(3-46)是一元函数,其描述的方程可以看成投影方程,即在 x_iOz 平面上的投影曲线。这说明,图 3-2 的神经网络可以用来实现空间曲线参数方程的映射关系。另外,由式(3-45)可以看出,权函数 $w_i(x_i)$ 和投影曲线 $u_i(x_i)$ 之间只相差一个加权因子,因此从曲线的特征上看具有相似性。此外,投影曲线 $u_i(x_i)$ 能够在一定程度上反映原来空间曲线的特征,因此权函数也能够在一定程度上反映原来的空间曲线特征。这意味着,对于训练好的神经网络,只要提取权函数就能够获得隐含在原来样本中的重要信息。

下面说明如何确定权函数 $w_i(x_i)$。一般来说,只有有限的离散样本点是已知的,这意味着,按照目前的水平,要通过有限个已知的离散样本点来求得理论权函数,一般来说是不可能的,但是可以根据有限个离散样本点通过插值的方法求得近似权函数。

对于图 3-2,假设每一个输入是由 m 维向量构成的,输出样本由 1 维向量构成,总共有 $N+2$ 个需要训练的样本,$w_i(x_i)$ 表示神经元与第 i 个输入点相连的理论权函数,x_i 表示 m 维输入向量的第 i 个分量。有 $N+2$ 个需要训练的样本,因此节点 x_i 将有 $N+2$ 个输入量,将其按照输入样本的顺序组合,记为

$$x_i = \left(x_{i0}, x_{i1}, \cdots, x_{i(N+1)}\right) \tag{3-47}$$

同样地,也将这 $N+2$ 个输入量所对应的目标向量组成一个 $N+2$ 维向量,记为

$$z = \left(z_0, z_1, \cdots, z_{N+1}\right) \tag{3-48}$$

为了求得权函数 $w_i(x_i)$,除了已知自变量的取值外,还需要知道函数值 z_i。根据式(3-42)和式(3-48),有

$$z_i = \left(w_i(x_{i0}), w_i(x_{i1}), \cdots, w_i(x_{i(N+1)})\right) = \left(\eta_i z_0, \eta_i z_1, \cdots, \eta_i z_{N+1}\right) \tag{3-49}$$

根据式(3-42)对目标样本的分配方法,权函数 $w_i(x_i)$ 的输入量由式(3-48)确定,输出量由式(3-49)确定,所以对应的插值点为

$$\text{Ip}_i = \left\{\left(x_{i0}, \eta_i z_0\right), \left(x_{i1}, \eta_i z_1\right), \cdots, \left(x_{i(N+1)}, \eta_i z_{N+1}\right)\right\} \tag{3-50}$$

由式(3-50)就可以根据插值理论确定近似权函数 $s_i(x_i)$ ，该近似权函数与理论权函数 $w_i(x_i)$ 在式(3-50)确定的插值点处有相同的数值，而在插值点以外， $s_i(x_i)$ 与 $w_i(x_i)$ 有一定的误差。 $s_i(x_i)$ 是一元函数，因此可以通过插值方法确定函数 $s_{ji}(x_i)$ ，这里采用三次样条函数来确定权函数 $s_i(x_i)$ 。

如果将理论权函数用样条函数代替，则由样条函数构成的神经网络如图 3-3 所示。由于样条函数是理论权函数的近似逼近，所以图 3-3 中的 z_s 是神经网络的近似输出。

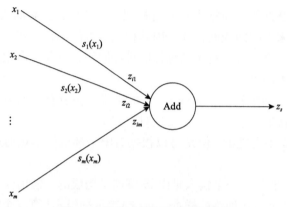

图 3-3　样条函数构成的神经网络

3. 第一类权函数神经网络的一般情况

前面讨论的是输出层只有 1 维的情况，一般而言，可以假设输出层有 n 维。在这种情况下，可以认为神经网络完成的工作是实现多维输入（m 维， $x \in R^m$ ）到多维输出（n 维， $z \in R^n$ ）之间的映射。这种映射的一般关系可以写为

$$z = z(x) \tag{3-51}$$

或者

$$\begin{cases} z_1 = z_1(x_1, x_2, \cdots, x_m) \\ z_2 = z_2(x_1, x_2, \cdots, x_m) \\ \quad\vdots \\ z_n = z_n(x_1, x_2, \cdots, x_m) \end{cases} \tag{3-52}$$

式(3-51)和式(3-52)意味着，每给定一个 m 维自变量 $x = (x_1, x_2, \cdots, x_m) \in R^m$ 就可以得到一个 n 维的因变量 $z = (z_1, z_2, \cdots, z_n) \in R^n$ 的数值（即函数值），于是只要给定 $x = (x_1, x_2, \cdots, x_m) \in R^m$ ，每一个 z_i $(i = 1, 2, \cdots, n)$ 也就确定了，即每一个 z_i

$(i=1,2,\cdots,n)$ 也可以看成 m 维自变量 $x=(x_1,x_2,\cdots,x_m)\in R^m$ 的函数。

方程组 (3-52) 中的各个方程式都可以看成彼此相互独立的方程式，对于这种多维输出的情况，神经网络的结构要进行调整。多输入多输出情况下第一类样条权神经网络结构如图 3-4 所示，它给出的是输入层有 m 个节点、输出层有 n 个节点情况下的第一类样条权函数神经网络结构。

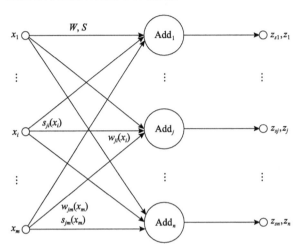

图 3-4　多输入多输出情况下第一类样条权神经网络结构

在图 3-4 中，z_j 表示输出层第 j 个神经元所对应的目标值（也称为监督值），z_{sj} 表示权函数取样条权时输出层第 $j(j=1,2,\cdots,n)$ 个神经元所对应的实际输出。圆圈中的 Add_j 表示第 j 个神经元，由加法器构成。$w_{ji}(x_i)$ 表示第 j 个神经元与第 i 个输入节点之间的连接权函数。

从图 3-4 给出的神经网络结构图可以看出，输入层有 m 个节点，输出层有 n 个节点，这是前面讨论的输出层只有 1 个节点的推广。相应地，其数学表达式也是类似的，只不过需要增加一个下标来反映输出层的节点索引。将式 (3-52) 所示的插值点增加一个下标 j，并将下标 j、i 引入已知结果，可以得到样条函数的具体表达式。

对于本节讨论的一般情况，插值点的表达式为

$$\mathrm{Ip}_{ji}\left\{\left(x_{i0},\eta_{ji}z_{j0}\right),\left(x_{i1},\eta_{ji}z_{j1}\right),\cdots,\left(x_{i(N+1)},\eta_{ji}z_{j(N+1)}\right)\right\} \tag{3-53}$$

样条函数为

$$\begin{aligned}
s_{jip}(x_i) &= y_{ji}F_0(\xi)+y_{ji(p+1)}F_1(\xi)+h_{ip}\left(m_{jip}G_0(\xi)+m_{ji(p+1)}G_1(\xi)\right)\\
&= \eta_{ji}z_{jp}F_0(\xi)+\eta_{ji}z_{j(p+1)}F_1(\xi)+h_{ip}\left(m_{jip}G_0(\xi)+m_{ji(p+1)}G_1(\xi)\right)
\end{aligned} \tag{3-54}$$

其中

$$\sum_{i=1}^{m}\eta_{ji}=1 \tag{3-55}$$

式 (3-54) 中的 m_{jip} 可以通过求解方程组 (3-56) 得到

$$\begin{cases} q_{ji0}m_{ji0}+q_{ji1}m_{ji1}=C_{ji0} \\ h_{ip}m_{ji(p-1)}+2\left(h_{i(p-1)}+h_{ip}\right)m_{jip}+h_{i(p-1)}m_{ji(p+1)}=C_{jip} \\ q_{jiN}+q_{ji(N+1)}m_{ji(N+1)}=C_{ji(N+1)} \end{cases} \tag{3-56}$$

其中

$$C_{jip}=6\left(h_{i(p-1)}d_{jip}+h_{ip}d_{ji(p-1)}\right) \tag{3-57}$$

$$d_{jip}=\left(\eta_{ji}z_{j(p+1)}-\eta_{ji}z_{jp}\right)/h_{ip},\qquad h_{ip}=x_{i(p+1)}-x_{ip} \tag{3-58}$$

3.2.2　方法流程

以上基于真实脊函数的数字脊波变换和样条权神经网络可以构造出高光谱图像数据融合分类的系统。基于这种方法,可以分别在特征层和决策层完成高光谱图像融合分类。为了进一步优化融合性能,对于数据的分组,采取了不同于在整个数据空间内均匀子空间分解 (uniform subspace division, USD) 方法,采用了自适应子空间分解 (adaptive subspace division, ASD) 方法。

1. 基于 ASD 方法的数据源划分

不同地物具有不同的光谱特征,并且这些特征往往集中于若干较窄的局部波长范围,对整个光谱空间进行自适应子空间分解,使得典型特征位于不同的子空间内,更利于局部特征的集中,避免在整个空间提取特征可能造成细节信息的丢失。鉴于高光谱图像相邻波段间相关性强以及高维数据空间的特殊性质,基于高光谱图像波段间的相关性进行数据源划分将有利于特征的有效提取。另外,在进行遥感数据融合之前也要先划分数据源。

对高光谱数据的分析发现,不同波段间的相关性通常随着波段间隔的增大而减弱,并且整个数据空间的统计特性不同于局部统计特性,这样在子空间上进行数据融合,融合图像更能反映局部特性。ASD 方法利用了各波段间的相关性,相关矩阵 R_1 中的各元素 r_{ij} 称为相关系数,$\left|r_{ij}\right|\leqslant 1$。$\left|r_{ij}\right|$ 越接近于 1,两波段间的相关性越强,$\left|r_{ij}\right|$ 越接近于 0,两波段间的相关性越弱。r_{ij} 定义为

$$r_{ij} = \frac{E\left\{(x_i - m_i)(x_j - m_j)\right\}}{\sqrt{E\left\{(x_i - m_i)^2\right\}}\sqrt{E\left\{(x_j - m_j)^2\right\}}} \tag{3-59}$$

其中，m_i, m_j 分别为 x_i 和 x_j 的均值。

在子空间分解中，当两个波段间的相关性满足给定的阈值时，两者之间的波段便构成一个子空间，每个子空间中的波段都具有相近的相关性。

ASD 方法根据不同波段间的相关系数把维数为 L 的整个数据空间 S 自适应地分解成维数为 L_i 的子空间 S_i，这样处理后就可以得到图像融合所需的信息源。

2. 特征级融合及分类系统实现

特征级融合属于中层次融合，先对原始信息进行特征提取，然后对特征信息进行综合分析和处理。从输入和输入空间来看，特征层融合是实现由高维特征空间到低维特征空间的映射。其基本思想是：利用数字脊波变换在不同分辨率的数据中提取特征信息，然后送入样条权函数神经网络，神经网络输出分类结果。其中，特征提取是该层次融合的关键，而数字脊波变换实质上是在 Randon 域进行的一维小波变换，因此本节提取的特征是基于一维小波变换在不同分辨率水平上的局部信息熵。

设大小为 $M \times N_i$（N_i 表示第 i 分辨率水平的步长）的窗口 W 内的局部信息熵（local information entropy，LIE）为

$$\text{LIE}_l = -\sum_{i \in W} p_l(i) \log_2 p_l(i) \tag{3-60}$$

其中，$p_l(i)$ 为第 l 波段图像局部窗口内出现像元值为 i 的概率。

考虑到基于快速倾斜叠加方法的数字脊波变换将 $N \times N$ 的原始图像空间映射为 $2N \times 2N$ 的图像空间窗口，选择 $M = 2$，$N_i = 2N / (2^i) = 2^{1-i} N$，$i$ 表示小波分解的第 i 层（$i = 1, 2, 3$）。

局部信息熵可以用来衡量经小波变换得到的各低频分量和细节分量包含局部信息的大小。因此，对于各低频分量和细节分量，基于局部信息熵的特征融合方法根据其不同波段对应分量包含的信息量大小给予不同的权值，信息量越大，权值越大。最终的融合权值还需要进行归一化，即在式(3-60)的基础上除以各波段同一位置的局部信息熵之和。

以上可以实现高光谱图像的基于数字脊波的特征级融合，采用相应的重构方法即可实现图像的重建。

上述融合过程实际上是一个数据降维过程，将降维后的数据送入样条权神经网络，结合由代表各类特征的标记样本训练得到的三次样条权就可以得到最终的

分类结果。

3. 决策级融合及分类系统实现

决策级融合属于高层次融合，可以理解为先对每个数据源进行各自的决策，将来自各个数据源的信息进行融合的过程。从输入和输入空间来看，决策级融合实现预分类器输出结果到最终分类结果的映射。设 X 为高光谱图像传感器的输出向量，将它分为 N 个波段组，则 $X = \left[x_1, x_2, \cdots, x_N \right]^\mathrm{T}$，其中 x_i ($i = 1, 2, \cdots, N$) 可以表示为 $x_i = \left[x_{i,1}, x_{i,2}, \cdots, x_{i,d_i} \right]$，$d_i$ 为第 i 个波段组包含的波段数。基于样条权函数神经网络和主要投票机制的决策级融合框图如图 3-5 所示，先进行局部分类，然后将各局部分类器的输出结果进行决策级融合，输出最终分类结果。

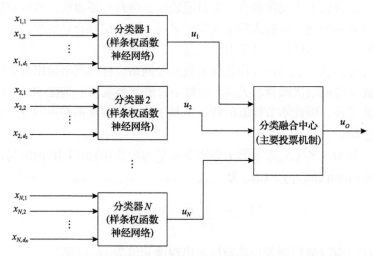

图 3-5　基于样条权函数神经网络和主要投票机制的决策级融合框图

考虑到所处理的高光谱图像具有数据维数高的特点，为使实现局部分类的神经网络结构不至于太复杂并提高分类效率，在进行局部分类之前，先将输入数据进行降维，降维方法有波段选择、自适应波段选择、自适应子空间分解、数据融合等。本节对自适应子空间分解后每个子空间内的图像采用基于像元层的数据融合方法实现数据降维，融合策略是对经过数字脊波变换的数据进行归一化方差加权。

本地分类器选用第一类样条权神经网络，其拓扑结构如图 3-4 所示，其输入是经融合降维后的数字脊波系数，输出是局部分类判别结果。数字脊波系数包含伪极傅里叶域的信息，因此此处权函数反映了原始图像在极坐标下的频域信息。对于分 M 类的情况，本地分类器进行预分类输出结果 $u_i = k$ ($k = 0, 1, \cdots, M-1$)，表示当前输入样本被判为属于第 k 类。

决策级融合策略采用基于主要投票机制的思想，对于各本地分类器输出的分类结果进行投票，加权融合后得到最终的分类结果。主要投票(majority voting, MV)机制可以表述为

$$
\Delta_{ki} = \begin{cases} 1, & p(x_i \mid w_k) = \max_{k=1}^{M}[p(x_i \mid w_k)] \\ 0, & \text{其他} \end{cases} \tag{3-61}
$$

其中，$p(x_i \mid w_k)$ 为当前输入样本在第 i 个波段组被判为第 k 类的概率密度函数。

若

$$
\sum_{i=1}^{N} \Delta_{ji} = \max_{k=1}^{M} \sum_{i=1}^{N} \Delta_{ki} \tag{3-62}
$$

则该样本被判为属于第 j 类。

3.2.3 实验结果及分析

本节采用的是 AVIRIS 高光谱图像。该图像取自 1992 年 6 月拍摄的美国印第安纳州西北部印第安遥感实验区的一部分，包含农作物和森林植被的混合区，去掉噪声和吸水带，实验从 220 个波段原始数据中选取 200 个波段作为研究对象，选取 4 类典型地物：牧场、草地、干草、林地。所用训练样本和检验样本数目如表 3-1 所示，其中训练样本总数为 630，检验样本总数为 1406。

表 3-1　训练样本和检验样本数目

样本类别	牧场	草地	干草	林地
训练样本	140	108	198	184
检验样本	330	234	315	527

本节将对基于 ASD 方法的分类方法、特征级融合分类方法和决策级融合分类方法进行实验验证。首先是对基于 ASD 方法的实验结果进行分析，为了验证 ASD 方法的有效性，本节将其与 USD 方法进行对比。为了比较分析，对以上两种数据源划分的结果分别采用改进的最大似然(maximal likelihood, ML)分类方法，不同数据源划分的分类结果如表 3-2 所示。

表 3-2　不同数据源划分的分类结果

数据源划分方法	相关系数	训练精度/%	检验精度/%
ASD 方法	0.60	86.7	84.3
	0.35	80.4	78.6
USD 方法	—	76.9	73.8

从表 3-2 的结果可以看出，ASD 方法要明显优于均匀波段分组的 USD 方法，因此采用 ASD 方法进行数据源划分是有效的。

其次是特征级融合分类的仿真实验。对于特征级融合，将 200 个波段图像利用 ASD 方法进行划分，得到 6 组图像，然后采用基于快速倾斜堆栈方法的数字脊波变换和局部信息熵进行融合。基于真实脊波的特征级融合图像如图 3-6 所示，该图像是基于以上融合策略和基于局部对偶框架方法实现脊波重构得到的 6 个特征级融合图像之一。从直观上看，该融合策略得到的融合图像的清晰度可以比拟有限脊波变换中选择最佳参数的情况。

图 3-6　基于真实脊波的特征级融合图像

基于真实脊波的特征级融合和分类指标如表 3-3 所示。对比表 3-3 可以看出，该方法的融合性能要略优于基于有限脊波变换的最佳情况：信息损失量更少，清晰度更高，对原图像的扭曲更小，与真实地物灰度图的差别也最小。以上性能的提升主要来自两个方面：一方面是采用自适应子空间分解的数据源划分比均匀划分更加合理，使局部细节信息得以更多地保存；另一方面是基于真实脊波的数字脊波变换的引入，彻底消除了有限脊波变换不可避免的环绕效应所带来的误差，从而改善了融合效果。

表 3-3　基于真实脊波的特征级融合和分类指标

信息熵	交叉熵	清晰度	偏差系数	相关系数	整体分类精度/%
12.3548	4.72801	13.1903	0.3789	0.8964	95.87

在以上特征级融合的基础上，在如表 3-1 所示较少的训练样本下利用由三次

样条函数组成的样条权神经网络进行目标地物分类，得到的 DRT-SWNN 特征级融合分类混淆矩阵和DRT-SWNN特征级融合分类灰度图分别如表3-4和图3-7（b）所示。

表 3-4　DRT-SWNN 特征级融合分类混淆矩阵

地物类型	牧场	草地	干草	林地
牧场	317	23	11	0
草地	0	202	0	2
干草	0	1	304	0
林地	13	8	0	525

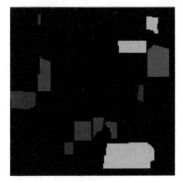 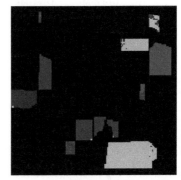

(a) 真实地物灰度图　　　　　　　(b) DRT-SWNN特征级融合分类灰度图

图 3-7　真实地物和特征级融合分类实验灰度图

　　真实地物和特征级融合分类实验灰度图如图 3-7 所示，图中给出了基于特征级融合的不同方法得到的分类精度，所采用的训练样本与检验样本均相同。其中，前 4 组用作实验对照，都选择传统的极大似然分类器，特征级融合处理手段依次为决策边界特征提取（decision boundary features extraction，DBFE）、小波变换的特征级融合、基于有限脊波变换的特征级融合、基于 Slant Stack 方法实现数字脊波变换和局部信息熵的特征级融合。最后一组是基于数字脊波变换和样条权函数神经网络的特征级融合分类，其分类精度最高，可达到 95.87%。以上分类精度的提高是以数据运算量的增大为代价的：对比第 3 组和第 4 组实验，不同之处仅在于第 3 组采用的是有限 Randon 变换，存在环绕效应，第 4 组采用快速 Slant Stack 方法实现几何域的 Randon 变换，避免了环绕效应的出现，不会有环绕噪声的引入，但是处理数据量增大了 4 倍；对比第 4 组和第 5 组实验，差别仅在于分类器的选择，第 4 组实验采用传统的极大似然分类器，第 5 组实验采用样条权函数神经网络，前者结构简单，分类效率要高于后者。特征级融合分类精度图如图 3-8 所示。

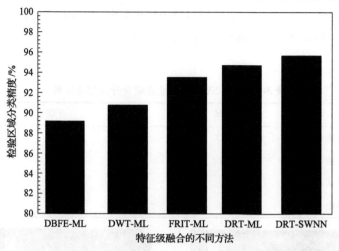

图 3-8　特征级融合分类精度图

另外，单从分类精度的数值结果上来看，基于投影追踪方法的特征级融合在较少的训练样本情况下分类精度可以达到 96.20%，分析其原因，该方法充分考虑了样本的先验知识和真实地物空间信息，而本节所提方法中均未对先验知识和真实地物空间信息加以考虑。

最后是决策级融合分类的仿真实验，决策级融合先将各波段信息利用 ASD 方法进行数据源划分，得到 9 组数据源，相关系数 r 取为 0.72，将每组内的所有波段信息进行像元级融合，得到 9 组融合后的脊波系数图像，然后将其送入局部分类器完成预分类。局部分类器选用第一类样条权神经网络。然后用主要投票机制对各局部分类器的输出结果进行决策级融合，得到最终的分类结果。局部分类器和决策中心分类器均采用与特征级融合分类相同的训练样本和检验样本。

对于进行本地分类之前的数据，本节所提方法采用的是像元级融合的方案，选择组内归一化方差作为加权系数对组内各波段图像逐像元进行加权。融合得到的图像与特征级融合的结果呈现出基本一致的特点，但组内归一化方法比局部信息熵容易计算，因此像元级融合的计算复杂度略低一些。

在完成像元级融合后，结合真实地物分类图分 3 组进行局部分类，分类器选用三次样条函数构成的第一类样条权神经网络。最后将各局部分类器输出的预分类结果进行决策级融合，融合规则选用主要投票机制，所得到的 SWNN-MV 决策级融合分类混淆矩阵和 SWNN-MV 决策级融合分类灰度图分别如表 3-5 和图 3-9（b）所示。

真实地物和决策级融合分类实验灰度图如图 3-9 所示，其中第 3 组为本节采用的 SWNN 和 MV 规则得到的，其分类精度为 92.67%。其余三组用作实验对照：第 1 组为采用 BP 神经网络（BP neural network，BPNN）得到的结果，由于该方法

表 3-5　SWNN-MV 决策级融合分类混淆矩阵

地物类型	牧场	草地	干草	林地
牧场	303	44	18	1
草地	0	180	0	3
干草	0	2	297	0
林地	17	18	0	523

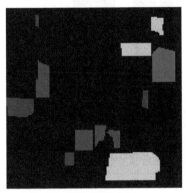 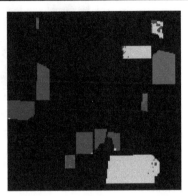

(a) 真实地物灰度图　　　　　　　　(b) SWNN-MV决策级融合分类灰度图

图 3-9　真实地物和决策级融合分类实验灰度图

的效果与 BPNN 初值的选取有很大关系，且容易陷入局部极小值，图 3-9 中的结果是多次实验得到的最佳值；第 2 组是单独 SWNN 得到的结果，该方案权函数的求解可以转换为线性方程组求解来实现，不存在局部极小值、初值敏感和收敛速度慢等传统神经网络存在的问题，因此该方法无论是在分类精度的提高方面还是在计算复杂度上都明显优于第 1 组采用的 BPNN 方法；第 4 组在预分类中选择极大似然分类器实现局部分类，然后采用主要投票机制实现分类决策级融合。对比第 3 组和第 4 组实验，不同之处仅在于局部分类器的选择，本节所提方法略优于 ML-MV 方法，但其计算复杂度也高于 ML-MV 方法。

决策级融合分类精度图如图 3-10 所示。对比图 3-8 和图 3-10 可以看出，决策级融合分类得到的分类精度较特征级融合分类有所下降，原因是：在决策级融合策略中本地分类器和决策融合中心采用了相同的训练样本，容易使训练得到的结果不太具有一般性。避免该问题的方法是选择不同的训练样本，但本节讨论的都是在非常有限的训练样本下实现融合分类的情况，这样做势必会增加所需的训练样本数。

不同神经网络进行决策级融合分类性能比较如表 3-6 所示，该表给出了在同样的融合策略和样本选择条件下，采用不同的神经网络进行决策级融合分类的性能比较，分别尝试了基本 BP 网络、共轭梯度 BP 网络、RBF 网络和本节采用的 SWNN，表中采用的 BP 网络和 RBF 网络的结果均是经多次实验取得的最佳值，

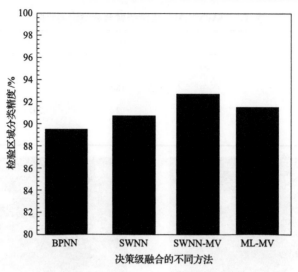

图 3-10　决策级融合分类精度图

表 3-6　不同神经网络进行决策级融合分类性能比较

神经网络方法	平均计算时间/s	平均迭代次数	整体分类精度/%
基本 BP 网络	102.647	1583	89.40
共轭梯度 BP 网络	71.448	32	90.03
RBF 网络	53.530	7	93.21
SWNN	37.374	—	92.67

而且各次实验的结果差别较大，而 SWNN 的结果比较稳定。由该表可以看出：从整体分类精度来看，采用 RBF 网络实现决策级融合分类的精度最高，SWNN 次之；从平均计算时间和平均迭代次数来看，SWNN 的平均计算时间最短，该方案计算可以归结为线性方程的求解，因此不存在迭代运算，运算速度最快，而 RBF 网络的平均计算时间略高于 SWNN。实际上，BP 网络和 RBF 网络均存在训练样本区域的选择、隐藏层到输出层的权值、输出层节点的阈值和隐藏层节点个数影响分类精度的问题；BP 网络还存在受初值选择的制约和存在局部极小值等缺点，RBF 网络存在的制约因素还有 RBF 的宽度、中心位置等；而 SWNN 拥有收敛速度快、不存在局部极小值、初值选择不影响分类精度等优点。综合表 3-6 的各项指标可知，SWNN 在高光谱图像融合分类中具有优于 BP 网络、RBF 网络的性能。

3.3　基于多特征融合机制的高光谱图像分类方法

在对遥感图像进行分析时，希望所获取的专题信息有能力客观、全面地反映地表的真实状况，但受遥感数据源特性和数据处理方式等因素的影响，多种不确定性因素产生的误差存在于所获取的专题信息中，导致真实的地面情况与最终的信息表达之间存在一定的差异。文献[14]指出，在固定遥感数据处理技术的情况下，影像信息提取时产生的不确定性取决于遥感图像空间分辨率与各类别特征在特征空间的相对关系，即空间自相关和地表特性的空间异质性是影响遥感数据信息提取与分类不确定性的关键。已有学者证明，研究遥感数据分类中的尺度效应和选取适宜空间分辨率的数据可以有效降低数据选择的盲目性、数据的成本和分类的不确定性。针对遥感数据分类任务，有学者提出遥感数据分类精度受空间分辨率和场景中目标大小的综合制约，当图像空间分辨率提高时，分类精度会随着处于地面边缘处混合像元数量的减少而上升，然而，同种地物内部的光谱特征变异会随着空间分辨率的提高而显著增大，致使类别间的可分性降低，导致分类精度下降。还有学者将地面采样距离与目标大小的比值定义到一个变量中，来衡量遥感数据空间分辨率对纯净像元和混合像元分类误差的影响。

国内学者通过观察遥感专题分类的统计可分性随遥感数据空间分辨率的变化来评估空间分辨率大小对分类精度的净效应，通过实验发现，遥感图像分类精度的升高或降低取决于边界混合像元数和类内光谱变异程度哪一个因素占支配地位。可以看出，尺度的变化影响观察、表示和分析信息的详细程度，分析遥感图像的尺度效应能够促进在具体研究中精准地刻画地表过程的实际规律。如何进行尺度转换、选择合适的空间分辨率，从而有效提取光谱数据的空间特征和提高分类能力，是本节要解决的主要问题。

基于上述描述，本节提出基于多特征融合机制的高光谱图像分类方法。首先从空间特征提取技术入手，提出利用基于像元的尺度转换方法将初始遥感图像进行尺度转换，然后采用类别可分性准则选取适宜空间分辨率的遥感数据，通过这一策略来提取遥感数据隐藏的空间特征。通过整合初始数据和最适宜空间分辨率数据，获得一个空谱联合特征集。此外，针对现有大多数研究在执行高光谱分类任务时忽略数据的相位信息，将高阶统计技术引用到高光谱分类中。然后将获取的相位特征和光谱特征进行级联，并送入堆栈稀疏自动编码器和随机森林分类器中，以期获得更抽象和深层次的特征表示。

3.3.1　方法原理

尺度转换是指把某一尺度上所产生的知识或信息扩展到其他尺度上，经常划分为向上尺度转换和向下尺度转换，或者尺度扩展和尺度收缩，这一概念在不同学科领域被学者使用不同的专业术语进行表示。尺度转换又可以划分为向前尺度转换和向后尺度转换，向前尺度转换是从少量的数据信息中获取更多的信息，而向后尺度转换指的是对大数据信息进行压缩。从较小尺度或较细微尺度上的观测或模拟结果中获得更大尺度信息的过程称为尺度扩展，相反地，把大尺度或宏观尺度上观察的信息转换到较小尺度或细微尺度上的过程称为尺度收缩。

在遥感领域，尺度转换是指将较高分辨率数据转换成较低分辨率图像的过程。尺度转换的方法主要包括基于像元的尺度转换方法和融合的转换方法。基于像元的数理统计方法依据源数据像元的幅值，将其作为尺度转换的基础数据，进行尺度转换的主要思想是在不同尺度数据间建立基于某一特征量的函数关系。传统的基于数理统计的遥感图像尺度转换方法包括局部平均法、中值采样法、最近邻法、最大化保留法、双线性内插法及立方卷积法等[15]。

(1)局部平均法是指对于一个特定大小的窗口，将窗口内的所有像元均值作为尺度转换后的较低分辨率遥感图像的新像元值，然后滑动和计算所有窗口，获取一幅新的图像。该方法的优点是可以很好地保留图像的均值信息，缺点是丢失了部分细节信息。

(2)中值采样法是在遥感图像上设定特定尺寸的窗口，窗口内所有像元值的中间值当作尺度转换后的新像元值，通过滑动窗口获取下一个尺度转换后图像的像元值。该方法的优点是在一定程度上保持了原图像的纹理信息且计算量小，缺点是转换后的图像会随着窗口的逐步增大而产生不连续的现象。

(3)最近邻法是将待采样点周围相邻像元点中距离尺度转换后对应像元最近的一个邻点作为该点的像元值，对每个尺度转换的像元依次进行计算，实现遥感图像的尺度转换。该方法的优点是计算简单，缺点是没有考虑其他相邻像元点的信息，使得转换后的图像质量受损，产生像元不连续的现象。

(4)最大化保留法是一种简单的面域加权的尺度转换方法，其实现原理是，在变量一致的先决条件下，假设一个光滑密度函数考虑了邻域的影响，进一步运用邻近区域的最后结果来修正通过面域加权法获得的目标区域属性值。

(5)双线性内插法是最近邻法的一种改进方法。该方法的实现原理是：将待采样点周围相邻点的灰度值在两个正交方向上按距离加权的策略进行内插，将计算值作为尺度转换后遥感图像相应位置的像元值。该方法的优点是可以在一定程度上削弱转换后图像的不连续现象，缺点是运算量略微增加，边缘信息仍有一定的损失。

(6)立方卷积法是对双线性内插法的一种改进，又称为三次卷积法。不同于双线性内插法的基本原理，该方法不仅分析周围四个最相邻灰度值的影响，也考虑各邻点间像元值变化率的影响，即采用原图像中待采样点与其周围16个相邻点的加权平均值作为转换后对应位置的幅值。该方法的计算相对复杂，同时考虑了相邻像元的幅值和灰度值的变化程度，因此可以较好地保留图像的边缘信息和纹理信息，使得转换效果比其他方法更好。

以上是几种常用的尺度转换方法，近几年有学者相继提出了不同的尺度转换方法，如基于点扩散函数的尺度转换法、加窗双层面积法、加窗三棱柱法和基于表面积的加窗分形布朗运动法[16]。本节主要分析遥感数据的尺度转换问题,采用局部平均法、最近邻法和立方卷积法对图像进行尺度转换。

遥感图像融合是另一种基于统计的多波段图像尺度转换方法,适用于尺度缩放。遥感图像融合是指对获得的数据在进行校正、去噪、空间配准和重采样后,进一步运用有关图像融合技术获得一幅融合图像的过程[17]。从信息表征层角度将遥感图像融合方法划分为像元级、特征级和决策级。

像元级融合以图像的像元为基础单元,对多幅图像进行数据的综合分析,其目的是互相补足不同图像的特点,例如,低分辨率多光谱图像与高分辨率全色图像的光谱信息的互相整合,产生一幅结合了了各自优点的新图像。像元级融合的主要优势是,最大限度地保留图像的初始信息,同时获取其他层次融合无法提供的细微信息,有利于进一步处理和分析图像;不足之处是,在进行融合前需要寻址空间匹配问题且其配准准确度通常规定误差在一个像元内,使得基于像元的图像融合在实际应用中具有约束性。特征级融合是指先获取各个数据源的特征信息,然后综合分析和处理获取的特征信息。特征级融合的优势在于,可以关联分析特征,将信息分类成更好的组合,具有更强的针对性。此外,初始数据通过特征提取技术得到相对的压缩,对实时处理信息更有利。然而,特征级融合的劣势在于,数据的部分信息在特征提取过程中易丢失并难以刻画细微信息。决策级融合的实现过程是先对初始图像进行特征提取以及融入一些辅助信息,采用判别准则和决策规则对有用的数据进行判别和分类,进一步融合获得有意义的信息,最后将产生的联合判别结果直接作为决策的依据。决策级融合的优势是,实时性好,具有较好的开放性和容错性,而且在部分传感器不起作用时,模型仍能提供最后的决策。

3.3.2　方法流程

20 世纪 50 年代,一些学者对高阶矩展开了研究。直到 20 世纪 80 年代后期,高阶谱理论才被迅速开发和首次应用到信号处理领域。研究结果表明,在对信号进行处理时,高阶统计量提供了丰富的信息,并且可以有效地削弱加性噪声的影响,分析和识别弱信号的同时可以辨别非因果、非最小相位信号。目前,高阶统计量理论已经广泛应用于光学、语音识别、故障诊断、图像重建和生物医学等领域。高阶统计量可以看作一种描述随机过程高阶统计特性的数学工具,包括高阶矩和高阶累积量。通常定义自相关函数的傅里叶变换为函数的功率谱,类似地,使用高阶谱(或称多谱)来表征高阶累积量的多维傅里叶变换。相比于二阶统计量(自相关函数),高阶统计量用于信号分析时具有以下优势:第一,高阶统计量对高斯噪声恒定为零,可用于检测和分离高斯噪声和非高斯信号;第二,高阶谱分析提供了系统的幅度信息和相位信息,可用于时间序列建模、辨别非因果系统和非最小相位系统；第三，高阶统计量分析可通过谐波成分的相位关系检测和描述系统的非线性；第四，高阶统计量具有平移不变特性。

高阶谱定义为随机过程的高阶累积量的谱表示。设 $x(k)$ 是一个真实的 n 阶平稳随机过程，该过程的 n 阶矩和 n 阶累积量分别对应一个 $n-1$ 个独立变元的函数，即 $w = [w_1, w_2, \cdots, w_n]^T$ 和 $x = [x(k), x(k+\tau_1), \cdots, x(k+\tau_{n-1})]^T$ 。$x(k)$ 的 n 阶矩 $m_n^x(\tau_1, \tau_2, \cdots, \tau_{n-1})$ 定义为

$$m_n^x(\tau_1, \tau_2, \cdots, \tau_{n-1}) = \text{mom}\{x(k), x(k+\tau_1), \cdots, x(k+\tau_{n-1})\} \quad (3\text{-}63)$$

其 n 阶累积量 $c_n^x(\tau_1, \tau_2, \cdots, \tau_{n-1})$ 定义为

$$c_n^x(\tau_1, \tau_2, \cdots, \tau_{n-1}) = \text{cum}\{x(k), x(k+\tau_1), \cdots, x(k+\tau_{n-1})\} \quad (3\text{-}64)$$

其中，$\tau_1, \tau_2, \cdots, \tau_{n-1}$ 为不同时刻的时间间隔；mom 为高阶矩函数；cum 为高阶累积量函数。

通常二阶累积量是功率谱，三阶累积量和四阶累积量分别看作双谱和三谱。设高阶矩 $m_n^x(\tau_1, \tau_2, \cdots, \tau_{n-1})$ 是绝对可求和的，则 n 阶矩谱定义为 n 阶矩的 $n-1$ 维傅里叶变换，即

$$M_n^x(w_1, w_2, \cdots, w_{n-1}) = \sum_{\tau_1=-\infty}^{\infty} \cdots \sum_{\tau_{n-1}=-\infty}^{\infty} m_n^x(\tau_1, \tau_2, \cdots, \tau_{n-1}) \exp\left(-j\sum_{i=1}^{n-1} w_i \tau_i\right) \quad (3\text{-}65)$$

设高阶累积量 $c_n^x(\tau_1, \tau_2, \cdots, \tau_{n-1})$ 是绝对可求和的，则 n 阶累积量谱定义为 n 阶累积量的 $n-1$ 维傅里叶变换，即

$$S_n^x(w_1, w_2, \cdots, w_{n-1}) = \sum_{\tau_1=-\infty}^{\infty} \cdots \sum_{\tau_{n-1}=-\infty}^{\infty} \text{cum}_n^x(\tau_1, \tau_2, \cdots, \tau_{n-1}) \exp\left(-j\sum_{i=1}^{n-1} w_i \tau_i\right) \quad (3\text{-}66)$$

当 $n=2$ 时，功率谱被定义为

$$S_2^x(w) = \sum_{\tau=-\infty}^{\infty} \text{cum}_2^x(\tau) e^{-jwt_1} \quad (3\text{-}67)$$

当 $n=3$ 时，高阶谱简称为双谱，即三阶累积函数的二维傅里叶变换为

$$S_3^x(w_1, w_2) = \sum_{\tau_1=-\infty}^{\infty} \sum_{\tau_2=-\infty}^{\infty} c_2^x(\tau_1, \tau_2) \exp[-j(w_1\tau_1 + w_2\tau_2)] \quad (3\text{-}68)$$

类似地，四阶谱简称为三谱，即

$$S_4^x(w_1, w_2, w_3) = \sum_{\tau_1=-\infty}^{\infty} \sum_{\tau_2=-\infty}^{\infty} \sum_{\tau_3=-\infty}^{\infty} c_4^x(\tau_1, \tau_2, \tau_3) \exp[-j(w_1\tau_1 + w_2\tau_2 + w_3\tau_3)] \tag{3-69}$$

在实际应用中，对于一个离散时间的确定信号，如能量信号和周期信号，其双谱和三谱具有不同的定义。当 $\{x(k)\}(k = 0, \pm1, \pm2, \cdots)$ 是一个能量信号，其傅里叶变换、功率谱、双谱和三谱分别定义为

$$X(w) = \sum_{n=-\infty}^{\infty} x(n)e^{-jwn} \tag{3-70}$$

$$P_x(w) = X(w)X^*(w) \tag{3-71}$$

$$S_3^x(w_1, w_2) = X(w_1)X(w_2)X^*(w_1 + w_2) \tag{3-72}$$

$$S_4^x(w_1, w_2, w_3) = X(w_1)X(w_2)X(w_3)X^*(w_1 + w_2 + w_3) \tag{3-73}$$

当 $\{x(k)\}$ 是以 K 为周期的周期信号时，其傅里叶变换、功率谱、双谱和三谱分别定义为

$$X(w) = \sum_{n=0}^{K-1} x(n)e^{-j\frac{2\pi}{K}wn} \tag{3-74}$$

$$P_x(w) = \frac{1}{K}X(w)X^*(w) \tag{3-75}$$

$$S_3^x(w_1, w_2) = \frac{1}{K}X(w_1)X(w_2)X^*(w_1 + w_2) \tag{3-76}$$

$$S_4^x(w_1, w_2, w_3) = \frac{1}{K}X(w_1)X(w_2)X(w_3)X^*(w_1 + w_2 + w_3) \tag{3-77}$$

其中，$w = 0, 1, 2, \cdots, K-1$。

通常，功率谱分析是信号处理和图像处理最基本的方法之一，传统的功率谱分析损失了信号的相位信息。高光谱信号的非稳定性和在高频部分的非线性行为促使人们采用高阶统计量技术来捕获像元的细微差异。数学上，高阶统计量特征是功率谱向更高阶的扩展，其有能力产生更高阶矩，即高阶统计量包含矩和累积量光谱。双谱是普遍使用的高阶统计量特征之一，定义为信号三阶累积序列的傅里叶变换，即

$$B(f_1, f_2) = E\big(X(f_1)X(f_2)X^*(f_1 + f_2)\big) \tag{3-78}$$

其中，$X(\cdot)$ 为随机信号 $x(nT)$ 的傅里叶变换，n 为一个整数索引，T 为采样间隔；$E(\cdot)$ 为一个随机信号的全体实现结果的均值。

对于确定性信号，三阶相关性是一个时间平均，导致相关性没有一个期望操作。因此，为了获得统计可靠性，对结果的期望操作是极其重要的。在此，奈奎斯特频率用来规整化频率 f 至 $0\sim1$。双谱是两个频率的复值函数，代表频率成分之间的相位耦合程度。

规整化双谱定义为

$$B_{\text{norm}}(f_1, f_2) = \frac{E(X(f_1)X(f_2)X^*(f_1 + f_2))}{\sqrt{P(f_1)P(f_2)P(f_1 + f_2)}} \tag{3-79}$$

其中，$P(\cdot)$ 为功率谱。

如果没有双谱混叠，一个真实信号的双谱被唯一地确定为 $0 \leqslant f_2 \leqslant f_1 \leqslant f_1 + f_2 \leqslant 1$。双谱不变式 $P(a)$ 是集成双谱沿着斜率 a 的相位，定义为

$$P(a) = \arctan\left(\frac{I_i(a)}{I_r(a)}\right), \quad I(a) = \int_{f_1 = 0^+}^{\frac{1}{1+a}} B(f_1, af_1)\,\mathrm{d}f_1 = I_r(a) + \mathrm{j}I_i(a) \tag{3-80}$$

其中，$0 \leqslant a \leqslant 1$；$\mathrm{j} = \sqrt{-1}$；$I_r$ 和 I_i 分别为集成双谱的实部和虚部。

双谱不变式包含窗口内波形的形状信息，对于放大、旋转具有鲁棒性。信号的幅值信息和相位信息定义为双谱的平均幅值：

$$M_{\text{ave}} = \frac{1}{L}\sum_{\Omega} |b(f_1, f_2)| \tag{3-81}$$

和相位熵：

$$\begin{cases} P_e = \sum_n p(\psi_n)\lg p(\psi_n) \\ p(\psi_n) = \dfrac{1}{L}\sum_{\Omega} I(\phi(b(f_1, f_2)) \in \psi_n) \\ \psi_n = \left\{ \phi \,|\, -\pi + \dfrac{2\pi n}{N} \leqslant \phi < -\pi + \dfrac{2\pi(n+1)}{N} \right\}, \quad n = 0, 1, \cdots, N-1 \end{cases} \tag{3-82}$$

其中，L 和 Ω 分别为区域内点的数量和定义区域的空间；ϕ 为双谱的相位角；$I(\cdot)$ 为一个指示函数，当相位角 ϕ 满足 ψ_n 条件时，$I(\cdot)$ 的值为 1。

在生物信号处理过程中，双谱图在结构和分布上是不同的，为了验证这一说法，学者致力于定义有用的特征，通常这些特征来源于图心、矩或分布熵。双谱的加权中心（weighted center of bispectrum，WCOB）定义为

$$F_{1m} = \frac{\sum_{\Omega} iB(i,j)}{\sum_{\Omega} B(i,j)}, \quad F_{2m} = \frac{\sum_{\Omega} jB(i,j)}{\sum_{\Omega} B(i,j)} \tag{3-83}$$

其中，i 和 j 为非冗余区域内的频率指数。

生物信号的规则性或不规则性可以使用熵进行刻画，类似于光谱熵，计算公式为

$$\begin{cases} P_1 = -\sum_k p_k \lg p_k, & p_k = \dfrac{|B(f_1,f_2)|}{\sum_{\Omega}|B(f_1,f_2)|} \\[3mm] P_2 = -\sum_i p_i \lg p_i, & p_i = \dfrac{|B(f_1,f_2)|^2}{\sum_{\Omega}|B(f_1,f_2)|^2} \\[3mm] P_3 = -\sum_n p_n \lg p_n, & p_n = \dfrac{|B(f_1,f_2)|^3}{\sum_{\Omega}|B(f_1,f_2)|^3} \end{cases} \tag{3-84}$$

相关矩阵的特征包括双谱对数振幅之和 H_1、双谱对角元素的对数振幅之和 H_2 以及双谱对角元素振幅的一阶光谱矩 H_3，分别为

$$\begin{cases} H_1 = \sum_{\Omega} \lg(|B(f_1,f_2)|) \\[2mm] H_2 = \sum_{\Omega} \lg(|B(f_k,f_k)|) \\[2mm] H_3 = \sum_{k=1}^{N} k \lg(|B(f_k,f_k)|) \end{cases} \tag{3-85}$$

3.3.3　实验结果及分析

本节实验包括两部分：第一部分比较本节所提方法与几种经典的浅层机器学习模型（分别为 SVM、基于稀疏表示的分类（sparse representation based classification，SRC）、逻辑回归（logistic regression，LR）和极限学习机（extreme learning machine，ELM）），验证多特征融合机制对提高高光谱图像分类性能是否有效；第二部分评估训练样本所占比例如何影响每种方法的分类精度。

本节采用两个数据集对方法进行验证：

第一个数据集是 1992 年 AVIRIS 传感器在美国西北部印第安纳农场上空收集到的数据集，称为 Indian Pines 数据集。Indian Pines 数据集相关信息如图 3-11 所示。

第二个数据集是美国肯尼迪太空中心（Kennedy Space Center，KSC）提供的数据集，称为 KSC 数据集。KSC 数据集是 1996 年 3 月 23 日利用 AVIRIS 传感器获取的佛罗里达 KSC 的高光谱数据，空间分辨率是每像元 18m，光谱范围是 0.40～

2.50μm，包含 224 个波段。图像中主要包括 13 个类别的数据，数据中的部分植被类别拥有非常相似的光谱，此外还有两个类别出现明显的混合光谱特征，因此这一数据集常用于检验分类方法。KSC 数据集相关信息如图 3-12 所示。

 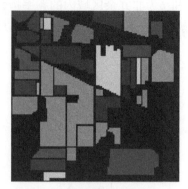

(a) 伪彩色合成图像　　　　　　　　(b) 真实地物分布图

图 3-11　Indian Pines 数据集相关信息

 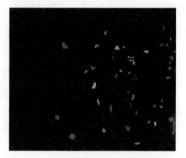

(a) 伪彩色合成图像　　　　　　　　(b) 真实地物分布图

图 3-12　KSC 数据集相关信息

各分类方法在 Indian Pines 数据集上的分类性能和各分类方法在 KSC 数据集上的分类性能分别如表 3-7 和表 3-8 所示。两表分别提供了本节所提方法和对比方法在两组高光谱数据集上的客观评价指标(OA、AA、Kappa 系数(κ)和运行时间(t))，使用粗体对表中的最优结果进行标定。从表 3-7 可以看出，堆栈稀疏自动编码器随机森林(stack sparse autoencoder random forest，SSARF)模型在分类性能上优于四种经典的对比方法(SVM、SRC、LR 和 ELM)，产生该结果的原因可能是相比于浅层机器学习模型，通过刻画数据更为抽象的高阶特征表示，深度学习模型有能力提供竞争的性能，即充分提取数据的高阶信息能够提高分类器的分类精度。在给出的所有分类方法中，本节提出的联合空谱信息的堆栈稀疏自动编码器随机森林(stack sparse autoencoder random forest combining space spectrum information，SSF-SSARF)模型，以及联合光谱特征和高阶统计量特征的堆栈稀疏自动编码器随机森林(stack sparse autoencoder random forest combining spectral features and high order statistics feactures，SHOS-SSARF)模型获得了较优的分类性能，在大多数土地覆盖类上获得了最高的各自的分类精度，如 Corn-notill、Corn-mintill 和 Soybean-mintill。从表 3-7 还可以看出，对于农场数据，SSF-SSARF 的整体分类精度达到 88.07%，超过 SSARF 约 1.43 个百分点，相应的 AA 和 Kappa 系数同样得到了明显提升。SHOS-SSARF 获得次优的分类精度。此外，相比于 SSARF，本节提出的 SSF-SSARF 和 SHOS-SSARF 消耗了更多的运行时间，原因是在学习深度特征之前 SSF-SSARF 和 SHOS-SSARF 分别需要执行三次立体卷积插值和高阶统计特征提取。

表 3-7　各分类方法在 Indian Pines 数据集上的分类性能

参数		SVM	SRC	LR	ELM	SSARF	SSF-SSARF	SHOS-SSARF
不同类别分类精度/%	Alfalfa	**64.58**	63.89	52.09	24.11	44.45	47.50	10.42
	Corn-notill	82.21	65.48	81.59	78.64	83.07	**87.09**	84.19
	Corn-mintill	71.66	63.56	63.60	60.89	75.69	77.58	**77.73**
	Corn	73.10	46.35	47.14	51.38	**78.89**	74.91	73.81
	Grass-pasture	91.16	**91.50**	89.04	90.54	88.89	89.62	90.83
	Grass-trees	96.88	94.94	95.76	96.15	96.88	95.56	**97.92**
	Grass-pasture-mowed	50.00	75.36	58.70	9.09	56.52	**76.79**	39.13
	Hay-windrowed	99.21	96.14	99.32	**99.45**	98.18	97.04	99.09
	Oats	44.45	53.71	5.56	9.80	**62.96**	50.00	50.00
	Soybean-notill	82.32	75.16	67.51	71.25	**83.32**	81.43	82.66
	Soybean-mintill	85.75	77.49	82.67	81.85	88.26	**91.76**	89.87
	Soybean-clean	87.77	57.49	74.37	75.93	86.84	84.73	**91.30**
	Wheat	98.95	95.61	99.21	99.64	98.95	96.81	**99.47**
	Woods	95.66	94.24	95.11	96.66	97.05	**97.31**	96.39
	Buildings-grass-trees-drives	**65.79**	44.06	62.29	64.27	54.68	64.27	52.63
	Stone-steel-towers	73.53	93.33	85.89	65.06	**89.81**	**89.81**	83.53
OA/%		85.73	76.67	81.12	80.78	86.64	**88.07**	87.19
AA/%		78.93	74.26	72.48	67.17	80.27	**81.39**	76.18
κ/%		83.71	73.36	78.37	77.96	84.75	**86.35**	85.37
t/min		7.14	0.40	0.26	**0.03**	1.36	2.58	3.79

从表 3-8 同样可以看出，几种浅层机器学习模型，即 SVM、SRC、LR 和 ELM 的分类性能明显低于深度学习模型 SSARF，例如，SSARF 方法的 OA 达到 91.84%，胜过对比方法的百分点为 0.77~6.11。同时比较 SSF-SSARF(OA=93.47%) 和 SHOS-SSARF(OA=92.79%)可知，联合空谱信息和高阶统计特征可以明显提高

数据的分类精度，此结果说明，相比于仅利用空谱信息，多特征集成策略有利于提高数据的分类精度。

表 3-8　各分类方法在 KSC 数据集上的分类性能

参数		SVM	SRC	LR	ELM	SSARF	SSF-SSARF	SHOS-SSARF
不同类别分类精度/%	Scrub	94.27	**94.89**	93.87	94.16	93.82	95.39	91.31
	Willow swamp	85.08	83.56	**93.38**	91.32	88.28	92.13	90.41
	CP hammock	90.15	85.28	89.61	89.75	91.63	92.54	**93.72**
	CP/Oak	68.70	48.02	70.48	55.36	66.52	**77.23**	76.43
	Slash pine	64.96	60.00	54.13	61.84	64.60	**72.16**	72.06
	Oak/Broadleaf	56.67	43.48	67.15	54.27	71.82	**73.02**	70.04
	Hardwood-swamp	**87.81**	61.05	80.52	82.45	78.25	84.72	87.37
	Graminoid-marsh	93.11	86.60	92.39	89.60	92.18	93.77	**94.33**
	Spartina marsh	94.43	91.45	96.58	**98.64**	97.08	97.67	95.62
	Cattail marsh	90.17	95.60	**96.43**	93.58	96.15	95.10	96.29
	Salt marsh	97.12	93.39	91.66	**97.97**	96.56	96.73	97.88
	Mud flats	93.52	81.68	95.14	88.52	95.88	97.13	**97.46**
	Water	99.25	97.72	99.22	98.92	**100.00**	**100.00**	**100.0**
OA/%		90.35	85.73	91.07	89.57	91.84	**93.47**	92.79
AA/%		85.79	78.67	86.20	84.34	87.14	**89.81**	89.46
κ/%		89.25	84.09	90.05	88.38	90.91	**92.73**	91.97
t/min		2.68	0.86	**0.14**	0.15	1.10	27.23	3.36

　　为了从视觉上更直观地对比不同分类方法的差异，除了上述定量评价指标外，本章进一步采用分类结果图来粗略评估方法的有效性。Indian Pines 数据集的真实地物分布图和不同方法的分类结果如图 3-13 所示。KSC 数据集的真实地物分布图和不同方法的分类结果如图 3-14 所示。图 3-13 中，SRC、LR 和 ELM 的分类结果并不能令人满意，其分类结果具有较多的类似噪声的误分类像元，尤其是对于较难识别的地物 Corn-notill、Corn-mintill 和 Soybean-notill。SVM 和 SSARF 具有相似的分类结果图，在很大程度上消除了噪声误分类现象。如图 3-13(g) 和图 3-13(h) 所示，相比于传统分类方法，本章提出的 SSF-SSARF 和 SHOS-SSARF 获得了略微平滑的分类结果图，说明空间信息和高阶统计特征的引入有利于提高分类精度。对于 KSC 数据集，从图 3-14 可以看出，SRC 分类结果图产生了较多的椒盐噪声，SVM、LR 和 ELM 获得了相近的分类结果图，相对而言，SSARF 占有较少的错分样本。相比于其他分类方法，SSF-SSARF 和 SHOS-SSARF 产生了更多的光滑区域(图 3-14(g) 和图 3-14(h))。

　　而后，分析训练样本数量对分类结果的影响。在本部分分析训练样本集对

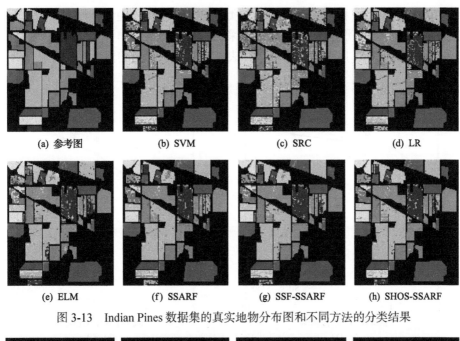

图 3-13　Indian Pines 数据集的真实地物分布图和不同方法的分类结果

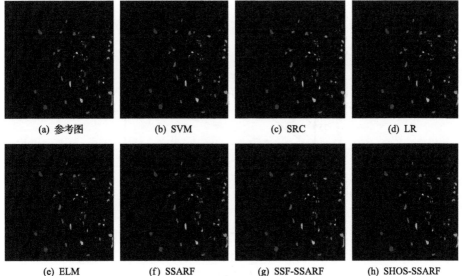

图 3-14　KSC 数据集的真实地物分布图和不同方法的分类结果

SSF-SSARF 和 SHOS-SSARF 分类精度的影响，对比方法包括 SVM、SRC、LR、ELM 和 SSARF。对于两幅高光谱图像，在标记的每一类样本中随机选择不同比例的数据(2%～10%)作为训练样本，剩余的作为测试样本。不同分类方法在 Indian Pines 数据集上的评价指标如图 3-15 所示。不同分类方法在 KSC 数据集上的评价指标如图 3-16 所示。两图给出了不同分类方法的分类精度随训练样本所占比例的变化趋势,即不同分类方法在 10 次随机采样运行后的均值作为最终的结果。其中,横坐标表示训练样本所占比例,纵坐标表示分类方法的分类精度。

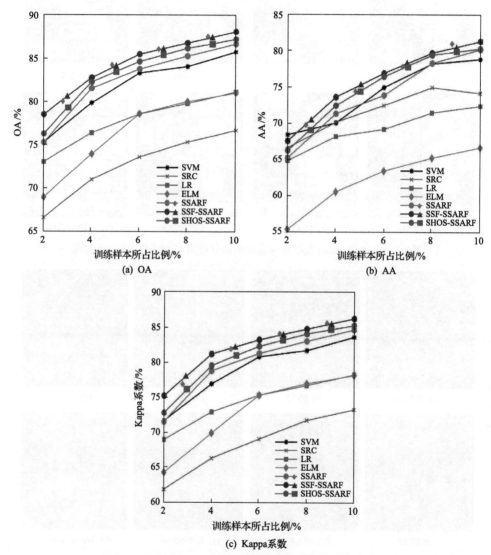

(a) OA

(b) AA

(c) Kappa系数

图 3-15　不同分类方法在 Indian Pines 数据集上的评价指标

从图中可知,随着训练样本所占比例的增加,各个分类方法的分类精度都得到了明显提高,且随训练样本所占比例的持续增加,上升趋势由急剧逐步变得略微缓慢。这是因为当训练样本较少时提供的相关信息较少,分类器难以准确地刻画各自类的特征属性,从而影响了测试样本的分类精度。此外,在不同训练样本

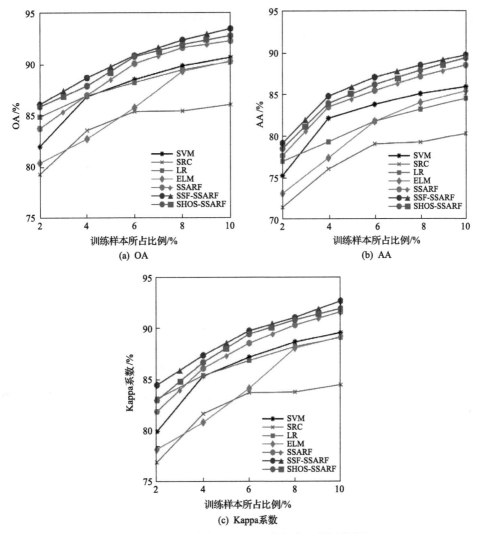

图 3-16　不同分类方法在 KSC 数据集上的评价指标

所占比例下，本节所提 SSF-SSARF 和 SHOS-SSARF 都优于剩余的对比方法，产生此现象的原因可能是联合空谱特征和高阶统计特征可以获得更多有利于区分地物属性的特征，在一定程度上提高了数据的表达能力，从而获得了更高的分类精度。

3.4　基于边缘保留滤波技术的高光谱图像分类方法

3.4.1　方法原理

传统的分类方法通常将高光谱图像看作光谱信息的集成而忽略了空间信息对

分类的促进作用,事实上空间信息可以更好地刻画土地覆盖类在空间分布的情况及统计特性。为了更精准地识别目标地物,近年来,学者专注于利用遥感数据的空域信息整合光谱信息,以期提高分类器的性能,研究表明,大部分光谱-空间分类方法在一定程度上提高了分类器的分类性能,然而当训练样本十分有限时,大部分光谱-空间分类方法所提供的分类性能并不总能令人十分满意,而且对于高维遥感数据,多核计算和分割过程复杂,导致基于多核函数和图分割的分类方法通常需要较大的时间消耗[18]。此外,已有的大多数光谱-空间分类方法很难同时考虑邻域窗口内像元的几何邻近性和光谱相似性,且在应用分类器之前忽略了噪声对高光谱图像的影响。

目前,文献[19]已经证明双边滤波器(bilateral filter, BF)和引导滤波器(guided filter, GF)可以很好地寻址高光谱图像在分类时面临的难题。作为一种有效的边缘保留滤波技术,双边滤波器有能力在保留图像细节信息的同时平滑由噪声产生的空间变异性,从而整合高质量的空域特征到光谱域。文献[20]指出,尽管双边滤波器已经被证明适用于分类任务,然而它仍然存在一些不足,例如,不适用于去除脉冲噪声,可能的原因是当局部窗口内中心像元明显不同于邻域像元时,幅值测量的稳定性易于被噪声影响。基于上述分析,为了更好地修复受损的高光谱图像和提取有用的光谱-空间特征,本节在双边滤波器的基础上提出了联合双边滤波器(joint bilateral filter, JBF),在平滑空间变异性的同时将高质量的空域信息有效地整合到光谱域。虽然本节提出的 JBF 有能力获取高的分类精度,然而当核半径较大时,滤波过程中的时间消耗是较大的。受上述多特征联合表示模型的启发,本节进一步提出基于自适应引导滤波器(adaptive guided filter, AGF)和 SSARF 的高光谱图像空谱联合分类方法,称为 AGF-SSARF、基于多尺度自适应引导滤波器(multi-scale adaptive guided filter, MAGF)和 SSARF 的高光谱图像空谱联合分类方法,称为 MAGF-SSARF。相比于 JBF,本节提出的 AGF 独立于滤波窗口,且执行速度快,在定量评估时展现出竞争的性能。

3.4.2 方法流程

双边滤波是一种经典的边缘保留滤波技术,自其引入图像滤波领域以来,双边滤波器已在图像去噪、色调映射、视频增强等领域得到了广泛应用。类似于传统高斯滤波,双边滤波是一个非线性滤波器算子,仅利用局部加权平均,区别是该算子同时整合图像的空间邻近度和像元灰度值相似度因子,在对图像进行滤波的过程中可以很好地削弱图像加性噪声,同时保持图像的边缘细节信息。双边滤波器示意图如图 3-17 所示,灰度核和空间高斯核两部分构成了双边滤波核。区别于传统的高斯滤波器,双边滤波是一种各向异性的平滑技术,可以较好地削弱噪声,同时保留图像的边缘细节信息,克服了传统高斯滤波模糊图像的缺陷。

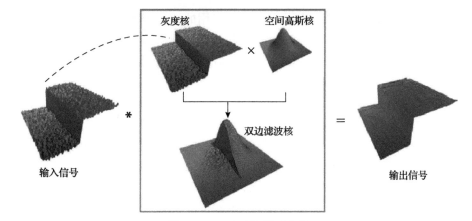

图 3-17　双边滤波器示意图

虽然双边滤波器具有简单、非迭代和参数选择更具灵活性等优势，但在平滑振荡纹理图像时，双边滤波器灰度测量的稳定性易受噪声影响。相反，在一个相对干净的参考图像中，灰度测量的计算更为准确，因此有望获得更优的滤波效果。针对这一问题，本节提出一种联合双边滤波器，即在预处理阶段，为了更好地保留纹理信息和平滑均质区域，将波源子阈值技术引入双边滤波器中。本节提出的联合双边滤波器的计算公式为

$$I^{\wedge}(t) = \frac{1}{W_t} \sum_{v \in S_p} \exp\left(-\frac{\|t-v\|^2}{2\delta_s^2} - \frac{\|U(t)-U(v)\|^2}{2\delta_r^2} \right) I(v) \tag{3-86}$$

其中，t 和 v 分别为像元坐标；S_p 为以像元 t 为中心的邻域像元集；δ_s 和 δ_r 分别用于控制空间邻近度因子和幅值相似度因子的衰减程度；$U(t)$ 和 $U(v)$ 分别为参考图像中像元点 t 和 v 的强度值，用于计算幅值加权项；W_t 为归一化系数，即几何邻近度和像元相似度的乘积，计算公式为

$$W_t = \sum_{v \in S_p} \exp\left(-\frac{\|t-v\|^2}{2\delta_s^2} - \frac{\|U(t)-U(v)\|^2}{2\delta_r^2} \right) \tag{3-87}$$

其中，$\exp(t,v) = \exp(-\|t-v\|^2 / 2\delta_s^2)$ 度量了中心像元点 t 和邻域像元点 v 之间的几何邻近度，而 $\exp(t,v) = \exp(-\|U(t)-U(v)\|^2 / 2\delta_r^2)$ 度量了中心像元点 t 和邻域像元点 v 之间的幅值相似性。

当替代初始的受损图像，采用相对干净的参考图像来计算像元幅值相似度函数 w_r 时，幅值测量有望更加稳定。在该部分，参考图像来自波源子变换技术，这一思想主要取决于两个因素：第一，波源子具有小波的局部化和多尺度特性，对

于振荡函数具有较优的稀疏表示；第二，采用的波源子阈值技术具有平移不变性和方向性，使得提出的联合双边滤波器能在衰减噪声的同时抑制伪吉布斯现象，从而很好地保持图像的边缘信息和纹理信息。下面给出波源子变换技术的方法描述。

波源子变换技术是由文献[21]提出的一种新的图像处理工具，可以将波源子看作一种特殊的二维小波包的变形，每个波包的振荡周期和支撑长度满足抛物线形状的尺度关系。相比于 Gabor 变换、小波变换和曲线波变换，波源子变换技术对于具有丰富方向纹理特征的函数或振荡函数具有更稀疏的扩展能力。这一特性使得波源子变换技术有能力很好地刻画图像的纹理信息。

假设波源子为 $\varphi_\mu(x)$，其下标 $\mu = (j,m,n) = (j,m_1,m_2,n_1,n_2)$，$j$ 是波源子的尺度，m 和 n 代表波源子的方向性，j、m_1、m_2、n_1 和 n_2 是整数值，在相位空间任意一点 (x_μ,ω_μ) 满足

$$x_\mu = 2^{-j}n, \quad \omega_\mu = \pi 2^j m, \quad C_1 2^j \leqslant \max_{i=1,2}|m_i| \leqslant C_2 2^j \tag{3-88}$$

其中，C_1 和 C_2 为正数；位置矢量 x_μ 和波形矢量 ω_μ 分别为波源子 $\varphi_\mu(x)$ 在空间域和频域的中心。

此外，波源子在相空间 (x_μ,ω_μ) 还需要满足局部化条件，即

$$|\varphi_\mu(x)| \leqslant C_M 2^j (1+2^j|x-x_\mu|)^{-M} \tag{3-89}$$

$$|\bar{\varphi}_\mu(\omega)| \leqslant C_M 2^{-j}(1+2^{-j}|\omega-\omega_\mu|)^{-M} + C_M 2^{-j}(1+2^{-j}|\omega+\omega_\mu|)^{-M} \tag{3-90}$$

其中，$M>0$。上述条件是在时频局部化约束下对波源子的定性描述。

假设 g 是一个实值、无穷光滑的连续函数，其支撑区间为 $[-7\pi/6, 5\pi/6]$。当 $-\pi/(3\omega) \leqslant \omega \leqslant \pi/(3\omega)$ 时，满足 $g(\pi/2-\omega)^2 + g(\pi/2+\omega)^2 = 1$ 和 $g(-\pi/2-2\omega) = g(\pi/2+\omega)$。

$v = \breve{g}$ 被定义为 g 的傅里叶逆变换，且假定

$$\psi_m^0(t) = 2\text{Re}\left\{\exp[i \cdot \pi(m+0.5)t]v\left[(-1)^m(t-0.5)\right]\right\} \tag{3-91}$$

然后，ψ_m^0 的傅里叶变换定义为

$$\psi_m^0(\omega) = e^{\frac{-i\omega}{2}}\left(ge^{ia_m}\{\tau_m[\omega - \pi(m-0.5)]\} + ge^{-ia_m}\{\tau_{m+1}[\omega + \pi(m+0.5)]\}\right) \tag{3-92}$$

其中，$\tau_m = (-1)^m$；$a_m = \pi/2(m+0.5)$。

此外，$\sum_{m}|\psi_{m}^{0}(\omega)|^{2}=1$，引入指标 j，基函数定义为 $\psi_{m,n}^{j}(x)=\psi_{m}^{j}(x-2^{-j}n)=$ $2^{0.5j}\psi_{m}^{0}(2^{j}x-n)$。此时，产生的波包 $\{\psi_{m,n}^{j}(x)\}$ 形成了 $L^{2}(R)$ 空间中的规范正交基。

在二维波源子变换条件下，采用张量积的形式来构造二维波包函数，即

$$\varphi_{\mu}^{+}(x_{1},x_{2})=\psi_{m_{1}}^{\phi}(x_{1}-2^{-j}n_{1})\psi_{m_{2}}^{\phi}(x_{2}-2^{-j}n_{2}) \tag{3-93}$$

$$\varphi_{\mu}^{-}(x_{1},x_{2})=H\psi_{m_{1}}^{\phi}(x_{1}-2^{-j}n_{1})H\psi_{m_{2}}^{\phi}(x_{2}-2^{-j}n_{2}) \tag{3-94}$$

其中，H 为 Hilbert 变换；$\varphi_{\mu}^{+}(x_{1},x_{2})$ 和 $\varphi_{\mu}^{-}(x_{1},x_{2})$ 为规范正交基，通过联合 $\varphi_{\mu}^{(1)}=0.5(\varphi_{\mu}^{+}+\varphi_{\mu}^{-})$ 和 $\varphi_{\mu}^{(2)}=0.5(\varphi_{\mu}^{+}+\varphi_{\mu}^{-})$ 来构造冗余度为 2 的波源子紧框架 $\{\varphi_{\mu}\}=\{\varphi_{\mu}^{(1)}+\varphi_{\mu}^{(2)}\}$，满足

$$\sum_{\mu}\left|\left\langle\varphi_{\mu}^{(1)},\mu\right\rangle\right|^{2}+\sum_{\mu}\left|\left\langle\varphi_{\mu}^{(2)},\mu\right\rangle\right|^{2}=\|\mu\| \tag{3-95}$$

二维波源子变换的系数定义为

$$\mathrm{WA}_{\mu}(u)=\left\langle u,\varphi_{\mu}^{(1)}\right\rangle+\left\langle u,\varphi_{\mu}^{(2)}\right\rangle \tag{3-96}$$

其中，WA 为前向波源子变换。

波源子收缩可以计算为 $\mu_{c}=\sum_{\mu}T(c_{\mu}(f))\varphi_{\mu}$。大体上可以通过度量硬阈值来确定 $T(x)$，即 $T(x)=x(|x|\geqslant\delta)$，否则，$T(x)=0$。硬阈值操作可以保留边缘的局部特性，不足的是图像易产生振铃效应或伪吉布斯现象。此外，也可以采用软阈值来计算 $T(x)$，这一策略在平滑图像的同时容易模糊图像边缘，即硬、软阈值都存在重构失真现象。本节定义一个新的阈值函数为

$$T(x)=\mathrm{sgn}(x)\omega(|x|-\beta\delta) \tag{3-97}$$

$$\omega=\begin{cases}1, & |x|>\delta \\ \delta/(\delta+\delta_{0}), & \delta_{0}\leqslant|x|\leqslant\delta \\ 0, & |x|<\delta_{0}\end{cases} \tag{3-98}$$

其中，δ 为一个阈值。

通过引入一个加权因子到硬、软阈值函数中，定义的新阈值函数被期望在保留图像边缘细节信息的同时防止有用信息被移除。通常波源子变换技术不是平移不变的，类似于硬、软阈值函数，在纹理或边缘区域容易产生伪吉布斯现象或振铃效应。本节采用循环平移技术[22]来削弱波源子变换技术产生的失真现象，实现

的思想是对图像进行行和列循环平移，从而改变不连续点的位置，然后对平移后的图像执行变换平滑操作，进一步反向平移处理后的图像，最终结果来自对平移后的去噪图像执行线性平均，其计算公式为

$$U = \frac{1}{k_1 k_2} \sum_{i=1, j=1}^{k_1, k_2} S_{-i, -j} \left\{ \text{WA}^{-1} \left[T \left(\text{WA} \left[S_{i, j}(u) \right] \right) \right] \right\} \tag{3-99}$$

其中，k_1、k_2分别为行方向和列方向上的最大平移量，下标表示第i行和第j列的平移量；S为循环平移算子；u为噪声图像；WA 和 WA^{-1}分别为前向波源子变换和逆向波源子变换。

已有研究证明，基于双边滤波的 SVM 高光谱图像空谱分类框架采用双边滤波器平滑受损图像的同时可以很好地保留图像细节信息，从而增强类别之间的可分性，为分类器提供可分性强的地物特征。然而，双边滤波器灰度测度的稳定性易受噪声干扰，使得滤波效果受到影响。基于此，本节提出基于联合双边滤波器和堆栈稀疏自动编码器的高光谱图像空谱联合分类方法（JBF-SSARF）。

图 3-18 给出基于 JBF-SSARF 的空谱分类框图。首先 JBF 作用于受损图像，通过考虑邻域窗口内像元的几何邻近性和光谱相似性来削弱噪声并保留图像边缘信息，以期提高土地覆盖类之间的类别可分性。然后，从平滑后的图像中提取可分性强的空谱域特征 x_f，通过随机采样的方式将其分为训练集 x_m 和测试集 x_h。进一步利用训练集对堆栈稀疏自动编码器（stack sparse autoencoder，SSA）模型进行有监督的预训练和非监督的微调，从而获得更为抽象和可辨别的高阶特征表示。最后，使用随机森林（random forest，RF）分类器确定每一个像元被分配为相应土地覆盖类的概率。

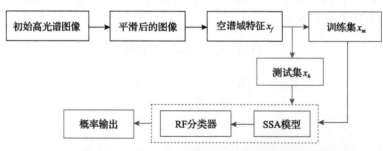

图 3-18　基于 JBF-SSARF 的空谱分类框图

自适应引导滤波器：引导滤波是一种基于局部线性模型的边缘保留滤波技术。相比于经典的双边滤波器和加权最小平方滤波器（weighted least squares filter，WLSF），引导滤波器是一种快速的线性平滑方法，其实现与核的大小无关，可以更好地保持源图像的结构信息且不易产生梯度翻转现象，因此被看作一种高效的

边缘保留滤波器。引导滤波器主要采用引导图像进行滤波，其邻域像元点是线性相关的，将得到的细节图像与平滑图像累加推出全局滤波结果，即获得与输入图像结构类似的增强图像。引导滤波器的主要实现过程如下：

引导滤波器输入的初始图像为 s_p，假定引导图像 s_g 和滤波器输出图像 s 之间在以像元 k 为中心的窗口 w_k 内存在如下局部线性关系：

$$s(i) = p_k s_g(i) + q_k, \quad \forall i \in w_k \tag{3-100}$$

其中，$s_g(i)$ 和 $s(i)$ 分别为引导图像和输出图像的像元值；w_k 为半径为 r 的方形窗口；(p_k, q_k) 为窗口 w_k 中的线性系数，用于映射 $s_g(i)$ 到 $s(i)$。

对式 (3-100) 两边求导可得 $\nabla s = p \nabla s_g$，该线性模型确保引导图像和滤波器输出图像具有边缘一致性。然后，对输入的待平滑图像添加一些约束条件来确定线性系数 p_k 和 q_k，此时输出图像可以被建模为待滤波图像减去不期望的噪声或纹理 n，即

$$s(i) = s_p(i) - n(i) \tag{3-101}$$

引导滤波需要在保持线性模型的基础上最小化输入图像和输出图像间的差异 $E(p_k, q_k)$，即转换为求目标函数最优问题，即

$$E(p_k, q_k) = \sum_{i \in w_k} \left[\left(p_k s_g(i) + q_k - s_p(i) \right)^2 + \varsigma p_k^2 \right] \tag{3-102}$$

其中，ς 为正则化参数，用于惩罚较大的 p_k。

在最小化上述目标函数 $E(p_k, q_k)$ 的过程中，通常忽略不同窗口内像元间的纹理差异，即所有的空间窗口采用固定的正则化参数 ς。

通常对于边缘或纹理变化大的区域，需要较小的 ς 来惩罚式 (3-102) 中较大的 p_k 值，而对于过渡平缓的匀质区域，较大的 ς 可以产生更小的逼近误差。因此，根据不同区域的信息差异来自适应调整正则化参数 ς 是一种有效的方法，可以提高引导滤波器的鲁棒性。

为了寻址这个问题，基于 Prewitt 罗盘算子的边缘感知加权技术被整合到引导滤波器中，形成一个自适应引导滤波器。实现过程如下：首先采用 PCA 方法获取初始图像的第一主成分，然后采用 Prewitt 罗盘算子检测第一主成分的边缘，边缘权重因子 $\psi(i)$ 定义为

$$\psi(i) = \frac{1}{N} \sum_{i'=1}^{N} \frac{C(i) + \upsilon}{C(i') + \upsilon} \tag{3-103}$$

其中，N 为像元个数；$C(i)$ 为像元 i 的边缘值；υ 为一个小的常数。

此时，目标函数 $E(p_k, q_k)$ 更改为

$$E(p_k, q_k) = \sum_{i \in w_k} \left[(p_k s_g(i) + q_k - s_p(i))^2 + \frac{\varsigma}{\psi(i)} p_k^2 \right] \tag{3-104}$$

从式(3-104)可知，相比于匀质区域，在采用边缘权重因子后，边缘处的像元被分配较大的权值，即分配一个较小的正则化参数。

$$p_k = \frac{\frac{1}{|w|} \sum_{i \in w_k} s_g(i) s_p(i) - u_k \overline{s_p}(k)}{\delta_k^2 + \varsigma / \psi(i)} \tag{3-105}$$

$$q_k = \overline{s_p}(k) - p_k u_k \tag{3-106}$$

$$\overline{p}_k = \frac{1}{|w|} \sum_{i \in w_k} s_p(i) \tag{3-107}$$

其中，u_k 和 δ_k^2 分别为引导图像 s_g 的灰度均值和方差；$|w|$ 为邻域窗口 w_k 内的像元总个数；$\overline{s_p}(k)$ 为输入图像 s_p 在邻域窗口 w_k 内的灰度均值。

值得注意的是，考虑到多个邻域窗口可能同时覆盖像元点 i，即式(3-108)中 $s(i)$ 的值在这些窗口中是不同的，一个基本的策略是对其进行平均化处理，从而获得最后的输出图像为

$$s(i) = \overline{p}_i s_g(i) + \overline{q}_i \tag{3-108}$$

其中，$\overline{p}_i = 1/|w| \sum_{k \in w_k} p_k$ 和 $\overline{q}_i = 1/|w| \sum_{k \in w_k} q_k$ 为所有覆盖像元点 i 的滤波窗口的线性系数均值。

与 JBF 相比，引导滤波器是一种最快的边缘保留滤波方法，其实现与核的大小无关，而且在图像边缘或拐点处不易产生梯度翻转现象。因此，本节提出一种基于 AGF 和 SSARF 的高光谱空谱联合分类框架(AGF-SSARF)。AGF-SSARF 方法框图如图 3-19 所示。

3.4.3 实验结果及分析

本节使用三幅真实的高光谱图像(Indian Pines 数据集、KSC 数据集和 Pavia University 数据集)验证本节所提 JBF-SSARF 的有效性，从定量评价指标、视觉效果和方法的运行时间三方面比较本节所提 JBF-SSARF 分类方法的性能优劣。

2002 年，反射式光学系统成像光谱仪(reflective optical system imaging

spectrometer，ROSIS)传感器在意大利北部的帕维亚大学(Pavia University)校园上部获得了 Pavia University 数据集。该数据集拥有 9 个真实地物类型以及 115 个波段，同时每个波段包含 610 像元×340 像元，其空间分辨率为 1.3m，光谱分辨率为 4nm。本实验去除了 12 条噪声带，即使用 115 条噪声带中剩余的 103 条噪声带。Pavia University 数据集相关信息如图 3-20 所示。图中提供了 Pavia University 数据集的伪彩色合成图像和真实地物分布图。

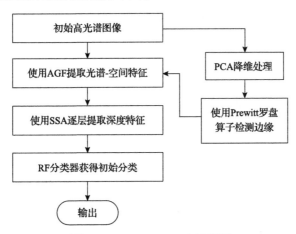

图 3-19　AGF-SSARF 方法框图

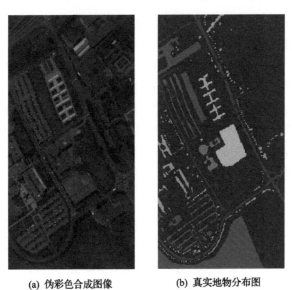

(a) 伪彩色合成图像　　　　(b) 真实地物分布图

图 3-20　Pavia University 数据集相关信息

与 JBF-SSARF 对比的方法包含逐像元分类方法(SVM、SRC、LR、SSARF)和基于空谱联合特征的方法(包括基于自适应加权滤波器(adaptive weighted filter，

AWF）和支持向量机的分类器 AWF-SVM、基于联合表示滤波器（collaborative representation filter，CoRF）和支持向量机的分类器 CoRF-SVM、基于对称最近邻（symmetric-nearest-neighbourhood，SNN）滤波器和支持向量机的分类器 SNN-SVM、基于双边滤波器和堆栈稀疏自动编码器的分类器 BF-SSARF）。对于 JBF，空间参数 $\delta_s \in \{1,2,\cdots,10\}$，幅值参数 $\delta_r \in \{0.1,0.2,\cdots,1.0\}$，滤波窗口 $k \in \{3\times3, 5\times5, \cdots, 13\times13\}$。对于 Indian Pines 数据集图像，在执行 JBF 过程中空间参数设定为 $\delta_s = 5$，幅值参数设定为 $\delta_r = 0.8$，滤波窗口设定为 $w = 9\times9$。对于 KSC 数据集图像，空间参数和幅值参数分别设定为 $\delta_s = 6$ 和 $\delta_r = 0.9$，滤波窗口设定为 $w = 9\times9$。对于 Pavia University 数据集图像，空间参数和幅值参数分别设定为 $\delta_s = 5$ 和 $\delta_r = 0.1$，滤波窗口设定为 $w = 9\times9$。在执行 SSARF 模型时，折中考虑分类精度和运行时间，对于 Indian Pines 数据集图像，隐藏层数和隐藏层神经元个数分别设定为 2 和 100，预训练迭代次数和微调迭代次数分别设定为 950 和 2000；对于 KSC 数据集图像，隐藏层数和隐藏层神经元个数分别设定为 3 和 60，预训练迭代次数和微调迭代次数分别设定为 800 和 2000；对于 Pavia University 数据集图像，隐藏层数和隐藏层神经元个数分别设定为 3 和 40，预训练迭代次数和微调迭代次数分别设定为 800 和 2000。值得注意的是，通过十折交叉验证法选取所提分类方法的最适宜参数。为了降低随机采样引入的偏差，每组实验重复 10 次，将平均分类精度作为最终的实验结果。

在实验中，评估本节所提 JBF-SSARF 方法作用于三幅真实高光谱图像的分类性能。对于 Indian Pines 数据集图像，随机选择 10% 的样本作为训练集，剩余的样本作为测试集；对于 KSC 数据集图像，随机选择 3% 的样本作为训练集，剩余的样本作为测试集；对于 Pavia University 数据集图像，随机地从每一类地物中选择 50 个样本作为训练集，剩余的样本作为测试集。各分类方法在 Indian Pines 数据集、KSC 数据集和 Pavia University 数据集上的分类性能定量评估分别如表 3-9～表 3-12 所示，表中分别给出了本节所提 JBF-SSARF 方法和对比方法在三组数据集上的客观评价指标 OA、AA、Kappa 系数 (κ) 和运行时间 (t)，使用粗体标记最好的分类结果。

表 3-9   各分类方法在 Indian Pines 数据集上的分类性能定量评估

	参数	SRC	LR	SVM	AWF-SVM	CoRF-SVM	SNN-SVM	SSARF	BF-SSARF	JBF-SSARF
不同类别分类精度 /%	1	63.89	52.09	64.58	83.33	**90.28**	81.25	44.45	70.83	76.39
	2	65.48	81.59	82.21	97.16	93.54	86.38	83.07	94.52	**98.06**
	3	63.56	63.60	71.66	96.22	91.38	82.09	75.69	96.27	**98.89**
	4	46.35	47.14	73.10	92.54	87.14	66.51	78.89	96.51	**98.57**
	5	91.50	89.04	91.16	94.63	94.85	**95.68**	88.89	95.23	93.81

续表

	参数	SRC	LR	SVM	AWF-SVM	CoRF-SVM	SNN-SVM	SSARF	BF-SSARF	JBF-SSARF
	6	94.94	95.76	96.88	**99.06**	98.91	98.91	96.88	97.82	98.96
	7	75.36	58.70	50.00	91.30	**98.55**	94.20	56.52	75.36	97.10
	8	96.14	99.32	99.21	**99.55**	99.39	98.71	98.18	98.18	98.71
不同	9	53.71	5.56	44.45	**92.59**	75.93	74.07	62.96	55.56	77.78
类别	10	75.16	67.51	82.32	94.72	92.54	86.22	83.32	94.64	**96.02**
分类	11	77.49	82.67	85.75	95.95	94.01	89.83	88.26	**98.26**	98.21
精度	12	57.49	74.37	87.77	95.23	93.66	82.49	86.84	95.65	**96.08**
/%	13	95.61	99.21	98.95	98.77	**99.12**	98.77	98.95	98.25	97.19
	14	94.24	95.11	95.66	**99.25**	98.31	97.31	97.05	98.80	98.60
	15	44.06	62.29	65.79	92.30	86.26	66.96	54.68	92.98	**99.61**
	16	93.33	85.89	73.53	**95.69**	91.76	88.63	89.81	93.73	94.90
OA/%		76.67	81.12	85.73	96.49	94.36	88.99	86.64	96.42	**97.68**
AA/%		74.26	72.48	78.93	94.89	92.85	86.74	80.27	90.78	**94.93**
κ/%		73.36	78.37	83.71	96.00	93.57	87.42	84.75	95.92	**97.36**
t/min		0.40	**0.26**	7.18	8.22	13.58	7.19	1.35	2.35	14.61

表 3-10　各分类方法在 KSC 数据集上的分类性能定量评估

	参数	SRC	LR	SVM	AWF-SVM	CoRF-SVM	SNN-SVM	SSARF	BF-SSARF	JBF-SSARF
	1	90.83	96.61	95.21	94.94	91.51	93.16	90.38	**98.46**	98.33
	2	85.10	88.22	83.12	78.44	87.09	87.66	84.26	**88.37**	82.27
	3	74.73	90.73	89.65	69.76	76.21	90.93	85.89	90.06	**91.94**
	4	41.39	55.87	51.91	40.71	60.79	69.47	50.41	72.13	**96.99**
	5	54.27	44.87	39.32	39.96	71.37	39.74	52.56	66.24	**93.80**
不同	6	38.29	34.53	38.89	57.81	62.91	33.56	90.09	86.79	**99.10**
类别	7	57.43	77.23	77.56	52.47	79.21	67.82	78.22	89.11	**98.35**
分类	8	79.51	85.01	86.12	84.69	86.53	80.50	87.80	95.29	**96.01**
精度	9	94.25	98.54	96.03	98.15	95.90	96.23	91.27	99.40	**100.0**
/%	10	90.54	91.90	92.33	92.67	89.00	89.39	96.68	97.87	**100.0**
	11	91.55	92.53	90.07	95.48	94.50	92.00	94.58	95.73	**100.0**
	12	72.42	83.84	80.70	94.39	92.40	82.45	72.90	88.57	**98.08**
	13	97.89	100.0	98.22	99.89	100.0	99.78	94.99	99.96	**100.0**
OA/%		82.19	87.16	85.56	86.30	88.61	85.89	86.35	93.50	**97.61**
AA/%		74.47	79.99	78.39	76.87	83.64	78.66	82.31	89.84	**96.53**
κ/%		80.15	85.65	83.89	84.71	87.32	84.26	84.83	92.75	**97.34**
t/min		0.23	**0.13**	0.71	13.18	244.19	0.83	0.67	12.23	98.25

表 3-11　各分类方法在 Pavia University 数据集上的分类性能定量评估

参数		SRC	LR	SVM	AWF-SVM	CoRF-SVM	SNN-SVM	SSARF	BF-SSARF	JBF-SSARF
不同类别分类精度/%	1	61.11	69.42	77.20	90.35	82.65	76.84	76.75	88.50	**90.41**
	2	70.25	78.88	82.62	97.02	90.72	87.62	85.89	97.03	**97.82**
	3	61.76	76.66	79.34	85.11	83.84	83.28	84.45	**89.75**	88.87
	4	87.31	91.49	94.26	95.62	96.48	93.48	93.85	94.53	**97.16**
	5	99.50	99.62	98.74	99.72	99.00	99.28	99.36	**99.85**	99.42
	6	65.72	80.95	86.54	96.58	92.58	85.93	85.02	**99.38**	97.83
	7	83.05	89.17	92.58	95.21	94.37	96.12	92.63	97.73	**98.79**
	8	71.01	72.84	81.34	88.45	**90.44**	86.60	81.49	89.22	87.96
	9	94.82	99.70	99.85	98.96	99.85	**100.0**	99.89	92.76	98.89
OA/%		70.97	79.31	83.96	94.59	90.30	86.74	85.40	94.80	**95.45**
AA/%		77.17	84.30	88.05	94.11	92.21	89.90	88.81	94.30	**95.23**
κ/%		63.07	73.49	79.31	92.84	87.33	82.74	81.04	93.13	**93.97**
t/min		5.69	**0.07**	5.46	14.88	42.41	8.97	0.54	5.89	54.98

表 3-12　Indian Pines 数据集扩展前和扩展后的训练集和测试集

类别(类别编号)	样本数	扩展前		扩展后	
		训练集	测试集	训练集	测试集
Alfalfa(1)	46	3	43	4	42
Corn-notill(2)	1428	114	1314	128	1300
Corn-mintill(3)	830	66	764	76	754
Corn(4)	237	18	219	23	214
Grass-pasture(5)	483	38	445	45	438
Grass-trees(6)	730	58	672	60	670
Grass-pasture-mowed(7)	28	2	26	2	26
Hay-windrowed(8)	478	38	440	41	437
Oats(9)	20	1	19	1	19
Soybeans-notill(10)	972	77	895	92	880
Soybeans-mintill(11)	2455	196	2259	336	2119
Soybeans-clean(12)	593	47	546	49	544
Wheat(13)	205	16	189	21	184
Woods(14)	1265	101	1164	105	1160
Buildings-grass-trees-drives(15)	386	30	356	32	354
Stone-steel-towers(16)	93	7	86	9	84
总计	10249	812	9437	1024	9225

对于三幅高光谱图像，SSARF 的分类精度要优于浅层机器学习模型 SVM、SRC 和 LR。这是由于 SSARF 方法是一种深度学习模型，不仅充分利用高光谱数据丰富的光谱特征，而且有能力提取数据更为抽象和不变的深层信息。

与基于光谱特征的分类方法相比，整合光谱和空间特征在很大程度上提高了分类器的性能，例如，三幅高光谱图像中的整体分类精度 OA 分别由 SVM 的 85.73%、85.56%、83.96%提高到 AWF-SVM 的 96.49%、86.30%、94.59%；在三幅高光谱图像中 CoRF-SVM 的 OA 比 SVM 分别高出 8.63 个百分点、3.05 个百分点、6.34 个百分点，SNN-SVM 的 OA 比 SVM 分别高出 3.26 个百分点、0.33 个百分点、2.78 个百分点，BF-SSARF 的 OA 比 SSARF 分别高出 9.78 个百分点、7.15 个百分点、9.40 个百分点。该结果有效说明了整合光谱和空间特征可以提高分类器的性能，即在执行分类任务前进行滤波操作是有效的。不是每一个光谱-空间分类方法在每一个高光谱数据集上都能获得竞争的性能，例如，对于 Indian Pines 数据集和 Pavia University 数据集，相比于 SVM，SNN-SVM 展现的性能远不及 CoRF-SVM、AWF-SVM 和 BF-SSARF。对于 KSC 数据集，AWF-SVM、CoRF-SVM 和 SNN-SVM 的整体分类精度仅比 SVM 方法分别高出 0.74 个百分点、3.05 个百分点和 0.33 个百分点，但是 BF-SSARF 的 OA、AA 和 Kappa 系数比 SSARF 高出 7.15 个百分点、7.53 个百分点和 7.92 个百分点。结果说明，相比于一些经典的滤波技术，双边滤波器在提高分类器的精度方面展现出竞争性能。对于三个不同的数据集，本节所提 JBF-SSARF 的评价指标(OA、AA、Kappa 系数)高于其他对比分类方法。这是因为在执行滤波操作时，灰度测量的计算是采用一个相对干净的参考图像，这一操作有效弥补了双边滤波器平滑振荡纹理图像时灰度测量不稳定，所以获得了比 BF-SSARF 更高的分类精度。在所有的分类方法中，LR 耗费了最少的运行时间，这是因为相比于深度学习模型 SSARF，LR 无须预训练多层隐藏层。相比于逐像元分类方法，虽然整合滤波技术可以提高方法的分类精度，但以牺牲运行时间为代价。尤其是当待平滑图像较大时，随着滤波窗口的增大，AWF-SVM、CoRF-SVM 和 BF-SSARF 都需要较长的运行时间。对于本节所提 JBF-SSARF，虽然在三幅高光谱图像上获得了最高的分类精度，但却消耗了最长的运行时间。

除了客观评价指标，本节同时提供视觉分类结果图来粗略地评估各个分类方法的有效性。Indian Pines 数据集的真实地物分布图和各方法的分类结果图如图 3-21 所示。KSC 数据集的真实地物分布图和各方法的分类结果图如图 3-22 所示。Pavia University 数据集的真实地物分布图和各方法的分类结果图如图 3-23 所示。从图中可知，基于光谱特征的分类方法错分现象较为严重，各个分类结果图产生较多的椒盐噪声，如图 3-21(b)、图 3-22(c)和图 3-23(d)所示。整合光谱-空间特征作为分类特征所获得的分类结果图可以有效削弱分类过程中产生的误分现象，尤其是图 3-21(i)、图 3-22(i)和图 3-23(i)。该结果归因于在执行分类任务前对图像进行的滤波操作，不仅可以提高受损图像的信噪比，而且充分利用了高光谱数据多维波段丰富的空间特征。本节所提 JBF-SSARF 在三幅真实高光谱图像中获得了最少的错分样本点数目，对于一些较难区分的地物也能获得最优的分类结果，如图 3-21 中的类别 Corn-notill、Corn-mintill、Soybean-notill，证明了本章提出的 JBF- SSARF 的分类精度优势十分明显。

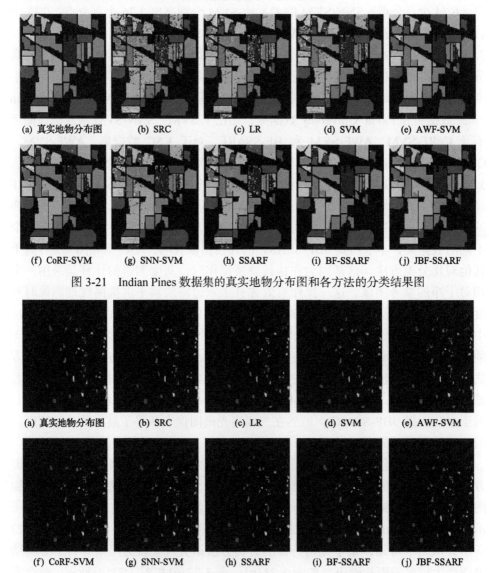

图 3-21　Indian Pines 数据集的真实地物分布图和各方法的分类结果图

图 3-22　KSC 数据集的真实地物分布图和各方法的分类结果图

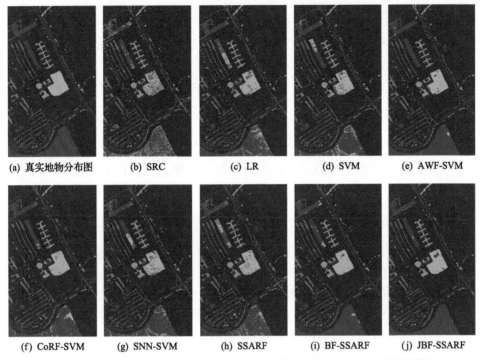

图 3-23　Pavia University 数据集的真实地物分布图和各方法的分类结果图

3.5　基于加权谱空间的半监督高光谱图像分类方法

3.5.1　方法原理

传统的基于 SVM 的高光谱图像分类方法不能有效整合图像的光谱信息和空间信息，也不能缓解高光谱训练样本少的问题，为了进一步提高高光谱图像的分类精度，本节提出一种新的半监督高光谱图像分类方法，将加权谱空间（weighted spectral-spatial，WSS）策略与支持向量机空间逻辑回归（support vector machine spatial logistic regression，SVMSLR）框架相结合。加权谱空间策略被认为是预处理步骤，通过空间邻域像元信息来更新高光谱数据信息。具体地，使用频谱相似度来计算中心像元与最近邻像元之间的权重。SVMSLR 是一种结合空间逻辑回归和 SVM 的双层学习方法，用于提供最终的分类结果。此外，使用可靠的未标记样品的标签来进一步提高分类精度。

在空间逻辑回归中，假设训练样本为 (x_n, y_n) $(n=1,2,\cdots,N)$，N 表示训练样本的数量。其中，$x_n \in \mathbb{R}^d$，d 为数据的维度，$y_n \in \{-1,+1\}$。线性 LR 的分类超平面定义为 $w^{\mathrm{T}}x + b = 0$，测试样本 x 的决策函数为 $y = \mathrm{sgn}(g(x))$，符号函数内部为

$$g(x) = w^{\mathrm{T}} x + b \tag{3-109}$$

其中，x 为测试样本；w 和 b 分别为 LR 的权重系数和偏置；$\mathrm{sgn}(\cdot)$ 为符号函数，当 $g(x) > 0$ 时，$y = +1$，当 $g(x) < 0$ 时，$y = -1$。

LR 利用 Sigmoid 函数 $(\sigma(t) = (1 + \mathrm{e}^{-t})^{-1})$ 得到测试样本 x 属于类 $+1$ 的概率，如式 (3-110) 所示：

$$P(+1 \mid x) = \sigma(g(x)) \tag{3-110}$$

样本 x 属于类 -1 的概率为 $P(-1 \mid x) = 1 - P(+1 \mid x)$，即 $P(-1 \mid x) = 1 - \sigma(g(x))$。

3.5.2 方法流程

在通常情况下，当一些条件（如表面结构、反射光和折射光等）相同时，高光谱图像将具有相似的光谱特征。因此，需要结合光谱信息和空间信息，以更好地识别不同类别之间的细微差别[23]。本节提出的谱空间分类方法通过加权的 K 个邻近像元的光谱空间信息的平均值取代中心像元，以期获得更准确的信息。在本节中，首先利用光谱相似性来计算中心样本及其周围 K 个邻近样本之间的差异，相对于中心样本具有更高光谱相似性的样本被赋予更大的权重。

在 K 邻域内，使用欧氏距离计算周围邻近像元 x_i 相对于中心像元 x_o 对应的权重 ω_i，公式为

$$d_{io} = \| x_i - x_{\mathrm{mean}} \|^2, \quad x_{\mathrm{mean}} = \frac{1}{K} \sum_{i=1}^{K} x_i \tag{3-111}$$

$$\omega_i = \frac{1}{d_{io}} \tag{3-112}$$

$$\omega_i = \frac{\omega_i}{\omega_i + \cdots + \omega_k} \tag{3-113}$$

其中，$x_i (i \in \{1, 2, \cdots, K\})$ 为周围邻近像元；$0 < \omega_i < 1$。

利用式 (3-111)、式 (3-112) 和式 (3-113) 计算权重，从而避免了人工选择的弊端。利用得到的权重信息去更新原始高光谱数据，更新后的高光谱数据 x_{wss} 为

$$x_{\mathrm{wss}} = (x_1 \omega_1 + x_2 \omega_2 + \cdots + x_i \omega_i + \cdots + x_K \omega_K) \tag{3-114}$$

更新后的训练样本送入 SVM 分类器中。对于测试样本 x_{wss}，其 SVM 的决策方程为 $\hat{y}_{\mathrm{SVM}}(x_{\mathrm{wss}}) = \mathrm{sgn}(g_{\mathrm{SVM}}(x_{\mathrm{wss}}))$，其中 $g_{\mathrm{SVM}}(x_{\mathrm{wss}})$ 的表达式为

$$g_{\mathrm{SVM}}(x_{\mathrm{wss}}) = \sum_{n \in S} \alpha_n y_n k(x_{\mathrm{wss}n}, x_{\mathrm{wss}}) + b \tag{3-115}$$

其中，S 为支持向量机索引的集合；α_n 为支持向量 $x_{\text{wss}n}$ 对应的系数；b 为偏置系数；$k(x_{\text{wss}n}, x_{\text{wss}})$ 为光谱信息的核函数。

此时，得到了未标记样本的输出标签。假设在局部区域来自多数标签的像元被正确分类的概率高，将这些可靠的未标记样本添加到原始训练数据集中，以再次训练 SVM 分类器。仅当中心像元来自多数标签时，才计算获得未标记样本的置信度（confidence level，CL），即

$$CL = \frac{\sum_i d_{io}}{W \times W} \tag{3-116}$$

其中，$W \times W = M$，M 为周围邻域像元的数量；CL 为样本被正确分类的概率，用于评估样本的可靠性，$CL \in [0,1]$。

$$CL > T \tag{3-117}$$

其中，T 为预先设定的阈值，$T \in [0,1]$。

如果未标记样本的 CL 满足式(3-117)，那么此未标记样本将被加入原始训练集中，从而获得一个全新的训练集。之后，新的训练集再次被送入 SVM 中进行训练。

SVM 的结果不能作为概率，因此 SVMSLR 通过 LR 处理 SVM 的分类结果，从而得到想要的概率值。其决策函数为 $\hat{y}_{\text{SVMSLR}}(x) = \text{sgn}(g_{\text{SVMSLR}}(x))$，而符号函数内的函数为

$$g_{\text{SVMSLR}}(x) = \alpha g_{\text{SVM}}(x) + \beta \tag{3-118}$$

其中，α 和 β 分别为缩放参数和位移参数。

对于测试样本 x，SVMSLR 预测其属于类别+1 的公式为

$$P(+1 \mid x) = \sigma(\alpha g_{\text{SVM}}(x) + \beta) \tag{3-119}$$

其中，$\sigma(\cdot)$ 为 Sigmoid 函数。

SVMSLR 的最终目标公式为

$$\min_w \left\{ \frac{\lambda}{2N} \alpha^2 - \frac{1}{N} \sum_{n=1}^N \ln \sigma \left[y_n (\alpha g_{\text{SVM}}(x_n) + \beta) \right] \right\} \tag{3-120}$$

其中，N 为训练样本的数量；λ 为正则化参数，能够平衡正则项与误差项。

然而，此方法没有利用高光谱图像的空间信息，仅将 SVM 的标量结果送入 LR 中，导致其分类精度不高。针对此问题，通过大小为 $W \times W$ 的矩形窗口提取每

个像元 x_{wss} 的空间邻域信息 $N(x_{wss})$，即

$$f(x_{wss}) = [g_{SVM}(x_{wss1}), \cdots, g_{SVM}(x_{wssj}), \cdots, g_{SVM}(x_{wssJ})]^{T} \tag{3-121}$$

其中，$x_{wssj} \in N(x_{wss})$ 为像元 x_{wss} 的邻域像元；$J = |N(x_{wss})| = W^2$ 为邻域像元的数量。

在提取空间特征向量 $f(x_{wss})$ 后，WSS-SVMSLR 模型用逻辑回归对 $f(x_{wss})$ 进行进一步处理。对于测试样本 x_{wss}，WSS-SVMSLR 的决策函数为 $\hat{y}_{WSS\text{-}SVMSLR}$ $(x_{wss}) = \text{sgn}(g_{WSS\text{-}SVMSLR}(x_{wss}))$，其中 $g_{WSS\text{-}SVMSLR}(x_{wss})$ 的表达式为

$$g_{WSS\text{-}SVMSLR}(x_{wss}) = v^{T}f(x_{wss}) + \gamma \tag{3-122}$$

其中，v 和 γ 分别为权重系数向量和偏置系数。

此时，像元 x_{wss} 在 WSS-SVMSLR 模型中被预测为正类的公式为

$$P(+1 \mid x_{wss}) = \sigma\left(v^{T}f(x_{wss}) + \gamma\right) \tag{3-123}$$

超平面的系数和偏差为

$$\min_{v,\gamma} \left\{ \frac{\lambda}{2N}v^{T}v - \frac{1}{N}\sum_{n=1}^{N}\ln\sigma\left[y_n\left(v^{T}f(x_{wssn}) + \gamma\right)\right] \right\} \tag{3-124}$$

其中，λ 为正则化参数，用于平衡正则项与误差项。

可以用随机梯度下降（stochastic gradient descent，SGD）法解出式(3-124)的权重系数向量 v 和偏置系数 γ。WSS-SVMSLR 方法框图如图 3-24 所示。

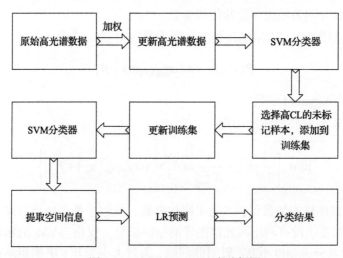

图 3-24　WSS-SVMSLR 方法框图

3.5.3　实验结果及分析

本小节使用本节所提方法对三组真实高光谱图像进行仿真，这三组真实数据集分别为 Indian Pines 数据集、KSC 数据集和 Salinas 数据集。

本实验中实现了 7 个分类器，包括：带有 RBF 内核的 SVM，表示为 SVM；基于矩形窗口的复合内核的支持向量机(support vector machine with composite kernel with rectangular window，SVMCK-W)；基于 k 最近邻窗口的复合内核的支持向量机(support vector machine with composite kernel-k nearest neighbor，SVMCK-K)；基于马尔可夫随机场的支持向量机(support vector machine Markov random field, SVMMRF)；基于图分割的支持向量机(support vector machine graph cut, SVMGC)；基于全局相似性的模糊支持向量机(global similarity-based fuzzy support vector machine, GSF-SVM)；SVMSLR。

对于本节所提 WSS-SVMSLR 方法，第一个参数是最近邻域 K，$K \in \{1, 2, 3, \cdots, 15, 16, 17\}$，第二个参数是窗口大小 W，$W \in \{3, 5, 7, \cdots, 29\}$，$K$ 和 W 的大小对 OA 的影响巨大，本节所提方法 WSS-SVMSLR 在不同数据集上需要设置不同的 K 和 W，才能得到最优的分类精度。第三个参数是权重 ω_i，$\omega_i \in \{0,1\}$。利用前面的公式来计算权重，以避免手动选择。第四个参数是阈值 T，基于阈值的大小选择高 CL 的未标记样本的数量。如果设置了较低的阈值，则可能会选择许多不可靠的未标记样本，从而构建出差的分类器。但是，较高的阈值会丢弃一些可靠的未标记样本。因此，最佳阈值应该是达到平衡的阈值。参数 C 是正则化系数，$C = 2^{-2} \sim 2^{6}$，核参数 $\sigma = 2^{-12} \sim 2^{12}$，空间谱权重参数 $\upsilon = 0.5$。

下面介绍对比方法的参数。SVM：正则化系数 $C = 2^{-2} \sim 2^{6}$，核函数选择 RBF 核函数，核参数 $\sigma = 2^{-12} \sim 2^{12}$；SVMCK-W：利用大小为 $W \times W$ 的矩形窗口来提取空间信息，其中 $W \in \{5, 10, \cdots, 35\}$，正则化系数和核参数的选择与 SVM 相同，光谱核和空间核都选用 RBF 核函数，对于光谱核和空间核的权重参数 μ，$0 < \mu < 1$；SVMCK-K：利用最近邻 K 来提取空间信息，$K \in \{5, \cdots, 15\}$，其他参数与 SVMCK-W 的选择相同；SVMMRF：最优参数邻域为 8，优化方法为 Metropolis，初始阈值为 $T^1 = 2$，约束空间能量的核参数 $\sigma \in \{2, 3, 4\}$，控制边界阈值的参数 $\alpha = 30$；SVMGC 选择最优参数 $\beta = 0.75$。对于 GSF-SVM，选择该模型所用到的最优参数 $\lambda = 0.15$。对于 SVMSLR，正则化系数 C 和核参数 σ 的选择与 SVM 相同，窗口大小选择最优参数。

本节第一组仿真实验使用 Indian Pines 数据集。

本节随机选择了 8%的标记样本作为训练集，并选择了 2%的高 CL 未标记样本加入原始训练集(即扩展后)。Indian Pines 数据集扩展前和扩展后的训练集和测试集如表 3-12 所示。不同方法在 Indian Pines 数据集上的分类结果图(OA/%)如图 3-25 所示，图中使用矩形框标记边界和小类区域。显然，传统的 SVMCK-W、SVMCK-K、SVMMRF、SVMGC、GSF-SVM 和 SVMSLR 在这些区域上的分类精度并不理想，然而本节所提 WSS-SVMSLR 方法具有更高的分类精度。从图中可以看出，在 SVM 方法的分类结果图上出现了非常明显的椒盐噪声。SVMCK-W、SVMCK-K、SVMMRF、SVMGC 和 GSF-SVM 方法通过考虑光谱和空间能量可以提供相当平滑的结果，但是在一些重要区域，即细节和边缘区域，仍然未能实施检测。尽管在获得的 SVMSLR 方法的分类结果图上仍然出现了一些噪声，但 SVMSLR 方法的分类结果图已经显示出对细节和边缘区域检测能力的提升。相比之下，本节所提 WSS-SVMSLR 方法不仅进一步降低了噪声，而且更好地保留了高光谱图像的细节和边缘区域。此外，与 SVMCK-W、SVMCK-K、SVMMRF、SVMGC、GSF-SVM 和 SVMSLR 方法相比，本节所提 WSS-SVMSLR 方法还可以提供更好的分类结果图。这是由于原始中心像元被 K 近邻像元的加权光谱和空间能量代替，而权重信息不仅考虑单个像元级别的光谱相似性，还考虑整个邻域区域的几何结构。

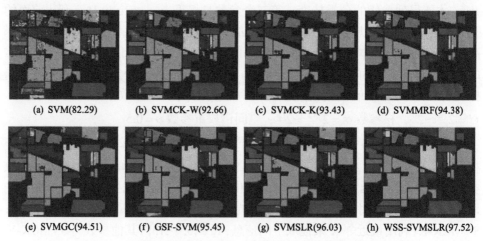

(a) SVM(82.29)　　　(b) SVMCK-W(92.66)　　　(c) SVMCK-K(93.43)　　　(d) SVMMRF(94.38)

(e) SVMGC(94.51)　　　(f) GSF-SVM(95.45)　　　(g) SVMSLR(96.03)　　　(h) WSS-SVMSLR(97.52)

图 3-25　不同方法在 Indian Pines 数据集上的分类结果图(OA/%)

各方法使用表 3-12 中 Indian Pines 数据集的训练样本和测试样本的分类精度如表 3-13 所示。表中显示了不同方法运行 20 次得到的分类结果的平均值，利用粗体标记表中每个类别的最佳分类精度。从表 3-13 可以得出一些观察结果：首先，仅基于光谱的分类方法的分类精度低于基于光谱和空间结合的分类方法。其次，这些光谱空间分类方法具有更好的性能，例如，GSF-SVM 和 SVMSLR 的性能优于利用类标签来提高空间一致性的方法，如 SVMMRF 和 SVMGC。再次，本节所提利用加权信息和半监督学习的谱空间分类方法 WSS-SVMSLR 的分类精度优于

GSF-SVM。WSS-SVMSLR 也获得了比 SVMSLR 更好的性能。这是因为 GSF-SVM 没有充分利用空间信息，SVMSLR 使用原始像元进行分类，而 WSS-SVMSLR 不仅结合了光谱信息和空间信息，而且考虑了原始像元与周围邻近像元的加权信息。最后，对于 SVMMRF 和 SVMGC，小区域类别（如第 9 类地物）的 OA 很低，原因是这些方法使用后处理技术（如 MRF 和 GC）来调整类标签，以增强空间一致性，导致边界区域上的像元和小区域上的像元可能被误分，而 WSS-SVMSLR 的分类精度显然更高。

表 3-13　各方法使用表 3-12 中 Indian Pines 数据集的训练样本和测试样本的分类精度

(单位：%)

参数		SVM	SVMCK-W	SVMCK-K	SVMMRF	SVMGC	GSF-SVM	SVMSLR	WSS-SVMSLR
不同类别分类精度	1	82.29	64.29	86.11	99.23	99.67	87.50	99.87	**100**
	2	76.80	89.81	94.28	95.96	91.51	93.99	96.92	**98.02**
	3	74.64	90.36	93.22	93.36	95.46	91.93	96.58	**96.87**
	4	69.71	84.58	91.10	**99.48**	99.44	85.15	98.61	93.72
	5	94.68	94.94	93.45	97.60	97.68	98.54	95.88	**100**
	6	87.52	98.48	97.68	96.02	92.05	**99.03**	98.50	98.95
	7	78.95	92.31	100	100	100	83.33	**100**	100
	8	92.64	99.07	94.48	94.88	96.07	**100**	99.54	96.21
	9	40.91	16.67	72.73	40.74	60.00	88.24	**100**	100
	10	74.35	89.03	92.29	84.80	92.76	92.14	90.60	**94.14**
	11	82.58	95.57	92.37	95.84	96.06	97.13	95.53	**98.48**
	12	77.13	88.01	91.17	95.10	88.32	89.70	88.61	**97.37**
	13	94.71	98.38	98.92	98.45	97.40	98.29	98.40	**100**
	14	91.42	94.82	97.66	96.86	96.76	98.14	**99.21**	98.34
	15	71.17	85.63	81.38	89.68	96.96	93.01	**98.85**	96.81
	16	99.78	95.24	98.73	**98.81**	94.12	87.50	94.38	98.75
OA		82.29	92.66	93.43	94.38	94.51	95.45	96.03	**97.52**
AA		80.58	86.07	92.52	92.30	93.39	92.73	96.97	**96.95**
κ		79.73	91.62	92.22	93.60	93.74	94.67	96.68	**97.98**

此外，可以清楚地发现，对 OA、AA 和 Kappa 系数 (κ) 而言，本节所提 WSS-SVMSLR 方法优于其他对比方法。具体而言，与 SVM、SVMCK-W、SVMCK-K、SVMMRF、SVMGC、GSF-SVM 和 SVMSLR 相比，WSS-SVMSLR 分别增加了 15.23 个百分点、4.86 个百分点、4.09 个百分点、3.14 个百分点、3.01 个百分点、2.07 个百分点和 1.49 个百分点。此外，WSS-SVMSLR 在所有分类方法中获得最

高的分类精度，并且还获得了大多数类别的最高分类精度，同时，分类精度的有效性也可以通过分类结果图得到进一步证实。

Pavia University 数据集扩展前和扩展后的训练集和测试集如表 3-14 所示。表中给出了 Pavia University 数据集中每个真实地物类别的详细情况介绍。

表 3-14　Pavia University 数据集扩展前和扩展后的训练集和测试集

类别(类别编号)	样本数	扩展前		扩展后	
		训练集	测试集	训练集	测试集
Asphalt(1)	6631	132	6499	198	6433
Meadows(2)	18649	372	18277	473	18176
Gravel(3)	2099	41	2058	62	2037
Trees(4)	3064	81	2983	91	2973
Painted-metal sheets(5)	1345	26	1319	29	1316
Bare soil(6)	5029	100	4929	107	4922
Bitumen(7)	1330	26	1304	86	1244
Bricks(8)	3682	73	3609	90	3592
Shadows(9)	947	28	919	108	839
总计	42776	849	41927	1244	41532

本节随机选择 2%的标记样本作为训练集(即扩展前)，并选择 1%高 CL 未标记样本以扩大原始训练集(即扩展后)。

不同方法在 Pavia University 数据集的分类结果图(OA/%)如图 3-26 所示。从图中可以清楚地看到，在真实地物图像的中间和底部有两个区域，其大小明显大于其他区域。可以看出，WSS-SVMSLR 方法产生具有均匀区域的分类结果图，同时保留了高光谱图像的细节信息。此外，与 SVM、SVMCK-W、SVMCK-K、SVMMRF、SVMGC、GSF-SVM 和 SVMSLR 方法相比，WSS-SVMSLR 方法分类结果图上的错误分类更少。

(a) SVM(82.26)　　　(b) SVMCK-W(94.94)　　　(c) SVMCK-K(95.52)　　　(d) SVMMRF(96.40)

(e) SVMGC(97.23)　　　　(f) GSF-SVM(98.33)　　　　(g) SVMSLR(99.02)　　　　(h) WSS-SVMSLR(99.38)

图 3-26　不同方法在 Pavia University 数据集的分类结果图（OA/%）

各方法使用表 3-14 中 Pavia University 数据集的训练样本和测试样本的分类精度如表 3-15 所示，表中显示了不同方法运行 20 次得到的真实分类结果的平均值。从表中可以看出，由于空间信息的使用，同时利用光谱和空间能量的分类方法在这两个大均匀区域中的表现优于仅使用光谱的分类方法。与 SVM 结果相比，WSS-SVMSLR 方法得到了更高的分类精度。注意，与 SVM、SVMCK-W、SVMCK-K、SVMMRF、SVMGC、GSF-SVM 和 SVMSLR 相比，WSS-SVMSLR 方法在 OA 上分别增大了 11.12 个百分点、4.44 个百分点、3.86 个百分点、2.98 个百分点、2.15 个百分点、1.05 个百分点和 0.36 个百分点。不仅如此，通过观察分类结果图可以进一步验证本节所提 WSS-SVMSLR 方法的有效性。

表 3-15　各方法使用表 3-14 中 Pavia University 数据集的训练样本和测试样本的分类精度

（单位：%）

参数		SVM	SVMCK-W	SVMCK-K	SVMMRF	SVMGC	GSF-SVM	SVMSLR	WSS-SVMSLR
不同类别分类精度	1	96.50	97.87	97.80	94.47	96.28	94.99	97.24	**98.76**
	2	91.78	88.43	94.27	95.38	97.63	99.89	**99.88**	99.83
	3	72.95	83.46	85.59	96.00	93.10	93.96	97.73	**98.01**
	4	83.23	95.41	98.14	98.11	98.04	97.07	99.28	**99.58**
	5	99.23	99.85	99.92	99.92	99.92	**100**	99.44	99.34
	6	74.61	97.68	97.28	98.88	98.26	99.47	**99.98**	99.84
	7	60.10	95.03	97.40	99.27	98.86	97.29	99.85	**99.86**
	8	82.38	91.43	92.80	86.10	89.78	97.45	97.62	**97.79**
	9	97.19	99.89	**100**	**100**	**100**	99.89	99.91	99.74
OA		88.26	94.94	95.52	96.40	97.23	98.33	99.02	**99.38**
AA		84.22	94.34	95.91	96.46	96.87	97.78	98.99	**99.19**
κ		84.64	93.27	94.04	95.20	96.31	97.75	98.80	**99.18**

　　与上述两组实验类似，第三组实验是在 Salinas 数据集上进行的。Salinas 数据集是在加利福尼亚州的 Salinas Valley 上使用 AVIRIS 传感器拍摄的。该图像具有 224 个波段，其中仅使用去除 20 条吸水带（[108-112]、[154-167]、224）之后剩余的 204 个波段进行实验，其空间分辨率为 3.7m。Salinas 数据集相关信息如图 3-27 所示。在图 3-27 中给出了 Salinas 数据集的伪彩色合成图像及其对应的真实地物分布图。表 3-16 显示 Salinas 数据集扩展前和扩展后的训练集和测试集，具有 16 类地物，共 54129 个像元。

(a) 伪彩色合成图像　　　　　　(b) 真实地物分布图

图 3-27　Salinas 数据集相关信息

表 3-16　Salinas 数据集扩展前和扩展后的训练集和测试集

类别(类别编号)	样本数	扩展前		扩展后	
		训练集	测试集	训练集	测试集
Weeds_1(1)	2009	40	1969	60	1949
Weeds_2(2)	3726	74	3652	111	3615
Fallow(3)	1976	39	1937	59	1917
Fallow plow(4)	1394	27	1367	41	1353
Fallow smooth(5)	2678	53	2625	79	2599
Stubble(6)	3959	79	3880	100	3859
Celery(7)	3579	71	3508	97	3482
Grapes untrained(8)	11271	225	11046	366	10905
Soil(9)	6203	124	6079	190	6013
Corn(10)	3278	65	3213	102	3176

续表

类别(类别编号)	样本数	扩展前		扩展后	
		训练集	测试集	训练集	测试集
Lettuce_romaine_4wk (11)	1068	21	1047	28	1040
Lettuce_romaine_5wk (12)	1927	38	1889	58	1869
Lettuce_romaine_6wk (13)	916	18	898	20	896
Lettuce_romain_7wk (14)	1070	21	1049	27	1043
Vinyard untrained (15)	7268	145	7123	218	7050
Vinyard trellis (16)	1807	6	1801	45	1762
总计	54129	1046	53083	1601	52528

Salinas 数据集使用 3%训练样本时各方法的分类结果图如图 3-28 所示。在这个实验中，仍然可以观察到，基于谱空间分类方法的性能优于仅基于光谱的分类方法。特别地，本节所提 WSS-SVMSLR 方法能够比其他方法更精确地对第 8 类

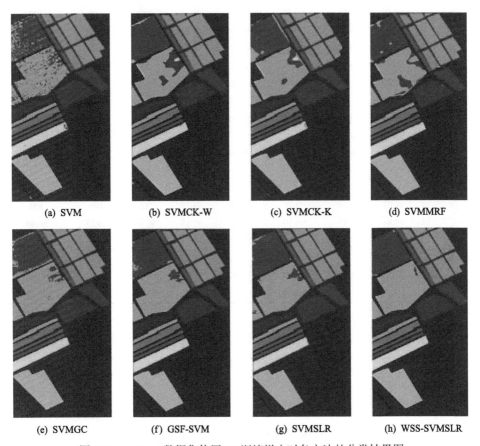

(a) SVM　　　　(b) SVMCK-W　　　　(c) SVMCK-K　　　　(d) SVMMRF

(e) SVMGC　　　　(f) GSF-SVM　　　　(g) SVMSLR　　　　(h) WSS-SVMSLR

图 3-28　Salinas 数据集使用 3%训练样本时各方法的分类结果图

地物进行分类。同时，在左上角两个大均匀区域的边缘，该方法取得了比其他方法更好的分类效果。其原因在于 WSS-SVMSLR 不仅结合了光谱信息和空间信息，而且考虑了加权信息。

表 3-17 列出了各方法在 Salinas 数据集上的分类精度。可以看出，与 SVM、SVMCK-W、SVMCK-K、SVMMRF、SVMGC、GSF-SVM 和 SVMSLR 相比，WSS-SVMSLR 方法在 OA 方面分别增加了 8.19 个百分点、4.76 个百分点、4.32个百分点、3.82 个百分点、3.00 个百分点、1.28 个百分点和 1.17 个百分点。正如预期，WSS-SVMSLR 方法在大多数类别中具有最高的分类精度。同时，如图 3-28所示，分类结果的定量描述基本上与从分类结果图中观察到的结果相匹配。

表 3-17　各方法在 Salinas 数据集上的分类精度　　　　（单位：%）

参数		SVM	SVMCK-W	SVMCK-K	SVMMRF	SVMGC	GSF-SVM	SVMSLR	WSS-SVMSLR
	1	99.89	99.58	99.53	99.79	**100**	**100**	**100**	99.75
	2	99.75	99.64	99.36	99.17	99.91	**100**	**100**	**100**
	3	97.09	99.25	99.57	99.63	99.62	**100**	**100**	**100**
	4	98.62	99.61	99.14	99.00	**99.68**	99.27	98.11	97.66
	5	97.96	96.47	98.60	98.88	98.89	**100**	**100**	**100**
	6	99.97	99.79	99.95	99.87	99.92	**100**	**100**	99.90
不同	7	99.37	99.02	99.63	99.60	99.97	**100**	**100**	**100**
类别	8	83.94	81.10	83.14	85.01	89.12	96.56	98.42	**99.98**
分类	9	98.91	99.71	99.80	99.46	99.83	99.57	99.41	**100**
精度	10	90.73	95.15	95.01	95.72	98.24	**99.87**	99.50	99.34
	11	94.47	**100**	99.06	99.59	98.91	**100**	**100**	**100**
	12	98.60	**100**	**100**	**100**	**100**	**100**	**100**	**100**
	13	97.25	**100**	99.75	**100**	**100**	**100**	**100**	**100**
	14	91.07	98.14	99.79	99.48	99.78	99.52	**100**	**100**
	15	70.84	94.85	94.10	94.43	92.15	91.93	90.33	**96.80**
	16	98.01	99.41	99.88	99.88	99.58	**100**	**100**	**100**
OA		91.14	94.57	95.01	95.51	96.33	98.15	98.16	**99.33**
AA		94.78	97.61	97.89	98.09	98.48	99.17	99.11	**99.59**
κ		90/13	93.96	94.49	95.00	95.90	97.95	97.23	**99.25**

3.6　基于谱梯度、SVM 和空间随机森林的高光谱图像分类方法

3.6.1　方法原理

基于 SVM 的高光谱图像分类方法没有考虑到不同尺度的互补信息，因此方

法的分类精度受到限制。针对这一问题，本节提出一种多尺度信息融合的新框架。该新框架包括谱梯度、SVM、多尺度空间信息提取、信息融合、空间随机森林五部分。首先，利用谱梯度技术处理原始高光谱数据，以获得更多内在和全面的信息。然后，将更新的数据发送到 SVM 以获得概率输出，并进一步提取具有不同尺度的空间上下文信息。最后，多尺度空间特征与相应的权重融合，并随后作为输入馈送到随机森林分类器中，得到最终的分类结果。

3.6.2　方法流程

对于随机森林，研究学者开发了各种集成方法，如 Bagging、Boosting 和随机子空间，用来预测未采样地物单元的土地覆盖类别，并且这些方法已经被证明能够很好地从现场检索重要信息。Bagging 作为一种普遍使用的集成方法，其原理主要是，首先随机选取一个子训练集，使用该子训练集训练出一些类似黑盒的估计器，然后用这些估计器预测每个子训练集的结果，最后结合所有预测结果得到最终的结果。而 Boosting 集成方法采用样本重新加权技术。随机子空间集成方法是指集成不同分量分类器的集合构造技术。其中，随机森林[24]被认为是最流行的随机子空间集成方法之一。随机森林是一种基于 Bagging 和随机子空间的决策树集成方法，可用于解决高维数据问题[25]。在过去几年中，随机森林在泛化性能和计算效率等方面表现出优势，使其逐渐成为一种优越的分类工具，并且经常应用于遥感和医学等领域[26]。此外，文献[27]通过实验比较了 SVM 和随机森林分类器的性能，结果表明，随机森林分类器的分类精度与 SVM 分类器的分类精度相当，同时随机森林较 SVM 显著降低了训练和测试成本。因此，本节架构中引入随机森林分类器，以便基于诸如良好的泛化性能、高预测精度和快速操作速度等重要优势来细化分类结果。随机森林集成方法的主要实现过程如下。

随机森林是基于决策树的集成方法的软分类器，随机森林分类模型的生成框架如图 3-29 所示。该模型是决策树预测器的主要投票机制，其中每个树使用重新取样技术交替形成。因此，采用来自原始训练集的不同子集形成训练集，剩下的用于构建一个测试集。此外，在预测变量的随机子集中选择最佳分裂，这种情况一般发生在终端节点。为了对随机森林分类器中的袋外数据集进行更准确的分类，每个向量都需要在林中的每棵树中运行一遍。最后，通过主要投票机制确定未知像元的类标签的分配。通常，随机森林集成方法基于 Gini 指数最小原则，公式为

$$\text{Gini}(s) = \sum_{i=1}^{N} q_{n_i}(1 - q_{n_i}) \tag{3-125}$$

其中，N 为类的数量；q_{n_i} 为在节点 s 处被分类到相应的土地覆盖类 n_i 的概率，q_{n_i} 由式 (3-126) 得到

$$q_{n_i} = \frac{z_{n_i}}{z} \tag{3-126}$$

其中，z_{n_i} 为属于类 n_i 的树的数量；z 为分类树的总数。

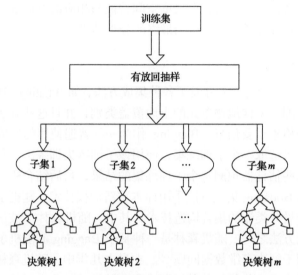

图 3-29　随机森林分类模型的生成框架

该方法主要分为三步：第一步，随机选择一个波段来计算谱梯度。定义单波段梯度的常用方法为

$$H = \sqrt{(A_x I)^2 + (A_y I)^2} \tag{3-127}$$

其中，I 为输入的灰度图像；A_x 和 A_y 为两个方向的梯度算子。

然而，常用的分类方法使用的梯度方向对噪声是敏感的，也不稳定。本节采用 22.5° 旋转法选择八个方向，每个方向表示为 $\{Q_i\}$，其中 $i \in \{1,2,\cdots,8\}$。某个特定方向的响应图的计算公式为

$$H_i = Q_i * H \tag{3-128}$$

其中，Q_i 为一个卷积核，它沿着方向 i 对梯度大小进行分组，以形成滤波器响应映射图 H_i。

卷积核的长度从集合 $\{3,\cdots,13\}$ 中选择。在获得所有方向上的卷积结果之后，对于每个像元，具有最大卷积值的响应设置为 H，而其他方向的卷积值设置为 0。通过在所有方向上选择所有响应中的最大值来实现分类，即

$$F_i(p) = \begin{cases} H(p), & \arg\min\{H_i(p)\} = i \\ 0, & \text{其他} \end{cases} \tag{3-129}$$

其中，p 为像元索引；F_i 为各个方向的幅度图。

注意，H_i 指的是式(3-127)中的 H。H 中各个方向响应幅度的关系如图 3-30 所示，表示为 $\sum_{i=1}^{8} F_i = H$。通过该方法逐步计算高光谱图像每个波段的梯度，并将更新的高光谱数据表示为 $X = \{c_1, c_2, \cdots, c_L\}$。

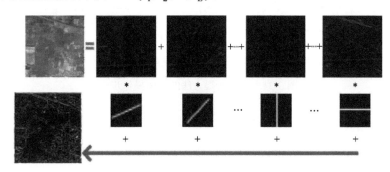

图 3-30　H 中各个方向响应幅度的关系

第二步，将更新的高光谱数据 $X = \{c_1, c_2, \cdots, c_L\}$ 送入 SVM 分类器中，从而获得概率输出。为了提供适合于提取不同尺度 SVM 输出值对应的后验概率，使用 Sigmoid 函数进行拟合。

Sigmoid 函数 $\sigma(t) = (1 + e^{-t})^{-1}$ 通过处理 SVM 的输出 $f_{\text{SVM}}(c)$ 来得到概率，即

$$g(c) = \left(1 + e^{-f_{\text{SVM}}(c)}\right)^{-1} \tag{3-130}$$

然后，为了获得更加准确的结果，引入周围邻域像元的空间上下文信息，即

$$g'(c) = [g(c_1), g(c_2), \cdots, g(c_W)]^{\text{T}} \tag{3-131}$$

其中，W 为矩形窗口中样本的数量。本节考虑围绕像元 c 的矩形窗口，$M = W \times W$。

在输出层，将前面得到的结果与相应的权重 ω_M 融合，以捕获不同大小均质区域中包含的内在空间信息，即

$$g'(c) = \omega_1 g_1'(c) + \cdots + \omega_W g_W'(c) \tag{3-132}$$

最后，将以上融合结果作为输入馈送到随机森林分类器，以获得最终结果。

本节所提方法的具体操作步骤如图 3-31 所示。第一步是更新高光谱数据，采

用光谱梯度技术提取丰富的光谱信息。第二步的目标是通过使用由 SVM 和空间随机森林组成的双层学习框架来获得更全面的信息。其中，通过合并属于相同类别的局部区域内的样本来提取空间信息。同时，将多尺度空间特征与相应的权重相乘，以捕获包含在高光谱图像不同区域中的固有空间信息，以进一步提高分类精度。

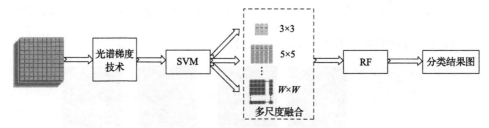

图 3-31　本节所提方法的具体操作步骤

3.6.3　实验结果及分析

在实验中，一些传统的分类方法被用来作为对比方法，其中包括：带有 RBF 内核的 SVM，表示为 SVM；基于组合核 CK 的 SVM，表示为 SVMCK，SVMCK 又分为基于矩形窗口的复合内核 SVMCK-W 和基于最近邻窗口的复合内核 SVMCK-K；SVMMRF、SVMGC 和 SVMSLR。对于 SVM，正则化系数 C 和核参数 σ 分别从集合 $C = 2^{-2} \sim 2^6$ 和 $C = 2^{-12} \sim 2^{12}$ 中选择；对于 SVMCK-W 和 SVMSLR 的参数，窗口大小 W 从集合 $W \in \{5,10,\cdots,35\}$ 中选择；对于 SVMCK-K 的参数，最近邻域 K 从 $K \in \{5,\cdots,15\}$ 中选择；对于 SVMMRF 和 SVMGC，最优参数选择为 $\alpha = 30$ 和 $\beta = 0.75$。对于 SVMSLR，正则化系数 C 和核参数 σ 的选择与 SVM 相同，窗口大小选择最优参数。上述所选集合中的最优参数由五折交叉验证法获得。表 3-18 为各方法在 Indian Pines 数据集上随机选择 5%的训练样本获得的分类精度和计算时间。通过利用粗体字母标记每个类别中最高的分类精度。

表 3-18　各方法在 Indian Pines 数据集的分类精度和计算时间

类别	SVM	SVMCK-W	SVMCK-K	SVMMRF	SVMGC	SVMSLR	SGSVMSRF
2	78.12	84.16	82.46	84.30	86.57	88.78	**96.31**
3	69.46	77.57	80.86	92.18	92.93	**94.47**	97.42
5	90.16	98.04	94.77	**100**	96.61	97.94	96.18
6	94.05	99.14	92.36	98.56	93.87	94.67	**94.02**
8	**100**	**100**	**100**	98.90	95.67	99.56	99.56
10	69.37	77.92	85.06	79.18	78.74	79.32	**97.28**
11	74.08	89.28	90.10	92.10	88.12	93.38	**92.71**

续表

类别	SVM	SVMCK-W	SVMCK-K	SVMMRF	SVMGC	SVMSLR	SGSVMSRF
12	63.70	77.66	73.76	82.69	86.75	90.34	**93.00**
14	99.24	99.25	**99.42**	98.10	96.77	96.92	99.50
OA/%	80.05	88.65	88.72	90.77	89.70	92.08	**95.67**
AA/%	82.02	89.22	88.75	91.78	90.67	92.82	**94.90**
κ/%	74.73	87.03	86.76	89.90	87.89	90.73	**96.22**
训练时间/s	**0.45**	2.13	1.56	3.08	3.14	2.84	5.29
测试时间/s	**3.13**	3.24	4.12	11.12	12.65	3.28	6.85

由表 3-18 可知，这些同时利用光谱信息和空间信息的分类方法的分类结果优于仅基于光谱信息的分类方法。因此，在分类过程中考虑空间背景信息至关重要。其次，本节所提 SGSVMSRF 方法在大多数类别中具有最高的分类精度。其原因可能是本节所提方法考虑到相邻梯度和结构的支持，每个类别中的大多数像元都可以被准确地分类。同时，本节所提 SGSVMSRF 方法通过多尺度融合策略能够捕获不同大小的均匀区域中包含的内在空间信息，而其他方法仅考虑了单一尺度的空间信息。

图 3-32 显示了各方法在 Indian Pines 数据集上使用 5%的标记样本作为训练样本的分类结果图，分类结果图能够更加清晰地看出本节所提方法的优越性。从图中可以看出，SVM 的分类结果图十分杂乱，存在许多误分现象。SVMCK-K和 SVMCK-W 的分类结果图更加清晰，这是由于组合核的引入消除了一些分类结果图上出现的噪声。SVMSLR、SVMMRF 和 SVMGC 方法得到的分类结果图具有更好的空间连续性，而 SVMSLR 的分类结果图在不同类别地物的相邻区域比

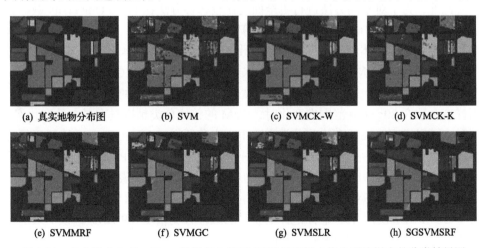

(a) 真实地物分布图　　　(b) SVM　　　(c) SVMCK-W　　　(d) SVMCK-K

(e) SVMMRF　　　(f) SVMGC　　　(g) SVMSLR　　　(h) SGSVMSRF

图 3-32　各方法在 Indian Pines 数据集上使用 5%的标记样本作为训练样本的分类结果图

SVMMRF 和 SVMGC 方法的分类结果图表现得更好，但仍然无法检测边缘区域。正如所预料的，本节所提 SGSVMSRF 方法的分类结果图以肉眼可见的方式得到了比其他方法更好的边缘区域。这是因为光谱梯度可以捕获更多的细节信息和边缘信息，而多尺度融合策略可以更好地刻画空间特征在不同尺度上的变化。

同时，随机使用所有真实目标地物样本的 $t\%$(t=1, 2, 3, 4, 5)作为训练样本。不同方法在 Indian Pines 数据集上使用 $t\%$(t = 1, 2, 3, 4, 5)的样本作为训练样本的分类精度如表 3-19 所示。不同方法在 Indian Pines 数据集上使用不同百分比的标记样本的分类结果如图 3-33 所示。从表 3-19 可以看出，含 3%标记样本的 SGSVMSRF 的 OA 为 92.28%，高于通过 SVMSLR 使用 5%的训练样本获得的最佳结果(92.08%)。从图 3-33 中能够清楚地看到，本节所使用的对比方法的分类精度都随着训练样本数量的增多而提高，但是上升幅度逐渐变得缓慢。同时对于每种情况，本节所提方法 SGSVMSRF 的性能在这些光谱-空间分类方法中是最佳的。

表 3-19 不同方法在 Indian Pines 数据集上使用 t %(t = 1, 2, 3, 4, 5)的样本作为训练样本的分类精度　　　　　　　　　　　　(单位: %)

t	SVM	SVMCK-W	SVMCK-K	SVMMRF	SVMGC	SVMSLR	SGSVMSRF
1	61.26	64.01	68.34	64.01	65，34	72.09	83.11
2	70.20	74.40	78.12	66.35	73.78	85.17	88.05
3	74.96	81.80	82.76	74.78	80.01	88.13	92.28
4	78.69	84.08	87.54	81.67	83.98	90.71	94.80
5	80.05	88.65	88.72	90.77	89.70	92.08	95.67

此外，为了对不同方法进行更全面的比较，各方法在 Pavia University 数据集上的训练样本数为 100。分类精度和计算时间如表 3-20 所示。Pavia University 数据集上各方法的整体分类精度随样本个数 N 的变化如图 3-34 所示。从图 3-34 可以看出，SVM、SVMCK-W、SVMCK-K、SVMMRF、SVMGC、SVMSLR 和本节所提 SGSVMSRF 方法的整体分类精度通常随着训练样本的增加而增加。其中，当样本个数在 80~100 范围内变化时，SVM 的整体分类精度具有最大的变化率。同时，可以发现，在所有这些分类方法中，本节所提 SGSVMSRF 方法对于每种情况都能够表现出最佳的分类结果。不同方法在 Indian Pines 数据集上使用 N(N=20, 40, 60, 80, 100)个样本作为训练样本的分类精度如表 3-21 所示，从表中可以看出，对于 SGSVMSRF，利用 20 个标记样本就能够得到 91.23%的分类精度，高于 SVM 对应使用 100 个标记样本获得的最佳分类精度(89.92%)，该结果定量说明了本节所提 SGSVMSRF 方法的有效性。

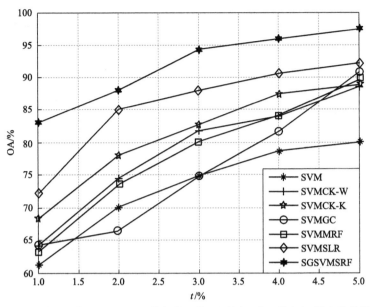

图 3-33　不同方法在 Indian Pines 数据集上使用不同百分比的标记样本的分类结果

表 3-20　各方法在 Pavia University 数据集的分类精度和计算时间

类别	SVM	SVMCK-W	SVMCK-K	SVMMRF	SVMGC	SVMSLR	SGSVMSRF
1	96.21	99.42	97.04	88.68	96.55	97.62	**99.29**
2	97.03	99.91	99.90	97.39	97.13	99.81	**99.96**
3	73.56	91.02	**99.08**	93.25	94.20	93.28	95.94
4	91.98	72.40	95.43	98.65	96.63	**99.13**	96.90
5	98.56	99.92	99.85	99.92	**100**	99.10	99.76
6	78.68	93.17	77.56	99.21	97.99	98.79	**99.97**
7	68.07	81.94	92.72	98.70	**99.02**	92.59	96.91
8	77.60	90.64	95.44	93.61	93.10	89.50	**96.14**
9	**100**	99.89	99.89	99.88	99.88	99.88	99.64
OA/%	89.92	94.30	95.09	95.98	96.82	97.85	**98.97**
AA/%	86.85	92.03	95.21	96.59	97.17	96.63	**98.28**
κ/%	86.73	92.57	93.57	94.66	95.77	97.12	**98.62**
训练时间/s	**1.36**	13.41	15.39	2.98	2.33	64.37	5.09
测试时间/s	**21.14**	51.09	63.34	153.89	143.09	45.76	21.36

　　Pavia University 数据集上的分类结果图如图 3-35 所示。图 3-35 选择所有九类真实地物样本的 $N(N=100)$ 个标记样本作为训练集。从图 3-35 可以看出，SVM 方法的分类结果图出现了明显的噪声。此外，SVMCK-W、SVMCK-K、SVMMRF、

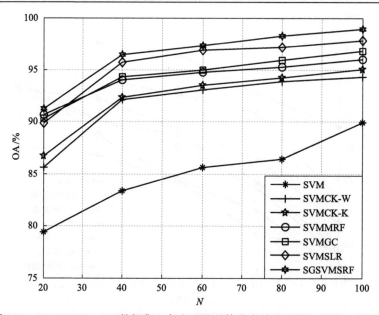

图 3-34 Pavia University 数据集上各方法的整体分类精度随样本个数 N 的变化

表 3-21 不同方法在 Indian Pines 数据集上使用 N(N = 20, 40, 60, 80, 100)个样本
作为训练样本的分类精度 （单位：%）

N	SVM	SVMCK-W	SVMCK-K	SVMMRF	SVMGC	SVMSLR	SGSVMSRF
20	79.43	85.67	86.75	90.65	90.34	89.81	91.23
40	83.38	92.15	92.34	94.02	94.34	95.73	96.45
60	85.66	93.10	93.56	94.78	95.02	96.87	97.31
80	86.42	93.89	94.23	95.32	95.91	97.15	98.26
100	89.92	94.30	95.09	95.98	96.82	97.85	98.97

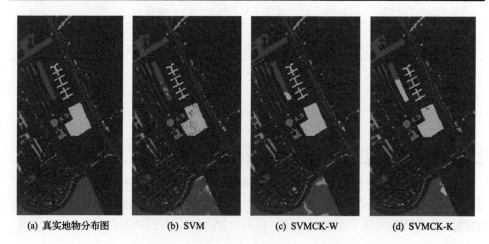

(a) 真实地物分布图　　(b) SVM　　(c) SVMCK-W　　(d) SVMCK-K

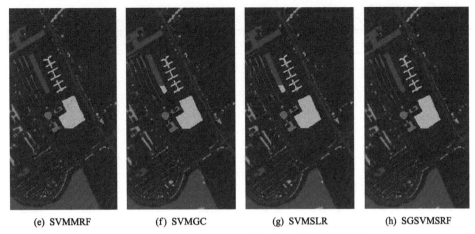

(e) SVMMRF　　　　(f) SVMGC　　　　(g) SVMSLR　　　　(h) SGSVMSRF

图 3-35　Pavia University 数据集上的分类结果图

SVMGC 和 SVMSLR 方法可以降低一些噪声，但在边缘区域表现不佳。与 SVMCK-W、SVMCK-K、SVMMRF、SVMGC 和 SVMSLR 方法相比，本节所提 SGSVMSRF 方法可以更好地检测细节信息和边缘区域。这可能是由于本节所提 SGSVMSRF 方法考虑了不同尺度的空间信息，从而获得了高光谱图像更加本质的内在信息，而其他方法却忽略了不同尺度的交叉信息。

与在 Pavia University 数据集上进行的仿真类似，仍然随机地选择 Salinas 数据集中每类 $N(N=100)$ 个标记样本用于训练分类器，其余样本用作测试样本，通常利用粗体突出显示每个类别的最高准确度。各方法在 Salinas 数据集的分类精度和计算时间如表 3-22 所示。从表 3-22 可以看出，光谱-空间分类方法的分类结果优于仅基于光谱的分类方法。因此，可以得出和之前实验中一样的结论，即在分类过程中考虑空间背景信息至关重要。其次，可以看出，与 SVM、SVMCK-W、SVMCK-K、SVMMRF、SVMGC 和 SVMSLR 相比，本节所提方法 SGSVMSRF 在 OA 方面分别增加了 8.23 个百分点、5.28 个百分点、4.98 个百分点、3.58 个百分点、3.26 个百分点和 1.34 个百分点。同时，本节所提方法 SGSVMSRF 在大多数类别中均具有最高的分类精度。

表 3-22　各方法在 Salinas 数据集的分类精度和计算时间

类别	SVM	SVMCK-W	SVMCK-K	SVMMRF	SVMGC	SVMSLR	SGSVMSRF
1	**100**	**100**	100	97.89	**100**	99.85	**100**
2	99.53	99.43	99.80	99.92	99.97	**100**	**100**
3	95.60	99.00	98.69	96.74	99.54	**100**	**100**
4	97.33	98.75	99.11	90.72	93.35	95.86	**99.31**
5	98.79	99.43	99.62	**100**	99.22	98.53	99.88
6	99.92	**100**	99.87	99.95	99.97	99.72	99.97

续表

类别	SVM	SVMCK-W	SVMCK-K	SVMMRF	SVMGC	SVMSLR	SGSVMSRF
7	99.43	**100**	**100**	**100**	99.33	**100**	**100**
8	85.42	85.98	87.06	97.07	93.56	97.93	**99.63**
9	98.99	99.57	99.56	99.92	99.52	99.90	**100**
10	91.12	98.24	98.69	98.30	89.00	94.64	**100**
11	94.12	95.71	99.29	95.28	9.49	**100**	**100**
12	97.06	98.75	99.16	99.90	**100**	**100**	**100**
13	98.57	99.10	98.76	**100**	99.89	**100**	**100**
14	92.35	96.24	95.80	99.25	98.21	**100**	**100**
15	70.68	82.60	82.41	82.14	90.39	94.07	**96.54**
16	98.04	99.80	99.52	**100**	**100**	**100**	**100**
OA/%	91.31	94.26	94.56	95.96	96.28	98.20	**99.54**
AA/%	94.81	97.04	97.33	97.32	97.28	98.78	**99.71**
κ/%	90.33	93.60	93.94	95.52	95.85	97.99	**98.34**
训练时间/s	**5.69**	145.89	148.34	140.13	134.23	769.48	20.13
测试时间/s	**82.09**	170.65	173.24	855.39	845.84	165.63	193.06

　　Salinas 数据集上的分类结果图如图 3-36 所示。其中,使用了所有 16 类地物真实样本的 $N(N=100)$ 个标记样本。从图中可以观察到,这些光谱-空间分类方法的分类结果优于仅基于光谱的方法。在这些分类方法中,SVMSLR 方法相比于其他对比方法可以提供相对平滑的结果,但仍然无法检测到细节信息和边缘区域。此外,SGSVMSRF 方法获得了具有均匀区域的分类结果图,同时保留了高光谱图像的更多细节信息和边缘信息。正如预期,与 SVMCK-W、SVMCK-K、SVMMRF、SVMGC 和 SVMSLR 方法相比,SGSVMSRF 方法的分类结果图上出现的错误分类更少。

(a) 真实地物分布图　　　　(b) SVM　　　　(c) SVMCK-W　　　　(d) SVMCK-K

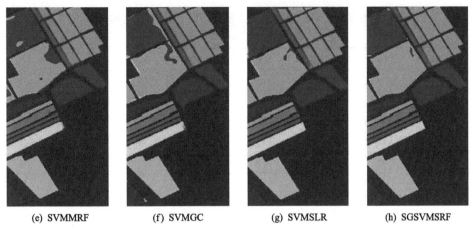

| (e) SVMMRF | (f) SVMGC | (g) SVMSLR | (h) SGSVMSRF |

图 3-36　Salinas 数据集上的分类结果图

　　类似于前两个实验，为了对 OA 性能给出不同方法之间更直观的比较，利用 $N(N=20,40,60,80,100)$ 个训练样本对每种方法进行实验验证，Salinas 数据集上各方法的整体分类精度随样本个数 N 的变化如图 3-37 所示，不同方法在 Salinas 数据集上使用 $N(N=20,40,60,80,100)$ 个样本作为训练样本的分类精度如表 3-23 所示，表中的结果为平均 20 次的结果。从图 3-37 可以看出，SVM、SVMCK-W、SVMCK-K、SVMMRF、SVMGC、SVMSLR 以及本节所提 SGSVMSRF 方法的整体分类精度通常随着训练样本的增加而增加。当训练样本数目增多时，SVMSLR

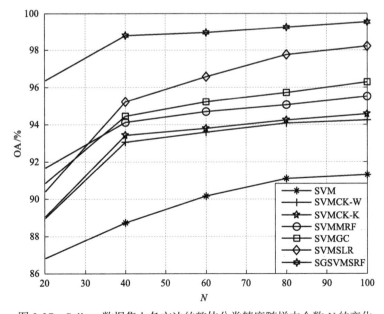

图 3-37　Salinas 数据集上各方法的整体分类精度随样本个数 N 的变化

表 3-23　不同方法在 Salinas 数据集上使用 $N(N=20, 40, 60, 80, 100)$ 个样本
作为训练样本的分类精度

N	SVM	SVMCK-W	SVMCK-K	SVMMRF	SVMGC	SVMSLR	SGSVMSRF
20	86.78	88.96	89.03	91.65	90.84	90.41	96.38
40	88.72	93.08	93.45	94.12	94.45	95.23	98.79
60	90.14	93.60	93.78	94.68	95.22	96.57	98.95
80	91.11	94.09	94.13	95.05	95.71	97.75	99.23
100	91.31	94.26	94.56	95.96	96.28	98.20	99.54

整体分类精度的变化率最明显。此外，可以发现，在所有这些分类方法中，本节所提 SGSVMSRF 方法对于每种情况都能够得到最佳的分类结果。从表 3-23 可以看出，当使用 20 个标记样本时，SGSVMSRF 的分类精度为 96.38%，高于 SVMGC 使用 100 个标记样本获得的最佳结果(96.28%)。

3.7　基于多尺度双边滤波器的高光谱图像分类方法

3.7.1　方法原理

高光谱数据具有复杂的非线性特征，但是基于 SVM 的线性分类方法仅在线性空间对高光谱图像进行分类。针对这一不足，本节提出基于多尺度双边滤波器(multiscale bilateral filter，MBF)的非线性高光谱图像分类方法，它增强了高光谱图像的非线性结构，得到了比线性方法更好的分类结果。首先，使用双边滤波器对高光谱图像进行处理，然后将高光谱数据送入 SVM，使用基于光谱的 SVM 来处理高光谱图像，以获得细节信息和边缘信息。接下来，使用 Sigmoid 函数对第一步的输出进行归一化和非线性变换，以增强高光谱图像的非线性结构。然后，采用两种策略获得最终的分类结果：一种是直接对得到的特征执行符号运算，称为 MBFS；另一种是利用矩形窗口提取高光谱图像每个像元的空间邻域信息，将结果特征再次发送回 SVM 分类器，以获得最终的分类结果，称为 MBFSVM。

3.7.2　方法流程

双边滤波是数字图像处理中非常典型和流行的一种滤波方法，其特点是既能平滑图像，又能保留边缘。通常，图像滤波是加权平均的过程，用来自附近像元的强度值的加权平均值替换每个像元的值。双边滤波器的滤波效果不仅取决于图像像元值，还取决于像元之间的距离，公式为

$$\text{output}(x) = k^{-1}(x) \sum_{i=1}^{N} \exp\left(-\frac{1}{2}\left(\frac{d_d(\xi_i, x)}{\sigma_d}\right)^2\right) \exp\left(-\frac{1}{2}\left(\frac{d_\varepsilon(\xi_i, x)}{\sigma_\varepsilon}\right)^2\right) \xi_i \quad (3\text{-}133)$$

$$d_d(\xi, x) = \sqrt{(i-k)^2 + (j-l)^2} \quad (3\text{-}134)$$

$$d_\varepsilon(\xi, x) = \|\xi - x\| \quad (3\text{-}135)$$

$$k(x) = \sum_{i=1}^{N} \exp\left(-\frac{1}{2}\left(\frac{d_d(\xi_i, x)}{\sigma_d}\right)^2\right) \exp\left(-\frac{1}{2}\left(\frac{d_\varepsilon(\xi_i, x)}{\sigma_\varepsilon}\right)^2\right) \quad (3\text{-}136)$$

其中，$d_d(\xi_i, x)$ 为邻近像元 ξ_i 和中心像元 x 之间的几何距离；$d_\varepsilon(\xi_i, x)$ 为邻近像元 ξ_i 和中心像元 x 之间的欧氏距离；两种距离的核参数分别为 σ_d 和 σ_ε。

首先使用双边滤波器处理高光谱数据，然后将其送入 SVM 进行分类，即

$$f_{\text{SVM}}(x) = \text{sgn}\left(\sum \alpha_n y_n k(x_n, x) + b\right) \quad (3\text{-}137)$$

接下来，利用非线性函数来归一化和非线性变换第一步的输出，以进一步增强高光谱图像的非线性结构。本节所提方法采用 Sigmoid 函数（$\sigma(t) = (1 + e^{-t})^{-1}$）缩放基于光谱的 SVM 的输出 $f_{\text{SVM}}(x)$ 并增强其非线性结构，即

$$g_{\text{SVM}}(x) = \left(1 + e^{-f_{\text{SVM}}(x)}\right)^{-1} \quad (3\text{-}138)$$

然后，通过 3.7.1 节所述的两种策略获得最终的分类结果：一种是对得到的特征 $g(x)$ 执行符号运算，称为 MBFS；另一种是为了利用高光谱图像的空间信息，用大小为 $W \times W$ 的矩形窗口来提取像元 x 的空间邻域信息 $N(x)$，将特征再次馈送到 SVM 分类器，以获得最终的分类结果，称为 MBFSVM。此时，将空间邻域信息组合成空间特征向量 $g(x)$：

$$g(x) = [g_{\text{SVM}}(x_1), \cdots, g_{\text{SVM}}(x_i), \cdots, g_{\text{SVM}}(x_M)]^{\text{T}} \quad (3\text{-}139)$$

其中，$x_i \in N(x)(i = 1, 2, \cdots, M)$；$M = W \times W$ 为邻域像元的个数。

SVM 对空间特征向量 $g(x)$ 进行进一步的学习，其决策函数为 $\hat{y}_{\text{MBFSVM}}(x) = \text{sgn}(g_{\text{MBFSVM}}(x))$，其中 $g_{\text{MBFSVM}}(x)$ 的表达式为

$$g_{\text{MBFSVM}}(x) = \sum \varepsilon_n y_n k(g(x_n), g(x)) + \xi \quad (3\text{-}140)$$

其中，$g(x)$ 为样本 x 的空间特征向量；ε_n 和 ξ 分别为支持向量的系数和偏置。

最终结果可以通过式(3-141)得到：

$$\begin{cases} \max_{\varepsilon_n} \sum_{n=1}^{N} \varepsilon_n - \dfrac{1}{2} \sum_{n=1}^{N} \sum_{m=1}^{N} \varepsilon_n \varepsilon_m y_n y_m k\big(g(x_n), g(x_m)\big) \\ \text{s.t. } 0 \leqslant \varepsilon_n \leqslant C, \quad i = 1, 2, \cdots, N \\ \sum_{n=1}^{N} \varepsilon_n y_n = 0 \end{cases} \tag{3-141}$$

MBFS 和 MBFSVM 两种方法框图如图 3-38 所示。

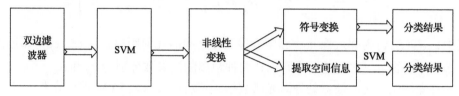

图 3-38　MBFS 和 MBFSVM 两种方法框图

3.7.3　实验结果及分析

此次进行对比实验的方法有 SVM、SVMCK-W、SVMCK-K、SVMMRF、SVMGC、GSF-SVM 和 SVMSLR。SVM：正则化系数 $C = 2^{\wedge(-2:6)}$，核函数选择 RBF 核函数，核参数 $\sigma = 2^{-12} \sim 2^{12}$；SVMCK-W：利用大小为 $W \times W$ 的矩形窗口来提取空间信息，其中 $W \in \{5, 10, \cdots, 35\}$，正则化系数和核参数的选择与 SVM 相同，光谱核和空间核都选用 RBF 核函数，对于光谱核和空间核的权重参数 μ，$0 < \mu < 1$；SVMCK-K[28]：利用最近邻 K 来提取空间信息，$K \in \{5, \cdots, 15\}$，其他参数与 SVMCK-W 的选择相同；SVMMRF：根据文献[29]来选择最优参数，其中邻域为 8，优化方法为 Metropolis，初始温度为 $T^1 = 2$，约束空间能量的核参数 $\sigma \in \{2, 3, 4\}$，控制边界阈值的参数 $\alpha = 30$；对于 SVMGC[30]，选择最优参数 $\beta = 0.75$。对于 GSF-SVM[31]，选择该模型所用到的最优参数，设置 $\lambda = 0.15$。上述所选集合中的最优参数由五折交叉验证法获得。

本节在进行仿真实验时，具体使用三种高光谱数据集的地物种类和训练样本与测试样本数目如表 3-24 所示。

对于 Indian Pines 数据集，图 3-39 是不同分类器使用表 3-24 中的样本得到的分类结果图。从图中可以看出，非常明显的噪声出现在 SVM 方法的分类结果图中，原因是 SVM 没有利用空间信息。同时，可以清楚地看出，其他基于光谱-空间分类方法的分类结果优于仅基于光谱的分类方法。因此，在分类过程中考虑空间背景信息至关重要。

表 3-24　三种高光谱数据集的地物种类和训练样本与测试样本数目

类别	Indian Pines			Pavia University			Salinas		
	地物名称	训练样本	测试样本	地物名称	训练样本	测试样本	地物名称	训练样本	测试样本
1	Alfalfa	2	44	Asphalt	50	6581	Weeds_1	10	1999
2	Corn-notill	71	1357	Meadows	50	18599	Weeds_2	10	3716
3	Corn-mintill	41	789	Gravel	50	2049	Fallow	10	1966
4	Corn	11	226	Trees	50	3014	Fallow plow	10	1384
5	Grass-pasture	24	459	Painted-metal sheets	50	1295	Fallow smooth	10	2668
6	Grass-trees	36	694	Bare soil	50	4979	Stubble	10	3994
7	Grass-pasture-mowed	1	27	Bitumen	50	1280	Celery	10	3569
8	Hay-windrowed	23	455	Bricks	50	3632	Grapes untrained	10	11261
9	Oats	1	19	Shadows	50	897	Soil	10	6193
10	Soybeans-notill	48	924				Corn	10	3268
11	Soybeans-mintill	123	2332				Lettuce_romaine_4wk	10	1058
12	Soybeans-clean	29	564				Lettuce_romaine_5wk	10	1917
13	Wheat	10	195				Lettuce_romaine_6wk	10	906
14	Woods	63	1202				Lettuce_romaine_7wk	10	1060
15	Buildings-grass-trees-drives	19	367				Vinyard untrained	10	7258
16	Stone-steel-towers	4	89				Vinyard trellis	10	1797
总计		506	9743		450	42326		160	53969

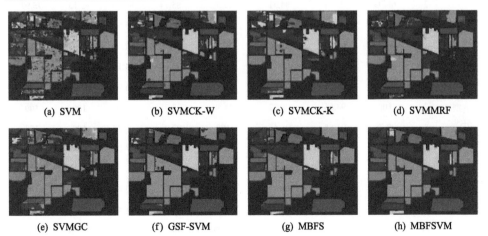

(a) SVM　　(b) SVMCK-W　　(c) SVMCK-K　　(d) SVMMRF

(e) SVMGC　　(f) GSF-SVM　　(g) MBFS　　(h) MBFSVM

图 3-39　各方法在 Indian Pines 数据集上的分类结果图（使用表 3-24 中的样本）

在图 3-39(b) 和图 3-39(c) 中，SVMCK-W 和 SVMCK-K 方法采用了组合核，使得其相应的分类结果图中的噪声被略微平滑。而在图 3-39(d) 和图 3-39(e) 中，SVMMRF 和 SVMGC 方法采用了无监督分类，虽然得到的分类结果图相较于 SVMCK-W 和 SVMCK-K 更平滑，但对相邻区域仍然存在很多误分。GSF-SVM 方法的分类结果图上虽然也存在一些噪声，但是仍然能看出该方法在对细节信息和边缘区域的检测上进行了改进。相比之下，本节所提 MBFS 和 MBFSVM 方法不仅进一步降低了噪声，而且更好地保留了高光谱图像的边缘信息，尤其是 MBFSVM。此外，与 SVMCK-W、SVMCK-K、SVMMRF、SVMGC 和 GSF-SVM 方法相比，本节所提 MBFS 和 MBFSVM 方法能够提供更好的分类结果图。

各方法在 Indian Pines 数据集的分类精度如表 3-25 所示，表中给出了各方法在 Indian Pines 数据集上运行 20 次得到的平均分类结果，通常利用粗体标记最佳精度。从表中可以清楚地发现，对 OA、AA 和 κ 而言，本节所提 MBFS 和 MBFSVM 方法优于其他对比方法。具体而言，与 SVM、SVMCK-W、SVMCK-K、SVMMRF、SVMGC 和 GSF-SVM 相比，MBFSVM 方法就 OA 的性能而言，分别增加了 21.56 个百分点、11.42 个百分点、9.59 个百分点、10.66 个百分点、10.14 个百分点和 3.64 个百分点。正如预期，MBFS 和 MBFSVM 在所有分类方法中获得最高的分类精度，并且获得了大多数类别的最高分类精度。同时，也能够从分类结果图中再一次验证本节所提方法的有效性。

表 3-25　各方法在 Indian Pines 数据集的分类精度　（单位：%）

参数		SVM	SVMCK-W	SVMCK-K	SVMMRF	SVMGC	GSF-SVM	MBFS	MBFSVM
	1	55.00	42.86	83.33	84.09	72.73	**98.90**	94.99	91.67
	2	68.03	73.71	84.51	86.59	85.74	90.90	93.13	**95.97**
	3	64.03	87.83	95.31	75.03	84.25	87.90	**96.59**	92.15
	4	66.14	90.00	82.63	54.87	97.66	92.69	**97.98**	87.76
	5	77.75	89.81	84.42	89.11	93.18	94.18	95.72	**98.88**
不同	6	88.82	96.51	95.14	96.83	79.18	96.92	92.94	**99.12**
类别	7	**100**	94.65	96.23	92.59	93.21	**100**	**100**	**100**
分类	8	90.78	91.88	95.45	**100**	92.79	95.77	**100**	**100**
精度	9	62.50	13.02	36.34	36.84	35.06	99.80	**100**	**100**
	10	65.05	79.39	68.13	82.47	76.07	90.29	96.12	**96.74**
	11	74.61	85.47	91.42	88.47	88.67	92.43	93.58	**97.87**
	12	67.98	81.23	84.74	72.16	86.29	94.40	86.12	**94.75**
	13	89.42	95.94	99.49	97.95	96.28	94.58	**97.96**	96.65
	14	90.92	90.25	88.62	94.59	89.36	96.65	92.18	**98.99**

续表

参数		SVM	SVMCK-W	SVMCK-K	SVMMRF	SVMGC	GSF-SVM	MBFS	MBFSVM
不同类别分类精度	15	53.69	84.77	**95.00**	65.94	92.42	94.44	93.02	94.15
	16	96.15	95.52	86.36	96.63	98.48	**99.93**	96.15	91.67
OA		75.15	85.29	87.12	86.05	86.57	93.07	93.63	**96.71**
AA		75.68	80.80	86.70	82.14	85.08	94.98	95.41	**96.02**
κ		71.62	83.19	85.32	84.07	84.64	92.09	92.57	**96.24**

同时，各方法在 Indian Pines 数据集上使用 $t\%$（$t=1, 2, 3, 4, 5$）的样本作为训练样本的分类精度如表 3-26 所示。从表中可以看出，使用 2%标记样本的 MBFSVM 的 OA 为 86.73%，高于 SVMGC 获得的最佳结果（86.57%），即 SVMGC 使用 5% 训练样本得到的分类精度。此外，对于任何一种情况，本节所提方法 MBFS 和 MBFSVM 的分类精度在这些光谱空间分类方法中是最好的。

表 3-26　各方法在 Indian Pines 数据集上使用 $t\%$（$t = 1, 2, 3, 4, 5$）的样本
作为训练样本的分类精度　　　　　　　　（单位：%）

t	SVM	SVMCK-W	SVMCK-K	SVMMRF	SVMGC	GSF-SVM	MBFS	MBFSSVM
1	58.34	62.32	64.45	61.11	59.34	72.09	73.87	74.55
2	64.21	70.40	73.92	63.25	65.78	85.17	85.94	86.73
3	68.56	77.80	78.34	71.22	75.01	88.13	88.62	91.83
4	72.69	84.08	84.54	82.35	81.83	90.71	92.74	95.56
5	75.15	85.29	87.12	86.05	86.57	93.07	93.63	96.71

各方法使用表 3-24 中所提供的 Pavia University 图像的训练样本与测试样本获得的分类结果图如图 3-40 所示。从图中可以观察到，与 SVM、SVMCK-W、SVMCK-K、SVMMRF、SVMGC 和 GSF-SVM 方法相比，MBFS 和 MBFSVM 方法分类结果图上的错误分类更少。此外，MBFS 和 MBFSVM 方法得到的分类结果图能够在边界区域表现出更优的性能，同时保留了更有意义的高光谱图像信息。各方法在 Pavia University 数据集上的分类精度如表 3-27 所示，表中显示了各方法在训练样本为 $N=50$ 时的分类精度。从表中可以十分清楚地看到，MBFS 和 MBFSVM 方法的分类精度高于其他对比方法，并且与 SVM、SVMCK-W、SVMCK-K、SVMMRF、SVMGC 和 GSF-SVM 相比，本节所提方法 MBFSVM 就 OA 性能而言，分别增加了 13.43 个百分点、2.75 个百分点、2.02 个百分点、1.63 个百分点、0.94 个百分点和 1.10 个百分点。同时，也可以通过视觉观察分类结果图进一步验证本节所提方法的优越性。

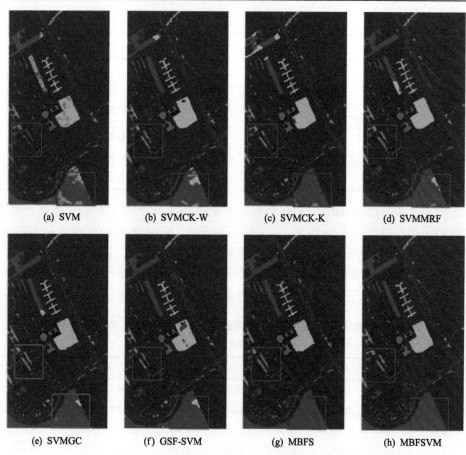

(a) SVM　　　　　(b) SVMCK-W　　　　(c) SVMCK-K　　　　(d) SVMMRF

(e) SVMGC　　　　(f) GSF-SVM　　　　(g) MBFS　　　　(h) MBFSVM

图 3-40　各方法在 Pavia University 数据集上的分类结果图

表 3-27　各方法在 Pavia University 数据集上的分类精度　　（单位：%）

参数		SVM	SVMCK-W	SVMCK-K	SVMMRF	SVMGC	GSF-SVM	MBFS	MBFSSVM
	1	95.18	84.42	85.04	97.18	96.75	87.62	97.78	**98.03**
	2	94.03	94.91	97.90	92.39	93.34	94.81	99.81	**99.88**
	3	73.56	90.02	92.08	93.25	91.45	90.28	96.40	**97.77**
不同类别分类精度	4	83.98	97.40	**98.43**	98.05	96.73	96.13	82.71	91.55
	5	98.96	99.82	99.85	98.82	**100**	99.89	98.93	**100**
	6	58.68	94.78	95.56	87.21	94.99	94.79	**94.89**	93.26
	7	68.07	94.24	97.72	96.70	**99.01**	98.80	98.69	81.46
	8	50.60	88.64	84.64	97.61	93.88	92.59	**95.86**	93.91
	9	98.12	**99.89**	**99.89**	99.89	99.88	99.88	64.00	90.99
OA		83.02	93.70	94.43	94.82	95.51	95.35	95.76	**96.45**
AA		80.13	93.79	94.57	95.68	96.23	94.98	92.11	**94.09**
κ		80.67	90.57	93.37	93.66	94.37	95.01	95.67	**96.52**

此外，各方法在 Pavia University 数据集上随训练样本个数 N 变化的分类精度如表 3-28 所示，表 3-28 显示了不同方法使用不同训练样本个数 $N(N = 10, 20, 30, 40, 50)$ 的 OA，从而更全面地比较各个对比方法的性能。从表 3-28 中可以发现，在所有这些分类方法中，本节所提方法 MBFSVM 对于每种情况都能够得到最佳的分类结果。从表 3-28 还可以看出，MBFSVM 利用 50 个训练样本的分类结果为 96.45%，高于 SVMGC 使用 50 个标记样本获得的最佳结果（95.51%）。

表 3-28　各方法在 Pavia University 数据集上随训练样本个数 N 变化的分类精度（单位：%）

N	SVM	SVMCK-W	SVMCK-K	SVMMRF	SVMGC	GSF-SVM	MBFS	MBFSSVM
10	70.43	77.13	77.75	85.65	86.34	85.81	86.58	87.03
20	78.38	85.15	89.34	90.23	90.34	90.73	91.08	91.45
30	78.66	89.10	91.56	92.78	93.62	93.10	93.54	93.11
40	80.42	93.07	92.46	94.32	94.91	94.55	94.65	95.56
50	83.12	93.70	94.43	94.82	95.51	95.35	95.76	96.45

在 Salinas 数据集的实验中，随机选择每种地物类别的 $N(N = 10)$ 个标记样本用于训练，具体信息如前面所示。

各方法在 Salinas 数据集上的分类结果图如图 3-41 所示。图 3-41 展示了不同比较方法使用表 3-24 提供的 Salinas 图像的训练样本与测试样本获得的分类结果图，可以发现本节所提方法优于其他对比方法的直观结果。在这些分类方法中，GSF-SVM 对于一些边缘区域仍然存在许多误分。而 MBFS 和 MBFSVM 方法的分类结果图不仅消除了小邻域内的固有变化，同时保留了高光谱图像的更多细节信息和边缘信息。正如预期，与 SVMCK-W、SVMCK-K、SVMMRF、SVMGC 和 GSF-SVM 方法相比，MBFS 和 MBFSVM 方法的分类结果图上出现的错误分类更少。

(a) SVM　　　　　　　(b) SVMCK-W　　　　　　　(c) SVMCK-K　　　　　　　(d) SVMMRF

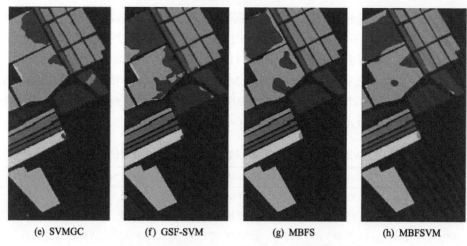

|(e) SVMGC|(f) GSF-SVM|(g) MBFS|(h) MBFSVM|

图 3-41　各方法在 Salinas 数据集上的分类结果图

表 3-29 列出了各方法在 Salinas 数据集上的分类精度。每个类别的最佳分类精度使用粗体突出显示。从表中可知，与 SVM、SVMCK-W、SVMCK-K、SVMMRF、SVMGC 和 GSF-SVM 相比，本节所提方法 MBFSVM 在 OA 方面分别增加了 11.98 个百分点、6.16 个百分点、5.84 个百分点、5.36 个百分点、5.60 个百分点、4.57 个百分点。而本节所提方法 MBFSVM 由于引入了双边滤波器和多尺度融合策略，能够在大多数类别中获得最高的分类精度。同时，分类结果的定量描述也基本上与从分类结果图中观察到的结果相匹配。

表 3-29　各方法在 Salinas 数据集上的分类精度　　　　（单位：%）

参数		SVM	SVMCK-W	SVMCK-K	SVMMRF	SVMGC	GSF-SVM	MBFS	MBFSVM
	1	91.72	**100**	96.67	99.15	**100**	**100**	96.34	94.78
	2	99.22	100	100	88.70	99.47	98.52	**99.09**	98.91
	3	90.48	99.43	82.02	86.93	82.45	95.66	98.50	**99.64**
	4	97.73	68.45	69.90	**99.71**	98.31	85.27	82.43	96.83
	5	98.55	99.34	78.53	95.39	99.01	99.04	**100**	99.69
不同	6	99.82	**100**	97.37	99.59	99.07	99.82	99.90	97.94
类别	7	94.93	97.62	94.78	91.37	99.87	94.96	99.28	**100**
分类	8	65.33	84.78	83.18	70.18	69.16	**91.69**	91.05	89.96
精度	9	99.28	99.33	100	98.27	96.52	99.17	99.66	**100**
	10	87.14	90.38	91.78	87.30	91.98	89.95	**97.27**	95.33
	11	61.25	96.51	91.23	98.39	98.46	**99.34**	90.72	85.91
	12	96.78	99.58	96.74	**100**	**100**	99.95	99.74	99.95
	13	91.04	94.87	79.30	98.45	98.89	94.87	**100**	92.53
	14	85.71	97.81	70.11	94.53	93.65	**100**	99.72	98.81

续表

参数		SVM	SVMCK-W	SVMCK-K	SVMMRF	SVMGC	GSF-SVM	MBFS	MBFSVM
不同类别分类精度	15	56.08	62.55	86.72	**92.39**	80.53	67.22	76.00	85.91
	16	82.97	100	99.83	97.16	98.98	78.91	95.94	**100**
OA		82.80	88.62	88.94	89.42	89.18	90.21	93.34	**94.78**
AA		87.37	93.17	88.64	93.59	94.15	93.40	95.35	**96.01**
κ		80.80	87.37	87.73	88.26	87.98	89.16	92.60	**94.19**

此外，为了更直观地比较各方法的性能，表 3-30 给出各方法在 Salinas 数据集上随训练样本个数 N 变化的分类精度。从表中可以看出，在所有这些分类方法中，本节所提方法 MBFSVM 对于每种情况都得到了最佳结果。从表 3-30 中还可以看出，MBFSVM 用 10 个训练样本的分类结果为 94.78%，高于 GSF-SVM 用 20 个训练样本时的获得的最佳结果 (92.13%)。

表 3-30　各方法在 Salinas 数据集上随训练样本个数 N 变化的分类精度 (单位：%)

N	SVM	SVMCK-W	SVMCK-K	SVMMRF	SVMGC	GSF-SVM	MBFS	MBFSSVM
5	80.45	84.03	85.73	86.76	86.98	88.65	90.45	91.82
10	82.80	88.62	88.94	89.42	89.18	90.21	93.34	94.78
15	84.32	89.45	90.67	90.15	90.02	91.03	94.78	95.29
20	85.57	90.09	91.01	91.87	91.76	92.13	95.04	96.23

参 考 文 献

[1] Kuo B C, Li C H, Yang J M. Kernel nonparametric weighted feature extraction for hyperspectral image classification[J]. IEEE Transactions on Geoscience and Remote Sensing, 2009, 47(4): 1139-1155.

[2] Li J, Marpu P R, Plaza A, et al. Generalized composite kernel framework for hyperspectral image classification[J]. IEEE Transactions on Geoscience and Remote Sensing, 2013, 51(9): 4816-4829.

[3] Guo Y H, Cao H, Han S M, et al. Spectral-spatial hyperspectral image classification with K-nearest neighbor and guided filter[J]. IEEE Access, 2018, 6: 18582-18591.

[4] Chen Y, Nasrabadi N M, Tran T D. Hyperspectral image classification using dictionary-based sparse representation[J]. IEEE Transactions on Geoscience and Remote Sensing, 2011, 49(10): 3973-3985.

[5] Zhang H Y, Li J Y, Huang Y C, et al. A nonlocal weighted joint sparse representation classification method for hyperspectral imagery[J]. IEEE Journal of Selected Topics in Applied

Earth Observations and Remote Sensing, 2014, 7(6): 2056-2065.

[6] Mallat S G, Zhang Z F. Matching pursuits with time-frequency dictionaries[J]. IEEE Transactions on Signal Processing, 1993, 41(12): 3397-3415.

[7] Bruckstein A M, Donoho D L, Elad M. From sparse solutions of systems of equations to sparse modeling of signals and images[J]. SIAM Review, 2009, 51(1): 34-81.

[8] 隋晨红. 基于分类精度预测的高光谱图像分类研究[D]. 武汉: 华中科技大学, 2015.

[9] Huang X, Guan X H, Benediktsson J A, et al. Multiple morphological profiles from multicomponent-base images for hyperspectral image classification[J]. IEEE Journal of Selected Topics in Applied Earth Observations and Remote Sensing, 2014, 7(12): 4653-4669.

[10] Shang X, Chisholm L A. Classification of Australian native forest species using hyperspectral remote sensing and machine-learning classification algorithms[J]. IEEE Journal of Selected Topics in Applied Earth Observations and Remote Sensing, 2014, 7(6): 2481-2489.

[11] Park H, Mitsumine H, Fujii M. Adaptive edge detection for robust model-based camera tracking[J]. IEEE Transactions on Consumer Electronics, 2011, 57(4): 1465-1470.

[12] Sudeep K C, Jharna M. A novel architecture for real time implementation of edge detectors on FPGA[J]. International Journal of Computer Science Issues, 2011, 8(1): 193-202.

[13] Zhang Y X, Tian X M, Ren P. An adaptive bilateral filter based framework for image denoising[J]. Neurocomputing, 2014, 140: 299-316.

[14] 徐俊锋. IKONOS 信息提取的尺度效应研究[D]. 杭州: 浙江大学, 2006.

[15] 郭建明. 分形理论在遥感影像空间尺度转换中的应用研究[D]. 西安: 西北大学, 2008.

[16] 陈汉友. 遥感影像融合技术研究及应用[D]. 南京: 河海大学, 2004.

[17] 刘友山. 高分辨率遥感影像信息提取中的尺度问题研究[D]. 芜湖: 安徽师范大学, 2012.

[18] Ma X R, Wang H Y, Geng J. Spectral-spatial classification of hyperspectral image based on deep auto-encoder[J]. IEEE Journal of Selected Topics in Applied Earth Observations and Remote Sensing, 2016, 9(9): 4073-4085.

[19] Sahadevan A S, Routray A, Das B S, et al. Hyperspectral image preprocessing with bilateral filter for improving the classification accuracy of support vector machines[J]. Journal of Applied Remote Sensing, 2016, 10(2): 1-17.

[20] Ma H, Feng W, Cao X, et al. Classification of hyperspectral data based on guided filtering and random forest[J]. The International Archives of the Photogrammetry, Remote Sensing and Spatial Information Sciences, 2017, XLII-2/W7: 821-824.

[21] Kumar T, Sahoo G. A novel method of edge detection using cellular automata[J]. International Journal of Computer Applications, 2010, 9(4): 38-44.

[22] Ramirez J, Gorriz J M, Chaves R, et al. SPECT image classification using random forests[J]. Electronics Letters, 2009, 45(12): 604-605.

[23] Kuncheva L I, Rodriguez J J, Plumpton C O, et al. Random subspace ensembles for FMRI classification[J]. IEEE Transactions on Medical Imaging, 2010, 29(2):531-542.

[24] Camps-Valls G, Bruzzone L. Kernel-based methods for hyperspectral image classification[J]. IEEE Transactions on Geoscience and Remote Sensing, 2005, 43(6): 1351-1362.

[25] Camps-Valls G, Gomez-Chova L, Munoz-Mari J, et al. Composite kernels for hyperspectral image classification[J]. IEEE Geoscience and Remote sensing Letters, 2006, 3(1): 93-97.

[26] Ham J, Chen Y C, Crawford M M, et al. Investigation of the random forest framework for classification of hyperspectral data[J]. IEEE Transactions on Geoscience and Remote Sensing, 2005, 43(3): 492-501.

[27] Speiser J L, Durkalski V L, Lee W M. Random forest classification of etiologies for an orphan disease[J]. Statistics in Medicine, 2014, 34(5): 887-899.

[28] Ma K Y, Chang C I. Kernel-based constrained energy minimization for hyperspectral mixed pixel classification[J]. IEEE Transactions on Geoscience and Remote Sensing, 2021, 60: 1-23.

[29] Tarabalka Y, Fauvel M, Chanussot J, et al. SVM-and MRF-based method for accurate classification of hyperspectral images[J]. IEEE Geoscience and Remote Sensing Letters, 2010, 7(4): 736-740.

[30] Damodaran B B, Nidamanuri R R. Dynamic linear classifier system for hyperspectral image classification for land cover mapping[J]. IEEE Journal of Selected Topics in Applied Earth Observations and Remote Sensing, 2014, 7(6): 2080-2093.

[31] Li C H, Kuo B C, Lin C T, et al. A spatial-contextual support vector machine for remotely sensed image classification[J]. IEEE Transactions on Geoscience and Remote Sensing, 2012, 50(3): 784-799.

第4章 基于深度学习的高光谱图像分类

近年来，深度学习已成为计算机视觉领域最成功的技术之一，其在图像分类、对象检测和自然语言处理等应用中均取得了出色的成绩[1,2]。相比传统机器学习方法只能止步于特征的浅层提取阶段，深度学习通过逐层组织低级结构特征，可获取更具判别性的深层抽象特征，进而解译高光谱图像中的非线性结构和非均匀空间结构。深度学习可从原始数据中自动挖掘反映数据本质属性的高级抽象特征，尤其是在处理复杂的非线性结构时，表现出巨大潜力。因此，越来越多的研究者使用深度学习方法处理高光谱图像分类问题。应用深度学习处理高光谱图像分类问题对推动遥感应用的发展具有深远意义[3,4]。

4.1 基于深度学习的高光谱图像经典分类方法概述

目前，深度学习中的主流网络可大致分为堆栈自动编码器网络[5]、人工神经网络[6,7]、深度置信网络 (deep belief networks, DBN)[8]、卷积神经网络 (convolutional neural networks, CNN)[9,10]等。下面分别介绍几种常见的深度学习网络。

4.1.1 基于堆栈自动编码器网络的高光谱图像分类方法

自动编码器是基础的深度学习模型之一，它通过最小化输入数据与输出数据之间的重构误差，以无监督方式学习输入数据的特征。典型的自动编码器通常为单隐藏层神经网络，包括一个输入层、一个隐藏层和一个输出层。

自动编码器的前向传播包含编码和解码两个阶段。在编码阶段，输入数据 x 经编码函数由输入层映射到隐藏层，并得到编码信号 h；在解码阶段，编码后的数据 h 经过解码函数尝试重建原始输入，得到从隐藏层到输出层的映射。通常，编码函数和解码函数是具有线性变换和非线性激活函数的复合函数：

$$h = f_e\left(W_e x + b_e\right) \tag{4-1}$$

$$\hat{x} = f_d\left(W_d h + b_d\right) \tag{4-2}$$

其中，W_e 和 W_d 分别为输入层到隐藏层、隐藏层到输出层的连接权值；b_e 和 b_d 分别为隐藏层和输出层的偏置值；$f_e(\cdot)$ 和 $f_d(\cdot)$ 分别为编码函数和解码函数。

假定 $X = \left\{x^{(1)}, x^{(2)}, \cdots, x^{(m)}\right\}$ 是没有标签的训练数据集，其中 $x^{(i)} \in \mathbb{R}^d$ 表示第 i

个训练样本，每个训练样本有 d 维特征，m 为样本总数。对于每个训练样本 $x^{(i)}$，输入自动编码器的编码和解码过程定义为

$$a^{(2)} = f\left(z^{(2)}\right) = f\left(W^{(1)}x^{(i)} + b^{(1)}\right) \tag{4-3}$$

$$h_{w,b}\left(x^{(i)}\right) = a^{(3)} = f\left(z^{(3)}\right) = f\left(W^{(2)}a^{(2)} + b^{(2)}\right) \tag{4-4}$$

自动编码器的学习目标是训练一个网络，使其输出结果能最好地近似输入数据。实质上，自动编码器尝试学习函数 $h_{w,b}(x) \approx x$。换句话说，它在学习一个恒等函数的近似值，以便输出与 x 相似的 $\hat{x}$。作为一种无监督神经网络，在应用反向传播方法进行参数学习时，自动编码器将目标值 y 设定为与输入值 x 相等。对于单个样本 x^i，使用 $\hat{x}^{(i)}$ 与 $x^{(i)}$ 之间的欧氏距离估计重构误差，定义为

$$J\left(W,b;x^{(i)},y^{(i)}\right) = \frac{1}{2}\left\|\hat{x}^{(i)} - x^{(i)}\right\|_2 = \frac{1}{2}\left\|h_{w,b}\left(x^{(i)}\right) - x^{(i)}\right\|_2 \tag{4-5}$$

$$
\begin{aligned}
J(W,b) &= \left[\frac{1}{m}\sum_{i=1}^{m}J\left(W,b;x^{(i)},y^{(i)}\right)\right] + \frac{\lambda}{2}\sum_{l}\sum_{i}\sum_{j}\left(W_{ij}^{(l)}\right)^2 \\
&= \left[\frac{1}{m}\sum_{i=1}^{m}\left(\frac{1}{2}\left\|h_{w,b}\left(x^{(i)}\right) - x^{(i)}\right\|_2\right)\right] + \frac{\lambda}{2}\sum_{l}\sum_{i}\sum_{j}\left(W_{ij}^{(l)}\right)^2 n
\end{aligned} \tag{4-6}
$$

其中，第一项为平均平方和误差项；$\|\bullet\|_2$ 为 l_2 范式；第二项为权重衰减项，用于控制权重，并有助于防止神经网络过拟合。权重衰减参数 λ 用于平衡这两项的相对重要性。

在自动编码器中，使用基于梯度下降优化方法的反向传播方法求解目标函数最小化问题。单个样本 $x^{(i)}$ 对参数 W、b 的更新增量分别为

$$\Delta W_{ij}^{(l)} = -\alpha\frac{\partial}{\partial W_{ij}^{(l)}}J\left(W,b;x^{(i)},y^{(i)}\right) \tag{4-7}$$

$$\Delta b_{i}^{(l)} = -\alpha\frac{\partial}{\partial b_{i}^{(l)}}J\left(W,b;x^{(i)},y^{(i)}\right) \tag{4-8}$$

在得知每个样本的损失后，由单个样本可以推导出整体损失函数对参数的偏导数，更新自动编码器中的所有参数。经过迭代最终得到所有参数的收敛值，即网络最优化的状态。至此，一个自动编码器的训练过程结束。

下面介绍堆叠自动编码器网络的有关知识。

自动编码器的编码阶段是对输入数据进行特征变换的过程，得到的编码特征

是对原始数据的另一种表达。但是，单独一个浅层自动编码器并不足以从输入数据中学习高级潜在特征，因此考虑堆叠若干个自动编码器，以形成级联的网络结构。通过将一个自动编码器学习的编码特征作为另一个自动编码器的输入来实现特征的层级学习，并以此完成深度自动编码器网络的堆叠过程。

基于堆叠自动编码器网络的构造原理，在实际应用中，通常采用逐层贪婪方法对堆叠自动编码器网络进行预训练。逐层贪婪方法的中心思想，是每次只训练网络中的一层参数。在堆叠自动编码器网络中，采用无监督方式单独训练各隐藏层参数，即以相邻两层为基础结构，采用训练自动编码器的方法优化隐藏层参数。具体地，一个以分类为应用目的的 SAE 网络由一个输入层、$n(n \geqslant 2)$ 个自动编码器隐藏层和一个 Softmax 输出层构成。其中，隐藏层用于特征提取，输出层根据提取的高级特征进行样本分类。堆叠自动编码器网络的预训练过程描述如下：

首先，训练第一个隐藏层，在不使用标签的情况下，基于原始训练数据训练第一个隐藏层的参数，即以深度网络第一层和第二层为基础结构，构建以原始训练数据为输入，目标输出为原始训练数据的自动编码器。依据自动编码器方法进行训练，得到该自动编码器输入层与隐藏层间优化后的映射参数，并将其作为堆叠自动编码器网络中第一层参数的优化初始值。根据优化后的参数计算第一个隐藏层的输出，得到原始训练数据的第一次编码特征，即一阶特征。

其次，训练第二个隐藏层，基于第一个隐藏层的输出(即一阶特征)优化第二个隐藏层的参数。以深度网络第二层和第三层为基础结构，构建以一阶特征为输入，目标输出为一阶特征的自动编码器。同样，依据自动编码器训练方法得到该自动编码器结构中优化后的编码映射参数，作为堆叠自动编码器网络第二个隐藏层参数的优化初始值。由此，网络通过对一阶特征的继续学习提取了相对原始训练数据的第二次编码特征。

再次，训练后续隐藏层，以此类推，逐层训练后续每一个隐藏层。按照上述方式，使用第 l 层输出的 $l-1$ 阶特征以自动编码器方式训练第 $l+1$ 层网络，以得到第 $l+1$ 层的优化参数。由此实现了对原始输入数据的高级特征提取。

最后，训练输出层，在预训练过程中，堆叠自动编码器网络基于隐藏层提取的高级特征，以有监督方式单独训练。利用原始数据的标签，依据 Softmax 方法有监督地训练 Softmax 层，得到堆叠自动编码器网络输出层的优化参数。至此，一个堆叠自动编码器网络的预训练过程结束。

在逐层训练过程中，堆叠自动编码器网络利用自动编码器的编码过程以无监督方式提取特征，利用 Softmax 分类器以有监督方式基于学习到的无监督特征进行分类。然而，这种逐层单独训练只能使得每个隐藏层的参数是局部最优的。为进一步提高网络的性能，需要以有监督方式训练整个堆叠自动编码器网络。通过全局调整参数得到最优化的网络模型，这一步称为微调。在微调过程中，首先使用预训练的结果作为网络参数的初始值，对原始训练数据进行前向传播，得到预测结果。然后，根据初始预测结果与目标输出之间的误差训练整个网络。定义堆叠自动编码器网络整体的损失函数为

$$J(\theta) = -\frac{1}{m}\left(\sum_{i=1}^{m}\sum_{j=1}^{k}\left\{y^{(i)} = j\right\}\lg\frac{e^{\theta_j^{\mathrm{T}}a^{n-1,(i)}}}{\sum_{l=1}^{k}e^{\theta_l^{\mathrm{T}}a^{n-1,(i)}}} \right) \tag{4-9}$$

其中，$a^{n-1,(i)}$ 为第 i 个样本在第 $n-1$ 层的输出值，是一个向量，$a^{n-1,(i)} = \left[a_1^{n-1,(i)}, a_2^{n-1,(i)}, \cdots, a_n^{n-1,(i)}\right]^{\mathrm{T}}$。

采用梯度下降优化方法求解损失函数最小值，得到最优状态的堆叠自动编码器网络。

4.1.2　基于人工神经网络的高光谱图像分类方法

人工神经网络是以计算机网络系统模拟生物神经网络的智能计算系统，是对人脑或自然神经网络若干基本特性的抽象和模拟。完整的神经网络由一个输入层、不定数目的隐藏层和一个输出层构成。每个隐藏层都含有一个偏置单元，也就是截距项，用 b 表示。与其他节点不同，偏置单元没有输入，即不需要与上一层节点连接，节点间连线的权值用 W 表示。记 $W_{ij}^{(l)}$ 为第 l 层第 j 单元与第 $l+1$ 层第 i 单元之间的连接权值，$b_i^{(l)}$ 为第 l 层第 i 单元的偏置，则网络参数表示为 $(W, b) = \left(W^{(l)}, b^{(l)}\right)$，将神经网络的信息传递建模为

$$z_i^{(l+1)} = \sum_{j=1}^{n}W_{ij}^{(l)}a_j^{(l)} + b_i^{(l)} \tag{4-10}$$

$$a_i^{(l+1)} = f\left(z_i^{(l+1)}\right) \tag{4-11}$$

由此，对于输入数据 x，为得到整个神经网络的输出 $h_{w,b}(x)$，分别计算每个单元的激活值，直到第 n_l 层（n_l 是神经网络的总层数），$h_{w,b}(x) = a^{(n_l)}$，此过程为神经网络的前向传播。

为了使神经网络对训练样本拥有良好且恰当的拟合，需要基于实际输出与目标值的误差建立相关目标函数 $J(W, b)$。神经网络的学习、训练本质上是一个调整权值的过程，即目标是将目标函数 $J(W, b)$ 最小化为参数 W 和 b 的函数。通常采用梯度下降优化方法最小化目标函数。在每次迭代中，梯度下降优化方法按照式(4-12)及式(4-13)更新参数，即

$$W_{ij}^{(l)} = W_{ij}^{(l)} - \alpha \frac{\partial}{\partial W_{ij}^{(l)}} J(W,b) \tag{4-12}$$

$$b_i^{(l)} = b_i^{(l)} - \alpha \frac{\partial}{\partial b_i^{(l)}} J(W,b) \tag{4-13}$$

其中，α 为学习率，控制每次迭代后权重更新的幅度。

　　由于神经网络的前向传播是一种层级复合函数计算，不能直接找到并显示偏导数，所以目标函数不能直接对每个参数求偏导数。基于复合函数的链式求导，反向传播方法为求解目标函数对参数的偏导数提供了一种有效的解决方法。它利用链式法则反向逐层计算神经元的残差 δ（也称为误差敏感项，简称为误差项，是目标函数对神经元输入值的偏导数），即 $l-1$ 层神经元的误差是根据 l 层与其相连的神经元的误差项求得，由此获得所有参数的更新增量。

　　具体来说，对一个 n_l 层神经网络，首先进行前向传播，得到各层神经元的激活值 $a^{(l)}(l=1,2,\cdots,n_l)$。接着，需要从第 n_l 层（即输出层）开始，反向逐层计算本次迭代中目标函数对网络参数的偏导数，如式 (4-14) 所示：

$$\frac{\partial}{\partial W_{ij}^{(l)}} J(W,b;x,y) = \frac{\partial}{\partial z_i^{(l)}} J(W,b;x,y) \cdot \frac{\partial}{\partial W_{ij}^{(l)}} = \delta_i^{(l)} \cdot a_i^{(l-1)} \tag{4-14}$$

其中，$\delta_i^{(l)}$ 为第 l 层第 i 个神经元的残差，是目标函数对第 l 层第 i 个神经元输入值的偏导数。

　　每个单元的输入值与其输入权值的偏导结果是确定的，通过反复学习、训练，神经网络可挖掘出训练样本的统计规律，进而拥有对未知数据的预测能力。

4.1.3　基于深度置信网络的高光谱图像分类方法

　　深度置信网络是由多个隐藏层的随机变量组成的概率产生式模型，构建了输入向量和多隐藏层之间的联合分布。对于 DBN，利用受限玻尔兹曼机 (restricted Boltzmann machine，RBM)[11] 采用由底层到顶层的 (逐层的) 训练方法，每两层可以看成一个 RBM 单元，每一个 RBM 单元的输出是下一个 RBM 单元的输入。这样就得到了网络模型的初始权值，完成了网络的初始化（预训练）。通过这样的学习方式，训练 RBM 可以降低训练 DBN 的复杂度，并且能够更好地得到输入向量不同层次的表达。相比于传统的训练多层神经网络的 BP 方法，DBN 解决了模型训练需要大量有标签数据、学习时间长和易陷入极小值的问题。

　　对于 DBN，其采用了逐层的、无监督的学习方式完成预训练，这个过程通过对比散度 (contrast divergence，CD) 方法完成。在每个 RBM 训练单元中，均包括一个显式层和隐藏层，层和层之间的各个节点相互连接，而层内的各个节点之间互不相连，显式层的输入向量经过激活函数计算得到隐藏层节点的激活值，利用该激活值重构显式层的输入向量，然后利用重构的显式层输入向量重新得到隐藏层节点的激活值，经过多次这样的前向和反向过程后（Gibbs 采样），就得到了 RBM 训练单元的输出，即下一个 RBM 训练单元的输入（显式层输入向量）。如果 DBN 应用于分类问题，可以利用微调的方法进一步优化各隐藏层之间的权值，微调的过程采用有监督的学习方式完成，然后将网络的最顶层输出特征与分类器相结合，即可完成分类工作，DBN 模型如图 4-1 所示。

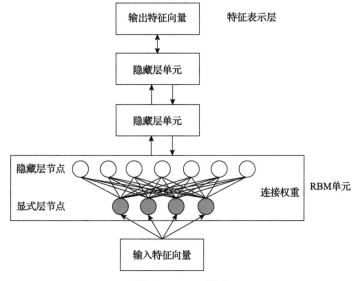

图 4-1　DBN 模型

玻尔兹曼机（Boltzmann machine，BM）[12]是一种基于统计力学、具有随机神经元的随机神经网络，神经元的输出用二进制的 "0" 和 "1" 表示，分别表示该神经元未被激活和被激活，其状态取值依据概率统计法则确定。玻尔兹曼机的主要特点是它能够完成无监督学习，可以获取复杂数据中的特征，但是，这样的学习过程需要很长的训练时间。为克服这一缺点，Hinton[13]提出了一种受限玻尔兹曼机，即 RBM，RBM 可以视为一个无向图模型，RBM 模型如图 4-2 所示。

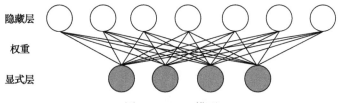

图 4-2　RBM 模型

如果一个 RBM 有 n 个可见单元和 m 个隐藏单元，可见单元为 RBM 的输入，用向量 v 表示，隐藏单元为 RBM 的输出，用向量 h 表示，对于一组给定的状态 (v,h)，能量函数定义为

$$E(v,h|\ \theta) = -\sum_{i=1}^{n} b_i v_i - \sum_{j=1}^{m} b_j h_j - \sum_{i=1}^{n}\sum_{j=1}^{m} v_i W_{ij} h_j \tag{4-15}$$

其中，$\theta = \{w_{ij}, a_i, b_j\}$ 为 RBM 的参数；b_i 和 b_j 分别为它的偏置；W_{ij} 为向量 v 和向量 h 之间的权重。

在由多个 RBM 组成的 DBN 中，每个 RBM 的隐藏层单元的输出是下一个 RBM 的输入。当进行特征提取时，隐藏层单元的输出是它的激活概率，可见单元的重构值是它的重构激活概率。激活概率和重构激活概率的计算均使用 Sigmoid 函数，即

$$\delta(x) = \frac{1}{1 + e^{-x}} \tag{4-16}$$

实际上每一个 RBM 都可以单独用作聚类器，它由隐藏层和显式层构成，显式层可以用来训练输入的数据，隐藏层则用来进行特征检测。RBM 的每一层都可以用向量来表示，每一维用不同的神经元来表示。深度神经网络是由多层 RBM 组成的，既是一种生成模型，也是一种判别模型。DBN 是通过无监督逐层贪婪方法训练网络模型，从而获得权值的。

首先训练第一个 RBM，然后将第一个 RBM 的权重和偏置保持不变，将第一个 RBM 隐藏层的输出作为另一个 RBM 的输入，充分训练第二个 RBM 之后，将第二个 RBM 堆叠在第一个 RBM 上，然后重复上述步骤。如果训练样本中的数据被标记，则在顶层的 RBM 训练中，除了显性神经元之外，需要具有标记的训练神经元。假设在 RBM 顶层显式层中有 500 个显性神经元，将训练数据划分为 10 类，则在顶层 RBM 的显式层中有 510 个显性神经元。对于每个训练数据，相应的神经元设置为 1，而其他设置为 0。

4.1.4　基于卷积神经网络的高光谱图像分类方法

卷积神经网络的起源借助了生物学领域中的概念，它的布局是最接近实体生物大脑的神经网络，是多层感知机的变种发展[14,15]。卷积神经网络结构中包含最基本的特征提取层和特征映射层。利用局部感受野的思想，采用滤波器对输入图像的局部感受野进行卷积滤波，提取该局部感受野的局部特征，产生特征映射层。在特征映射层中，映射以平面方式存在，对前一层进行抽样，且利用权值共享思

想，同一个平面中神经元的权值是相等的，再利用激活函数进行激活。在这个过程中，通过提取特征确定特征间的位置关系；通过权值共享减少了整个网络参数的数量；选择对函数影响较小的激活函数，使其保持特征映射的位移不变性；又通过加入求局部平均和二次提取计算层来减小特征分辨率。近年来，卷积神经网络在面部识别、语言检测、文件/文本分析等方面得到应用。同时，卷积神经网络也广泛应用在高光谱图像分类领域[16,17]。此处，需要先了解几个基本概念。

第一个概念是局部感受野，卷积神经网络就是在局部感受野概念的基础上发展起来的。局部感受野是在生物学对视觉皮层研究中得到的概念，人认知外界事物时是从局部到整体的，相应地，图像中距离比较远的像元间相关性很弱，而局部像元相比于整体像元也有着更紧密的联系。因此，在对图像进行感知的过程中，完全可以用局部感知来代替全局感知，同时，全局感知可以通过在高层将局部感知以一定的方式进行综合得到。这种局部连接的模式可以减少在训练神经网络过程中需要的权值参数的数量。

第二个概念是参数共享，尽管使用了局部感受野的思想，但是卷积神经网络中神经元之间依然存在很多连接，为减少由此带来的庞大数据量，卷积模型使用了权值共享策略。在介绍权值共享之前，需要了解一个原则：图像一部分的统计特性与其他部分的统计特性相同。在局部连接中，每个神经元都有 100 个参数，这 100 个参数由一个卷积操作带来。在利用卷积对图像进行特征提取时，一个卷积代表了一种与位置无关的特征提取方式，它在一处提取到的特征也能用到另一处，因此全幅图像可以使用相同特征，即所有神经元共享同样的 100 个参数。

第三个概念是多卷积核，通过共享权值只是通过一种 3×3 的卷积窗口学习到了一种特征，这种情况提取到的特征显然是不靠谱、不充分的，为了学习尽可能多的特征，就需要多个提取方式，也就是多卷积核，即 100 个不同的卷积核，就会有 100 种特征，通过卷积图像之后所形成的特征的映射常称为特征图，一层神经元即是由这 100 个特征图构成的。不同的窗口即代表着不同的滤波器，也就是卷积核。每个卷积核通过对图像的浏览都会生成另一幅新的图像，可以看作同一幅图像的不同通道。

第四个概念是池化，图像在卷积层被提取特征之后，可以通过卷积运算获取到的特征对图像进行分类。理论上讲，可以用所有提取到的特征去训练分类器，但这样做的计算量是巨大的，并且容易出现过拟合的情况。为了避免网络模型在训练过程中出现过拟合，可以对不同位置的特征进行聚合统计，然后计算图像区域上某个特定特征的平均值或最大值，这些概要统计特征不仅比所有通过提取得到的特征具有低得多的维度，同时不容易过拟合。通常把这种聚合的操作称为池化，一般分为平均池化和最大池化。

4.2　基于多策略融合机制和ISSARF的高光谱图像空谱分类方法

高光谱传感器能够记录丰富的光谱信息和空间信息，然而光谱分辨率的提高在刻画丰富信息的同时，也使得获得的图像具有高维度、训练样本有限、光谱间冗余度高和存在噪声污染等特性，从而为精细分类高光谱图像带来了挑战[18-20]。针对这一问题，本节提出一种改进的堆栈稀疏自动编码器和随机森林(improved stacked sparse autoencoder and random forest，ISSARF)分类器[21,22]。ISSARF分类器作为一种基于动物自治体的优化方法，具有对初值和参数选取不敏感、全局搜索能力强和鲁棒性强等优势，可以很好地解决函数优化问题。

4.2.1　方法原理

自然界的竞争十分激烈，动物必须形成合理的觅食方式才能在自然界的优胜劣汰法则中生存。研究人员经过长期的研究，发现动物的行为一般具有适应性、自治性、独立性和并行性，这些行为方式可以为人类解决问题提供依据和方案。

首先介绍人工鱼群方法的基本原理。文献[23]提出了人工鱼群(artificial fish swarm，AFS)方法，它的实现思想是通过模拟鱼群的不同行为来获取全局最优解。该方法基于鱼群的行为方式，在一片水域中营养物质较多的地方通常聚集较多数目的鱼，根据这一特点来模拟鱼群的觅食、聚群、追尾和随机行为，从而并行且快速地搜索全局最优解。下面详细介绍人工鱼群定义与不同行为模式。

假定人工鱼群的当前状态为$w(p)(p=1,2,\cdots,n)$，人工鱼群当前位置的食物浓度(也称为目标函数)用Y表示，人工鱼群个体间的距离表示为$d_{pq}=\|w(p)-w(q)\|$，visual代表人工鱼群的视野范围，step代表人工鱼群游动的最大步长，δ表示拥挤度因子。

第一个部分是觅食行为。假定$w(p)$是人工鱼个体的当前状态，然后在视野范围内随机地选择一个新的状态$w(q)$，如果食物浓度$Y_q>Y_p$，则向该方向游动一步，即$w(p)$按照式(4-17)被更新；否则，再次选择一个新的状态$w(q)$并判断是否满足游动条件，如果在执行最大的尝试次数try-number(又称为迭代次数)后仍然不满足游动条件，则人工鱼个体按照式(4-18)执行随机行为。

$$w(\text{pnext})=w(p)+\frac{\text{rand}()\times\text{step}\times(w(q)-w(p))}{d_{pq}},\quad Y_q>Y_p \tag{4-17}$$

$$w(\text{pnext})=w(p)+\text{rand}()\times\text{step},\quad Y_q\leqslant Y_p \tag{4-18}$$

其中，$w(\text{pnext})$ 为人工鱼个体的下一步状态；$\text{rand}()$ 为[0, 1]内均匀产生的一个随机数。

第二个部分是聚群行为。假定 $w(p)$ 是人工鱼个体的当前状态，当前邻域内（$d_{pq} < \text{visual}$）的鱼群数目为 n_f 和中心位置为 $w(c)$，如果满足 $Y_c / n_f > \delta Y_p$，则说明鱼群中心有较多食物且不太拥挤，则朝鱼群的中心位置方向游动一步；否则，执行觅食行为，数学表达式为

$$w(\text{pnext}) = w(p) + \frac{\text{rand}() \times \text{step} \times (w(c) - w(p))}{d_{pc}}, \quad Y_c / n_f > \delta Y_p, \, n_f \geqslant 1 \quad (4\text{-}19)$$

其中，$d_{pc} = \| w(p) - w(c) \|$ 为 $w(p)$ 和 $w(c)$ 之间的距离；Y_c 为中心位置的食物浓度。

第三个部分是追尾行为。鱼群在游动过程中，人工鱼个体不仅具有朝鱼群中心游动的特性，而且具有追踪更优鱼的特性，即在视野范围内鱼寻找食物浓度函数值最大的一条鱼，并朝向该位置游动。设定 $w(p)$ 是人工鱼个体的当前状态，探寻当前视野范围内最大的鱼群 $w(m)$，如果满足 $Y_m / n_f > \delta Y_p$，则说明鱼群 $w(q)$ 的状态存在较高的食物浓度且其周围不太拥挤，当前鱼朝 $w(q)$ 的方向游动一步；否则，执行觅食行为，数学表达式为

$$w(\text{pnext}) = w(p) + \frac{\text{rand}() \times \text{step} \times (w(m) - w(p))}{d_{pm}}, \quad Y_m / n_f > \delta Y_p, \, n_f \geqslant 1 \quad (4\text{-}20)$$

其中，$d_{pm} = \| w(p) - w(m) \|$ 为 $w(p)$ 和 $w(m)$ 之间的距离。

第四个部分是随机行为。随机行为的执行较为简单，即随机在视野范围内选取一个状态，然后朝该方向游动，它是觅食行为的一个缺省行为。

第五个部分是行为选择。根据所要解决的问题本质，评估人工鱼群当前所在环境，选择一种朝向最优方向游动最大的行为，即在各行为中选择使得人工鱼群的下一个状态最优的行为，如果各行为的下一个状态都劣于当前状态，则选取随机行为。

第六个部分是设立公告板。公告板用来记录当前搜索到的最优人工鱼状态及相应的目标函数值。各人工鱼个体在每次执行完某种行为方式后，将自身状态与公告板状态进行比较，如果优于公告板，则将自身状态及目标函数值取代公告板中的相应值，以保证公告板始终记录最优人工鱼个体。可以理解为方法执行完毕时，公告板上的值即为系统的最优解。

有关人工鱼群方法的实现步骤：在方法的初始阶段，对各人工鱼个体的位置及相关参数进行初始化，通常人工鱼群零散地分布于待优化问题的解空间。然后评价所有人工鱼群的状态，将最优人工鱼群的位置信息及目标函数值记录于公告板中。在方法的执行阶段，人工鱼个体根据行为选择的指引选取觅食行为、聚群

行为或追尾行为，选取的行为需满足人工鱼个体朝食物浓度高的水域位置游动且保持人工鱼群不太拥挤，最后，人工鱼聚集在几个局部极值附近。通常，在讨论极大值问题时，目标函数值较大的极值区域附近一般集结较多的人工鱼，这有利于判断并获得全局极值。在方法的结束阶段，如果人工鱼群的状态满足终止条件或方法执行完最大迭代次数，则输出结果并终止方法的执行。人工鱼群方法流程图如图 4-3 所示。

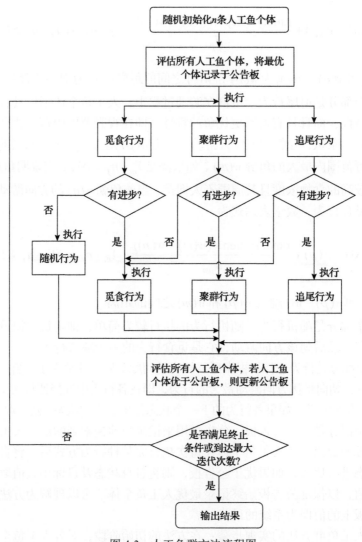

图 4-3　人工鱼群方法流程图

　　对人工鱼群方法的收敛性能进行分析是一个必要的环节，方法的收敛性是评价方法优劣的一个重要指标，人工鱼群方法的收敛性能与上述所定义的各个行为紧密相关。具体来讲，人工鱼个体在执行觅食行为时本能地朝向食物浓度更高的区域游动，使得人工鱼个体的状态向较优状态聚拢，从而为方法收敛奠定了根基；在执行聚群行为时，每条人工鱼个体朝向人工鱼群密集区域聚拢，使得陷入局部极值的部分人工鱼个体跳出局部极值并趋于全局极值，从而提高了方法收敛的稳定性和全局性；而在执行追尾行为时，每条人工鱼个体朝向搜索区域内的最优人工鱼个体聚拢，加快了人工鱼群向最优状态收敛的速度，使得陷入局部极值的部分人工鱼个体跳出局部极值并趋于全局极值，从而增加了方法收敛的全局性和速度。影响人工鱼群方法收敛性能的参数主要包括以下五个。

第一个参数是视野，即人工鱼的视野范围。当视野范围较大时，人工鱼可以在较大的搜索空间内进行搜索，此时聚群行为和追尾行为更易发生，可以加快方法的收敛速度，但不易快速搜索到全局最优值；当视野范围较小时，人工鱼的觅食行为和随机行为更为突出，以及人工鱼较易发现全局最优值。

第二个参数是步长。采用较大的步长可以加快人工鱼向最优状态聚拢，提高方法的收敛速度，但在执行一段时间后，方法易陷入匀质区域，从而影响方法的准确度和收敛速度。所以，采用适当的步长是提高方法收敛速度的关键因素之一。

第三个参数是迭代次数。人工鱼个体在执行觅食行为，无法搜索到比自身更优的状态，方法陷入局部极值时，通过提前设定一个迭代次数值，可以为人工鱼个体提供更多的机会去执行随机行为，帮助人工鱼个体跳出局部极值去搜寻全局极值，从而加快方法的收敛速度。

第四个参数是拥挤度因子。拥挤度因子可以制约人工鱼群聚群的数量，在较优状态的邻域内聚拢较多的人工鱼个体，而在较差状态的邻域内聚拢较少的人工鱼个体。拥挤度因子的引入避免了鱼群过分拥挤，增大了人工鱼执行随机行为的机会，从而加快了方法找到全局最优解的速度。

第五个参数是人工鱼群的数目。人工鱼群的数目在很大程度上影响了方法的收敛速度。通常，人工鱼群数目越多，就越有机会跳出局部极值，从而搜索到全局极值，方法具有更快的收敛速度。不足之处是，较多的人工鱼群数目会增大迭代的计算量，从而增加了方法的运行时间和空间复杂度。因此，在实际应用中，需要选取适当的人工鱼群数目来保证方法稳定收敛和降低计算成本。

人工鱼群方法在解决问题时具有对初值选择不敏感、较强的全局搜索能力和简单易实现等诸多优点，但该方法也存在一些不足，例如，在前期收敛速度较快，而在后期搜索时具有盲目性、执行速度变慢和寻优精度低等。具体来讲，随着方法的执行，人工鱼群的种群多样性逐渐弱化，尤其是在对平坦区域进行寻优时，收敛于全局最优解的速度变慢，易陷入局部极值，从而导致寻优结果精度不理想。此外，方法的感知区域和步长的取值固定，使得方法在训练初期具有较快的收敛速度而后期收敛速度变慢。基于这些不足，本节提出一种改进的人工鱼群(improved artificial fish swarm，IAFS）方法，即为了提高人工鱼群方法的种群多样性和提高搜索精度，将全局最优导向策略引入鱼群位置更新公式中，对具有较好状态的人工鱼个体朝向当前最优人工鱼个体位置进行迭代更新，而且运用模糊逻辑规则来自适应地调整人工鱼的视野范围和步长。本节提出的改进的人工鱼群方法不仅可以很好地保证方法执行过程中鱼群的多样性，增强方法的探索与开发能力，而且可以有效寻址方法后期搜索速度慢的缺陷。下面详细介绍改进的人工鱼群方法的不同生物学行为。

觅食行为：$w(p)$ 是人工鱼个体的当前状态，然后在视野范围内随机选择一个新的状态 $w(q)$，如果食物浓度 $Y_q > Y_p$，则朝向 $w(q)$ 方向游动；否则，重新选择新的状态 $w(q)$ 来判断是否满足 $Y_q > Y_p$，如果在执行完最大迭代次数后仍然不满足游动条件，则人工鱼个体随机游动一步，数学表达式为

$$w(\text{pnext}) = w(p) + \frac{\text{rand}() \times \text{step} \times (w(q) - w(p))}{d_{pq}} + \chi \times (w(b) - w(l)), \quad Y_q > Y_p \quad (4\text{-}21)$$

$$w(\text{pnext}) = w(p) + \text{rand}() \times \text{step} + \chi \times (w(b) - w(l)), \quad Y_q \leqslant Y_p \quad (4\text{-}22)$$

其中，$w(\text{pnext})$ 为人工鱼个体的下一步状态；rand() 是[0, 1]内均匀产生的一个随机数。

本节提出将 $\chi \times (w(b) - w(l))$ 添加到鱼群位置更新公式中，称为全局最优导向鱼群搜索项。其中，$w(b)$ 和 $w(l)$ 分别代表当前最优人工鱼个体和随机人工鱼个体，χ 是黄金比例系数 λ 和偏移 φ 的乘积，即

$$\chi = \lambda \times \varphi, \quad \lambda = \left(\sqrt{5} - 1\right)/2, \quad \varphi \sim U(-\varsigma, \varsigma) \quad (4\text{-}23)$$

其中，$\varphi \sim U(-\varsigma, \varsigma)$ 为标准均匀分布的一个随机值，取值区间为 $(-\varsigma, \varsigma)$，在这里 $\varsigma = \pi/6$。

由式（4-21）～式（4-23）产生的新解没有在最优人工鱼个体与随机人工鱼个体之间线性生成，而是转移了一个角度，从而有益于在搜索空间内的人工鱼个体获得更多的位置信息。

聚群行为：设定人工鱼个体的当前状态为 $w(p)$，当前邻域内的鱼群数目为 n_f 和中心位置为 $w(c)$，如果满足 $Y_c/n_f > \delta Y_p$，表明鱼群中心食物较充足且不拥挤，人工鱼朝中心位置游动，即执行式（4-24）；否则，执行觅食行为。

$$\begin{aligned} w(\text{pnext}) = w(p) &+ \frac{\text{rand}() \times \text{step} \times (w(c) - w(p))}{d_{pc}} \\ &+ \chi \cdot (w(b) - w(l)), \quad Y_c/n_f > \delta Y_p, n_f \geqslant 1 \end{aligned} \quad (4\text{-}24)$$

其中，$d_{pc} = \|w(p) - w(c)\|$ 为 $w(p)$ 和 $w(c)$ 之间的距离。

追尾行为：设定人工鱼个体的当前状态为 $w(p)$，搜索当前视野范围内最大的鱼群 $w(a)$，如果满足 $Y_m / n_f > \delta Y_p$，说明 $w(q)$ 处存在较多的食物且其周围不拥挤，则人工鱼个体朝 $w(m)$ 游动一步；否则，执行觅食行为，计算公式为

$$
\begin{aligned}
w(\text{pnext}) = w(p) + \frac{\text{rand}() \times \text{step} \times (w(m) - w(p))}{d_{pm}} \\
+ \chi \cdot (w(b) - w(l)), \quad Y_m / n_f > \delta Y_p, n_f \geqslant 1
\end{aligned}
\tag{4-25}
$$

其中，$d_{pm} = \| w(p) - w(m) \|$ 为 $w(p)$ 和 $w(m)$ 之间的距离。

另外，为了克服传统人工鱼群方法存在后期迭代收敛速度慢的不足，本节提出利用模糊逻辑系统来动态地调整视野范围 visual 和步长 step。在这个系统中，鱼群位置的分散性测度（每一个人工鱼个体和最优人工鱼之间的平均欧氏距离）和迭代次数作为输入变量，同时 visual 和 step 作为输出变量。分散性测度的表达式为

$$
d = \frac{1}{n} \sum_{p=1}^{n} \sqrt{\left(w(p)^k - w(b)^k \right)^2}
\tag{4-26}
$$

其中，n 为鱼群总数；k 为当前迭代次数；$w(p)^k$ 和 $w(b)^k$ 分别为第 k 次迭代时人工鱼个体 X_p 和最优人工鱼 X_{best}；d 为鱼群之间的分散性测度。

大体上，鱼群越接近时，分散性越低，反之，亦然。为了方便计算，迭代次数和分散性测度被归一化为 0～1，即

$$
K_{\text{Norm}} = k / k_{\text{max}}
\tag{4-27}
$$

$$
D_{\text{Norm}} = \begin{cases} \dfrac{d - d_{\min}}{d_{\max} - d_{\min}}, & d_{\min} \neq d_{\max} \\ 0, & d_{\min} = d_{\max} \end{cases}
\tag{4-28}
$$

其中，K_{Norm} 和 D_{Norm} 分别为将当前迭代次数 k 与分散性测度 d 进行标准正态化后的模糊系统输入参数；k_{max} 为最大迭代次数；$d_{\min}$ 和 $d_{\max}$ 分别为每次迭代中分散性的最小值和最大值。

改进的人工鱼群方法的处理流程如下：

第一步，鱼群数目 n、人工鱼的视野范围 visual、步长 step、拥挤度因子 δ、最大迭代次数 try-number 等。

第二步，评价所有人工鱼个体的状态，将最优人工鱼个体的位置及目标函数值记录于公告板中。

第三步，模拟执行改进的觅食行为、聚群行为和追尾行为等，比较执行各个

行为后所产生的目标函数值，选取获得最优适应度值的行为并实际执行该行为。

第四步，计算执行该行为后每条人工鱼个体的目标函数值，并保留最优人工鱼个体。

第五步，若最优人工鱼个体的食物浓度值大于公告板的状态，则将其值赋给公告板。

第六步，重复第三步~第五步，若满足终止条件或达到最大迭代次数，则输出结果，方法结束，否则，方法继续迭代。

下面介绍改进的堆栈稀疏自动编码器的概念：

在训练稀疏自动编码器模型过程中，通常采用梯度下降优化方法和反向传播方法更新隐藏层的权重和偏置，从而实现优化目标函数 J。然而，在进行目标函数优化的过程中，模型较难选取适当的初始权重和偏置，优化过程易陷入局部极值。为了寻址上述难题，本节提出利用改进的人工鱼群方法优化稀疏自动编码器的目标函数 J，改进的原因是改进的人工鱼群方法展现出鲁棒的追踪性能、快的收敛速度、强的全局优化能力且模型不易陷入局部极值等优点，具体实施方案如下：

假设人工鱼群总数为 n，每一条人工鱼个体代表一个神经网络，任意两条人工鱼个体的差值和加性值仍然代表一个神经网络。稀疏自动编码器的优化参数包括两个权重矩阵（w_{ij} 和 w_{ki}）和两个阈值向量（b_i 和 b_k）。w_{ij} 代表第 i 个隐藏层神经元和第 j 个输入层神经元之间的连接权重；w_{ki} 代表第 i 个隐藏层神经元和第 k 个输出层神经元之间的连接权重；b_i 代表第 i 个隐藏层神经元的阈值；b_k 代表第 k 个输出层神经元的阈值。在当前位置，人工鱼个体的食物浓度定义为 $Y = 1/J$，两条人工鱼个体 X_p 和 X_q 之间的距离为

$$
\begin{aligned}
d_{pq} = & \sum_{i=1}^{S}\sum_{j=1}^{D}\left(w_{ij}(p) - w_{ij}(q)\right)^2 + \sum_{k=1}^{N}\sum_{i=1}^{S}\left(w_{ki}(p) - w_{ki}(q)\right)^2 \\
& + \sum_{i=1}^{S}\left(b_i(p) - b_i(q)\right)^2 + \cdots + \sum_{k=1}^{N}\left(b_k(p) - b_k(q)\right)^2
\end{aligned}
\tag{4-29}
$$

其中，N 为输出层神经元个数；$w_{ij}(p)$ 和 $w_{ij}(q)$ 分别为人工鱼个体 X_p 和 X_q 的参数矩阵 $[w_{ij}]$ 中第 i 行、第 j 列的元素；$w_{ki}(p)$ 和 $w_{ki}(q)$ 分别为人工鱼个体 X_p 和 X_q 的参数矩阵 $[w_{ki}]$ 中第 k 行、第 i 列的元素；$b_i(p)$ 和 $b_i(q)$ 分别为人工鱼个体 X_p 和 X_q 的参数矩阵 $[b_i]$ 中第 i 行的元素；$b_k(p)$ 和 $b_k(q)$ 分别为人工鱼个体 X_p 和 X_q 的参数矩阵 $[b_k]$ 中第 k 行的元素；d_{pq} 为两条人工鱼个体 X_p 和 X_q 之间的距离。

本节研究和改进了人工鱼群的四个生物学行为，包括觅食行为、聚群行为、追尾行为和随机行为。

觅食行为：$w(p)$ 是人工鱼个体的当前状态，然后在视野范围内随机选择一个新的状态 $w(q)$，如果食物浓度 $Y_q > Y_p$，$w(p)$ 按照式 (4-16) 被更新，否则，再选择一个新的状态来判断是否满足游动条件，如果在执行最大迭代次数后仍然不满足游动条件，人工鱼个体将按照式 (4-30) 执行随机行为，即

$$w(\text{pnext}) = w(p) + \frac{\text{rand}() \times \text{step} \times \left(w_{ij}(q) - w_{ij}(p) \right)}{d_{pq}}$$
$$+ \chi \times \left(w_{ij}(\text{best}) - w_{ij}(l) \right), \quad Y_q > Y_p \tag{4-30}$$

$$w(\text{pnext}) = w(p) + \text{rand}() \times \text{step}$$
$$+ w \times \left(w_{ij}(\text{best}) - w_{ij}(l) \right), \quad Y_q \leqslant Y_p \tag{4-31}$$

其中，$w(\text{pnext})$ 为人工鱼个体的下一步状态；$\text{rand}()$ 为 $[0, 1]$ 内均匀产生的一个随机数。

本节提出将 $\chi \times \left(w_{ij}(\text{best}) - w_{ij}(l) \right)$ 添加到鱼群位置更新公式中，称为全局最优导向鱼群搜索项。其中，$w_{ij}(\text{best})$ 和 $w_{ij}(l)$ 分别代表当前最优人工鱼 X_{best} 和随机人工鱼 X_l 的参数矩阵 $\left[w_{ij} \right]$ 中第 i 行、第 j 列的元素。$\chi = \lambda \times \varphi$ 是黄金比例系数 λ 和偏移 φ 的乘积。

另外，为了克服传统人工鱼群方法存在后期迭代收敛速度慢的不足，利用模糊逻辑系统动态地调整视野范围和步长。需要注意的是，上述的位置信息更新规则同样适用于聚群行为和追尾行为。通过执行上述四种行为模式来搜索最优解，然后选择最好的行为模式来更新当前状态，最后需要对公告板进行更新。

在训练完每一个改进的稀疏自动编码器之后，重构层被移除，提取的特征保存于隐藏层，然后用来作为下一个隐藏层的输入，从而产生更高阶特征。进一步，通过堆叠多个无监督特征学习层来构建改进的堆栈稀疏自动编码器 (improved stacked sparse autoencoder，ISSA)。最后，随机森林分类器被级联到 ISSA 的最后一层。

采用改进的人工鱼群方法来优化堆栈稀疏自动编码器的目标函数，可以降低传统的 BP 方法易陷入局部极值的可能性，同时加快了方法的收敛速度。采用 ISSARF 自适应地提取光谱数据的高阶特征表示，为获取可靠分类精度提供了可能性。

4.2.2　方法流程

本节提出的 ISSARF 有望获得比堆栈稀疏自动编码器和随机森林 (stacked sparse autoencoder and random forest，SSARF) 更优的分类性能，但仍然仅使用了高光谱图像的光谱信息。事实上，充分利用相邻像元间的空间信息可以在很大程度上提高分类器的分类精度。此外，目前大部分空谱联合分类方法仅利用了训练样本的空间信息，

而忽略了测试样本的空间上下文信息。针对这个问题，本节提出基于 ISSARF 与最小单值分段同化核(smallest univalue segment assimilating nucleus, SUSAN)的空谱分类方法，称为 ISSARF-SUSAN。首先利用 ISSARF 提取图像的高阶深度特征，获得初始分类结果图；然后利用 PCA 提取原高光谱图像的第一主成分，利用 SUSAN 操作子和区域增长准则确定未标记样本的相应局部区域；进一步在初始分类结果图中提取每一个未标记样本局部区域的相应邻域标签，最后使用主要投票机制确定最终类标签。

ISSARF-SUSAN 的不足是仅利用了未标记样本的空间上下文信息，而忽略了标记样本的空间信息，然而其优势在于具有较好的可扩展性，可以和不同特征提取技术进行有效整合。因此，为了验证本节所提 ISSARF-SUSAN 的可扩展性，并充分整合标记样本、未标记样本的空间信息，进一步提出基于 MAGF、ISSARF 和 SUSAN 的一种多策略联合空谱分类方法，即 MAGF-ISSARF-SUSAN。

MAGF-ISSARF-SUSAN 方法的实现步骤如下：

第一步，利用 MAGF 技术提取多尺度边缘，保留滤波特征。

第二步，将单尺度 AGF 特征作为输入分别送入 ISSARF 模型中，获得相应的分类结果图。

第三步，将主要投票机制作用于各个初始分类结果图中，从而确定单一分类结果图。

第四步，利用 PCA 方法提取初始图像的第一主成分。

第五步，利用 SUSAN 操作子和区域增长准则确定未标记样本的局部区域。

第六步，从单一分类结果图中提取未标记样本局部区域的所有类标签，用主要投票机制确定最终类标签。

MAGF-ISSARF-SUSAN 方法框图如图 4-4 所示。

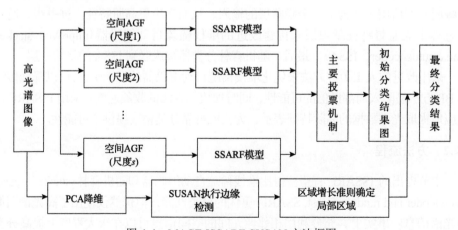

图 4-4　MAGF-ISSARF-SUSAN 方法框图

4.2.3 实验结果及分析

首先介绍本节的实验设置。本节实验采用前面章节描述的 Indian Pines 数据集、KSC 数据集和 Pavia University 数据集对提出的 ISSARF、ISSARF-SUSAN 和 MAGF-ISSARF-SUSAN 的分类性能进行评估。实验主要包含三部分：第一部分给出不同分类方法的参数设置；第二部分以定量评价指标和视觉结果比较各个分类方法，为了验证本节所提方法的鲁棒性能，该部分实验中给出训练样本不足情况下各个分类方法的分类精度；第三部分比较改进的人工鱼群方法不同参数对 ISSARF 分类精度的影响，而且分析训练样本数目对不同分类方法识别精度的影响。

将本节所提方法与多种典型的高光谱图像分类方法进行比较，包括 MLC、ELM、DBN、SOMP、MASR 和 SVM+CK-WIN。

对于 ELM，隐藏层神经元个数在 Indian Pines 数据集、KSC 数据集和 Pavia University 数据集中分别设置为 500、200 和 150。

对于 DBN，隐藏层神经元个数在 Indian Pines 数据集、KSC 数据集和 Pavia University 数据集中分别设置为 35、30 和 25，学习速率设定为 0.1，块尺寸 batchsize 设定为 100，训练迭代次数设定为 5000。

对于 SOMP，窗口尺寸在 Indian Pines 数据集中设定为 $w = 9 \times 9$，而在 KSC 数据集和 Pavia University 数据集中分别设定为 $w = 7 \times 7$ 和 $w = 5 \times 5$。

对于 MASR，三个测试数据集都选取 7 个不同的稀疏表示系数，取值范围为 $[3 \times 3, 5 \times 5, \cdots, 15 \times 15]$。

对于 ISSARF，在 Indian Pines 数据集上，人工鱼群规模 $n = 10$、拥挤度因子 $\delta = 1$、最大迭代次数 try-number=4、步长 step=2 和视野范围 visual=2；在 KSC 数据集上，人工鱼群规模 $n = 10$、拥挤度因子 $\delta = 1$、最大迭代次数 try-number=6、步长 step=1 和视野范围 visual=3；在 Pavia University 数据集上，人工鱼群规模 $n = 10$、拥挤度因子 $\delta = 1$、最大迭代次数 try-number=3、步长 step=1 和视野范围 visual=2。

对于 ISSARF-SUSAN，执行边缘检测时三幅高光谱图像均使用的是第一主成分，其余参数设定等同于 ISSARF。

对于 MAGF-ISSARF-SUSAN，在执行预处理 MAGF 时，三幅高光谱图像的滤波尺度均设定为 4，其余参数的设定与 ISSARF-SUSAN 保持一致。

本节通过十折交叉验证法选取所提不同分类方法的最适宜参数。下面介绍仿真实验的结果与分析。

为了验证本节所提方法的有效性，从定量指标和定性指标来比较各个分类方法在三个高光谱数据集上的分类性能。对于 Indian Pines 数据集和 KSC 数据集，实验中从每一类地物中随机选取 1%样本作为训练集，剩余样本用作测试集。对于

Pavia University 数据集，实验中从每一类地物中随机选取 10 个样本作为训练集，剩余样本用作测试集。为了降低由随机采样产生的偏置现象，取 20 次运行结果的均值为最终分类精度。表 4-1～表 4-3 分别给出了不同分类方法三个数据集上的客观评价指标中的 OA、AA、Kappa(κ)和运行时间(t)，最好的分类结果用粗体进行标记。

表 4-1 　不同分类方法在 Indian Pines 数据集上的分类性能定量评估

参数		MLC	ELM	DBN	SOMP	MASR	SVM+CK-WIN	SSARF	ISSARF	ISSARF-SUSAN	MAGF-ISSARF-SUSAN
不同类别分类精度/%	1	0	26.80	19.23	69.18	73.58	90.91	24.69	32.07	18.52	**92.60**
	2	66.17	63.21	71.39	80.57	75.82	66.06	65.23	64.68	76.50	**92.23**
	3	36.73	48.04	48.47	66.30	78.24	62.22	42.79	52.67	58.39	**97.42**
	4	19.05	26.43	37.99	63.64	72.18	27.15	35.25	37.99	41.17	**98.29**
	5	57.22	66.06	62.01	81.17	84.70	81.65	63.21	55.95	65.86	**87.13**
	6	89.78	85.73	72.40	77.49	97.02	75.75	86.28	82.31	95.23	**99.00**
	7	0	20.83	0	65.33	**97.00**	93.75	56.00	52.00	78.21	94.23
	8	93.08	94.65	97.91	94.56	99.74	81.34	94.49	96.90	**100.0**	100.0
	9	0	3.51	0	64.91	73.68	**100.0**	23.68	23.68	13.33	67.50
	10	49.90	59.08	44.73	70.84	77.97	52.97	62.73	64.02	66.05	**89.51**
	11	69.61	67.52	74.15	82.52	93.27	73.11	76.47	80.26	87.71	**98.69**
	12	52.47	51.85	50.25	51.51	60.46	45.89	51.78	50.66	68.40	**98.29**
	13	89.95	91.27	99.03	72.89	90.79	88.57	96.73	99.40	**100.0**	99.77
	14	96.92	79.62	86.99	96.77	97.50	86.00	94.80	92.39	98.89	**99.50**
	15	38.44	44.75	45.16	51.77	62.43	31.30	19.95	26.86	20.70	**99.60**
	16	0	44.64	93.55	67.38	77.92	95.89	74.56	79.52	**98.60**	94.74
OA/%		65.85	65.74	67.76	77.91	85.04	68.41	69.65	70.94	78.42	**96.35**
AA/%		47.46	54.62	56.45	74.66	82.82	72.03	60.54	61.96	67.97	**94.28**
κ/%		60.77	60.57	62.99	72.30	82.02	64.23	65.14	66.64	75.19	**95.84**
t/s		14.32	**0.017**	0.43	0.71	4.38	1.57	0.77	0.41	1.04	2.20

表 4-2 　不同分类方法在 KSC 数据集上的分类性能定量评估

参数		MLC	ELM	DBN	SOMP	MASR	SVM+CK-WIN	SSARF	ISSARF	ISSARF-SUSAN	MAGF-ISSARF-SUSAN
不同类别分类精度/%	1	92.50	87.64	91.74	96.41	95.02	86.21	90.80	94.34	97.97	**97.90**
	2	88.54	79.16	91.32	71.04	**98.75**	59.06	84.17	77.64	75.52	98.08
	3	77.67	83.81	91.50	91.01	97.23	53.81	80.54	89.39	95.51	**100.0**
	4	14.86	30.33	39.27	60.54	78.92	62.93	55.52	45.59	62.90	**100.0**
	5	43.08	61.79	43.25	63.21	43.71	49.79	50.16	59.12	65.22	**100.0**

续表

参数		MLC	ELM	DBN	SOMP	MASR	SVM+CK-WIN	SSARF	ISSARF	ISSARF-SUSAN	MAGF-ISSARF-SUSAN
不同类别分类精度/%	6	27.21	39.20	54.62	55.31	85.62	31.72	27.55	26.48	39.08	**100.0**
	7	61.17	69.68	0	90.29	**100.0**	**100.0**	75.24	78.64	76.66	**100.0**
	8	85.33	73.81	72.66	55.87	71.36	75.25	65.50	68.00	72.86	**99.07**
	9	88.82	87.11	90.72	98.30	100.0	86.54	86.04	90.66	99.91	**100.0**
	10	62.16	63.90	24.16	95.61	94.74	61.92	76.76	83.34	94.43	**100.0**
	11	92.76	78.41	95.46	98.79	98.31	85.94	92.21	86.23	**100.0**	**100.0**
	12	76.66	67.24	80.39	62.68	78.97	81.46	75.81	81.12	90.56	**100.0**
	13	**100.0**	97.54	**100.0**	**100.0**	**100.0**	**100.0**	**100.0**	**100.0**	**100.0**	**100.0**
OA/%		79.33	77.02	77.96	84.63	90.75	78.19	80.59	82.27	88.73	**99.52**
AA/%		70.06	70.74	67.31	82.86	87.89	71.89	73.87	75.43	82.35	**99.62**
κ/%		76.88	74.46	75.45	79.93	89.70	75.70	78.37	80.21	87.43	**99.47**
t/s		4.46	**0.15**	0.30	0.26	1.27	0.81	0.54	0.38	3.22	4.17

表 4-3　不同分类方法在 Pavia University 数据集上的分类性能定量评估

参数		MLC	ELM	DBN	SOMP	MASR	SVM+CK-WIN	SSARF	ISSARF	ISSARF-SUSAN	MAGF-ISSARF-SUSAN
不同类别分类精度/%	1	81.05	58.56	53.91	26.84	45.71	79.92	67.10	68.01	88.18	**93.06**
	2	63.59	58.03	67.60	58.67	83.53	75.07	66.66	73.99	71.82	**98.68**
	3	38.97	70.34	84.64	72.65	80.03	82.80	69.12	75.40	88.03	**96.70**
	4	80.69	57.14	81.67	92.59	93.74	92.02	82.45	85.37	91.33	**97.47**
	5	99.63	40.21	98.87	98.93	**100.0**	99.83	98.20	98.26	**100.0**	100.0
	6	80.06	62.51	69.13	72.13	64.73	83.40	75.22	67.96	85.12	**99.87**
	7	31.17	72.92	94.37	98.31	99.37	89.60	85.12	84.64	98.97	**99.72**
	8	74.82	58.25	60.02	74.08	69.13	81.94	78.08	74.50	83.57	**96.31**
	9	98.99	88.27	**100.0**	24.87	51.09	99.93	99.87	99.47	99.95	99.36
OA/%		70.12	59.75	69.35	68.79	75.07	80.75	72.25	74.93	81.47	**97.65**
AA/%		72.11	62.91	78.91	52.82	76.36	87.17	80.20	80.85	89.66	**97.90**
κ/%		62.35	50.18	61.47	61.50	67.73	75.55	65.10	67.97	76.57	**96.90**
t/s		8.87	**0.04**	0.20	1.20	7.13	4.56	0.34	0.29	1.37	2.13

从表 4-1~表 4-3 中可以得到以下结论：

第一，在基于光谱特征的分类方法中，SSARF 在三幅高光谱图像中均能获得最高的分类精度。在识别小样本作物时，MLC、ELM 和 DBN 方法的分类性能受到限制，例如，对于地物分布较为复杂的 Indian Pines 数据集，MLC 方法在第 1、7 和 9 类地物中的分类精度为 0%，DBN 在第 7 和 9 类地物中的分类精度为 0%，而 SSARF 在识别小样本地物时展现出的分类精度要优于 MLC、ELM 和 DBN。

第二，相比于 SSARF，本节所提 ISSARF 在三个不同数据集上的分类精度均略微升高且消耗了更短的运行时间。例如，OA 分别由 SSARF 的 69.65%、80.59% 和 72.25% 提高到 ISSARF 的 70.94%、82.27% 和 74.93%；Kappa 系数分别由 SSARF 的 65.14%、78.37 和 65.10% 提高到 ISSARF 的 66.64%、80.21% 和 67.97%；AA 分别由 SSARF 的 60.54%、73.87% 和 80.20% 提高到 ISSARF 的 61.96%、75.43% 和 80.85%。

第三，整合空间特征和光谱特征有助于提高高光谱数据集的分类精度，而且对小样本地物具有更强的识别能力。通过考虑测试样本的空间上下文信息，在三个数据集上本节所提 ISSARF-SUSAN 的 OA 比 ISSARF 分别提高 7.48 个百分点、6.46 个百分点和 6.54 个百分点，ISSARF-SUSAN 的 AA 比 ISSARF 分别提高 6.01 个百分点、6.92 个百分点和 8.81 个百分点，ISSARF-SUSAN 的 Kappa 系数比 ISSARF 分别提高 8.55 个百分点、7.22 个百分点和 8.60 个百分点。

第四，本节所提 MAGF-ISSARF-SUSAN 获得了最高的分类精度，而且对于大部分地物都能获得最高的分类精度。针对 Indian Pines 数据集，MAGF-ISSARF-SUSAN 的 OA 为 96.35%、AA 为 94.28% 和 Kappa 系数为 95.84%，其评价指标高于对比方法超过 11 个百分点，且对于一些相似的地物或较少像元数目的地物也能获得最高的分类精度（如第 1、2、3 和 10 类地物）。对于 KSC 数据集和 Pavia University 数据集，MAGF-ISSARF-SUSAN 的评价指标高于其他对比方法超过 8.5 个百分点和 16.5 个百分点。

第五，空谱联合分类方法比基于光谱特征的分类方法消耗更长的运行时间。例如，相比于 ISSARF，本节所提 ISSARF-SUSAN 需要进一步执行边缘检测，从而消耗了更长的运行时间，然而其分类精度得到了很大的提升；本节所提 MAGF-ISSARF-SUSAN 需要提取 MAGF 特征，从而比 ISSARF-SUSAN 消耗更长的运行时间，但其分类精度远优于 ISSARF-SUSAN 和其他空谱联合分类方法，如 MASR 和 SVM+CK-WIN。

进一步提供分类结果图来粗略地评估各分类方法的性能差异，Indian Pines 数据集的真实地物分布图和各方法的分类结果图如图 4-5 所示；KSC 数据集的真实地物分布图和各方法的分类结果图如图 4-6 所示；Pavia University 数据集的真实地物分布图和各方法的分类结果图如图 4-7 所示。从图 4-5～图 4-7 中的 (b)、(c)、(d) 和 (h) 可以直观地看出，基于逐像元的分类结果图产生了较多的噪声像元，即错分样本点较多。对比可知，空谱联合分类方法综合从空间和光谱角度来刻画高光谱图像，在一定程度上减少了错分样本数，如图 4-5 (f) 和图 4-6 (j) 所示。图 4-6 和图 4-7 可以获得相似的结论。对比所有的分类方法，MAGF-ISSARF-SUSAN 取得了最优的视觉效果，接近于真实地物分布。

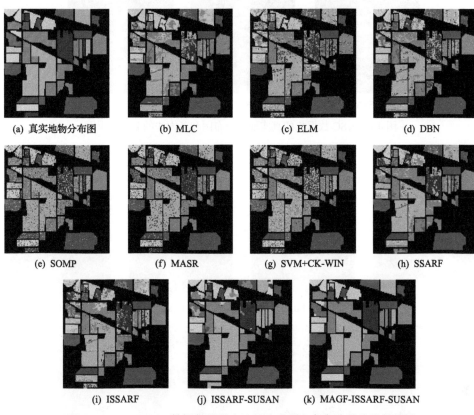

(a) 真实地物分布图　　　(b) MLC　　　(c) ELM　　　(d) DBN

(e) SOMP　　　(f) MASR　　　(g) SVM+CK-WIN　　　(h) SSARF

(i) ISSARF　　　(j) ISSARF-SUSAN　　　(k) MAGF-ISSARF-SUSAN

图 4-5　Indian Pines 数据集的真实地物分布图和各方法的分类结果图

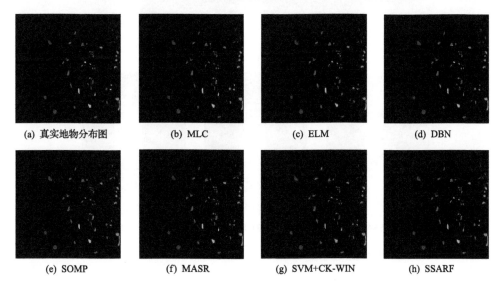

(a) 真实地物分布图　　　(b) MLC　　　(c) ELM　　　(d) DBN

(e) SOMP　　　(f) MASR　　　(g) SVM+CK-WIN　　　(h) SSARF

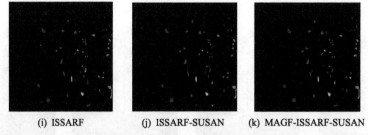

(i) ISSARF   (j) ISSARF-SUSAN   (k) MAGF-ISSARF-SUSAN

图 4-6　KSC 数据集的真实地物分布图和各方法的分类结果图

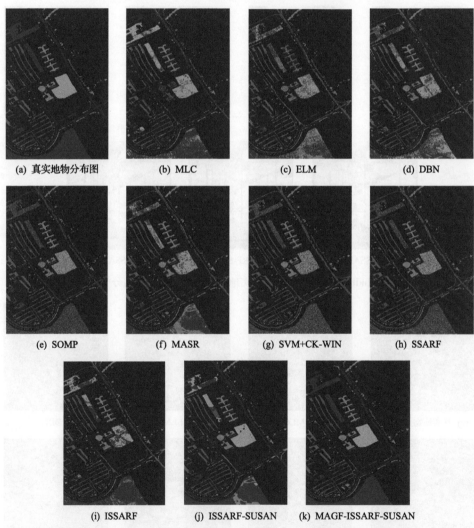

(a) 真实地物分布图   (b) MLC   (c) ELM   (d) DBN

(e) SOMP   (f) MASR   (g) SVM+CK-WIN   (h) SSARF

(i) ISSARF   (j) ISSARF-SUSAN   (k) MAGF-ISSARF-SUSAN

图 4-7　Pavia University 数据集的真实地物分布图和各方法的分类结果图

下面对参数影响分析进行讨论。

接着分析改进的人工鱼群方法对 ISSARF 分类精度的影响。首先分析最大迭代次数对 ISSARF 分类精度的影响。迭代次数是改进的人工鱼群方法觅食行为中的一个参数，该参数代表人工鱼在觅食行为中没有发现一个满意状态，然后在视野范围内尝试下一个满意状态的次数，如果人工鱼在执行完迭代次数后仍然没有发现更好的状态，则向视野范围内随机游动一步。迭代次数对 ISSARF 分类精度的影响如图 4-8 所示，图中给出本节所提 ISSARF 在三个高光谱数据集中分类精度随迭代次数的变化情况。其中，设置迭代次数 try-number $\in [1,2,\cdots,7]$，固定方法的其余参数保持不变，将 20 次重复实验结果的平均值作为最终分类结果。

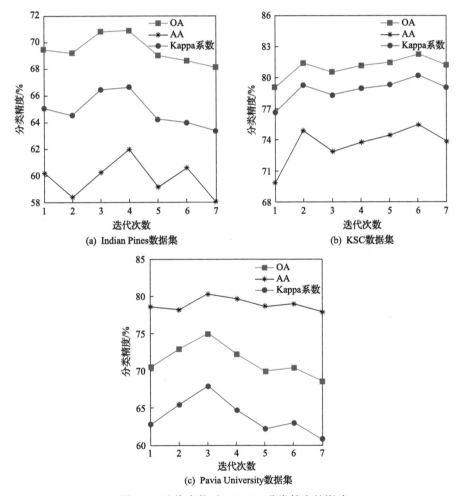

图 4-8　迭代次数对 ISSARF 分类精度的影响

随着迭代次数的增加，ISSARF 方法的分类精度不是严格的递增或递减，但是能看出分类精度变化的大致趋势。以图 4-8(a) 为例，随着迭代次数的增加，

ISSARF 的 OA、AA 和 Kappa 系数大致呈现下降-上升-下降趋势，在迭代次数为 4 时，ISSARF 获得最高的分类精度。在图 4-8(b) 和图 4-8(c) 中，ISSARF 方法在迭代次数为 6 和 3 时，获得相对较高的分类精度。实验结果说明，并不是迭代次数越少或越多越有益于方法获得最高的分类精度，可能的原因是当迭代次数较少时，人工鱼具有更大的随机游动的概率，具有一定的盲目性；而当迭代次数较多时，虽然降低了人工鱼随机游动的概率，但同时增大了方法陷入局部极值的风险。因此，为了保证改进的人工鱼群方法获得更好的寻优结果，在 Indian Pines 数据集、KSC 数据集和 Pavia University 数据集中根据实验结果经验地设定迭代次数分别为 4、6 和 3。

视野范围对 ISSARF 分类精度的影响如图 4-9 所示，图中给出 ISSARF 方法在三组高光谱数据集中的分类精度随视野范围的变化情况。视野范围参数存在于改进的

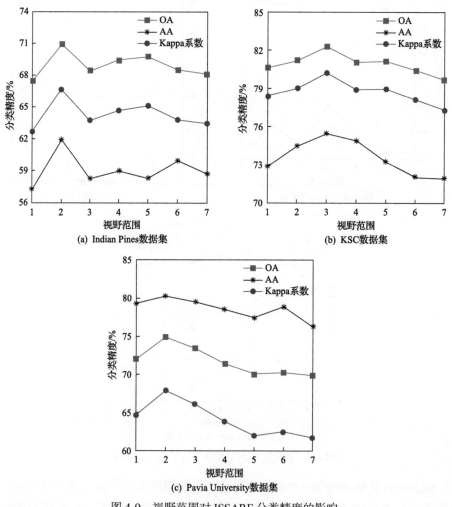

图 4-9　视野范围对 ISSARF 分类精度的影响

人工鱼群方法的觅食行为、聚群行为、追尾行为和随机行为中，所以该参数对方法分类精度的影响较为复杂，大体上，当视野范围很小时，降低了聚群行为和追尾行为被选择的概率，此时觅食行为被选择的概率增加，方法的收敛速度降低；当视野范围较大时，觅食行为被削弱，聚群行为和追尾行为被选择的概率增大，此时人工鱼容易搜索到极值，但同时增大了陷入局部极值的风险。因此，需要选取合适的视野范围来平衡方法的收敛速度和全局搜索能力。从图 4-9 中可以看出，随着视野范围的增大，ISSARF 的分类精度大致呈现波动趋势。对于 Indian Pines 数据集，当视野范围 visual = 2 时，ISSARF 获得最高的分类精度；对于 KSC 数据集和 Pavia University 数据集，当视野范围 visual = 3 和 visual = 2 时，ISSARF 粗略地获得最高的分类精度。

　　步长对 ISSARF 分类精度的影响如图 4-10 所示，图中给出 ISSARF 方法在三个

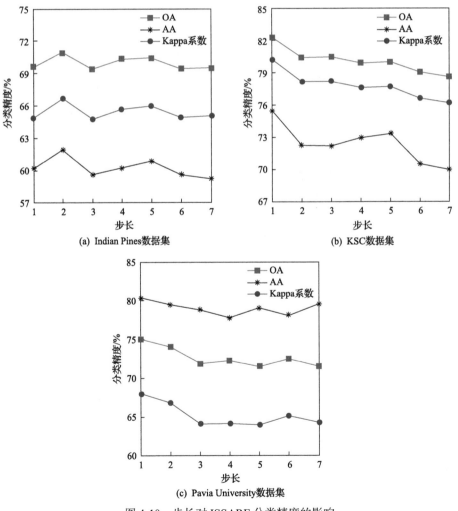

(a) Indian Pines 数据集

(b) KSC 数据集

(c) Pavia University 数据集

图 4-10　步长对 ISSARF 分类精度的影响

高光谱数据集中的分类精度随步长的变化情况。在改进的人工鱼群方法中步长代表人工鱼游动的距离，通常步长很小时，人工鱼每次游动的距离较短，从而降低了方法的收敛速度；而当步长较大时，方法收敛速度非常快，此时人工鱼无法充分地搜索整个解空间，从而增加了人工鱼群陷入局部极值的风险。从图 4-10 可知，随着步长的增加，ISSARF 的分类精度粗略地呈现振荡趋势，但大体上可以看出在三个高光谱数据集中较小的步长可以使得 ISSARF 获得更好的分类结果。对于 Indian Pines 数据集，步长 step = 2 时 ISSARF 获得最高的分类精度；而对于 KSC 数据集和 Pavia University 数据集，当步长 step = 1 时，ISSARF 获得最高的分类精度。

　　人工鱼群数目对 ISSARF 分类精度和 ISSARF 运行时间的影响分别如图 4-11

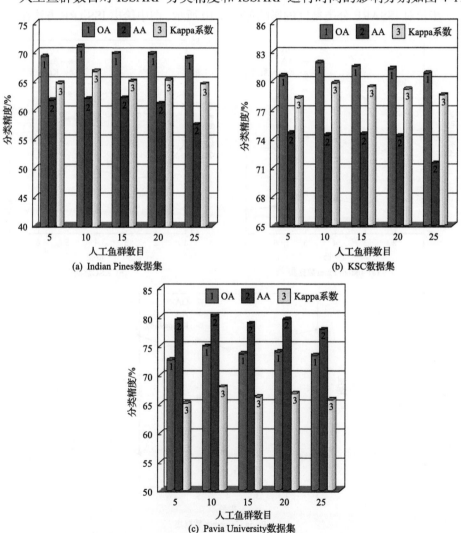

(a) Indian Pines数据集

(b) KSC数据集

(c) Pavia University数据集

图 4-11　人工鱼群数目对 ISSARF 分类精度的影响

和图 4-12 所示，分别给出 ISSARF 方法在三个高光谱数据集中的分类精度和运行时间随人工鱼群数目变化情况。当人工鱼群数目非常少时，人工鱼群执行聚群行为和追尾行为的概率降低，此时增大了人工鱼群盲目搜索的概率，使得方法的收敛速度变慢；当人工鱼群数目较大时，方法的收敛速度变快且易于发现全局极值，但同时增大了方法的计算量。因此，在确保收敛速度和优化结果的前提下，应尽量选取较少的人工鱼群数目。从图 4-11 和图 4-12 可以看出，随着人工鱼群数目的增多，ISSARF 方法在三个高光谱数据集中获得更高的分类精度，但随着人工鱼群数目的继续增多，ISSARF 的分类精度并没有继续提升且运行时间逐步增加。所以，折中分类精度和运行时间，对于三个高光谱数据集，人工鱼群数目都设定为 10。

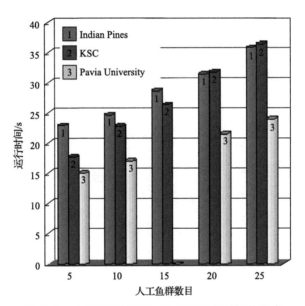

图 4-12　人工鱼群数目对 ISSARF 运行时间的影响

本节分析了不同训练集对各方法分类性能的影响。对于 Indian Pines 数据集和 KSC 数据集，从每一类地物中随机选取 1%～10% 的样本构成训练集，剩余样本用作测试集；对于 Pavia University 数据集，从每一类地物中随机选取 10～100 个样本构成训练集，剩余样本作为测试集。不同分类方法在 Indian Pines 数据集、KSC 数据集、Pavia University 数据集上的评价指标分别如图 4-13～图 4-15 所示，图中分别展示了不同分类方法在 20 次随机采样后的平均性能仿真结果。从图中可以看出，所有分类方法的分类精度随着训练样本数目的增加而逐步提高；大体上空谱联合分类方法的分类精度优于基于光谱特征的分类方法，例如，图 4-13（a）

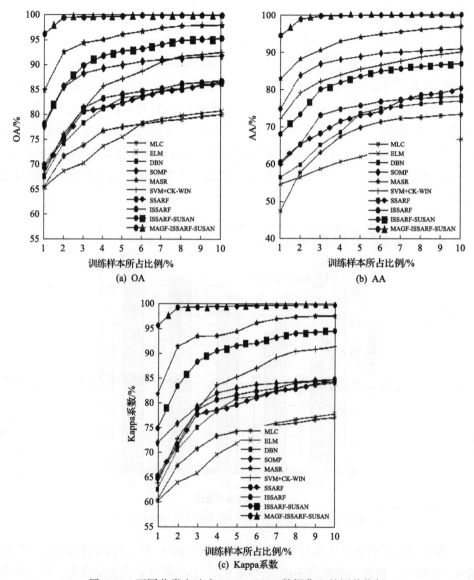

图 4-13　不同分类方法在 Indian Pines 数据集上的评价指标

和图 4-14(a)中 ISSARF-SUSAN 在只有 1%地面参考作为训练样本时,可以获得 78%
和 88%的整体分类精度,胜过像元基分类器(如 MLC、ELM 和 SSARF)的 OA 至少
7 个百分点,同时也优于空谱联合分类方法 SVM+CK-WIN 和 SOMP。此外,对于
不同数据集和不同的训练样本数目,本节所提 MAGF-ISSARF-SUSAN 总能比其他
分类方法获得更高的分类精度。在小训练样本数目条件下,MAGF-ISSARF-SUSAN

的分类优势更为明显，以图 4-15(c) 为例，当只有 1%个地面参考作为训练样本时，MAGF-ISSARF-SUSAN 的 Kappa 系数约为 97%，对比方法的 Kappa 系数变化为 50%～76%；而当训练样本个数充足时，MAGF-ISSARF-SUSAN 可以获得接近真实地物分布的分类结果。图 4-13 和图 4-14 获得了相似的分类结果。实验结果证明，联合光谱特征、训练-测试样本的多尺度空域特征和高阶深度特征表示在高光谱图像分类任务中的有效性。

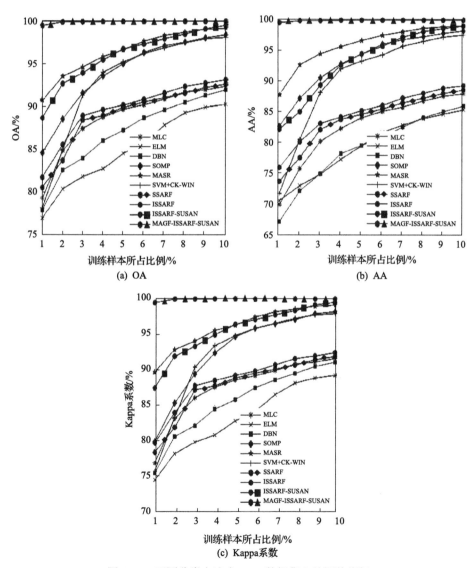

图 4-14　不同分类方法在 KSC 数据集上的评价指标

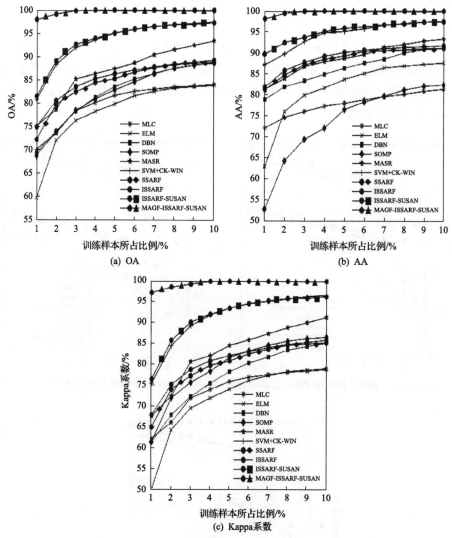

图 4-15　不同分类方法在 Pavia University 数据集上的评价指标

4.3　基于空谱稀疏张量的深度神经网络的高光谱图像分类方法

利用无人机作为平台获得的多光谱图像（multi-spectral imagery）具有拍摄简单、可重复性好及空间分辨率较高等特点。利用无人机拍摄的多光谱图像通常包含可见光及近红外波段，这些波段提供的光谱信息可以有效区分森林中植物的组成并计算其覆盖面积。检测区森林环境复杂，所能获得的监督信息的数量有限，使得基于 l_0、l_1 范数的单层稀疏表示方法和检测器无法充分利用多光谱图像的信息。为了解决上述问题，本节提出一种基于空谱稀疏张量的深度神经网络的高光谱图像分类方法，即 SDFS-DNN[24]。SDFS-DNN 被应用于哥斯达黎加 Santa Rosa 国家公园环境监测点，面积为 37500m^2，并计算了死树(5107m^2，13%)、藤本植物(10597.5m^2，28%)及活树(13226m^2，34%)的相对覆盖面积。

4.3.1 方法原理

本节首先介绍多特征学习的概念。由无人机采集的多光谱数据衍生特征包含光谱值特征(spectral value feature，SVF)、前三个主成分(principal components，PCs)及纹理特征(text feature，TF)。利用上述三种特征建立谱特征张量堆栈，即不相关特征堆栈(disrelated feature stack，DFS)，此堆栈能够提供统计独立及互补信息，用于提高分类方法的分类精度。

SVF：由无人机采集的多光谱数据的光谱值特征表示像元在可见光及近红外波段的平均颜色变化。在森林遥感方面，光谱值特征展示了植物叶子的物理特性及化学特性，即

$$f_{\text{spectral}} = \left[f_1, \cdots, f_i, \cdots, f_l \right]^{\text{T}} \in \mathbb{R}^l \tag{4-32}$$

其中，f_i 为多光谱数据第 i 波段的数字量化值；$\mathbb{R}^l$ 为欧氏空间中的一个 l 维向量。

PCA：利用最大化方差理论将一组可能相关数据转换为线性不相关数据，经过转换后的线性不相关数据称为主成分。前三个主成分(PCs)已被用于在森林中区分植物的不同种类，即

$$\text{PCs} = \left[p_1, \cdots, p_i, \cdots, p_l \right]^{\text{T}} \in P^l \tag{4-33}$$

其中，p_i 为第 i 波段的主成分；P^l 为欧氏空间中的一个 l 维向量。

TF：提取于第一主成分的幅度，可以用于描述区域内森林的层叠结构及生物量的变化。

下面介绍有关 DFS-DNN 方法的内容。SAE 与逻辑回归分类器示意图如图 4-16 所示。SAE 由三个稀疏自动编码器组成，随着层数的增加，获得的特征变得更加抽象。SAE 首先利用无监督学习方法实现网络中 H^k 权重系数的优化。接着利用有监督学习过程优化自动编码器中的 H^k 权重系数。通过上述两个学习过程，SAE 为逻辑回归分类器提供了基于光谱值的衍生稀疏特征。

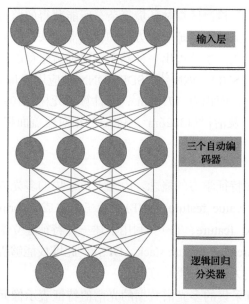

图 4-16　SAE 与逻辑回归分类器示意图

自动编码器包含可视层、隐藏层及重建层。定义由无人机采集的多光谱图像的单特征形式为 $x^k \in \mathbb{R}^{d^k}$，并且 $x^k = \left\{ \left(x^{1^k}, u^1 \right), \cdots, \left(x^{D^k}, u^D \right) \right\}$，其中包含死树、藤本植物和活树等像元，并且采集区内树间非树木部分被标记并去除；将多光谱图像输入自动编码器学习之后得到的特征为 $y^k \in \mathbb{R}^{n^k}$（这些特征被提取并用于输出到下一个自动编码器），重建数据表示为 $z^k \in \mathbb{R}^{d^k}$（z^k 用于计算与输入数据 x^k 之间的总体代价函数）。在解码部分，将 x^k 输入自动编码器，通过学习并得到特征 y^k。在解码部分，通过 y^k 的函数重建 z^k。数学形式的编码及解码过程可以表示为

$$y^k = f\left(H_y^k x^k + O_y^k \right) \tag{4-34}$$

$$z^k = f\left(H_z^k y^k + O_z^k \right) \tag{4-35}$$

$$f(x) = \frac{1}{1 + e^{-x}} \tag{4-36}$$

其中，H_y^k 为输入层至输出层的权重；H_z^k 为隐藏层至输出层的权重；O_y^k 及 O_z^k 为偏置量；$f(\cdot)$ 为函数，如式 (4-36) 所示；H_y^k、H_z^k、O_y^k 及 O_z^k 能够被梯度下降优化方法推出，即

$$H^k \leftarrow H^k - \delta \frac{\partial}{\partial H^k} J\left(x^k, z^k\right) \tag{4-37}$$

$$O_y^k \leftarrow O_y^k - \delta \frac{\partial}{\partial O_y^k} J\left(x^k, z^k\right) \tag{4-38}$$

$$O_z^k \leftarrow O_z^k - \delta \frac{\partial}{\partial O_z^k} J\left(x^k, z^k\right) \tag{4-39}$$

其中，δ 为学习率；$J\left(x^k, z^k\right)$ 为总体代价函数。

自动编码器训练过程的目标是最小化输入 x^k 与重建数据 z^k 之间的错误，通常利用交叉熵衡量 x^k 与 z^k 之间的错误。这个步骤可以表示为

$$\underset{H^k, O_y^k, O_z^k}{\arg \min} \left[J\left(x^k, z^k\right) \right] \tag{4-40}$$

$$J\left(x^k, z^k\right) = x^k \lg\left(z^k\right) - \left(1 - x^k\right) \lg\left(1 - z^k\right) \tag{4-41}$$

经过上述步骤，在解码器的隐藏层中获得深度特征 y^k，y^k 必须能够最小化 x^k 与 z^k 之间的信息丢失。

在多特征条件下，每一个像元 x 是有 K 个不同特征的谱特征张量堆栈。无人机多光谱图像中一个未知的待检测像元能够被 K 个特征向量表示，即

$$\begin{bmatrix} y^1 \\ \vdots \\ y^k \end{bmatrix} = f \begin{bmatrix} H_y^1 x^1 & O_y^1 \\ \vdots & + & \vdots \\ H_y^k x^k & O_y^k \end{bmatrix} \tag{4-42}$$

$$\begin{bmatrix} z^1 \\ \vdots \\ z^k \end{bmatrix} = f \begin{bmatrix} H_z^1 y^1 & O_z^1 \\ \vdots & + & \vdots \\ H_z^k y^k & O_z^k \end{bmatrix} \tag{4-43}$$

$$f(x) = \frac{1}{1 + e^{-x}} \tag{4-44}$$

其中，$\left\{H_y^k\right\}_{k=1,2,\cdots,K}$ 为输入层至输出层的权重；$\left\{H_z^k\right\}_{k=1,2,\cdots,K}$ 为隐藏层至输出层的权重；$\left\{O_y^k\right\}_{k=1,2,\cdots,K}$ 及 $\left\{O_z^k\right\}_{k=1,2,\cdots,K}$ 为偏置量；$f(\cdot)$ 为函数，如式 (4-44) 所示；

$\left\{H_y^k\right\}_{k=1,2,\cdots,K}$、$\left\{H_z^k\right\}_{k=1,2,\cdots,K}$、$\left\{O_y^k\right\}_{k=1,2,\cdots,K}$ 及 $\left\{O_z^k\right\}_{k=1,2,\cdots,K}$ 能够被前向传播(梯度下降优化方法)推出,即

$$
\begin{bmatrix} H^1 \\ \vdots \\ H^k \end{bmatrix} \leftarrow \begin{bmatrix} H^1 \\ \vdots \\ H^k \end{bmatrix} - \delta \frac{\partial}{\partial \begin{bmatrix} H^1 \\ \vdots \\ H^k \end{bmatrix}} \begin{bmatrix} x^1\ z^1 \\ \vdots\ \vdots \\ x^k\ z^k \end{bmatrix} \tag{4-45}
$$

$$
\begin{bmatrix} O_y^1 \\ \vdots \\ O_y^k \end{bmatrix} \leftarrow \begin{bmatrix} O_y^1 \\ \vdots \\ O_y^k \end{bmatrix} - \delta \frac{\partial}{\partial \begin{bmatrix} O_y^1 \\ \vdots \\ O_y^k \end{bmatrix}} \begin{bmatrix} x^1\ z^1 \\ \vdots\ \vdots \\ x^k\ z^k \end{bmatrix} \tag{4-46}
$$

$$
\begin{bmatrix} O_z^1 \\ \vdots \\ O_z^k \end{bmatrix} \leftarrow \begin{bmatrix} O_z^1 \\ \vdots \\ O_z^k \end{bmatrix} - \delta \frac{\partial}{\partial \begin{bmatrix} O_z^1 \\ \vdots \\ O_z^k \end{bmatrix}} \begin{bmatrix} x^1\ z^1 \\ \vdots\ \vdots \\ x^k\ z^k \end{bmatrix} \tag{4-47}
$$

其中,H^k 相等于 $H_y^k\left(H_z^{k^{\mathrm{T}}}\right)$;$\delta$ 为学习率;$J\left(\left\{x^k\right\}_{k=1,2,\cdots,K},\left\{z^k\right\}_{k=1,2,\cdots,K}\right)$ 为总体代价函数。

自动编码器训练过程的目标是最小化输入 x^k 与重建数据 z^k 之间的错误,这个步骤可以解释为

$$
\underset{H^k,\ O_y^k,\ O_z^k}{\arg\min}\left[J\left(\left\{x^k\right\}_{k=1,2,\cdots,K},\left\{z^k\right\}_{k=1,2,\cdots,K}\right)\right] \tag{4-48}
$$

$$
\begin{aligned}
&J\left(\left\{x^k\right\}_{k=1,2,\cdots,K},\left\{z^k\right\}_{k=1,2,\cdots,K}\right)= \\
&\left\{x^k\right\}_{k=1,2,\cdots,K}\lg\left(\left\{z^k\right\}_{k=1,2,\cdots,K}\right)-\left(1-\left\{x^k\right\}_{k=1,2,\cdots,K}\right)\lg\left(1-\left\{z^k\right\}_{k=1,2,\cdots,K}\right)
\end{aligned} \tag{4-49}
$$

对谱张量的稀疏化需要对求解总体代价函数的过程添加稀疏约束项,稀疏约束项的作用是强制权重系数中每一层中大部分单元的值为零。假设自动编码器中有 D

个单元，且第 v 层的输出表达式为 $M^{(v^k,D)}$ 及其对应的重建信号为 $M^{(v^k-1,D)}$，即

$$y^{v^k} = f\left(H^{v^k} M^{(v^k-1^k,D)} + O^{v^k} \right) \tag{4-50}$$

$$M^{v^k} = f\left(y^{v^k} \right) \tag{4-51}$$

为了对谱张量进行稀疏化，将 v 层中第 i 个单元的平均激励表示为

$$\hat{p}_i = \frac{1}{D} \sum_{d=1}^{D} M_i^{(v,d)} \tag{4-52}$$

接着利用 Kullback-Leibler(KL) 散度进行权重衰减，即

$$J\left(H^{v^k}, O^{v^k} \right) = J\left(H^{v^k}, O^{v^k} \right) + \mu \sum_{d=1}^{D} \mathrm{KL}\left(p \parallel \hat{p}_i \right) \tag{4-53}$$

$$\mathrm{KL}\left(p \parallel \hat{p}_i \right) = p \lg \frac{p}{\hat{p}_i} + (1-p) \lg \frac{1-p}{1-\hat{p}_i} \tag{4-54}$$

其中，p 为接近于 0 的常量；$\hat{p}$ 为 p 的偏离量；式(4-53)中的第一项为一个方差项，第二项是一个规则化项(用于进行权重的衰减，防止过拟合)；μ 为规则化项的权重，作用是控制方差项与规则化项的权重。

通过上述步骤得到了谱稀疏张量。下一步，将谱稀疏张量输入逻辑回归分类器中对研究区进行分类。

利用微调技术整合由自动编码器得到的特征，并利用逻辑回归分类器得到结果。逻辑回归分类器中的柔性最大值传输函数被用于确保所有的输出值在同一尺度。

假设 $\left\{ Q^k \right\}_{k=1,2,\cdots,K}$ 为自动编码器得到的特征，并且输出为对应每一个类的概率(死树、被藤本植物感染的树及未被藤本植物感染的树)，即

$$P\left(Y=i \mid Q^k, H^k, O^k \right) = \frac{\sum_k \mathrm{e}^{H_i^k Q^k + O_i^k}}{\sum_{j,k} \mathrm{e}^{H_j^k Q^k + O_j^k}} \tag{4-55}$$

其中，H^k 为权重；O^k 为偏置量。

计算所有类输出的总和用于使结果标准化。基于上述两部分知识，基于空谱稀疏张量的深度神经网络的高光谱图像分类方法被提出，其通过结合图像的空间邻域信息提高基于谱稀疏张量的深度神经网络分类方法的分类精度。通过对空谱

稀疏张量的提取，可以减少图像中异常像元点对 SAE 特征提取过程的干扰，有效提升系统的泛化性能。

假设 $X = [x_1, \cdots, x_c, \cdots, x_W]$ 是以 x_c 为中心的像元，$W=5$，其中被测试像元及其邻域像元如图 4-17 所示。X 的多特征形式表示为 $\left\{X^k\right\}_{k=1,2,\cdots,K} = \left\{\left[x_1^k \cdots x_c^k \cdots x_W^k\right]_{k=1,2,\cdots,K}\right\}$，其包含 K 个矩阵，大小为 $l^k \times W$。通过将 $\left\{X^k\right\}_{k=1,2,\cdots,K}$ 进行平滑 $T(x) = \sqrt{\text{mean}\left(\left\{X^k\right\}_{k=1,2,\cdots,K}\right)^2}$，再输入 DNN 得到基于空谱稀疏张量的深度神经网络的高光谱图像分类方法。

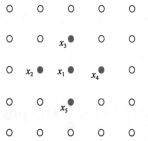

图 4-17　被测试像元及其邻域像元

4.3.2　方法流程

SDFS-DNN 分为三个部分：①多特征学习（multi-feature learning，MFL）；②稀疏自动编码器；③逻辑回归分类器。其中，多特征学习用于提取无人机多光谱图像衍生的互补的、不相关的谱特征张量堆栈，即 DFS。DFS 包含光谱值特征、主成分及纹理特征[25,26]。

本节根据图像中空间邻域光谱的相似性，提出利用像元 4-邻域平滑 DFS 中的信息，得到空谱特征张量堆栈。接着，利用 3 个稀疏自动编码器对空谱特征张量堆栈进行逐层稀疏，并将得到的空谱稀疏张量输入逻辑回归分类器中。

4.3.3　实验结果及分析

首先介绍实验数据的有关内容。

高分辨率多光谱数据拍摄于哥斯达黎加 Santa Rosa 国家公园，该公园位于哥斯达黎加西北部，研究区域的 Santa Rosa 国家公园监测点如图 4-18 所示。

数据采集点主要经历两个季节，即旱季与雨季，实测年平均温度为 25℃，此区域的年降水量为 900~2600mm（平均降水量为 1500mm）。旱季持续 5~6 个月，并且旱季的降水量极其稀少（降水量小于 100mm）。因此，该区域多为热带落叶森

图 4-18　研究区域 Santa Rosa 国家公园监测点

林。研究区域的森林具有分层结构，包含落叶林及常绿植物，树木上层多被藤本植物感染。利用无人机采集的多光谱数据只能提供高质量的树冠级数据，因此主要分析树冠及树冠上层的藤本植物。多光谱数据拍摄了 37500m² 大小的中期森林，波段包含 475nm、560nm、668nm、717nm 及 840nm，数据采集时间为 2016 年 6 月，使用仪器是由德国慕尼黑大学提供的 Micasense RedEdge 多光谱照相机。无人机飞行高度为 120m，其携带的多光谱照相机可以同时采集 5 个波段。PIX4D 及光谱值校正板用于生成图像并保证图像光谱值的准确性。图 4-18 展示了高分辨率多光谱图像的 RGB 图像（668nm、560nm、475nm），图像的空间分辨率为 0.07m²。

地面数据采集点：在 2016 年 12 月 26 日至 2016 年 12 月 31 日及 2017 年 5 月 11 日至 2017 年 5 月 13 日，地面小组使用 Trimble GeoXT6000 GPS（global positioning system，全球定位系统）采集 57 个点的森林信息。通过激光检测与测距（light detection and ranging，LiDAR）仪器实测，该区域的平均树高为 10m。所有被记录的 GPS 点及

关联信息输出为 shapefiles 文件。利用 ArcGIS 和 shapefiles 文件，研究区域中树冠间的主要间隙被标识并去除。通过遥感图像处理平台 ENVI 软件配合地面数据，115 个死树像元、125 个藤本植物像元及 250 个活树像元共 490 个像元从多光谱图像中提取作为训练样本。

训练样本的提取对于提升方法结果的准确性至关重要。$1m^2$ 空间分辨率的高光谱数字成像采集实验数据具有一定的局限性，因为在 $1m^2$ 范围内，可能出现叶子、树干及土壤等。本研究中使用的多光谱图像的空间分辨率为 $0.07m^2$，并且通过野外数据采集工作，藤本植物、活树及死树的光谱信息得到很好的记录。准确的野外数据采集工作及高分辨率图像有助于提取光谱纯净的像元作为训练样本，提升方法的分类精度。

下面介绍关于死树、藤本植物及活树统计学特征的内容。

根据地面数据采集点所获得的训练数据，通过单因素方差分析可以看出，藤本植物及活树在光谱波段 475nm、560nm、668nm、717nm 及 840nm 存在明显的不同。假设 F 值用于方差分析，P 表示概率，在 475nm，$F_{(1, 374)}=23.26$，$P<0.0001$；在 560nm，$F_{(1, 374)}=54.53$，$P<0.0001$；在 668nm，$F_{(1, 374)}=50.08$，$P<0.0001$；在 717nm，$F_{(1, 374)}=10.4$，$P=0.0014$；在 840nm，$F_{(1, 374)}=84.45$，$P<0.0001$。

利用箱形图展示藤本植物、活树与死树之间的差别，如图 4-19 所示，图 4-19(a) 表示藤本植物的光谱值特征在光谱波段 475nm、560nm、668nm、717nm 及 840nm 的中位数分别为 0.24、0.36、0.23、0.36、0.33。与此同时，树木的光谱值特征在光谱波段 475nm、560nm、668nm、717nm 及 840nm 的中位数分别为 0.22、0.30、

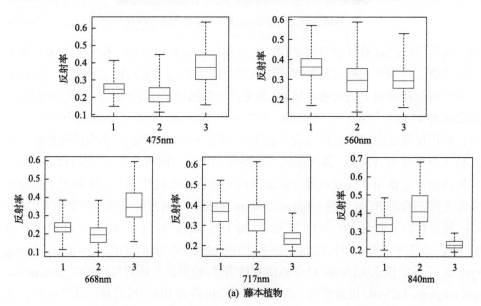

(a) 藤本植物

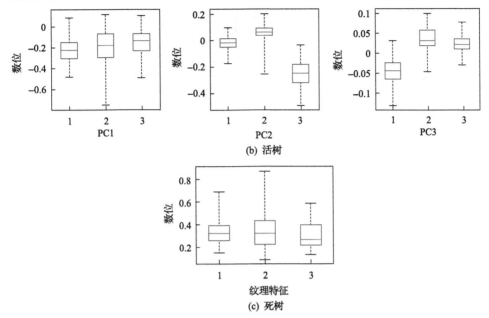

图 4-19　利用箱形图展示藤本植物、活树与死树之间的差别

0.19、0.33 及 0.41。在 475～717nm，藤本植物的光谱值曲线高于树木的光谱值曲线，这主要是由于藤本植物叶绿素的含量小于树木的叶绿素的含量。但是在 840nm 波段，树木光谱值的中位数高于藤本植物光谱值的中位数，这是因为藤本植物的叶子薄于树叶。如图 4-19(b) 所示，在 PC1 波段，藤本植物与活树没有显著的不同($F_{(1, 374)}$=3.55，P=0.0604)。在 PC2 和 PC3 波段，藤本植物与活树存在显著的不同($F_{(1, 374)}$=222.29，$P<0.0001$；$F_{(1, 374)}$=717.74，$P<0.0001$)。对于纹理波段，藤本植物与活树存在显著不同($F_{(1, 374)}$=0.11，P=0.737)。

通常，雨季中的死树几乎没有叶子。树冠的反射率特征主要为树木的非光合作用部分(即树的根茎)。藤本植物与活树的叶子在光谱波段 475nm、668nm、717nm 及 840nm 存在明显的不同，即在 475nm，$F_{(1,489)}$=415，$P<0.0001$；在 668nm，$F_{(1, 489)}$=423.89，P=0.0001；在 717nm，$F_{(1, 489)}$=221.92，$P<0.0001$；在 840nm，$F_{(1, 489)}$=7.62，P=0.006。但是在 560nm，$F_{(1, 489)}$=5.88，P=0.0157。死树光谱值的中位数为 0.37、0.29、0.34、0.23、0.22。对于 PC1、PC2 及 PC3，死树与藤本植物之间存在显著不同，即在 PC1，$F_{(1,489)}$=13.67，P=0.0002；在 PC2，$F_{(1,489)}$=1396.59，$P<0.0001$；在 PC3，$F_{(1, 489)}$=7.62，P=0.006。最终，对于纹理波段，如图 4-19(c) 所示，在死树、藤本植物与活树之间没有显著差异($F_{(1, 489)}$=7.7，P=0.0057)。

关于特征堆栈各特征的相关性，主要介绍光谱值特征、前三主成分及纹理特征所组成的谱特征张量。详细讲，光谱值特征第一波段如图 4-20(a) 所示(475nm)。前三主成分的假彩色图像如图 4-20(b) 所示。第一主成分的纹理特征如图 4-20(c) 所示。

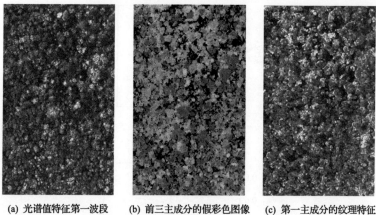

(a) 光谱值特征第一波段　　(b) 前三主成分的假彩色图像　　(c) 第一主成分的纹理特征

图 4-20　谱特征张量图

无人机采集的多光谱数据提取的特征堆栈的相关矩阵如图 4-21 所示，展示了

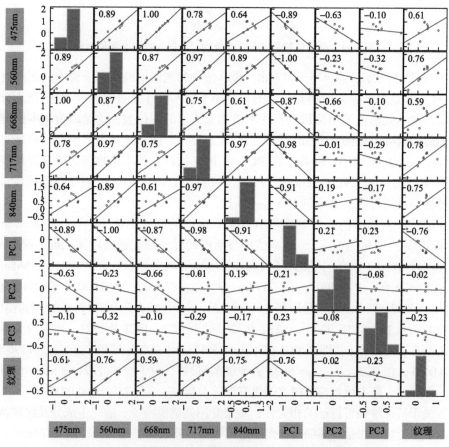

图 4-21　无人机采集的多光谱数据提取的特征堆栈的相关矩阵

这些特征(9 个波段)的相关矩阵。图中信息包括 5 个波段的光谱值特征(475nm、560nm、668nm、717nm 及 840nm)、3 个波段的主成分及一个波段的纹理特征具有很小的外在联系($R<0.3$),但是各个特征内部联系较密($R>0.5$)。此相关矩阵证明,特征堆栈可以提供统计独立及互补信息。如图 4-20(b)所示,在前三主成分组成的假彩色图像中,死树的颜色与藤本植物及活树显著不同。红色主要表示死树且能够被视觉检测,黄色及绿色主要代表藤本植物及活树。颜色的不同证明主成分分析能够将树的非光合作用部分及叶子部分投影到不同的空间。纹理特征展示树木的层叠结构及生物量的多少,其中黑色部分多为采集区内树间非树木部分(即生物量较小部分)。

　　针对 DNN 方法进行分析,主要讨论其中自动编码器层的数量对方法精度的影响。首先,训练样本(115 个死树像元、125 个藤本植物像元及 250 个活树像元,共 490 个像元)随机分为训练集(包含 40%的样本)和测试集(包含 60%的样本),并将这些数据集输入 DNN。将 DNN 与光谱值特征称为(DNN-5);将 DNN 与 3 个波段主成分及纹理特征(TF)称为 DNN-4,并与本节所提 DFS-DNN 及 SDFS-DNN 进行对比。层数设定为 60~180(每一个自动编码器包含 20~60 层)。其中,参数由网格搜索法 GridSearchCV 获得,每一个自动编码器的迭代次数为 400。

　　分类器运行 10 次并计算 OA。DNN 层数对平均分类精度的影响如图 4-22 所示,当层数为 60 时,DNN-5、DNN-4、DFS-DNN 及 SDFS-DNN 的平均分类精度分别为 96.95%、95.19%、97.60%及 97.62%。当层数为 90 时,DNN-5、DNN-4、DFS-DNN 及 SDFS-DNN 的平均分类精度分别为 96.58%、96.03%、97.60%和97.62%。当层数为 120 时,DNN-5、DNN-4、DFS-DNN 及 SDFS-DNN 的平均分类精度分别为 96.26%、94.35%、97.71%和 97.73%。当层数为 150 时,DNN-5、

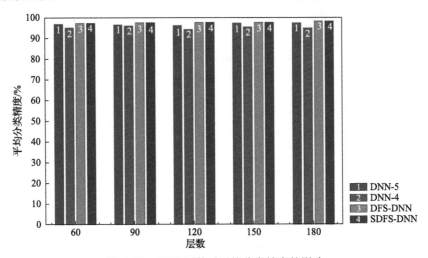

图 4-22　DNN 层数对平均分类精度的影响

DNN-4、DFS-DNN 及 SDFS-DNN 的平均分类精度分别为 97.4%、95.50%、97.71% 和 97.74%。当层数为 180 时，DNN-5、DNN-4、DFS-DNN 及 SDFS-DNN 的平均分类精度分别为 97.48%、95.09%、98.24% 和 98.25%。结果表明，DNN 层数的增加，可以提升方法的平均分类精度，但是要注意过拟合现象的出现。

　　DNN 特征学习过程主要是将谱特征张量(DFS)输入三个自动编码器，用于从 DFS 学习到不相关的、统计独立的低秩特征。DFS 中包含光谱值特征(前 5 个波段)、前三主成分(第 6~8 波段)及纹理特征(第 9 波段)。其中，红色代表死树，图中表示为 Dead trees，绿色代表藤本植物，图中表示为 Lianas，蓝色代表活树，图中表示为 Trees。DNN 中学习到的特征如图 4-23 所示，图 4-23(a)显示了三类输入数据的中值，可以看出，三个类别的输入数据在第 4 及第 8 波段发生了重叠。接着，如图 4-23(b)所示，通过第 2 个自动编码器的非线性处理后，三个类别的输入信号被投影到新的特征空间中，该特征空间具有较好的可分性，但是第 4 波段仍发生了重叠。最终，如图 4-23(c)所示，通过第 3 个自动编码器的非线性处理后，DFS 包含的光谱值特征、纹理特征和几何特征被深度提取，使得输入数据变得可分，降低了冗余。

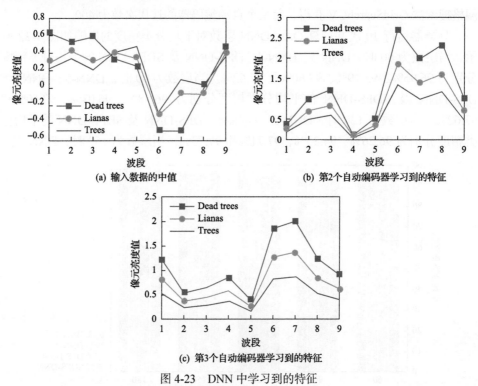

图 4-23　DNN 中学习到的特征

　　为了验证方法的性能，设置了对比方法，将 DFS-DNN、SDFS-DNN 的结果与 SVM 的结果进行比较，SVM 包含 RBF。SVM 中核函数的 Gamma 参数为 0.2 和惩罚项值为 120（上述参数由网格搜索法优化 GridSearchCV 获得）。DNN 包含三个自动编码器，每个自动编码器包含 60 个隐藏层（一共包含 180 个隐藏层）。每个自动编码器的运算需要迭代 400 次。DNN 中 $p=0.05$、$\mu=10^{-3}$（由 GridSeachCV 获得）；通过地面数据采集点所获得的训练样本被随机分为训练集（占训练样本的 40%）和测试集（占训练样本的 60%）。训练集被输入 DNN 与 SVM 用于训练模型，测试集用于验证所训练模型的好坏。每一个分类器运行 10 次，并得到平均 Kappa 系数及整体分类精度。

将 DNN 与 SVM 结果进行对比，为了验证方法有效性，计算了 SVM 及 DNN 的 Kappa 系数及整体分类精度。其中，定义 SVM 及光谱值特征为 SVM-5；将 SVM 及主成分和纹理特征堆栈定义为 SVM-4；将 SVM 及光谱值特征堆栈定义为 SVM-DFS。训练样本（115 个死树像元、250 个活树像元及 125 个藤本植物像元，共 490 个像元）被随机分成训练集（占训练样本的 40%）及测试集（占训练样本的 60%），并输入每一个分类器。

Kappa 系数及 OA 分类结果的对比如表 4-4 所示，结果表明，SDFS-DNN 能够获得比 SVM-5、SVM-4、SVM-DFS、DNN-5 及 DNN-4 更好的效果。详细讲，SVM-5、SVM-4、SVM-DFS 的整体分类精度为 94.66%、94.18%和 92.06%，其 Kappa 系数为 91.93%、92.22%和 88.24%。作为对比，DNN-5、DNN-4、DFS-DNN 和 SDFS-DNN 的整体分类精度分别为 97.48%、95.09%、98.24%和 98.25%，其 Kappa 系数分别为 96.31%、94.15%、96.78%和 97.12%。通过实验，验证了 SDFS-DNN 可以取得比 SVM 更有竞争力的效果。

表 4-4　Kappa 系数及 OA 分类结果的对比

参数	SVM-5	SVM-4	SVM-DFS	DNN-5	DNN-4	DFS-DNN	SDFS-DNN
Kappa 系数/%	91.93	92.22	88.24	96.31	94.15	96.78	97.12
OA/%	94.66	94.18	92.06	97.48	95.09	98.24	98.25

这是因为 DFS 可以提供多种独立且互补的信息，帮助 DNN 提取藤本植物、活树及死树的特征并利用这些特征进行分类，并且加入空间平滑处理的 SDFS-DNN 结果优于 DNN-5、DNN-4 及 DFS-DNN。

将所有的训练样本输入 SVM-5、SVM-4、SVM-DFS、DNN-5、DNN-4、DFS-DNN 和 SDFS-DNN 等方法中，用于识别死树、藤本植物及活树的相对覆盖面积（计算各类像元个数/总像元个数），分类结果的对比如表 4-5 所示。在 SVM-5 结果中，死树覆盖面积为 $5103m^2$（14%）、藤本植物覆盖面积为 $10601m^2$（28%）且活树覆盖面积为 $13222m^2$（35%）。在 SVM-4 结果中，死树覆盖面积为 $6776m^2$（18%）、藤本植物覆盖面积为 $9085m^2$（24%）且活树覆盖面积为 $15012m^2$（40%）。在 SVM-DFS 结果中，死

树覆盖面积为 $6263m^2$（17%）、藤本植物覆盖面积为 $8345m^2$（22%）且活树覆盖面积为 $13856m^2$（37%）。

表 4-5　相对覆盖面积分类结果的对比

方法	死树	藤本植物	活树
SVM-5	$5103m^2$（14%）	$10601m^2$（28%）	$13222m^2$（35%）
SVM-4	$6776m^2$（18%）	$9085m^2$（24%）	$15012m^2$（40%）
SVM-DFS	$6263m^2$（17%）	$8345m^2$（22%）	$13856m^2$（37%）
DNN-5	$5046m^2$（13%）	$10007m^2$（25%）	$12877m^2$（34%）
DNN-4	$5265m^2$（15%）	$9886m^2$（25%）	$13789m^2$（37%）
DFS-DNN	$5107m^2$（14%）	$10598m^2$（28%）	$13225m^2$（35%）
SDFS-DNN	$5110m^2$（14%）	$10600m^2$（28%）	$13223m^2$（35%）

　　作为对比，在 DNN-5 结果中，死树覆盖面积为 $5046m^2$（13%）、藤本植物覆盖面积为 $10007m^2$（25%）且活树覆盖面积为 $12877m^2$（34%）。在 DNN-4 结果中，死树覆盖面积为 $5265m^2$（15%）、藤本植物覆盖面积为 $9886m^2$（25%）且活树覆盖面积为 $13789m^2$（37%）。在 DFS-DNN 结果中，死树覆盖面积为 $5107m^2$（14%）、藤本植物覆盖面积为 $10598m^2$（28%）且活树覆盖面积为 $13225m^2$（35%）。在 SDFS-DNN 结果中，死树覆盖面积为 $5110m^2$（14%）、藤本植物覆盖面积为 $10600m^2$（28%）且活树覆盖面积为 $13223m^2$（35%）。

　　藤本植物是森林中最重要的植被类型，能够影响森林的物种组成、植物的覆盖密度、叶面积指数，而且能够导致森林周期的改变。另外，作为极端事件的结果，树的死亡率也与森林的结构、组成息息相关。通过上述方法，得到了死树、藤本植物及活树的相对覆盖面积，分类结果图如图 4-24 所示，红色代表死树，蓝色代表活树，绿色代表藤本植物，黑色代表非树部分。六个分类器结果的重合面积达到 84%，上述结果为判断中期森林结构的变化提供了重要依据。

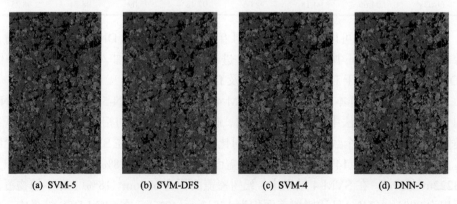

(a) SVM-5　　　　(b) SVM-DFS　　　　(c) SVM-4　　　　(d) DNN-5

(e) DNN-4　　　　(f) DFS-DNN　　　　(g) SDFS-DNN

图 4-24　相对覆盖面积分类结果图

4.4　基于密集卷积网络和条件随机场的高光谱图像分类方法

在基于深度学习的高光谱图像分类中，传统的卷积神经网络会出现随着层数的增加梯度下降的现象，导致分类精度下降。同时，这些方法普遍注重利用空间局部信息，而没有充分利用全局信息，最终使得部分样本被错误分类。但是密集卷积网络(densely convolutional networks，Densenet)中应用了较多的跨层连接，可以很好地优化该问题，还能大大减少参数数量，并且基于密集卷积网络的高光谱图像分类方法在小规模样本情况下可以得到较好的分类结果。据此，本节提出一种基于密集卷积网络和条件随机场(conditional random field，CRF)的高光谱图像分类方法，称为 Densenet-CRF，并在 Indian Pines 数据集和 Pavia University 数据集中验证该方法的有效性[27]。

4.4.1　方法原理

在图像分类中，有很多学者提出了有效分析空间特征的方法，如遗传方法、马尔可夫随机场(Markov random field，MRF)、条件随机场等方法。目前，在图像分类领域，已经有许多研究者研究了概率图模型(probabilistic graphical model，PGM)，现在该内容俨然是深度学习和机器学习的重点研究方向之一。概率图模型是一种由概率论和图论构成的方法，其目的是通过计算图像内随机变量互相存在的依赖关系，推得图像处理结果。马尔可夫随机场、条件随机场都属于该模型范畴。

条件随机场是一种判别式概率模型，还是随机场(random field，RF)中比较典型的模型，条件随机场可以对图像、文字、语音等信息进行标注或分析序列资料。从原理上看，条件随机场是一种已知观察值集合的 MRF。首先，假设随机变量 $Y = \{Y_1, Y_2, \cdots, Y_n\}$ 构成一个数组，Y_n 代表时间为 n 时的状态。假设 Y_{n+1} 对前面状态

的条件概率分布而言只是 Y_n 的函数，即

$$P\left(Y_{n+1}=y\middle|Y_1,Y_2,\cdots,Y_n\right)=P\left(Y_{n+1}=y\middle|Y_n\right) \tag{4-56}$$

此时可以将数组 Y 称为马尔可夫链。马尔可夫链为一维数组，但对二维图像而言，如果把马尔可夫性质转移到空间中，则需要利用平面结构体现二维图像各个样本点的空间相关性，即

$$P\left(Y_i=y\middle|Y_{G/i}\right)=P\left(Y_i=y\middle|Y_{N_i}\right) \tag{4-57}$$

其中，G/i 为图像内除 i 以外的节点；N_i 为与 i 近邻的节点范围；符合式(4-57)的随机场称为马尔可夫随机场。

假定随机场 $X=\{X_1,X_2,\cdots,X_n\}$ 代表已知待分类图像，$Y=\{Y_1,Y_2,\cdots,Y_n\}$ 为该图像的标签，X_i 代表像元 i 的光谱特征，Y_i 代表像元 i 的标签，其取值范围为 $L=\{l_1,l_2,\cdots,l_k\}$，则 $\mathrm{CRF}(X,Y)$ 可以表示为

$$P\left(Y\middle|X\right)=\frac{1}{Z(X)}\exp\left\{-\sum_{c\in C}\varphi_c\left(Y_c\middle|X\right)\right\} \tag{4-58}$$

其中，Z 为归一化函数，公式为

$$Z(X)=\sum_Y\exp\left\{-\sum_{c\in C}\varphi_c\left(Y_c\middle|X\right)\right\} \tag{4-59}$$

其中，C 为极大团(团指的是无向图的完全子图，完全子图中每对不同的顶点之间都存在一条边将两个顶点连接，假设某个团不包含在任何团内，则该团就是极大团)，每个 c 都对应一个势函数 $\varphi_c\left(Y_c\middle|X\right)$。

标签对应的值 $y\in L^n$ 的势能为

$$\begin{aligned}E\left(y\middle|X\right)&=-\log_2\left(P\left(y\middle|X\right)\right)-\log_2(Z(X))\\&=\sum_{c\in C}\varphi_c\left(Y_c\middle|X\right)\end{aligned} \tag{4-60}$$

所以，图像分类要做的就是为像元点分配类别值，最大化后验概率 $P\left(y\middle|X\right)$，最小化 $E\left(y\middle|X\right)$，即

$$y^*=\arg\max_y P\left(y\middle|X\right)=\arg\min_y E\left(y\middle|X\right) \tag{4-61}$$

定义条件随机场结构需要在不同的团 c 上构建不同的势函数 $\varphi_c\left(Y_c\middle|X\right)$，由于极大团内的变量有所区别，常见的势函数有一阶势函数和二阶势函数，一阶势函

数用于体现标记场和观测场的单个样本点对应的依赖关系，二阶势函数用于体现两个相邻样本点标签的一致性。其对应的公式为

$$E(y|X) = \sum_{i \in n} \varphi_i(y_i|X) + \sum_{i \in n, j \in \delta_i} \varphi_{ij}(y_i, y_j|X) \tag{4-62}$$

将式 (4-62) 中的 X 进行简化，并且用 $\phi_c(y_c)$ 取代 $\varphi_c(y_c|X)$，则式 (4-62) 可以表示为

$$E(y) = \sum_{i \in n} \phi_i(y_i) + \sum_{i \in n, j \in \delta_i} \phi_{ij}(y_i, y_j) \tag{4-63}$$

其中，$\phi_i(y_i)$ 为一阶势函数；$\phi_{ij}(y_i, y_j)$ 为二阶势函数；δ_i 为样本点 i 的邻域集合，通常该集合类型分为 4-邻域和 8-邻域。

本节使用密集卷积网络预分类的结果定义一阶势函数，为

$$\varphi_i(y_i) = -\ln\left(P^{\text{Densenet}}(y_i = l_k)\right) \tag{4-64}$$

其中，$P^{\text{Densenet}}(y_i = l_k)$ 为密集卷积网络预分类后，样本点 i 的类别等于 l_k 的概率。

一般来说，这两种模型的连接范围非常有限，导致二阶条件随机场模型得到的信息比较有限，数据范围也较小。2012 年，研究者设计了一种全连接条件随机场模型，可以把邻域系统的范围延伸为全图像，此时图像内所有节点都能够与其他任何节点直接相连。三种邻域集合类型的结构示意图如图 4-25 所示，展示了图模型的 4-邻域、8-邻域和全连接邻域三种邻域集合类型的结构示意图（图中感兴趣点为圆形，邻域点为正方形）。

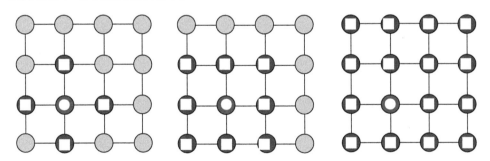

图 4-25 三种邻域集合类型的结构示意图

为了充分利用全局信息，利用高斯核对二阶势函数进行定义，即

$$\varphi_{ij}(y_i, y_j) = \mu(y_i, y_j) \sum_{m=1}^{K} w^{(m)} k^{(m)}(f_i, f_j) \tag{4-65}$$

其中，y_i、y_j 分别为样本点 i 与 j 对应的特征；$w^{(m)}$ 为不同高斯核的权重系数；$k^{(m)}$ 为第 m 个高斯核，即

$$k^{(m)}\left(f_i,f_j\right)=\exp\left[-\frac{1}{2}\left(f_i-f_j\right)^{\mathrm{T}}\varLambda^{(m)}\left(f_i-f_j\right)\right] \tag{4-66}$$

$\mu\left(y_i,y_j\right)$ 为标签兼容函数，用于惩罚邻域内相近的样本被分为相异地物类别的情况，即

$$\mu\left(y_i,y_j\right)=\left[y_i\neq y_j\right] \tag{4-67}$$

此处特征向量为光谱特征 I 和空间特征 S，因此将两种高斯核引入式（4-66），即

$$k\left(f_i,f_j\right)=w^{(1)}\exp\left(-\frac{\left|s_i-s_j\right|^2}{2\theta_\alpha^2}-\frac{\left|I_i-I_j\right|^2}{2\theta_\beta^2}\right)+w^{(2)}\exp\left(-\frac{\left|s_i-s_j\right|^2}{2\theta_\gamma^2}\right) \tag{4-68}$$

其中，θ_α、θ_β 以及 θ_γ 用于校正样本点 i 与 j 空间上的远近以及相似度；$w^{(1)}$ 与 $w^{(2)}$ 为高斯核的权重。

二维 CNN（2D-CNN）能够提取空间特征，因此常用于高光谱图像分类。但是，因为高光谱图像具有高维度，直接将二维 CNN 引入分类，会造成卷积核参数过多，产生过拟合现象。据此本节把二维 CNN 剥离成一对卷积层，也就是空谱卷积层，如图 4-26 所示。其中，本节将从光谱维卷积输出的特征图称为光谱特征图，空间维卷积输出的特征图称为空谱特征图，将空谱卷积称为隐藏层单元。

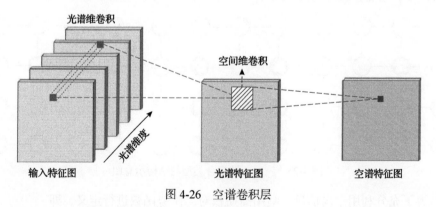

图 4-26 空谱卷积层

但是，单独的隐藏层单元学习特征的能力过低，所以本节所提方法连接多个隐藏层单元，并通过密集连接的方式连接各个卷积层，另外本节所提方法在各个隐藏层单元中加入批量归一化层，可以使各个隐藏层单元间产生的数据的协方差

偏移降低，构造成空谱深度密集卷积网络，如图 4-27 所示。

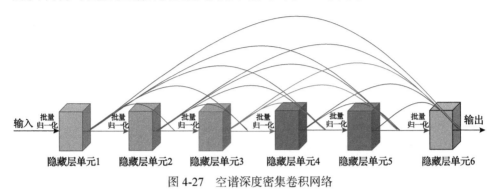

图 4-27 空谱深度密集卷积网络

令待处理的高光谱图像为 $X \in R^{h \times w \times b}$，其中 h、w、b 分别表示高光谱图像的长、宽以及波段数。该密集卷积网络包含六个隐藏层单元，其中，隐藏层单元 1 的光谱卷积层有 $1 \times 1 \times b$、数量为 150 的一维卷积核，输入数据 X 通过该卷积层后的新光谱维数等于 150，随后的空间卷积层有 $5 \times 5 \times 1$、数量为 150 的二维卷积核，对所有通道进行卷积，该隐藏层单元最终得到通道数为 150 的特征图。对于之后的 5 个隐藏层单元，每个隐藏层单元都是将前面的所有隐藏层单元的输出作为该单元的输入。

Densenet-CRF 方法结构示意图如图 4-28 所示。首先将原始高光谱图像作为输入数据，经过空谱深度密集卷积网络提取深度特征，经过最大池化层得到初步分类结果，然后经过 Softmax 层计算出高光谱图像各类样本的类属概率。

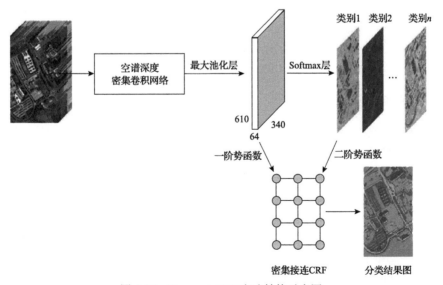

图 4-28 Densenet-CRF 方法结构示意图

在图像分类领域,Softmax 层经常用作 CNN 的输出层,Softmax 层的激活函数就是 Softmax 函数。该层的计算过程为:输入 Softmax 层—组列向量$[x_1, x_2, \cdots, x_n]^T$,经过 Softmax 层后,得到相应的概率值,计算公式为

$$P(x_j) = \frac{\mathrm{e}^{x_j}}{\sum\limits_{i=1}^{n} \mathrm{e}^{x_i}} \qquad (4\text{-}69)$$

从式(4-69)中可以知道,将经过 Softmax 层的数据映射在[0, 1],并且其和恒等于 1,因此对于图像分类,Softmax 层输出的概率值之和等于 1,概率值最大时表示网络为测试样本分配的预测类别。

在得到初步分类结果后,据此计算出其对应的一阶势函数。经过 Softmax 层计算出高光谱图像样本的类属概率,并据此计算出其对应的二阶势函数。

4.4.2　方法流程

基于密集卷积网络和条件随机场的高光谱图像分类方法的主要处理步骤如下。

首先,利用二维卷积核同步提取联合光谱空间特征,并将各层密集连接得到密集卷积网络,减少参数;其次,将最大池化层当作密集卷积网络的输出层,以提高特征提取的准确度;最后,通过 Softmax 层对样本分属的类别进行概率计算,利用条件随机场充分结合空间全局信息,从而提升分类精度。

密集卷积网络中应用了较多的跨层连接,可以很好地优化梯度下降的问题,还能大大减少参数数量,并且基于密集卷积网络的高光谱图像分类方法在小规模样本的情况下可以得到较好的分类结果。另外,引入条件随机场方法可以充分利用全局信息对图像进行分类,以提高分类精度。

4.4.3　实验结果及分析

本次实验选择四个对比方法与本节所提 Densenet-CRF 方法进行对比。在下面四个对比方法中,前两者属于较为经典的基于卷积神经网络的空谱联合深度学习方法,但是三维-二维卷积神经网络特征高光谱图像分类的层次结构和空谱残差网络没有加入密集卷积网络。后两者与 Densenet-CRF 方法都是基于密集卷积网络的方法,与 Densenet-CRF 最大的区别是后两者更多地关注空间的局部特征,从全局特征的角度考虑,二者有待提高。这些对比方法的简介如下。

三维-二维卷积神经网络特征高光谱图像分类的层次结构(exploring 3D-2D CNN feature hierarchy for hyperspectral image classification,HybridSN)。HybridSN 方法在频谱维建立三维 CNN,然后在空间维建立二维 CNN。三维 CNN(3D-CNN)

有助于从光谱通道中进行光谱特征提取，然后利用二维 CNN 进一步学习更多抽象的空间特征。而且，与单独的三维 CNN 相比，混合 CNN 的使用降低了模型的复杂性。

空谱残差网络(spectral-spatial residual network，SSRN)。在 SSRN 中，光谱和空间残差块分别从高光谱图像中的大量光谱特征和空间上下文信息中连续学习并判别特征。SSRN 是一种有监督的深度学习框架，可缓解其他深度学习模型的精度下降现象。具体而言，残差块通过映射连接每一个三维卷积层，这有利于梯度的反向传播。此外，在每个卷积层上进行批量归一化，以规范学习过程并提高训练模型的分类性能。

端到端快速密集空谱卷积(fast dense spectral-spatial convolution，FDSSC)。FDSSC 方法与 SSRN 方法的设计理念相似，FDSSC 中将一维卷积密集连接块与三维卷积密集连接块经过前后串联为深度网络，分别用于学习光谱特征和空间特征，另外，该方法在光谱一维卷积块以及空间三维卷积块内使用密集连接，缩短了运行时间，取得了较好的分类结果。

空谱密集卷积网络(spectral-spatial densly convolutional network，SSCDensenet)。该网络把二维 CNN 剥离成一对卷积层，也就是空谱卷积层，并将其称为隐藏层单元。单独的隐藏层单元学习特征的能力过低，所以连接多个隐藏层单元，并通过密集连接方式连接各个卷积层。最终缓解了梯度下降问题，提高了分类精度，取得了较好的分类结果。

Indian Pines 数据集假彩色合成图像及地物类别真值图如图 4-29 所示，Indian Pines 数据集详细介绍如表 4-6 所示。其中，地物类别包含各种植阶段的水稻、玉米、大豆等农作物，还有草地、树木等植物，以及少量沥青屋顶、马路、建筑等地物。在本次实验中，从每类样本中随机选择 5% 的样本作为训练集，1% 的样本作为验证集，94% 的样本作为测试集，用于模拟小规模样本数据集。各类别名称、样本总数及训练样本数如表 4-7 所示。其中，第 1、7、9、16 类的训练样本数少于 10 个。

(a) 假彩色合成图像　　　　　　(b) 地物类别真值图

图 4-29　Indian Pines 数据集假彩色合成图像及地物类别真值图(5%训练样本比例)

表 4-6　Indian Pines 数据集详细介绍

属性	详细介绍
数据集名称	Indian Pines
传感器类型	AVIRIS
拍摄时间	1992 年 6 月 12 日
拍摄地点	美国印第安纳州西北部
图像空间尺寸/像元	145×145
空间分辨率/m	20
波段数	200
光谱范围/nm	400~2400
地物类别数	16
地物类型	农业用地、森林用地等

表 4-7　Indian Pines 数据集地物种类以及样本数(5%训练样本比例)

类别	名称	样本总数	训练样本数
1	Alfalfa	46	3
2	Corn-notill	1428	72
3	Corn-mintill	830	42
4	Corn	237	12
5	Grass-pasture	483	25
6	Grass-trees	730	38
7	Grass-pasture-mowed	28	2
8	Hay-windrowed	478	25
9	Oats	20	1
10	Soybean-notill	972	49
11	Soybean-mintill	2455	124
12	Soybean-clean	593	31
13	Wheat	205	11
14	Woods	1265	65
15	Buildings-grass-trees-drives	386	19
16	Stone-steel-towers	93	5
总计		10249	524

　　Pavia University 数据集详细介绍如表 4-8 所示，其假彩色合成图像及地物类别真值图如图 4-30 所示。

表 4-8　Pavia University 数据集详细介绍

属性	详细介绍
数据集名称	Pavia University
传感器类型	ROSIS-3
拍摄时间	2002 年 7 月 8 日
拍摄地点	意大利帕维亚大学
图像空间尺寸/像元	610×340
空间分辨率/m	1.3
波段数	103
光谱范围/nm	430～860
地物类别数	16
地物类型	城市用地等

(a) 假彩色合成图像　　　(b) 地物类别真值图

图 4-30　Pavia University 数据集假彩色合成图像及地物类别真值图（1%训练样本比例）

在本次实验中，从每类样本中随机选择 1%作为训练集，1%样本作为验证集，98%样本作为测试集，各个类别样本总数及训练样本数如表 4-9 所示。

表 4-9　Pavia University 数据集地物种类以及样本数（1%训练样本比例）

类别	名称	样本总数	训练样本数
1	Asphalt	6631	67
2	Meadows	18649	187
3	Gravel	2099	21
4	Trees	3064	31
5	Painted-metal sheets	1345	14

续表

类别	名称	样本总数	训练样本数
6	Bare soil	5029	51
7	Bitumen	1330	14
8	Bricks	3682	37
9	Shadows	947	10
	总计	42776	432

　　本节所提 Densenet-CRF 方法由 Python 编程实现。本实验中 Densenet-CRF 和对比方法同在 CPU 3.2GHz，内存 16GB，Windows10 操作系统，Python3.7.3 环境下运行。在 Indian Pines 数据集上验证 Densenet-CRF 方法有效性的实验中，每个类别随机地选择了 5%的标记样本作为训练集。在本实验中，迭代次数为 1000，激活函数为 Sigmoid 函数，完成误差更新的优化器类型为 Adam，学习率为 0.001，各方法分类结果图如图 4-31 所示，分类精度对比如表 4-10 所示。

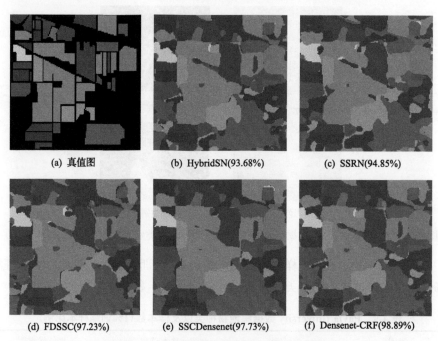

(a) 真值图　　　　(b) HybridSN(93.68%)　　　　(c) SSRN(94.85%)

(d) FDSSC(97.23%)　　(e) SSCDensenet(97.73%)　　(f) Densenet-CRF(98.89%)

图 4-31　Indian Pines 数据集分类结果图

表 4-10　Indian Pines 数据集上不同方法的分类精度对比　　　　（单位：%）

参数		名称	HybridSN	SSRN	FDSSC	SSCDensenet	Densenet-CRF
不同类别	1	Alfalfa	71.01	90.49	95.35	97.67	**100**
分类精度	2	Corn-notill	94.83	80.85	96.20	96.42	**98.21**

续表

参数		名称	HybridSN	SSRN	FDSSC	SSCDensenet	Densenet-CRF
不同类别分类精度	3	Corn-mintill	89.25	94.10	95.38	97.56	**97.69**
	4	Corn	82.94	95.27	92.44	90.22	**95.11**
	5	Grass-pasture	83.48	96.63	100	**100**	99.78
	6	Grass-trees	94.70	93.88	97.53	99.13	**99.71**
	7	Grass-pasture-mowed	80.40	49.23	96.00	**100**	**100**
	8	Hay-windrowed	94.97	90.57	**100**	**100**	**100**
	9	Oats	82.10	0.00	**100**	**100**	**100**
	10	Soybean-notill	95.76	88.84	96.60	95.61	**98.14**
	11	Soybean-mintill	96.21	98.61	96.01	97.40	**99.00**
	12	Soybean-clean	88.14	**99.09**	98.92	98.92	98.92
	13	Wheat	88.86	**100**	99.48	**100**	**100**
	14	Woods	**100**	97.25	98.99	98.74	99.66
	15	Buildings-grass-trees-drives	94.35	95.32	100	99.45	**100**
	16	Stone-steel-towers	86.59	100	98.84	**100**	98.84
OA			93.68	94.85	97.23	97.73	**98.89**
AA			88.96	85.63	97.61	98.20	**99.07**
Kappa 系数			92.80	93.17	96.84	97.41	**98.73**

在 Indian Pines 数据集下，本节所提 Densenet-CRF 获得了最高的 OA、AA、Kappa 系数。其中，第 1、2、3、4、6、7、8、9、10、11、13、15 类别的分类精度较高，整体分类精度 OA 为 98.89%，较 SSCDensenet 取得的 97.73%的整体分类精度有明显提高。平均分类精度 AA 和 Kappa 系数分别为 99.07%和 98.73%，较 SSCDensenet 分别提高了 0.87 个百分点和 1.32 个百分点。结果表明，在高光谱图像分类问题中，引入条件随机场的基于密集卷积网络的高光谱图像分类方法能够取得比基础网络更好的分类结果。

在 Pavia University 数据集上验证 Densenet-CRF 方法有效性的实验中，每个类别随机地选择了 1%的标记样本作为训练集，共 432 个。在本实验中，迭代次数为 1000，激活函数为 Sigmoid 函数，完成误差更新的优化器类型为 Adam，学习率为 0.001。Pavia University 数据集分类结果图如图 4-32 所示，分类精度对比如表 4-11 所示。

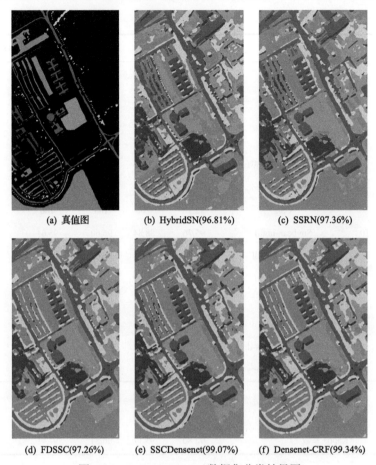

(a) 真值图　　　　　(b) HybridSN(96.81%)　　　　(c) SSRN(97.36%)

(d) FDSSC(97.26%)　　(e) SSCDensenet(99.07%)　　(f) Densenet-CRF(99.34%)

图 4-32　Pavia University 数据集分类结果图

表 4-11　Pavia University 数据集上不同方法的分类精度对比　　（单位：%）

参数		名称	HybridSN	SSRN	FDSSC	SSCDensenet	Densenet-CRF
不同类别分类精度	1	Asphalt	92.43	**99.77**	96.10	98.15	98.24
	2	Meadows	99.99	99.81	96.29	99.95	**99.99**
	3	Gravel	72.38	91.22	**96.02**	95.29	95.68
	4	Trees	92.95	**99.46**	97.10	97.40	98.47
	5	Painted-metal sheets	100	100	100	100	**100**
	6	Bare soil	**99.82**	95.48	99.55	98.62	99.66
	7	Bitumen	99.54	82.99	99.62	99.85	**100**
	8	Bricks	98.73	90.59	99.53	99.64	**99.81**
	9	Shadows	99.25	98.72	99.46	99.79	**99.89**
OA			96.81	97.36	97.26	99.07	**99.34**
AA			95.01	95.34	98.19	98.74	**99.08**
Kappa 系数			95.76	96.51	96.39	98.77	**99.13**

在 Pavia University 数据集下,本节所提方法 Densenet-CRF 获得了最高的 OA、AA、Kappa 系数。其中,第 2、7、8、9 类别的表现较所有对比方法更好,OA 为 99.34%,较 SSCDensenet 取得 99.07%的 OA 提高了 0.27 个百分点,较 FDSSC 取得的 97.26%提高了 2.08 个百分点。AA 和 Kappa 系数分别为 99.08%和 99.13%,较 SSCDensenet 分别提高了 0.34 个百分点和 0.36 个百分点,较 FDSSC 分别提高了 0.89 个百分点和 2.74 个百分点。结果表明,在高光谱图像分类问题中,引入条件随机场的基于密集卷积网络的高光谱图像分类方法能够取得比基础网络更好的分类结果。

本节提出了 Densenet-CRF,并新增加了最大池化层作为密集卷积网络的输出层,使每个样本对应某个地物类别的概率计算更加准确。

首先使用二维卷积核同步提取联合光谱空间特征并将各层密集连接得到密集卷积网络,减少参数,并加入了最大池化层,提高了特征提取的准确度,然后通过 Softmax 层对样本分属的类别进行分配,最后利用条件随机场充分结合空间全局信息,提升小规模样本下的分类精度。在 Indian Pines 数据集 5%的训练样本下取得 OA 为 98.89%,并且在 Pavia University 数据集 1%的训练样本下取得 OA 为 99.34%,均高于四个对比方法 HybridSN、SSRN、FDSSC、SSCDensenet。这说明,Densenet-CRF 方法可以增强特征的传播并进一步提取空间全局特征,而且在小规模样本下 Densenet-CRF 更具优势。

4.5　基于密集卷积网络和域自适应的高光谱图像分类方法

本节针对测试集与训练集来源于不同高光谱图像分类存在的问题提出优化方法,目前,研究者在研究高光谱图像分类时,常见的研究对象是一幅单独的高光谱图像,即在该图像中抽取一定数量已标记的样本,对其进行特征学习,然后对该图像中剩余的样本分配类别。可是,在高光谱图像分类的现实应用时,为高光谱图像打标签的成本巨大,所以可能会导致某幅图像中没有带标记样本,或者数量不足以用于实验的情况出现,但是在场景相似的其他图像中可能会存在数量较多的带标记样本。可是两幅图像间经常会存在频谱偏移,而通常的高光谱图像分类方法无法直接跨越频谱偏移这一问题对目标图像进行分类,这时便需要利用域自适应迁移学习方法。

本节提出一种基于密集卷积网络和域自适应(domain adaptation,DA)的高光谱图像分类方法,称为 DCDA[28]。当前常见的用于高光谱图像跨图分类的域自适应方法中用于深度特征学习的结构通常是卷积神经网络,但是卷积神经网络会出现随着层数的增加梯度下降，进而使得分类结果不理想的问题。所以，本节通过密集卷积网络进行源域特征提取，用以提高基于域自适应的高光谱图像跨图分类方法的分类精度。并在 Indian Pines 数据集和 Pavia 数据集上检验方法的有效性。

4.5.1　方法原理

本节的主要研究内容为基于密集卷积网络和域自适应的高光谱图像分类，因此本节重点阐述两个部分的基本原理：用于深度特征提取的基于密集卷积网络的源嵌入模块和域自适应过程。

为了实现充分利用空间信息以及光谱信息的目的，需要在源高光谱图像中依次取大小为 $w×w$ 的窗口，而高光谱图像的波段数为 b，所以每个作为输入数据的立方体的尺寸是 $w×w×b$。基于密集卷积网络的嵌入模块示意图如图 4-33 所示，在用于深度特征提取的源嵌入模块中引入密集卷积理论，该模块包含 3 个密集卷积层。然后增加平均池化层以及全连接层，可以把通过密集卷积块提取的特征嵌入欧氏空间。当输入数据为二维，卷积核尺寸为 1×1 时，每个像元的空间信息都可以依次进行积分。所以，对于三维的高光谱数据，尺寸为 $1×1×k$ 的核能够充分提取光谱特征，而且可以最大限度地保留空间特征。此外，尺寸为 1×1 的卷积核能够使结构中参数的个数大幅度减少。

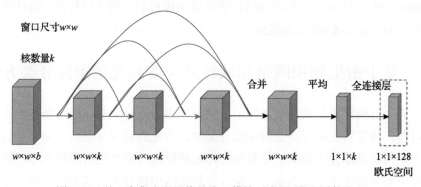

图 4-33　基于密集卷积网络的嵌入模块示意图(卷积层数为 3)

域自适应过程主要分为鉴别器模块和参数自动更新两个部分。

对于鉴别器模块，DCDA 方法对域自适应过程的设计是借鉴基于欧氏距离深度度量的无监督域自适应(Euclidean distance-deep metric learning-unsupervised domain adaptation, ED-DMM-UDA)方法。对于跨图像分类，利用源图像中部分已标记的样本进行学习，最终目的是对目标图像中的样本分配地物类别。此处需要设计一个鉴别器模块，用以判别输入的样本是来源于源图像还是目标图像，该鉴别器模块示意图如图 4-34 所示，激活函数为 Softmax 函数。

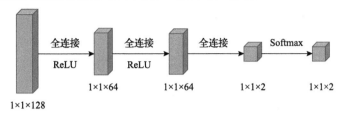

图 4-34　鉴别器模块示意图

关于参数自动更新部分，首先，本方法将域自适应损失直接应用于嵌入特征，这样可以在域自适应过程中更新目标嵌入模块中的所有参数。该过程是通过优化式 (4-70) 和式 (4-71) 两个子损失函数来实现的，即

$$L(\alpha T, \beta) = L_A(\alpha T, \beta) + L_C(\alpha T) \tag{4-70}$$

其中，T 为目标域样本集合；αT 为目标嵌入模块 $E_{\alpha T}$ 的参数集；β 为鉴别器 D_β 的参数，用于适应源特征嵌入和目标特征嵌入之间的分布 $E_{\alpha S}(S)$ 和 $E_{\alpha T}(T)$，优化后的结果为

$$L_A(\alpha T, \beta) = \min_\beta \max_{\alpha T} - \sum_{s_i \in S} \log_2 D_\beta\left(E_{\alpha S}(s_i)\right) - \sum_{t_i \in T} \log_2\left(1 - D_\beta\left(E_{\alpha T}(t_i)\right)\right) \tag{4-71}$$

其中，S 为源域样本集合。

在式 (4-71) 中，鉴别器 $D_\beta(\cdot)$ 区分来源于源数据或目标数据的嵌入映射，方法是给源特征向量 $E_{\alpha S}(s_i)$ 赋较高的值 (接近 1)，给目标特征向量 $E_{\alpha T}(t_i)$ 赋较低的值 (接近 0)，同时训练参数集 αT，以便同时混淆鉴别器。通过联合优化鉴别器和目标嵌入函数，可以使 $E_{\alpha S}(S)$ 和 $E_{\alpha T}(T)$ 两种嵌入特征在分布上进行区分。除了使用上述对抗性学习方法来最大化域混淆之外，还通过最小化中心域损失来实现域自适应，即

$$L_C(\alpha T) = \sum_{t_i \in T} \min_n \left\| E_{\alpha T}(t_i) - C_j \right\|^2 \tag{4-72}$$

其中，C_j 为与源嵌入相对应的聚类中心的集合。

式 (4-72) 是将示例 t_i 的嵌入引入特征向量 $E_{\alpha T}(t_i)$ 中定义的最接近的聚类中心 C_j，最小化其特征的差距。每个 C_j 是由属于第 j 类嵌入特征的平均值计算得到的，例如，Indian Pines 数据集中有 7 类地物，那么 j 的取值范围为 1～7。仅当最小化 $L_A(\alpha T, \beta)$ 时，目标嵌入无法很好地形成聚类，但是通过同时最小化 $L_C(\alpha T)$ 可以更好地形成聚类中心，通过这种方式，源嵌入和目标嵌入的对应分布显然在同一空间中，这也有助于实现域混淆。

4.5.2　方法流程

本节设计了基于密集卷积网络和域自适应的高光谱图像分类方法，基于密集卷积网络和域自适应的高光谱图像分类示意图如图 4-35 所示。

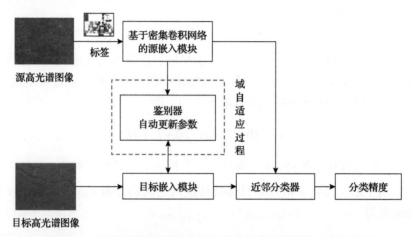

图 4-35　基于密集卷积网络和域自适应的高光谱图像分类示意图

首先，将源高光谱图像及其标签和目标高光谱图像作为输入，并在源高光谱图像中随机抽取部分带类别标记的样本作为训练集，将其输入基于密集卷积网络的源嵌入模块中进行训练，该模块中密集卷积层数为 3。接下来使用子空间学习法把源域和目标域的光谱特征转变到一个共享的欧氏空间，这一步是为了使源高光谱图像和目标高光谱图像的特征分布的差距达到最小。然后，使用对抗性学习策略优化鉴别器，用以更新目标嵌入模块的参数，使目标域生成的聚类中心与源域类似，并根据生成的聚类中心完成域自适应训练任务。模型训练完毕后，用测试集对该模型进行测试，使用近邻分类器实现跨图像分类目标，得到分类结果图，并根据混淆矩阵计算出分类精度。

4.5.3　实验结果及分析

本节主要内容为 DCDA 方法的验证实验。首先介绍对比方法，然后介绍本实验所用数据及样本类别、数量，最后对实验结果进行阐述及分析。

本次实验中使用的三个对比方法都是用于高光谱图像分类的域自适应方法，迁移支持向量机(transductive SVM，TSVM)是比较经典的方法，均被基于稀疏逻辑回归的多任务联合共享字典学习(shared dictionary-multitask joint dictionary learning-sparse logistic regression，SD-MJDL-SLR)域自适应方法和 ED-DMM-UDA

方法作为对比方法。SD-MTJDL-SLR 和 ED-DMM-UDA 分别于 2017 年和 2020 年被提出，新颖程度比较高。三个对比方法简介如下。

TSVM 是一种传统的基于分类器级别的域自适应方法，实现将迁移学习引入支持向量机。在跨图像高光谱图像分类中，首先仅使用源高光谱图像中的标记样本来训练 TSVM，然后把预先训练的 TSVM 分配好标签的未标记样本添加到训练集中，以重新训练分类器。通过这种方式可以重新分配未标记样本的标签，并且在每次迭代期间也可以重新训练 TSVM。

SD-MTJDL-SLR 的目标是使用其多任务联合字典学习（multitask joint dictionary learning，MTJDL）模型，通过源高光谱图像和目标高光谱图像中的样本来训练共享字典（shared dictionary，SD），然后根据提取的特征训练稀疏逻辑回归（sparse logistic regression，SLR）分类器。

ED-DMM-UDA 首先在源域和目标域之间完成域自适应过程，然后选择最近邻方法作为分类器。

第一个数据集是 Indian Pines 数据集，该数据集是利用 AVIRIS 获取的来自美国印第安纳州西北部 Indian Pines 实验场的高光谱图像。与 SD-MTJDL-SLR、ED-DMM-UDA 实验数据集相同，选择两个单独的子集作为源高光谱图像和目标高光谱图像（两幅图像的大小相同，均为 400×300×220，具有 220 个波段）。两幅图像同时包含 7 类地物，光谱范围为 400～2500nm。在实验中，每个类别随机地选择 180 个源域标记样本作为训练集，共 1260 个，并使用测试集中所有标记样本来评估分类性能。Indian Pines 数据集各样本类别及数量如表 4-12 所示。Indian Pines 数据集源高光谱图像与目标高光谱图像如图 4-36 所示。

表 4-12　Indian Pines 数据集各样本类别及数量

类别	名称	训练样本数	测试样本数
1	Concrete/Asphalt	180	2942
2	Corn-cleantill	180	6029
3	Corn-cleantill-EW	180	7999
4	Orchard	180	1562
5	Soybeans-cleantill	180	4792
6	Soybeans-cleantill-EW	180	1638
7	Wheat	180	10739
总计		1260	35701

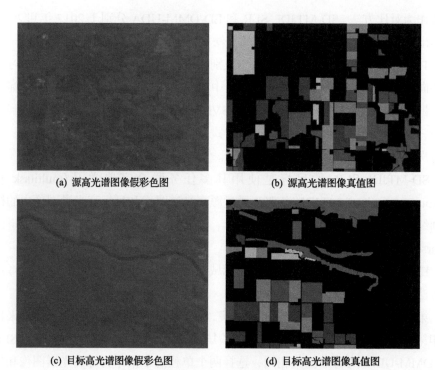

(a) 源高光谱图像假彩色图   (b) 源高光谱图像真值图

(c) 目标高光谱图像假彩色图   (d) 目标高光谱图像真值图

图 4-36   Indian Pines 数据集源高光谱图像与目标高光谱图像

第二个数据集是 Pavia 数据集，该数据集是由数字机载成像系统传感器在意大利帕维亚市市区上空捕获的。在实验中，与 SD-MTJDL-SLR、ED-DMM-UDA 相同，本节选择 Pavia University 图像的一小部分(尺寸为 243×243×72)作为训练的源高光谱图像，并选择 Pavia Center 图像的一部分(尺寸为 400×400×72)作为预测的目标高光谱图像，空间分辨率为 1.3m。每个类别随机地选择了 180 个源域标记样本作为训练集，共 1080 个，并使用目标高光谱图像(测试集)中所有标记的样本来评估分类性能。Pavia 数据集各样本类别及数量如表 4-13 所示。Pavia 数据集源高光谱图像与目标高光谱图像如图 4-37 所示。

表 4-13   Pavia 数据集各样本类别及数量

类别	名称	训练样本数	测试样本数
1	Trees	180	2424
2	Asphalt	180	1704
3	Paking lot	180	287
4	Bitumen	180	685

续表

类别	名称	训练样本数	测试样本数
5	Meadow	180	1251
6	Soil	180	1475
总计		1080	7826

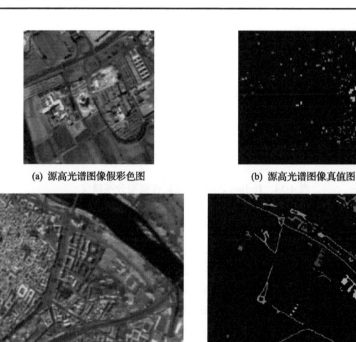

(a) 源高光谱图像假彩色图　　　　　　　　(b) 源高光谱图像真值图

(c) 目标高光谱图像假彩色图　　　　　　　(d) 目标高光谱图像真值图

图 4-37　Pavia 数据集源高光谱图像与目标高光谱图像

　　源高光谱图像与目标高光谱图像光谱曲线如图 4-38 所示,图中分别给出了 Indian Pines 数据集以及 Pavia 数据集中源高光谱图像与目标高光谱图像光谱曲线。其中,分别从源高光谱图像与目标高光谱图像的第一类样本中随机抽取 5 个,并将十条曲线绘制于同一幅图中。从图中可以看出,在实验所用的数据集中,即使是属于同一种地物的样本,其光谱特性仍然存在少许差异。因此,常规的分类方法无法直接应用于跨图像分类,这也正是域自适应要解决的问题。

　　DCDA 方法由 Python 编程实现,实验是在 CPU 3.2GHz,内存 16GB, Windows10 操作系统,Python3.7.3 环境下进行的,共有 7 类地物,以农作物、树木、人工建筑等地物为主，Indian Pines 数据集各类别分类精度如表 4-14 所示。Indian Pines 数据集各域自适应方法分类精度对比如表 4-15 所示，Indian Pines 数据集分类结果图（包含 7 类地物）如图 4-39 所示。

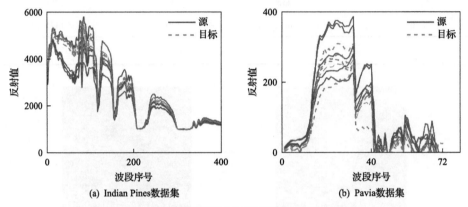

(a) Indian Pines数据集　　　(b) Pavia数据集

图 4-38　源高光谱图像与目标高光谱图像光谱曲线

表 4-14　Indian Pines 数据集各类别分类精度

类别	名称	分类精度/%
1	Concrete/Asphalt	53.18
2	Corn-cleantill	25.01
3	Corn-cleantill-EW	41.15
4	Orchard	93.90
5	Soybeans-cleantill	42.29
6	Soybeans-cleantill-EW	80.72
7	Wheat	82.16
总计		OA=61.60

表 4-15　Indian Pines 数据集各域自适应方法分类精度对比

方法	OA/%	AA/%	κ
TSVM	39.19	33.82	0.27
SD-MTJDL-SLR	51.34	43.51	0.38
ED-DMM-UDA	56.78	51.68	0.46
DCDA	**61.60**	**61.79**	**0.53**

在该数据集下，本节所提方法 DCDA 的运行时间为 5.9964s，获得了最高的 OA、AA、Kappa 系数。其中第 4、6、7 类别表现良好，OA 为 61.60%，较 ED-DMM-UDA 取得 56.78%的整体分类精度和 SD-MTJDL-SLR 取得 51.34%的整体分类精度有了明显提高。AA 和 Kappa 系数也有相似的结论。结果表明，引入

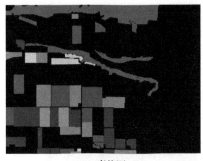 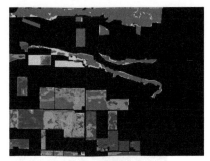

(a) 真值图　　　　　　　　　　　　　　(b) 分类结果图

图 4-39　Indian Pines 数据集分类结果图(包含 7 类地物)

密集卷积网络的域自适应网络能够取得比基础网络更好的分类结果。

　　对 Pavia 数据集实验结果进行分析：在实验中，每个类别随机地选择了 180 个源域标记样本作为训练集，共 1080 个，并使用目标高光谱图像(测试集)中所有标记样本来评估分类性能。Pavia 数据集各类别分类精度如表 4-16 所示。Pavia 数据集各域自适应方法分类精度对比如表 4-17 所示，Pavia 数据集分类结果图(包含 6 类地物)如图 4-40 所示。

表 4-16　Pavia 数据集各类别分类精度

类别	名称	分类精度/%
1	Trees	92.14
2	Asphalt	94.36
3	Paking lot	100
4	Bitumen	81.35
5	Meadow	95.78
6	Soil	81.99
总计		OA=90.63

表 4-17　Pavia 数据集各域自适应方法分类精度对比

方法	OA/%	AA/%	κ
TSVM	61.21	61.50	0.53
SD-MTJDL-SLR	83.52	81.30	0.79
ED-DMM-UDA	90.34	87.87	0.88
DCDA	**90.63**	**90.08**	**0.88**

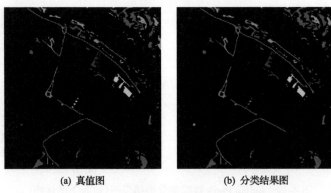

(a) 真值图　　　　　　　　(b) 分类结果图

图 4-40　Pavia 数据集分类结果图(包含 6 类地物)

在该数据集下，本节所提方法 DCDA 的运行时间为 1.6673s，获得了最高的 AA、Kappa 系数。其中，第 3、5 类别表现良好，整体分类精度 OA 为 90.63%，比 ED-DMM-UDA 的整体分类精度略高。另外，DCDA 的平均分类精度取得最大值，说明在整体分类精度提升不明显的情况下，DCDA 局部表现良好，但是没有 Indian Pines 数据集提升明显。

通过以上两个实验的对比可以发现，四个方法在 Indian Pines 数据集上的分类精度与 Pavia 数据集相差较明显，除与数据集场景本身差异因素有关外，还与两数据的测试集和训练集样本数有关。Indian Pines 数据集中训练集和测试集的样本数分别为 1260 和 35701，二者比为 3.53%。Pavia 数据集中训练集和测试集的样本数量分别为 1080 和 7826，二者比为 13.8%。对比两个不同数据集各分类方法的分类精度和样本数发现，引入了密集卷积网络的域自适应分类方法，在小样本数据规模下优势明显。

三个对比方法 TSVM、SD-MTJDL-SLR、ED-DMM-UDA 与本节所提 DCDA 方法都是应用于高光谱图像跨场景域自适应分类的方法，其中第三个对比方法 ED-DMM-UDA 与本节所提 DCDA 方法在域自适应部分采用的都是基于鉴别器更新的子空间域自适应方法。在特征提取部分，ED-DMM-UDA 的卷积神经网络共有 6 层(包括四层卷积+ReLu 激活函数层，一层池化层，一层全连接层)，DCDA 特征提取结构同样包括 6 层(四层密集卷积复合层，一层池化层，一层全连接层)。

由 Indian Pines 数据集和 Pavia 数据集上的 OA、AA、Kappa 系数最直观的对比可以看出：在层数和样本数相等的情况下，密集卷积可以将状态逐层传递，因此增强了特征传播，提高了分类精度，在高光谱图像域自适应分类的特征提取结构中，DCDA 更具优势。

4.6　基于核引导可变卷积和双窗联合双边滤波的高光谱图像分类方法

高光谱图像包含了数百个不同的波段，不仅包含丰富的光谱信息，还包含地物的空间结构信息。高光谱图像存在地物光谱性状混淆与畸变的问题，不同地物的光谱曲线在表现出区分性的同时，也具有极大的相似性，即异物同谱；属于同种地物的像元的光谱曲线也可能受环境因素如光照、阴影与噪声影响而出现较大差异，即同物异谱。为了解决现有的高光谱图像分类方法存在椒盐噪声和区域级错分问题，以及无法提取适当的空谱信息的问题，本节提出基于核引导可变卷积和双窗联合双边滤波 (kernel-guided deformable convolution and dual-window bilateral filter，KDCDWBF) 的高光谱图像分类方法[29,30]。

4.6.1　方法原理

第一部分介绍核引导可变卷积的有关内容。

空谱联合分类方法基于的假设是：中心像元和邻近像元的类别是相同的。但在真实的高光谱图像中，中心像元的类别和周围邻近像元的类别不完全相同，尤其是，当中心像元位于地物的边缘或者地物交界处时，常规卷积核的形状不会根据地物的形状而改变，这就使得基于常规卷积核的网络无法提取纯净空谱特征。为了解决这个问题，可变卷积被引入高光谱分类领域[31]。常规二维卷积核的采样位置可以表示为一个正方形网格，即

$$R = \{(-1,-1),(-1,0),\cdots,(0,1),(1,1)\} \tag{4-73}$$

对于输出特征图的像元点 p_0，该位置的输出值可以表示为

$$y(p_0) = \sum_{p_n \in R} w(p_n) \cdot x(p_0 + p_n) \tag{4-74}$$

其中，x 为输入特征图；$w(p_n)$ 为卷积的权重，p_n 穷举 R 中的每一个元素。

可变卷积改变了传统卷积的采样位置，利用一层卷积操作学习每一个像元点的偏移量，并对其进行双线性插值处理，可变卷积可以表示为

$$y(p_0) = \sum_{p_n \in R} w(p_n) \cdot x(p_0 + p_n + \Delta p_n) \tag{4-75}$$

其中，Δp_n 为位置 $p_0 + p_n$ 的偏移量。

在理想情况下，可以将偏移量准确地移到与中心像元相同类别的位置。但是，由于高光谱图像的数据量很大，简单的卷积层无法学习到准确的偏移量。

为了利用可变卷积的优势解决这个问题，本节提出一种基于光谱信息的核引导可变卷积。核引导可变卷积的示意图如图 4-41 所示。

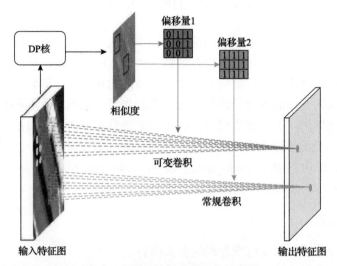

图 4-41　核引导可变卷积的示意图

核引导可变卷积的内容主要包含以下三个：

首先将输入特征图输入到双参数(double parameter，DP)核模块中生成相似度图，即

$$S'(q) = W_{\delta_s}\left(q, q_0, \delta_s\right) W_{\delta_r}\left(x(q), x(q_0), \delta_r\right) \tag{4-76}$$

$$W_{\delta_r}\left(x(q), x(q_0), \delta_r\right) = \frac{1}{B} \sum \exp\left(-\left|x(q) - x(q_0)\right|^2 / \left(2\delta_r^2\right)\right) \tag{4-77}$$

$$W_{\delta_s}\left(q, q_0, \delta_s\right) = \exp\left(-\left|q - q_0\right|^2 / \left(2\delta_s^2\right)\right) \tag{4-78}$$

其中，$W_{\delta_s}\left(q, q_0, \delta_s\right)$ 和 $W_{\delta_r}\left(x(q), x(q_0), \delta_r\right)$ 为两个高斯核计算，生成两个参数，分别代表距离相似度和光谱相似度；q_0 为输入特征图的中心像元；q 为输入特征图的每一个像元。

之后，引入两个阈值参数 θ_1、θ_2，使得 $S'(q)$ 离散化，具体可以表示为

$$S(q) = \begin{cases} 1, & S'(q) \geqslant \theta_1 \\ S'(q), & \theta_2 < S'(q) < \theta_1 \\ 0, & S'(q) \leqslant \theta_2 \end{cases} \tag{4-79}$$

很显然，$S(q)$ 是介于 0~1 的数。当 $S(q)$ 等于 0 时，位置 q 和中心像元 q_0 的类别是不同的；当 $S(q)$ 等于 1 时，位置 q 和中心像元 q_0 的类别是相同的。为方便

起见，将与中心像元类别相同和不同的位置分别表示为 q^1 和 q^0。为了提取更准确、更纯粹的空谱信息，应该排除 q^0 位置的信息。

此外，利用可变卷积的思想，将常规卷积感受野中的采样位置从 q^0 随机移动到 q^1。为了保证数据的多样性，采用了随机移动操作。核引导可变卷积可以表示为

$$y(p_0) = \sum_{\substack{p_n \in R \\ p_0 + p_n \in q^0}} w(p_n) \cdot x\left(p_0 + p_n + \left|q_n^0 - q_n^1\right|\right) + \sum_{\substack{p_n \in R \\ p_0 + p_n \in q^1}} w(p_n) \cdot x(p_0 + p_n)$$

(4-80)

其中，$\left|q_n^0 - q_n^1\right|$ 为从 q^0 到 q^1 的偏移量。

下面介绍双窗联合双边滤波器的相关内容。

如前所述，高光谱图像的一个显著特点是类间相似度和类内变异度高，这将导致椒盐噪声和区域级误分类问题，当训练样本较少时，该问题更为突出。为了解决这个问题，本节提出一种新的双窗联合双边滤波器，该滤波器主要包括以下三个步骤。

第一步是计算生成相似度。该滤波器的输入数据是第一阶段的初始分类概率图 O_s 和第一阶段的初始分类结果 C，并且为了更加充分地利用高光谱图像丰富的光谱信息，将原始高光谱图像作为引导图 I。该滤波器有两个感受野 N_1、$N_2(N_1 > N_2)$，称为双窗。其中，在较大的窗口内，利用式(4-76)~式(4-79)计算相似度；在较小的窗口内，对中心像元进行滤波操作。具体而言，根据相似度，与中心像元是同一个类别的像元点的位置记为 q^1。在最优分类结果下，所有位于 q^1 的像元点的预测类别应该是相同的，但是在实际中，由于以上问题的存在，预测的分类结果总是受到椒盐噪声和区域级误分类问题的干扰。此时，进行一个合理假设：在所有位于 q^1 的像元点的预测类别 $C(q^1)$ 中，出现频率最高的类别 $C_{most}(q^1)$ 就是位于 q^1 像元点的真实类别。

第二步是对初始分类概率图 O_s 进行双窗滤波。如果中心像元的分类结果 $C(p_0)$ 不同于 $C_{most}(q^1)$，则说明中心像元的分类结果是错的，这时对中心像元进行滤波，即

$$O_s'(p_0) = \frac{1}{K_{p_0}} \sum_{p \in R_1} G(p, q^1) G_{\delta_s}(p, p_0, \delta_s) G_{\delta_r}(I(p), I(p_0), \delta_r) O_s(p)$$

$$G(p, q^1) = \begin{cases} 1, & p = q^1 \\ 0, & p \neq q^1 \end{cases}$$

(4-81)

其中，使得 $G\left(p,q^{1}\right)$ 等于 1 的像元点组成了较小的窗口 R_{2} ，O_{s}' 为滤波后的分类概率图。

第三步是得到最后的分类结果。对初始分类概率图中的每一个像元点滤波完成后，利用概率最大原则得到最后的分类结果图 C_{final} ，即

$$C_{\text{final}}(p) = \arg\max O_{s}'(p) \tag{4-82}$$

下面介绍基于核引导可变卷积和双窗联合双边滤波的高光谱图像分类框架有关内容。

针对高光谱图像分类存在的问题，本节提出一种基于核引导可变卷积和双窗联合双边滤波的高光谱图像分类框架，能够结合核引导可变卷积和双窗联合双边滤波器的优势。基于核引导可变卷积和双窗联合双边滤波的高光谱图像分类方法流程图如图 4-42 所示。流程图中的特征提取阶段是该方法的第一阶段，再分类阶段是该方法的第二阶段。

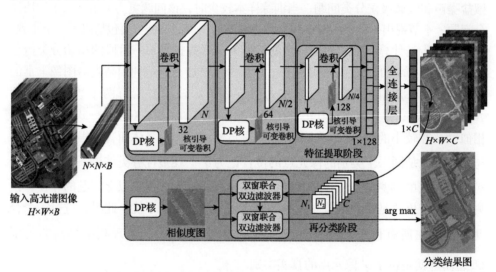

图 4-42　基于核引导可变卷积和双窗联合双边滤波的高光谱图像分类方法流程图

在第一阶段中，待分类的高光谱图像的大小为 $H×W×B$ ，对于图像中任一个像元点 A ，取以该像元点为中心的 $N×N$ 范围的区域作为特征提取网络的输入，当中心像元邻域范围小于 $N×N$ 时，用 0 补全。特征提取网络的输入就是大小为 $N×N×B$ 的高光谱立方体块。

在第二阶段中，对于初始分类概率图中任一个像元点 B ，取以该像元点为中心的 $N_{1}×N_{1}$ 范围和 $N_{2}×N_{2}$ 范围大小的区域（$N_{1}>N_{2}$）作为再分类阶段中第一个双窗联合双边滤波器模块的其中一个输入。之后，取待分类的高光谱图像中的像元点

B 为中心的 $N_1 \times N_1$ 范围的区域输入 DP 核中，生成相似度图。该相似度图是第一个双窗联合双边滤波器模块的另一个输入。

4.6.2 方法流程

针对待分类的高光谱图像，利用基于核引导可变卷积和双窗联合双边滤波的高光谱图像分类模型进行分类处理，包括以下步骤：

首先，利用三层核引导可变卷积层组成特征提取网络，用于提取准确的空谱特征；然后，将提取出来的特征输入到全连接层中，得到初始的分类概率图，大小为 $H \times W \times C$。特征提取阶段组成的网络称为核引导可变卷积网络(kernel-guided variable convolutional network，KVCNet)。

其次，在再分类阶段中，将大小为 $N_1 \times N_1$ 的相似度图和大小为 $N_1 \times N_1 \times C$ 的初始分类概率图输入第一个双窗联合双边滤波器模块中，经过优化后，再将优化后的结果和大小为 $N_1 \times N_1$ 的相似度图输入到第二个双窗联合双边滤波器模块中。对于初始的分类概率图中任一个像元点进行上述优化操作，输出的结果就是最终的分类概率图。对最终的分类概率图进行最大概率取值，得到最终的分类结果图。

对于初始的分类概率图中任一个像元点进行上述操作，输出的结果就是最终的分类概率图；对最终的分类概率图进行最大概率取值，得到最终的分类结果图。

4.6.3 实验结果及分析

首先介绍有关数据集的内容。

Pavia University 数据集是由反射式光学系统成像光谱仪 ROSIS 于 2002 年在意大利北部帕维亚大学附近获得的高光谱图像，图像大小为 610 像元×340 像元，空间分辨率为 1.3m，共有 115 个光谱波段，覆盖的光谱波段变化为 0.43～0.86μm，移除 12 个受噪声影响严重的波段后，剩下的 103 个波段用于后续研究。该数据集包含 9 类具有较强分布规律性的地物，各地物类别的详细信息如表 4-18 所示。图 4-43 给出 Pavia University 数据集的假彩色合成图像和地物类别分布图。

表 4-18 Pavia University 数据集地物类别的详细信息

类别	名称	样本数
1	Asphalt	6631
2	Meadows	18649
3	Gravel	2099
4	Trees	3064
5	Painted metal sheets	1345
6	Bare soil	5029

续表

类别	名称	样本数
7	Bitumen	1330
8	Bricks	3682
9	Shadows	947
总计		42776

(a) 假彩色合成图像　　　　　(b) 地物类别分布图

图 4-43　Pavia University 数据集的假彩色合成图像和地物类别分布图

Houston 数据集是在 2012 年 6 月由紧凑型机载光谱成像仪在休斯敦大学校园和邻近城市地区获得的。传感器的平均高度为 5500ft[①]，数据包含 349 像元×1905 像元，空间分辨率为 2.5m，144 个光谱波段，范围为 0.38～1.05μm。

Houston 数据集包括 15 个地物类别，各类别的详细信息如表 4-19 所示。Houston 数据集的假彩色合成图像和地物类别分布图如图 4-44 所示。

表 4-19　Houston 数据集地物类别的详细信息

类别	名称	样本数
1	Healthy grass	1374
2	Stressed grass	1454
3	Synthetic grass	795
4	Trees	1264
5	Soil	1298

① 1ft = 3.048×10⁻¹m。

续表

类别	名称	样本数
6	Water	339
7	Residential	1476
8	Commercial	1354
9	Road	1554
10	Highway	1424
11	Railway	1566
12	Parking Lot 1	1429
13	Parking Lot 2	632
14	Tennis Court	513
15	Running Track	798
总计		17270

(a) 假彩色合成图像

(b) 地物类别分布图

图 4-44 Houston 数据集的假彩色合成图像和地物类别分布图

下面介绍实验参数设置。

本节随机选取 1%和 5%的样本分别作为训练集和验证集，94%的样本作为测试集。实验结果采用整体分类精度(OA)、平均分类精度(AA)和 Kappa 系数作为衡量指标，三个指标的值越高，表明分类结果越好。

虽然 δ_s、δ_r 阈值都是可以调整的参数，可以影响最终的分类结果，但没有必要对所有的参数都进行参数分析。这是因为即使使用不同的 δ_s、δ_r，也可以通过调整阈值 θ_1、θ_2 得到相同的结果。所以，Pavia University 数据集和 Houston 数据集的默认参数设置如表 4-20 所示。参数 N_1^1、N_2^1 表示第一个双窗联合双边滤波器的双窗口大小，参数 N_1^2、N_2^2 表示第二个双窗联合双边滤波器的窗口大小。本实验中使用的默认参数可以根据数据集特点的不同进行相应变化，表 4-20 列举出其中一种使用情况。

表 4-20　Pavia University 数据集和 Houston 数据集的默认参数设置

数据集	θ_1, θ_2	δ_s, δ_r	N_1, N_2
Pavia University	$\theta_1 = 0.9$ $\theta_2 = 0.2$	$\delta_s = 10$ $\delta_r = 0.1$	$N_1^1 = 19, N_2^1 = 3$ $N_1^2 = 25, N_2^2 = 3$
Houston	$\theta_1 = 0.9$ $\theta_2 = 0.5$	$\delta_s = 10$ $\delta_r = 0.02$	$N_1^1 = 25, N_2^1 = 3$ $N_1^2 = 25, N_2^2 = 3$

　　为了验证本节所提分类方法的神经网络的有效性，将该网络与传统的边缘保持滤波器(edge preserving filter，EPF)、二维 CNN、三维 CNN、二维和三维混合卷积网络、基于级联随机场的语义分割全卷积网络(semantic segmentation fully convolutional network with cascade random field，SSFCNCRF)以及普通的可变卷积神经网络(deformable convolutional neural networks，DCNNs)进行对比。本节所提方法运行在 PyTorch 框架上，初始学习率为 0.001，使用 Adam 优化器来优化网络参数，每次输入网络的数据批次为 128，同时将训练次数(epoch)设置为 200。为了有效防止过拟合现象，在全连接层中采用随机失活(dropout)，且其大小设置为 0.1。实验硬件平台：CPU：i5 -9400F，GPU：GTX-1650，内存：16G。

　　下面介绍实验结果及分析，输入的高光谱图像数据块的大小默认设置为 21×21 个像元点。三层卷积的卷积核大小均是 3×3，步长(stride)和填充(padding)均是 1，每层卷积层后接归一化层、激活函数层和最大池化层。并在最后两层卷积层后接 dropout 层。为保证实验的准确性，每组实验进行 10 次，取 10 次结果的平均值和标准差作为实验的分类精度，具体如表 4-21 和表 4-22 所示。所有不同方法在 Pavia University 数据集和 Houston 数据集的分类结果图分别如图 4-45 和图 4-46 所示。

表 4-21　所有不同方法在 Pavia University 数据集的分类精度　　　(单位：%)

参数		EPF	2D-CNN	3D-CNN	HybridSN	DCNNs	SSFCNCRF	KVCNet	DWLBF	KDCDWBF
不同类别分类精度	1	96.08	97.05	85.61	97.3	95.23	87.22	96.92	98.43	**98.86**
	2	98.59	99.8	96.16	99.7	99.02	98.85	99.64	**99.89**	99.73
	3	68.8	79.99	34.62	**89.99**	86.08	64.47	82.71	83.03	89.31
	4	86.93	92.27	94.51	88.7	91.52	87.09	**97.69**	90.07	96.46
	5	99.36	99.78	79.52	99.43	97.45	92.52	99.95	99.92	**100**
	6	75.39	99.32	75.77	97.1	98.12	88.83	99.1	98.64	**99.98**
	7	57.45	88.93	49.13	**97.71**	91.54	76.18	86.77	90.89	92.23
	8	91.43	98.1	73.8	90.29	97.37	82.02	97.44	98.6	**99.0**
	9	99.83	88.41	85.96	80.77	93.07	87.3	**99.87**	85.97	99.87
OA		91.28	97.07	84.85	96.46	96.6	90.7	97.61	97.29	**98.63**
AA		85.98	93.74	75.01	93.45	94.38	84.94	95.57	93.95	**97.32**
Kappa 系数		88.28	96.1	79.77	95.29	95.5	87.64	96.83	96.4	**98.18**

表 4-22　所有不同方法在 Houston 数据集的分类精度　　　　（单位：%）

参数		EPF	2D-CNN	3D-CNN	HybridSN	DCNNs	SSFCNCRF	KVCNet	DWLBF	KDCDWBF
不同类别分类精度	1	**93.24**	87.34	74.69	84.28	87.82	80.33	92.44	87.07	89.14
	2	91.42	79.07	68.57	83.79	81.83	83	**93.04**	77.55	89.44
	3	98.9	90.25	56.95	84	94.94	77.7	98.78	91.16	**99.97**
	4	93.01	87.11	59.18	86.3	82.38	73.75	**95.1**	86.32	94.79
	5	**99.35**	94.84	78.59	86.94	92.06	88.65	97.8	93.13	97.66
	6	84.08	64.15	10.22	30.51	60.9	5.74	79.51	52.6	83.5
	7	78.65	88.21	68.39	72.81	81.39	74.86	87.11	85.99	**91.14**
	8	52.89	61.9	44.49	**73.79**	63	54.88	66.17	64.75	65.98
	9	75.94	85.4	55.62	66.73	82.53	51.01	85.58	82.37	**92.4**
	10	69.83	90.14	63.84	94.36	92.0	60.11	92.05	89.59	**94.72**
	11	68.17	84.43	66.14	74.45	82.0	67.1	85.84	87.99	**89.01**
	12	50.63	87.59	52.02	86.65	80.0	68.62	**90.14**	81.68	88.84
	13	5.03	83.07	30.62	50.93	81.47	7.1	81.66	**84.66**	77.66
	14	91.0	86.79	23.59	46.36	92.03	76.43	93.66	83.38	**99.62**
	15	97.88	89.4	38.59	56.29	82.56	58.59	98.99	92.86	**99.0**
OA		76.84	84.69	58.28	76.63	82.89	66.38	89.12	83.83	**90.04**
AA		76.68	83.98	52.77	71.88	82.47	61.86	89.2	82.7	**90.21**
Kappa 系数		74.92	83.44	54.68	74.69	81.51	63.56	88.24	82.51	**89.23**

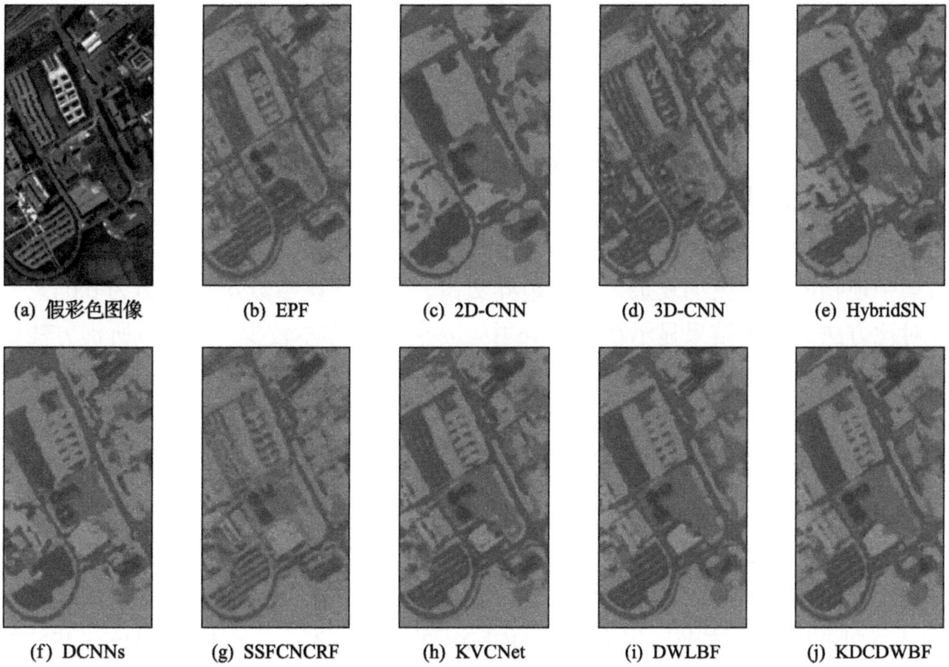

(a) 假彩色图像　(b) EPF　(c) 2D-CNN　(d) 3D-CNN　(e) HybridSN

(f) DCNNs　(g) SSFCNCRF　(h) KVCNet　(i) DWLBF　(j) KDCDWBF

图 4-45　所有不同方法在 Pavia University 数据集上的分类结果图

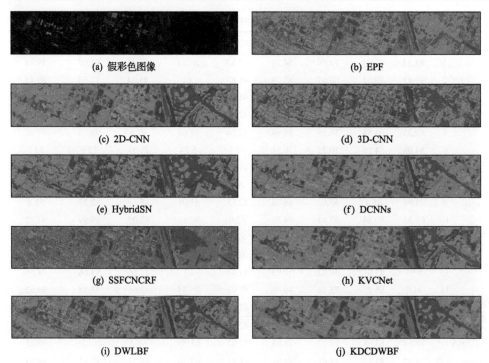

(a) 假彩色图像 (b) EPF

(c) 2D-CNN (d) 3D-CNN

(e) HybridSN (f) DCNNs

(g) SSFCNCRF (h) KVCNet

(i) DWLBF (j) KDCDWBF

图 4-46 所有不同方法在 Houston 数据集上的分类结果图

在 Pavia University 数据集的验证结果中，本节所提方法获得了最高的分类精度。第一阶段的分类结果也高于其他对比方法，验证了核引导可变卷积的形状更符合地物的真实形状。另外，第二阶段的分类结果比第一阶段高 1.02 个百分点。分类结果图显示，由于常规卷积无法消除干扰信息，所以常规卷积模糊了地物的边缘或类之间的边界。

对于 Houston 数据集，本节所提方法也优于其他对比方法。由于 Houston 数据集中地物的分布更加复杂，类间边界交错，所以默认参数 δ_r 被更新为 0.04。七种对比方法的分类结果显示在图 4-46 中。尽管训练样本较少，但本节所提方法仍然能够很好地捕捉到地物的空间结构，并且在地物的边界处或者类别交错区域也取得了令人满意的效果。

下面讨论实验参数对分类性能的影响。

第一，讨论图像块（patch）大小对分类性能的影响，用 1%的训练样本分析了不同方法在不同 patch 尺寸下的分类性能。其他参数与表 4-20 相同。patch 大小对分类性能的影响如图 4-47 所示，3D-CNN 在所有 patch 尺寸下的 OA 最低。随着 patch 大小的增加，本节所提方法和 DCNNs 的 OA 逐渐变大。相反，HybridSN 的分类性能一直在下降，2D-CNN 的分类精度在 patch 大小为 21 时达到最大值，然后开始下降。这些结果表明，本节所提 KDCDWBF 可以根据地物的真实边缘提取更准确的偏移量。

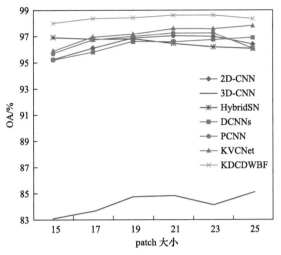

图 4-47 patch 大小对分类性能的影响

第二，讨论训练样本数对分类性能的影响。为了分析训练样本数对分类性能的影响，1%、2%、3%和4%的样本被随机选为训练样本，分类结果如图 4-48 所示，其余参数保持与表 4-20 相同。很明显，KDCDWBF 方法的分类精度在更少的训练样本情况下，分类效果更为显著。训练样本越少，本节所提方法的优势越明显。

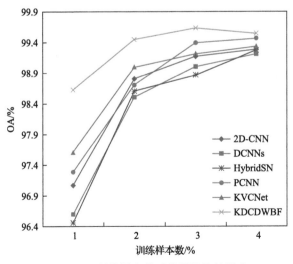

图 4-48 训练样本数对分类性能的影响

第三，讨论阈值 θ_1、θ_2 对分类性能的影响。为了分析式(4-79)中阈值的影响，绘制了 OA 的三维立体图形，如图 4-49(a) 和图 4-49(b) 所示。可以看出，随着 patch 大小的增加，分类性能的总体趋势也在上升，不同的阈值会导致不同的分类性能。当阈值设置为 $\theta_1 = 0.8$、$\theta_2 = 0.2$，patch 大小为 25 时，达到了最佳分类性能。

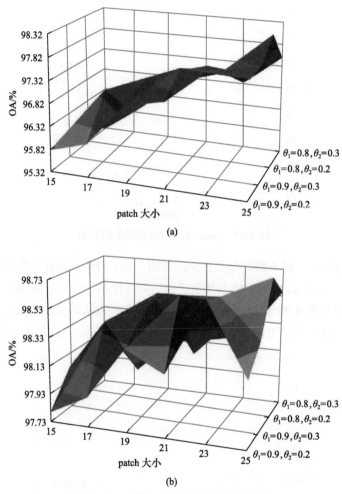

图 4-49　阈值 θ_1, θ_2 对分类性能的影响

参 考 文 献

[1] Liu Q C, Xiao L, Yang J X, et al. Content-guided convolutional neural network for hyperspectral image classification[J]. IEEE Transactions on Geoscience and Remote Sensing, 2020, 58(9): 6124-6137.

[2] Roy S K, Krishna G, Dubey S R, et al. HybridSN: Exploring 3D-2D CNN feature hierarchy for hyperspectral image classification[J]. IEEE Geoscience and Remote Sensing Letters, 2020, 17(2):

277-281.

[3] Kang X D, Li S T, Benediktsson J A. Spectral-spatial hyperspectral image classification with edge-preserving filtering[J]. IEEE Transactions on Geoscience and Remote Sensing, 2014, 52(5): 2666-2677.

[4] Hou S K, Shi H Y, Cao X H, et al. Hyperspectral imagery classification based on contrastive learning[J]. IEEE Transactions on Geoscience and Remote Sensing, 2021, 60: 1-13.

[5] Feng J, Liu L G, Cao X H, et al. Marginal stacked autoencoder with adaptively-spatial regularization for hyperspectral image classification[J]. IEEE Journal of Selected Topics in Applied Earth Observations and Remote Sensing, 2018, 11(9): 3297-3311.

[6] Zhang X D, Younan N H, O'Hara C G. Wavelet domain statistical hyperspectral soil texture classification[J]. IEEE Transactions on Geoscience and Remote Sensing, 2005, 43(3): 615-618.

[7] Guo A J X, Zhu F. Spectral-spatial feature extraction and classification by ANN supervised with center loss in hyperspectral imagery[J]. IEEE Transactions on Geoscience and Remote Sensing, 2019, 57(3): 1755-1767.

[8] Zhong P, Gong Z Q, Li S T, et al. Learning to diversify deep belief networks for hyperspectral image classification[J]. IEEE Transactions on Geoscience and Remote Sensing, 2017, 55(6): 3516-3530.

[9] Guo A J X, Zhu F. A CNN-based spatial feature fusion algorithm for hyperspectral imagery classification[J]. IEEE Transactions on Geoscience and Remote Sensing, 2019, 57(9): 7170-7181.

[10] Hamida A B, Benoit A, Lambert P, et al. 3-D deep learning approach for remote sensing image classification[J]. IEEE Transactions on Geoscience and Remote Sensing, 2018, 56(8): 4420-4434.

[11] Chen Y S, Zhao X, Jia X P. Spectral-spatial classification of hyperspectral data based on deep belief network[J]. IEEE Journal of Selected Topics in Applied Earth Observations and Remote Sensing, 2015, 8(6): 2381-2392.

[12] Yang J G, Guo Y H, Wang X L. Feature extraction of hyperspectral images based on deep Boltzmann machine[J]. IEEE Geoscience and Remote Sensing Letters, 2019, 17(6): 1077-1081.

[13] Hinton G. A practical guide to training restricted Boltzmann machines[J]. Momentum, 2010, 9(1): 926-947.

[14] Qing Y H, Huang Q Z, Feng L Y, et al. Multiscale feature fusion network incorporating 3D self-attention for hyperspectral image classification[J]. Remote Sensing, 2022, 14(3): 742.

[15] Cao X H, Ren M R, Zhao J, et al. Hyperspectral imagery classification based on compressed convolutional neural network[J]. IEEE Geoscience and Remote Sensing Letters, 2019, 17(9):

1583-1587.

[16] Kavalerov I, Li W L, Czaja W, et al. 3-D Fourier scattering transform and classification of hyperspectral images[J]. IEEE Transactions on Geoscience and Remote Sensing, 2020, 59(12): 10312-10327.

[17] Li W, Gao Y H, Zhang M M, et al. Asymmetric feature fusion network for hyperspectral and SAR image classification[J]. IEEE Transactions on Neural Networks and Learning Systems, 2022, 34(10): 8057-8070.

[18] Wan X Q, Zhao C H, Wang Y C, et al. Stacked sparse autoencoder in hyperspectral data classification using spectral-spatial, higher order statistics and multifractal spectrum features[J]. Infrared Physics and Technology, 2017, 86: 77-89.

[19] Zhao C H, Wan X Q, Zhao G P, et al. Spectral-spatial classification of hyperspectral images using trilateral filter and stacked sparse autoencoder[J]. Journal of Applied Remote Sensing, 2017, 11(1): 016033.

[20] Wan X Q, Zhao C H. Local receptive field constrained stacked sparse autoencoder for classification of hyperspectral images[J]. Journal of the Optical Society of America A, 2017, 34(6): 1011-1020.

[21] Wan X Q, Zhao C H, Gao B. Integration of adaptive guided filtering, deep feature learning and edge detection techniques for hyperspectral image classification[J]. Optical Engineering, 2017, 56(11): 113106.

[22] Zhao C H, Wan X Q, Zhao G P, et al. Spectral-spatial classification of hyperspectral imagery based on stacked sparse autoencoder and random forest[J]. European Journal of Remote Sensing, 2017, 50(1): 47-63.

[23] 李晓磊. 一种新型的智能优化方法-人工鱼群算法[D]. 杭州: 浙江大学, 2003.

[24] 李威. 基于机器学习的森林多源遥感数据分析方法研究[D]. 哈尔滨: 哈尔滨工程大学, 2018.

[25] Li W, Cao S, Campos-Vargas C, et al. Identifying tropical dry forests extent and succession via the use of machine learning techniques[J]. International Journal of Applied Earth Observation and Geoinformation, 2017, 63: 196-205.

[26] Zhao C H, Li W, Sanchez-Azofeifa G A, et al. Improved collaborative representation model with multitask learning using spatial support for target detection in hyperspectral imagery[J]. Journal of Applied Remote Sensing, 2016, 10(1): 016009.

[27] 李彤. 基于密集卷积的高光谱图像分类方法研究[D]. 哈尔滨: 哈尔滨工程大学, 2021.

[28] 赵春晖, 李彤, 冯收. 基于密集卷积和域自适应的高光谱图像分类[J]. 光子学报, 2021, 50(3): 148-158.

[29] Zhao C H, Zhu W X, Feng S. Hyperspectral image classification based on kernel-guided deformable convolution and double-window joint bilateral filter[J]. IEEE Geoscience and

Remote Sensing Letters, 2022, 19: 1-5.

[30] Zhao C H, Zhu W X, Feng S. Superpixel guided deformable convolution network for hyperspectral image classification[J]. IEEE Transactions on Image Processing, 2022, 31: 3838-3851.

[31] Zhu J, Fang L Y, Ghamisi P. Deformable convolutional neural networks for hyperspectral image classification[J]. IEEE Geoscience and Remote Sensing Letters, 2018, 15(8): 1254-1258.

第5章 高光谱图像检测相关理论概述

5.1 高光谱图像检测的概念、具体分类及特点

5.1.1 高光谱图像检测的概念

高光谱图像目标智能检测是高光谱图像处理的重要方向之一，广泛应用于军事侦察、救援搜寻、矿物制图、食品质检等实际用途中。一方面，与普通光学图像不同，高光谱图像具有图谱合一的特性，不仅包含表征地物分布关系的空间信息，还携带表示地物属性特征的光谱信息。另一方面，高光谱图像的空间分辨率与全色图像或光学图像相比较低。这两方面因素使得高光谱图像的目标检测不能与全色图像或光学图像一样依靠目标地物与背景地物间的空间特征差异进行。然而，得益于高光谱图像所包含的丰富的光谱信息，高光谱图像目标检测可以依据目标地物与背景地物在光谱特征上存在的差异进行。因此，高光谱图像目标检测的实质是在高光谱图像内将目标地物与其他地物进行区分，判断目标在各个像元内存在性的问题。

本质上，高光谱图像目标检测也是一种将被检测像元区分为目标或者背景的二分类问题。但是其与二分类问题的不同之处在于，高光谱图像中目标的数目比较少，绝大多数像元都是背景像元。这种现象使得高光谱图像目标检测任务是一种类别不平衡的二分类问题。因此，适用于高光谱图像多类别的分类方法很难对目标地物类别进行建模。此外，常规分类方法往往是以最小误分率为最佳分类标准设计的，如果仍然按照这一分类标准设计目标检测方法，则会使得高光谱图像中的被检测像元被全部判别为背景像元或目标像元。鉴于以上两点，在设计高光谱图像目标检测方法时，需要将目标检测问题转换为在高光谱图像中寻找某种地物或物质存在性的问题，即一个将被检测像元判定为目标或非目标的二元假设检验问题，并且在高光谱图像目标检测任务中，需要在保持一定的误分率(即恒虚警概率)条件下，以检测概率达到最大为最优准则。

5.1.2 高光谱图像检测的具体分类

高光谱图像目标检测方法根据不同的分类标准可以分为各种类别。根据是否考虑亚像元级别的目标，可以将高光谱图像目标检测方法分为纯像元目标检测和亚像元目标检测，纯像元目标检测是以每个像元中只包含一种地物为前提进行的，

而亚像元目标检测则是将一个像元中包含多种地物的情况考虑进去，这种情况更符合成像光谱仪的实际成像情况。根据对背景、噪声处理方式的不同，可分为将背景、噪声区分对待的结构化背景检测和将背景、噪声统一视为噪声部分的非结构化背景检测。根据对高光谱图像背景建模方式的不同，可分为基于几何模型背景建模检测和统计模型背景建模检测。此外，根据是否已知目标的光谱信息，可以分为特定目标检测和异常目标检测。其中，最常用的分类方式是根据是否已知目标的光谱信息，将高光谱图像目标检测方法分为特定目标检测方法和异常目标检测方法。通常，特定目标检测简称为目标检测；与之相对应，异常目标检测简称为异常检测。

5.1.3　高光谱图像检测的特点

全色图像与多光谱图像的目标检测技术主要基于空间维的处理技术，而高光谱图像目标检测则以基于光谱维分析的处理技术为主，目标地物的空间形态信息（纹理、位置、边缘等）在高光谱图像目标检测中的作用较小。由于成像光谱仪的成像原理及客观物理规律限制，现阶段所获取的高光谱图像的空间分辨率无法与其他类型图像相比。但是，由于高光谱图像光谱反射曲线中包含目标的诊断性光谱特征，所以也可以用于目标检测。因此，高光谱图像目标检测技术与全色图像或光学图像的目标检测技术有很大的不同，全色图像、多光谱图像和高光谱图像目标检测比较如表 5-1 所示，其简要展示了全色图像、多光谱图像和高光谱图像目标检测技术的异同点。

表 5-1　全色图像、多光谱图像和高光谱图像目标检测比较

图像类型	全色图像	多光谱图像	高光谱图像
检测原理	空间形态及灰度变化	空间信息和多波段信息融合特征	主要依靠光谱信息特征
主要方法	图像增强、分割、形态学滤波和空间变换等	图像分析与理解、计算机视觉和多波段信息融合等	光谱特征分析、光谱匹配、光谱相似性度量和混合像元分解技术等

5.2　高光谱图像特定目标检测理论概述

5.2.1　高光谱图像特定目标检测的概念

基于高光谱图像的目标检测是高光谱遥感技术应用的重要方向之一，涵盖了环境检测、城市调查、矿物填图和军事侦察等诸多领域[1]。经过国内外学者多年的研究，提出了许多经典的高光谱图像目标检测方法和基于这些方法的改进方法。高光谱图像目标检测技术依据输入参数的不同，主要可分为已知目标、已知背景；

已知目标、未知背景；未知目标、未知背景的方法，其中，本节的目标或背景通常指地物的反射率光谱特征曲线。通常将已知目标、已知背景视为已知先验信息，将已知目标、未知背景和未知目标、未知背景视为未知先验信息。前者通常是将样本的光谱曲线和已知的目标光谱曲线或者背景光谱曲线进行匹配以达到检测目的，但通常在处理高光谱图像时，目标和背景的信息往往是不知道的或者知道得不全面，所以这类方法使用范围有限。后者通常需要对背景统计特性进行估计，所以在地物比较复杂的情况下往往检测效果不佳。

5.2.2　高光谱图像特定目标检测中存在的问题

由于高光谱图像自身的特点以及目标检测任务的特点，当前研究中还存在一些问题制约着目标检测方法的检测能力和效果，现将这些问题进行分析和整理如下。

(1)因高光谱数据空间结构被破坏而产生空间信息利用不足，影响目标检测精度的问题。

在一些传统的特定目标检测方法中，输入数据通常是一个向量，它可能破坏高光谱数据的空间结构，导致空间信息的丢失。空间信息对高光谱图像目标检测精度起重要作用，空间信息越准确、利用越充分，目标检测的性能越好。传统方法造成的这种空间信息丢失会影响目标检测的精度，所以如何消除这一影响是亟待解决的第一个问题。

(2)对高光谱图像中像元标签先验信息利用不充分而影响目标检测精度的问题。

高光谱图像中背景或目标的地质材料总是相似的，但背景或目标在空间分布上总是分散的。这些标签中所包含的非局部自相似性在传统目标检测方法中只在判别过程中使用标签信息，因此并没有得到充分利用。如何更有效地利用标签信息来提升目标检测精度，是亟待解决的第二个问题。

(3)网络参数过多导致方法的冗余度高，运行时间长，从而影响检测性能的问题。

在基于张量表示的高光谱图像目标检测方法中，进行张量运算时包含较多的矩阵运算，运算过程复杂，并且会增加大量的可调参数，这会造成方法的冗余度高、运行时间长、检测性能降低。同时，大量的可调参数需要较多的样本信息进行调整，而在高光谱图像目标检测的实际应用中，可用样本数较少，因此如何更科学地利用张量运算原理，减少可调参数，在较少的训练样本下取得更好的检测效果，是目前面临的第三个问题。

5.2.3　评价指标

接收机工作特性[2](receiver operating characteristic，ROC)曲线作为一种评价

指标,可以用于判断科学及工程领域中二分类检测结果的准确性。接收机工作特性曲线作为有监督评价体系,需要事先了解目标与背景的真实地物类别分布,即先验知识。在给定先验知识的前提下,接收机工作特性曲线由在不同的检测阈值下的检测概率和虚警概率的值构成。接收机工作特性曲线在通信、信号处理、医学等领域应用较为广泛,曲线中包含横轴(虚警概率)及纵轴(检测概率),通过调整检测阈值得到不同的虚警概率及检测概率,构成一条曲线。

接收机工作特性曲线在高光谱遥感领域得到了广泛应用。通过接收机工作特性曲线,可以判断检测器结果是否满足应用条件。检测结果中通常突出目标(检测结果中代表目标像元的值较大)并抑制背景(检测结果中背景像元的值尽量小)。通过计算不同检测阈值下的虚警概率及检测概率,得到对检测结果定量分析的接收机工作特性曲线。通过接收机工作特性曲线的形状判断检测器的检测效果。通常,接收机工作特性曲线越接近左上角区域,检测方法的性能越好。

通过接收机工作特性曲线,可以大致了解所使用的检测器的方法性能,但是,当检测器的方法性能过于接近时,就需要定量分析并通过特定的值清晰说明对比方法中哪种方法具备更好的性能。这时,就需要另一种评价指标,即接收机工作特性曲线的曲线下面积,来判断方法的性能。接收机工作特性曲线的曲线下面积是以接收机工作特性曲线为基础的,其计算曲线下面积,得到确定的值。曲线下面积的值通常在 $0.5\sim1$,如果方法的曲线下面积的值接近于 1,则说明此方法精度较高。

5.3　高光谱图像异常目标检测理论概述

随着成像光谱技术的发展和高光谱图像光谱分辨率的不断提高,高光谱数据能够提供更加丰富的对地观测信息,解决许多在单波段图像和多光谱图像中难以或无法解决的问题。高光谱异常目标检测,作为高光谱图像处理中的重要研究方向之一,它利用高光谱图像中丰富的光谱信息,通过对异常目标和背景信息的分析和处理,可以将微小的地物目标从背景图像中有效地探测出来[3,4]。高光谱图像在检测目标时往往需要覆盖非常大的地表区域,导致从中分析和提取有效先验信息的难度和成本大大增加。此外,有标签的高光谱图像样本数据在实际应用中往往比较匮乏。因此,无监督的异常目标检测技术具有更加广泛的实际应用价值,其研究和发展也受到了研究人员的广泛关注。

5.3.1　高光谱图像异常目标检测的概念

为了研究异常目标检测,首先要明白什么是异常目标。文献[5]将异常目标分为三组主要的形式:点异常、上下文异常和集合异常。点异常是最简单的一种,指的是异常于局部邻域或者全局邻域的单数据点。上下文异常是指在特定上下文环境下发生的有所区分的异常，例如，每天早上在 A 咖啡店，晚上在 B 咖啡店，有一天购买顺序发生了变化。在这种情况下，由于 A 和 B 咖啡店同样被光顾，所以两者都不属于异常，而从时间序列的上下文来说，它们是异常的。最后，集合异常是指异常目标是一个群体，并不是单独存在的。在现实应用中，这些异常的界限可能有一些模糊，但通常异常目标确实可以落入这三种类型中。通过对点异常、上下文异常和集合异常进行解释，可以看出异常目标的类型非常依赖问题的设定。

高光谱图像异常检测的目的是检测出高光谱图像中存在的可疑目标，为后续的精确检测和识别提供感兴趣区域。在高光谱图像异常目标检测中，主要存在两种异常目标形式：空间异常和光谱异常，两者可以同时存在。通常，光谱异常是点异常，但是有时候发现的异常目标是一个区域，此时它们可以看作集合异常。空间异常是在空间中以一种不正常方式排列数据点的集合，因此它们总是集合异常。通常，当提到高光谱图像异常目标检测时，关注的基本上都是光谱异常，它通常是由地物的反射和辐射造成的。异常目标一般具有无先验信息、出现概率低、占有比例小、光谱显著等特点，因此异常目标易被背景噪声污染或干扰。一般，在目标光谱信息可用时，目标检测的精度高于异常检测，因为后者的本质是盲检测。另外，异常检测的优势在于不依赖特定的先验信息，而目标检测中的先验信息往往不容易获得且需要克服同物异谱现象带来的困难，从而使异常检测更具有实用性。

高光谱图像异常目标检测不需要先验信息，在实际应用中具有很高的自由度和适应性，成为高光谱图像处理领域的研究热点和重点，并引起了众多相关研究机构的关注。一些著名的专家学者也对高光谱图像异常目标检测的发展进行了综述性的分析和总结。文献[6]针对基于统计分布模型的异常目标检测进行了讨论和总结，包括背景建模中的局部正态分布模型、全局正态分布混合模型和全局线性混合模型。其中，局部正态分布模型假设中心像元的邻域数据样本服从高斯分布；全局正态分布混合模型假设中心像元由多类背景组成，而每类背景具有不同正态分布的概率密度函数；全局线性混合模型假设每个像元都是由固定的光谱线性组合而成的。文献[7]再次针对异常检测中出现的背景建模问题，从高斯假设和非高斯假设、全局和局部、生成模型和判别模型、有参和非参、光谱维度信息和空间维度信息等不同角度，更加全面地进行了分析和讨论。文献[8]从目标不同形状和尺寸、虚警和噪声以及高计算成本等角度，阐述了高光谱图像异常目标检测的发展，并对研究中存在的问题和未来的展望进行了总结。文献[9]对高光谱图像处理在遥感异常检测中的应用进行了分析，讨论了高光谱图像异常检测研究领域的发展、重点作者和期刊。

5.3.2　高光谱图像异常目标检测中存在的问题

由于高光谱图像自身的特点以及异常目标检测任务的特点，当前研究中还存在一些因素和问题，制约着目标检测方法的检测能力及效果，现将这些问题进行分析和整理。

(1)在对高光谱图像进行处理时，数据维度过高、信息冗余度高、波段间关联性强等因素，使得背景光谱与目标光谱之间的差异性不够明显。

高光谱数据的光谱分辨率较高，因此高光谱数据一般都具有很高的维度，并且各波段之间具有连续性，冗余度较高，这将导致相邻波段间具有较强的相关性。这种高维度和波段间的相关性问题影响异常目标检测精度，所以如何消除这些问题的影响是一个亟待解决的问题。

在异常目标检测过程中，对背景进行估计和建模时，异常像元及噪声等因素造成了背景污染的问题。

(2)背景信息的准确获取是异常目标检测的关键步骤。异常目标具有出现概率低、占有比例小等特点，同时异常目标检测任务缺乏目标和背景的先验信息，在对背景进行建模与估计时难以确定背景中是否存在异常目标，也难以完全排除异常目标的干扰，从而削弱了模型对背景的表达能力。此外，背景建模与估计时不可避免地受到噪声的影响，这同样会污染背景信息，给异常目标检测带来干扰，影响异常目标检测方法的检测能力。因此，如何合理地消除背景污染问题对检测精度产生的影响，是一个具有挑战性的问题。

(3)因高光谱数据空间结构被破坏而产生空间信息利用不足，影响异常目标检测的问题。

与目标检测类似，传统的异常目标检测方法，大多数只利用了高光谱图像的光谱信息，忽视了空间信息对高光谱图像目标检测精度起重要作用。近年来，许多研究表明：充分利用高光谱图像中的空间信息，所设计出来的异常目标检测方法的性能更好。所以，如何利用好高光谱图像中的空间信息是对提升高光谱图像异常检测精度至关重要的问题。

5.3.3　评价指标

在高光谱图像异常目标检测领域，往往基于不同的理论、不同的方式以及不同的目的等角度设计异常目标检测方法,导致这些方法通常具有不同的检测性能。因此，在高光谱异常目标检测的发展过程中，如何分析和评价不同检测性能的优劣性，也是伴随其发展过程的重要方向之一。异常目标检测方法的检测性能主要来源于两个方面：检测精度和检测效率。检测精度是指在给定异常目标数量的条件下，最终能够检测到异常目标的个数；而检测效率是指执行该方法所消耗的时间。

一般来说，评价方法的检测精度和检测效率有两种方式：主观评价和客观评价。异常目标检测的结果往往以图的形式进行展示，因此主观评价是指通过人眼感知，对检测结果图的主观感受。虽然主观评价在很大程度上能够判断异常目标检测方法的性能，但是如果所检测的目标对象十分复杂，或者两个方法的检测结果图比较相近，则主观评价就很难进行准确的分析。相对于主观评价，客观评价是指通过一定的准则或指标，可以对异常目标检测方法进行定性或定量的分析，以判断方法的优劣性。衡量一个高光谱异常目标检测方法是否具有先进性和应用价值，主要从以下几个方面来看[10,11]：①一定检测阈值下虚警概率的大小；②某一虚警概率下检测概率的大小；③检测结果图中对背景干扰的抑制程度；④不同地物分布的高光谱数据以及不同执行平台下异常目标检测方法的鲁棒性；⑤在给定统计模型条件下是否具备恒虚警概率操作特性；⑥同一实验数据、相同实验平台下执行异常目标检测方法的时间效率。针对以上所述，下面分别从主观角度和客观角度给出具体的性能评价标准。

检测结果图是主观评价的一种，它能够从视觉感知上迅速地对异常目标检测方法产生宏观和感性的认识及判断。异常目标检测方法对一幅高光谱图像进行检测，将每个像元的检测值按照原始图像的顺序进行再现，就形成了可以从视觉感知的检测结果图。如果按照检测值直接再现，则形成的检测结果图称为灰度图，灰度图虽然给出了检测结果的所有信息，但是有时灰度变化的模糊效应无法显示明确的细节，难以从微观上做出准确的判断。这时就需要检测结果的三维图，三维图将灰度变化的细节用立体形式来显示，避免了模糊效应。但是当检测结果图中某一像元的数值远高于其他像元时，无论是灰度图还是三维图，都无法给出检测结果的所有信息，这是因为该像元在检测结果图中具有非常高的亮度，由此遮盖了其他像元的显示。为了解决这个问题，可以选定某一阈值，将大于该阈值的检测值全部设置为1，剩下的检测值设置为0，这样就得到了二值图。虽然从二值图中可以非常直接地看出检测到的目标信息，但是无法观测到检测结果中的所有信息，尤其是背景干扰的抑制程度，基本上被全部抹除。

检测概率和虚警概率属于客观评价指标，对于高光谱图像异常目标检测，它们能够反映方法对高光谱图像的整体检测情况。在量化评价异常目标检测结果中，检测概率 P_d 定义为检测到的真实异常目标像元个数与高光谱图像中所有异常目标像元总数之间的比值；而虚警概率 P_f 定义为检测到的虚假异常目标像元个数与高光谱图像中所有像元总数之间的比值。检测概率和虚警概率的表达式可以分别写为

$$P_d = \frac{N_d}{N_t} \tag{5-1}$$

$$P_f = \frac{N_f}{N_s} \tag{5-2}$$

其中，N_d 为某个特定分割阈值下检测到的异常目标像元个数；N_t 为高光谱图像中所有真实异常目标像元的个数；N_f 为某个特定分割阈值下判断为异常目标的背景像元个数；N_s 为高光谱图像中所有像元的数量。

客观评价指标能够用于方法的定量分析。当获得高光谱图像每个像元的检测值后，需要通过设定某一阈值，来判断该检测值下的像元是否属于异常目标。因此，这一阈值的大小对检测概率和虚警概率的计算有非常重要的影响，目标检测阈值判决示意图如图 5-1 所示，当阈值设定得过小时，可能只显示检测到的一部分异常目标，如果阈值设定得过大，则可能将背景像元错判为异常目标，造成过高的虚警概率。

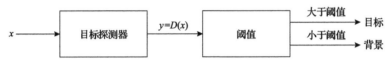

图 5-1　目标检测阈值判决示意图

ROC 最初是在第二次世界大战期间，为了检测战场上的敌方目标，由电气工程师和雷达工程师发明而来。ROC 很快被用于医学、放射学、气象学以及模型性能评估等领域，并且越来越多地用于机器学习和数据挖掘的研究。ROC 分析往往在指定成本之前丢弃次优模型，为选择可能的最优模型提供了途径，因此 ROC 分析与诊断决策的成本或效益直接相关。ROC 是在各种阈值设置下，通过绘制真阳性率(true positive rate，TPR)与假阳性率(false positive rate，FPR)之间的数值关系来创建的，其中，真阳性率也称为敏感度，在机器学习中称为检测概率；假阳性率在机器学习中称为虚警概率。

在高光谱图像异常目标检测中，ROC 也是经常用于分析检测性能的手段之一。一般，在获得整幅高光谱图像的检测值后，通过设定大量不同的阈值，并计算这些阈值下的检测概率和虚警概率，然后将检测概率和虚警概率之间的对应关系用一条曲线显示出来，就可以定量地分析检测性能的优劣性。典型的 ROC 示意图如图 5-2 所示，横轴由虚警概率表示，纵轴由检测概率表示。在正常条件下，ROC 越靠近图示方框区域的左上角，则表明对应方法的检测性能越好。图 5-2 给出了三条 ROC，当固定虚警概率，则曲线 3 具有最高的检测概率，曲线 2 次之；当固定检测概率，则曲线 3 的虚警概率最低，曲线 2 次之，由此可以看出，曲线 3 具有最好的检测效果，曲线 2 次之，曲线 1 最差。

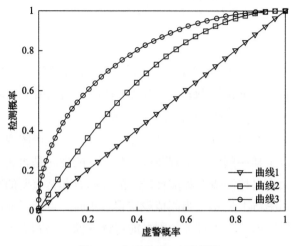

图 5-2　典型的 ROC 示意图

ROC 曲线下面积(area under curve，AUC)[12]是另一种常用的检测性能评价指标，它是通过计算 ROC 与横坐标形成的面积而来。由于不同方法的 ROC 会有交叉，很难定量分析这些方法的优劣性，而 AUC 却能够通过计算面积显示它们的区别，所以 AUC 可以看作 ROC 的补充。

对于基于检测概率和虚警概率关系的 ROC，AUC 的值为 0.5～1，该值可以作为定量分析方法检测性能的评价指标，其值越接近于 1，表明异常目标检测方法的性能越好。

参 考 文 献

[1] Ren L, Zhao L Y, Wang Y L. A superpixel-based dual window RX for hyperspectral anomaly detection[J]. IEEE Geoscience and Remote Sensing Letters, 2020, 17(7): 1233-1237.

[2] Lee Z, Carder K L. Hyperspectral Remote Sensing[M]. Dordrecht: Springer, 2005.

[3] Su H J, Wu Z Y, Du Q, et al. Hyperspectral anomaly detection using collaborative representation with outlier removal[J]. IEEE Journal of Selected Topics in Applied Earth Observations and Remote Sensing, 2018, 11(12): 5029-5038.

[4] Ning H Y, Zhang X R, Zhou H Y, et al. Hyperspectral anomaly detection via background and potential anomaly dictionaries construction[J]. IEEE Transactions on Geoscience and Remote Sensing, 2019, 57(4): 2263-2276.

[5] Chandola V, Banerjee A, Kumar V. Anomaly detection: A survey[J]. ACM Computing Surveys, 2009, 41(3):1-58.

[6] Stein D W J, Beaven S G, Hoff L E, et al. Anomaly detection from hyperspectral imagery[J]. IEEE Signal Processing Magazine, 2002, 19(1): 58-69.

[7] Matteoli S, Diani M, Theiler J. An overview of background modeling for detection of targets and anomalies in hyperspectral remotely sensed imagery[J]. IEEE Journal of Selected Topics in Applied Earth Observations and Remote Sensing, 2014, 7(6): 2317-2336.

[8] Zhong J P, Xie W Y, Li Y S, et al. Characterization of background-anomaly separability with generative adversarial network for hyperspectral anomaly detection[J]. IEEE Transactions on Geoscience and Remote Sensing, 2021, 59(7): 6017-6028.

[9] Racetin I, Krtalić A. Systematic review of anomaly detection in hyperspectral remote sensing applications[J]. Applied Sciences, 2021, 11(11): 4878.

[10] Xu Q, Jin W Q, Fu L Q. Calibration of the detection performance for hyperspectral imager[J]. Spectroscopy and Spectral Analysis, 2007, 27(9): 1676-1679.

[11] Arora M K, Bansal S, Khare S, et al. Comparative assessment of some target detection algorithms for hyperspectral images[J]. Defence Science Journal, 2013, 63(1): 53-62.

[12] Song S Z, Yang Y X, Zhou H X, et al. Hyperspectral anomaly detection via graph dictionary-based low rank decomposition with texture feature extraction[J]. Remote Sensing, 2020, 12(23): 3966.

第6章 高光谱图像特定目标检测方法

6.1 高光谱图像特定目标检测方法的种类

随着高光谱图像目标检测领域的发展，涌现出诸多优秀的科研机构与团队。其中，以美国马里兰大学的 Chang[1]为领导核心的遥感信号与图像处理实验室最为著名。其余还有美国空军研究实验室、美国陆军研究实验室、美国海军研究实验室、英国国防科技实验室以及较为著名的 Reed 教授为领导核心的美国南加利福尼亚大学的科研团队[2]。在国内，国防科技大学、武汉大学、哈尔滨工业大学、西北工业大学与哈尔滨工程大学等高校也都在高光谱图像目标检测领域取得了不错的成绩[3]。国外的科研团队在实现目标检测的应用方面取得了更为突出的成绩。美国航空航天局利用 AVIRIS 对地表高光谱图像进行获取，并进行了目标检测实验。美国陆军工程地形实验室将得到的高光谱图像数据进行光谱信息的研究，对植被覆盖、土壤、油污污染以及伪装材料等进行了对比检测。美国地质局与美国海上空间作战系统中心等机构利用目标检测技术，在矿物及石油勘探、军事目标侦查、打击等方面取得了不错的成绩[4]。现有的高光谱目标检测技术大致可以分为基于光谱匹配的高光谱图像目标检测方法，基于机器学习的高光谱图像目标检测方法与基于张量表示的高光谱图像目标检测方法。

1. 基于光谱匹配的高光谱图像目标检测方法

常用的高光谱图像目标检测模型有欧氏距离模型、统计概率模型以及空间模型。由于高光谱图像中地物的光谱特性受不确定性因素的影响，所以基于欧氏距离模型的目标检测方法的检测效果并不理想[5]。基于空间模型进行目标检测通常会对背景进行抑制，这类方法基本是基于全局背景的，因此无法实现对小目标的检测。为了解决这个问题，局部背景子空间估计方法被提出，相较于全局背景的目标检测，其能够降低背景的复杂度，将背景进行抑制，以提高目标的残差能量，加强目标检测的效果。为了对多种目标进行检测，基于规则化非高斯模型目标检测方法被提出[6]，利用梯度下降方法解决约束优化问题，优化目标检测效果。现有的目标检测方法大部分是从高光谱图像数据中得到详细光谱信息，利用不同的技术手段实现目标与背景的区分[7]。根据不同的假设模型，近年来大量的目标检测方法被提出，包括自适应子空间检测(adaptive subspace detector, ASD)、光谱匹配滤波(spectral matched filter, SMF)和匹配子空间检测(matched subspace detector，MSD）。一些目标检测方法通过滤波手段或投影技术构建有限脉冲响应滤波器，以达到突出目标并抑制背景的效果。

2. 基于机器学习的高光谱图像目标检测方法

随着机器学习技术的飞速发展，许多基于机器学习的方法被用于高光谱图像目标检测任务中，如支持向量数据描述（support vector data description，SVDD）、支持向量机（support vector machine，SVM）、流形学习（manifold learning，ML）、监督度量学习（supervised metric learning，SML）、迁移学习（transfer learning，TL）和深度学习（deep learning，DL）[8]等。SML 可以有效地学习高光谱图像目标检测的距离度量。考虑到背景样本和目标样本的光谱特性，SML 生成的距离度量使目标像元在目标空间中容易检测到，背景像元尽可能地放置在背景空间中。基于迁移学习的目标检测方法利用迁移学习保存训练数据中的判别信息，对不在同一特征空间且特征分布不同的数据进行测试，可以从有限样本中学习子空间[9]。在基于稀疏表示的方法中，所构造的字典只能表示光谱信息，每个像元之间的关键空间相关信息不能用光谱字典表示[10]。例如，文献[11]提出了基于稀疏表示的目标检测（sparsity-based target detector，STD）方法，在此方法中，测试样本可以由目标字典与背景字典中获得的极少量的训练样本线性表示，重建后的稀疏表示可以准确地用于目标与背景的区分。通过构建基于稀疏表示的二元假设模型，针对混合目标像元提出了基于稀疏表示的二元假设检测模型。文献[12]将核技术与目标检测问题相结合，将原始特征空间映射到高维核空间，以解决在原始空间中线性不可分的问题，典型方法包括核光谱匹配滤波、核正交子空间滤波以及核匹配子空间滤波[13]。

3. 基于张量表示的高光谱图像目标检测方法

前两种目标检测方法将待测高光谱图像中的像元看作向量来处理。对应于每个像元的向量是检测器的输入，并引起响应值的反馈。对于一个理想的检测器，目标像元的响应值较大，背景像元的响应值较小。因此，目标像元与非目标像元之间的差别可以通过检测器输出的响应值的大小来判断。大部分现有的目标检测方法均利用检测图像全部波段的光谱信息，而没有考虑相邻像元之间存在的空间相似性。然而高光谱图像的光谱分辨率极高，以至于图像的相邻波段呈现出极大的相似性或冗余性。在这种情况下相邻单波段像元之间既包括冗余信息又包括分辨信息，而冗余的光谱信息妨碍目标检测的有效进行[14]。为了减轻这个问题的影响，研究人员已经提出多种高光谱图像目标检测的降维方法与尺度学习方法。然而由于降维过程大大减少了光谱维度信息，上述方法无法保证将高光谱图像中有价值的光谱信息全部保留。为了更好地利用高光谱图像中包含的空间信息和光谱信息，来提高目标检测的性能，许多研究人员使用新的数学表达式来挖掘高光谱图像的数据特征，利用张量重新表达高光谱图像，可以同时表达高光谱图像空谱的全局信息，例如，文献[15]使用张量表示法实现了高光谱图像的空间目标识别。基于张量表示的多元线性盲源光谱分解方法将高光谱图像分解为三个因子集，它们分别表示光谱特征和二维空间分布，可以很容易地应用于目标识别方法中[16]。此外，研究人员还将张量与传统的目标检测方法结合，例如，文献[17]提出了一种张量匹配子空间探测器，并将其应用于目标检测场景中。

6.2　几种经典的高光谱图像特定目标检测方法

6.2.1　正交子空间投影方法

一般来说，每个像元的空间可能包括几种不同的材料，每种材料都具有独特的光谱特征[18]。在这种情况下，观测向量受到每种材料单个光谱特征的影响，该像元称为混合像元[19,20]。一个包含 p 个不同材料的混合像元，可以用线性模型来描述，具体表达式为

$$r(x, y) = M\alpha(x, y) + n(x, y) \tag{6-1}$$

其中，$r(x, y)$ 为 l 维向量，l 为谱带数；(x, y) 为像元的空间位置；$M = (u_1, \cdots, u_i, \cdots, u_{p-1}, d)$ 为一个线性独立的 $l \times p$ 矩阵；$\alpha(x, y)$ 为 $l \times l$ 列向量 u_i，是第 i 种不同材料的谱特征；$n(x, y)$ 为一个 l 维的随机噪声向量，并假设它是一个独立的、协同分布的高斯分布，其均值为 0，协方差矩阵为 $\sigma^2 I$。

在考虑一般性的情况下，假设 M 的最后一列是期望的标签，并记为 d，其余列是由 $U = (u_1, \cdots, u_i, \cdots, u_{p-1})$ 表示的不期望的标签，并假设它们是线性独立的，则式 (6-1) 可以改写为

$$r = d\alpha_p + U\gamma + n \tag{6-2}$$

其中，α_p 为期望标签的分数；γ 为一个包含 α 的前 $p-1$ 个元素的向量。

正交子空间投影 (orthogonal subspace projection，OSP) 方法的第一步是消除由 U 的列所表示的干扰的影响。该方法是形成一个运算符，将 r 投射到与 U 的列正交的子空间上。因此，这个向量只包含相应的标签 d 和随机噪声。

$$P = (I - UU^{\#}) \tag{6-3}$$

其中，$U^{\#} = (U^{T}U)^{-1}U^{T}$ 为 U 的伪逆。

该算子与最小二乘理论[21]中的正交投影和传感器阵列处理中使用的矩阵具有

相同的结构。将式(6-2)优化为

$$Pr = Pd\alpha_p + Pn \tag{6-4}$$

很明显，该方法是一个最小二乘意义上的最优干扰抑制过程，这是因为 P 将 U 的干扰降为零。关于正交子空间投影算子及其性质的其他信息可以参考文献 [22]～[25]。

检测方法的第二步是找到使信噪比最大化的 $1 \times l$ 算子 x^T，式(6-4)可以改写为

$$x^T Pr = x^T Pd\alpha_n + x^T Pn \tag{6-5}$$

信噪比可以表示为

$$\lambda = \frac{x^T Pd\alpha_p^2 d^T P^T x}{x^T PE\{nn^T\}P^T x} = \frac{\alpha_p^2}{\sigma^2}\frac{x^T Pdd^T P^T x}{x^T PP^T x} \tag{6-6}$$

其中，$E\{\cdot\}$ 表示期望值。

这个商的最大化是一个广义特征向量问题，具体可以表示为

$$Pdd^T P^T x = \tilde{\lambda}PP^T x \tag{6-7}$$

其中，$\tilde{\lambda} = \lambda(\sigma^2/\alpha_p)$。

最大值的 x^T 值一般可以使用干扰算子的幂 $P^2 = P$ 和对称矩阵 $P^T = P$ 来确定，可以表示为

$$x^T = \kappa d^T \tag{6-8}$$

其中，κ 为一个任意的标量。

将式(6-1)中的结果替换为式(6-5)，在存在多个不期望标签和白噪声的情况下，期望高光谱标签的总体分类算子由 $1 \times l$ 向量给出，即

$$q^T = d^T P \tag{6-9}$$

当式(6-9)中的操作符应用于高光谱场景中的所有像元时，每个像元被简化为一个标量，这是期望标签存在的度量。分类算子在白噪声中将每个像元简化为未知常数，因此可以对合成图像进行阈值化，并基于 Neyman-Pearson 检测准则[24-26] 进行自动二值分类。该准则根据用户指定的误警率最大限度地检测到期望标签存在的概率。

将单个标签的向量算子扩展到期望的 k 个标签的矩阵算子是很简单的，$k \times l$ 矩阵算子为

$$Q = (q_1, \cdots, q_i, \cdots, q_k)^{\mathrm{T}} \tag{6-10}$$

其中，$q_i^{\mathrm{T}} = d_i^{\mathrm{T}} P_i$，都由适当的期望和不期望的标签向量形成。

在这种情况下，高光谱图像立方体被简化为 k 个图像，它对每个期望的标签进行分类。

6.2.2　约束能量最小化方法

约束能量最小化(constrained energy minimization，CEM)方法[24-27]使用了一个有限脉冲响应(finite impulse response，FIR)滤波器，通过一个特定的增益来限制所期望的标签，同时最小化滤波器的输出功率。CEM 方法最初出现在阵列处理中的最小方差无失真响应(minimum variance distortionless response，MVDR)中[28,29]。

假设有一组有限的观察数据 $S = \{r_1, r_2, \cdots, r_N\}$，其中 $r_i = (r_{i1}, r_{i2}, \cdots, r_{iL})^{\mathrm{T}}$ 样本像元向量。假设期望的先验标签为 d，CEM 方法的目标是设计一个 FIR 滤波器 $w = (w_1, w_2, \cdots, w_L)^{\mathrm{T}}$，使得在以下约束条件下滤波器的输出功率最小，即

$$d^{\mathrm{T}} w = \sum_{l=1}^{L} d_l w_l = 1 \tag{6-11}$$

设 y_i 表示 FIR 滤波器的输出，即

$$y_i = \sum_{l=1}^{L} w_l r_{il} = w^{\mathrm{T}} r_i = r_i^{\mathrm{T}} w \tag{6-12}$$

则 FIR 滤波器产生的平均输出功率可以表示为

$$\frac{1}{N}\left[\sum_{i=1}^{N} y_i^2\right] = \frac{1}{N}\left[\sum_{i=1}^{L} (r_i^{\mathrm{T}} w)^{\mathrm{T}} r_i^{\mathrm{T}} w\right] = w^{\mathrm{T}}\left(\frac{1}{N}\left[\sum_{i=1}^{N} r_i r_i^{\mathrm{T}}\right]\right) w = w^{\mathrm{T}} R_{L \times L} w \tag{6-13}$$

其中，$R_{L \times L} = \dfrac{1}{N}\sum_{i=1}^{N} r_i r_i^{\mathrm{T}}$ 为样本自相关矩阵。

将式(6-2)通过 FIR 滤波器进行最小化，为

$$\min \frac{1}{N}\sum_{i=1}^{N} y_i^2 = \min\{w^{\mathrm{T}} R_{L \times L} w\} \text{subject to } d^{\mathrm{T}} w = 1 \tag{6-14}$$

式(6-14)的求解在文献[28]和[29]中可以找到，其权重向量 w^* 为

$$w^* = \frac{R_{L \times L}^{-1} d}{d^{\mathrm{T}} R_{L \times L}^{-1} d} \tag{6-15}$$

6.2.3　匹配子空间滤波方法

MSD 的提出是为了解决子空间中的干扰和宽带噪声的问题。MSD 推导出了类中每个问题的广义似然比(generalized likelihood ratio，GLR)，并建立了 GLR 的不变性。在每种情况下，GLR 都是一个最大不变统计量，而最大不变统计量的分布都是单调的。这意味着，似然比检验(generalized likelihood ratio test，GLRT)是均匀的最强大的不变检测器。

MSD 所研究的检测问题可以描述如下：如果从一个真实的标量时间序列 $\{y(n), n=0,1,\cdots,N-1\}$ 中得到 N 个样本，则这些样本可以组成 N 维向量 $y = [y(0),$ $y(1),\cdots,y(N-1)]^{\mathrm{T}}$ 。基于这些数据，假设 H_0 数据只包含噪声 v，H_1 数据由信号 μx 和噪声 v 组成，即

$$y = \mu x + v \tag{6-16}$$

在 H_0 中 $\mu = 0$，H_1 中 $\mu > 0$，假设信号 x 符合线性子空间模型，$\mathbb{R}$ 为所有实数的集合，即

$$x = H\theta, \quad H \in \mathbb{R}^{N \times p}, \quad \theta \in \mathbb{R}^p \tag{6-17}$$

噪声的平均值为 $S\phi$，协方差 $R = \sigma^2 R_0$，即

$$v : N\left[S\phi, \sigma^2 R_0\right], \ S \in \mathbb{R}^{N \times t}, \ \phi \in \mathbb{R}^t, \ t < N-p, \ R_0 \in \mathbb{R}^{N \times N} > 0 \tag{6-18}$$

假设 H、S 和 R_0 是已知的，$R_0 = I$，则检测问题可以表示为

$$H_0 : y : N[S\phi, \ \sigma^2 I] \text{ vs } H_1 : y : N[\mu H\theta + S\phi, \ \sigma^2 I] \tag{6-19}$$

其中，$\mu H\theta$ 为位于子空间 H 中的信息承载信号；$S\phi$ 为位于子空间 S 中的干扰。

噪声 $n = y - \mu H\theta - S\phi = v - S\phi$ 是加性高斯白噪声。子空间 H 和 S 不是正交的(即 $H^{\mathrm{T}}S \neq 0$)，但它们是线性独立的，这意味着，没有 H 的元素可以写成 S 中向量的线性组合。线性独立性远弱于正交性。假设 H 和 S 都是全秩矩阵，则意味着 H 和 S 都是全秩子空间。

向量 y 的概率密度函数为

$$f(y; \beta, \sigma^2) = (2\pi\sigma^2)^{-N/2} \exp\left\{-\frac{1}{2\sigma^2}\|n\|_2^2\right\} \tag{6-20}$$

其中，y 为函数的变量；$\beta = (\mu\theta, \phi)$ 为密度参数。

噪声 n 可以表示为

$$n = y - \mu H \theta - S\phi \tag{6-21}$$

其分布似然函数为

$$l(\beta, \sigma^2; y) = (2\pi\sigma^2)^{-N/2} \exp\left\{ -\frac{1}{2\sigma^2} \|n\|_2^2 \right\} \tag{6-22}$$

式 (6-22) 是 (β, σ^2) 的函数，数据 y 为其中的一个参数。对于任意两个值 (β_1, σ_1^2) 和 (β_0, σ_0^2)，似然比被定义为

$$l(y) = \frac{l(\beta_1, \sigma_1^2; y)}{l(\beta_0, \sigma_0^2; y)} \tag{6-23}$$

当参数 (β_1, σ_1^2) 比参数 (β_0, σ_0^2) 更好时，$l(y)$ 大于 1。本节提出的检测问题适用于宽带噪声和窄带干扰中线信号或模态信号的检测，或者适用于传播干扰和宽带噪声中的传播场(是否平面)的检测。矩阵 H 是一个由范德蒙德行列式或自回归脉冲响应组成的矩阵。矩阵 S 可以是范德蒙德行列式或者是任何表征结构噪声的矩阵。

6.2.4　光谱匹配滤波方法

SMF 是指一种利用先验目标和背景知识的特定探测器，线性算子为

$$(\mu_t - \mu_0)^{\mathrm{T}} M^{-1} \tag{6-24}$$

其中，μ_t 为向量的行。

$$F(x) = (\mu_t - \mu_b)^{\mathrm{T}} M^{-1} (x - \mu_b) \tag{6-25}$$

其中，x 为从光谱成像设备导出的数字的列矢量，其中每个分量理想地代表一个波段中被测量的辐射；μ_b 和 M^{-1} 分别为假设的已知平均向量 ($\mu \equiv E(x)$，其中 E 为期望值)和协方差矩阵 ($M^{-1} \equiv E\left[(x - \mu_b)(x - \mu_b)^{\mathrm{T}}\right]$)，用于背景的二阶统计。

通常，检测过程的目的是正确地从高光谱图像中数千个背景像元中检测到正确的目标。目标具有可以统计的内在特征，但匹配滤波器(matched filter，MF)只取决于其相对于背景的平均值 $\mu_t - \mu_b$。当 $F(x)$ 超过某个预设阈值时，表示 x 是目标像元，而不是背景像元。

匹配滤波器被应用于雷达信号检测中，对于高光谱图像处理，返回雷达信号随时间变化的形状被目标的光谱特征取代。时间被替换为信号生成参数像元位置的二维晶格。匹配滤波器最初出现在寻找使信噪比最大化的线性滤波器问题的解

决方案上。在有效噪声来自自然发生的背景图像的光谱应用中,更适合将最大值称为目标杂波比(target clutter ratio,TCR)。自然背景往往是高度结构化的,这可以从不同的光谱通道之间的强相关性中得到证明,而且这些相关性是高度非平稳的。除特殊应用外[30],光谱目标检测很少实现传感器噪声划分性能。

匹配滤波器输出处的 TCR 定义为平均目标/背景对比度除以背景标准差。有关使用目标标签相对于背景特征来预测检测性能的重要性的讨论,请参阅文献[31]。如果目标光谱是先验估计的,那么匹配滤波器产生的平均目标对比度为

$$E[(\tilde{\mu}_t - \tilde{\mu}_b)^{\mathrm{T}} M^{-1}(x_t - \mu_b)] = (\tilde{\mu}_t - \tilde{\mu}_b)^{\mathrm{T}} M^{-1}(x_t - \mu_b) \tag{6-26}$$

均方杂波为

$$\begin{aligned}
&E[(\tilde{\mu}_t - \tilde{\mu}_b)^{\mathrm{T}} M^{-1}(x_b - \mu_b)]^2 \\
&= (\tilde{\mu}_t - \tilde{\mu}_b)^{\mathrm{T}} M^{-1} E[(x_b - \mu_b)(x_b - \mu_b)]^{\mathrm{T}} M^{-1}(\tilde{\mu}_t - \mu_b) \\
&= (\tilde{\mu}_t - \mu_b) M^{-1}(\tilde{\mu}_t - \mu_b)
\end{aligned} \tag{6-27}$$

TCR 可以表示为

$$\mathrm{TCR}^2 = \frac{[(\tilde{\mu}_t - \mu_b)^{\mathrm{T}} M^{-1}(\mu_t - \mu_b)]^2}{(\tilde{\mu}_t - \mu_b)^{\mathrm{T}} M^{-1}(\mu_t - \mu_b)} \tag{6-28}$$

从具有已知位置目标的图像中,可以将感知值作为其均值和先验均值估计,来快速估计匹配滤波器的可检测性。然后将式(6-28)简化为

$$\mathrm{TCR}^2 = (\tilde{\mu}_t - \mu_b)^{\mathrm{T}} M^{-1}(\mu_t - \mu_b) \tag{6-29}$$

事实上,由式(6-28)计算出的与式(6-29)非常匹配的 TCR 是使用长时间间隔内标签演化[32]的方法生成的。一个实时系统[33]可以使用监督匹配滤波来产生类似的结果,该系统将遥感确认目标的特征合并到一个匹配滤波器中,以寻找具有相似内在特征的其他目标。

6.2.5　自适应子空间检测方法

ASD 在 MSD 的基础上描述了一个特定的混合像元问题的两个竞争假设(H_1 和 H_2)下的一般似然比。用于测量的子像元检测模型 x(像元向量)表示为

$$\begin{cases} H_0 : x = n, & \text{目标不存在} \\ H_1 : x = U\theta + \sigma n, & \text{目标存在} \end{cases} \tag{6-30}$$

其中,U 为正交矩阵,其列向量是目标子空间<U>的特征向量;θ 为一个未知向

量，其索引是解释对应列向量丰度的系数；n 表示分布为高斯随机噪声。

在该模型中，假设 x 是一个目标子空间信号和一个背景噪声的线性组合，可以表示为 $N(U\theta, \sigma^2 C)$。在文献 [34] 中描述的子像元问题的 GLRT 为

$$D_{\mathrm{ASD}}(x) = \frac{x^{\mathrm{T}} \hat{C}^{-1} U (U^{\mathrm{T}} \hat{C}^{-1} U)^{-1} U^{\mathrm{T}} \hat{C}^{-1} x}{x^{\mathrm{T}} \hat{C}^{-1} x} \tag{6-31}$$

其中，$\hat{C}$ 为 C 的最大似然估计值。

对于给定的阈值 η_{ASD}，若输出结果大于该阈值，则为 H_1，反之，则为 H_0。式 (6-31) 具有恒虚警概率 (constant false alarm rate，CFAR) 特性，也称为自适应余弦估计器 (adaptive coherence estimator，ACE)。

6.2.6　支持向量数据描述方法

SVDD 方法通过在所有或大部分样本周围拟合一个中心为 a、半径为 R 的超球体来建模数据。假设一组训练样本 $\{x_i, i = 1, 2, \cdots, N\}$。SVDD 的目的是通过最小化 R^2 来最小化超球体的体积。该任务涉及最小化下面的误差函数 [35]，即

$$F(R, a, \xi_i) = R^2 + C \sum_i \xi_i \tag{6-32}$$

通过附加约束，大多数训练样本 x_i 位于超球体范围内。这些约束条件假设为

$$\|x_i - a\|^2 \leqslant R^2 + \xi_i, \quad i = 1, 2, \cdots, N \tag{6-33}$$

式 (6-32) 的参数 C 控制超球体的体积和被忽略的目标对象数量之间的权衡 [36]。由于训练数据可能包含异常值，式 (6-32) 和式 (6-33) 中的 ξ_i 是放松约束的松弛变量。

在基于核函数的 SVDD 中，要确定一个新对象 y 是否位于描述中，从超球体中心到 y 的距离必须小于 R^2。因此，当满足以下不等式时，认为 y 属于该类，即

$$K(y \cdot y) - 2 \sum_i a_i K(y \cdot x_i) + \sum_{i,j} a_i a_j K(x_i \cdot x_j) \leqslant R^2 \tag{6-34}$$

核函数存在几种不同的选择，本节将使用众所周知的高斯径向基函数 (radial basis function，RBF)。高斯 RBF 内核只有一个可调整的自由参数，并且显示出可以比其他核函数产生更致密的边界 [37]。高斯 RBF 可以表示为

$$K(x, y) = \exp(-\|x - y\|^2 / s^2) \tag{6-35}$$

其中，s 为一个自由参数。通过调整 s 来控制边界的致密性，通常通过交叉验证法进行优化 [38]。

鉴于式 (6-35) 中高斯 RBF 的 $K(x, y) = 1$，可以定义一个在式 (6-34) 中包含所

有常数项的偏差项。偏差项的内容为

$$b = 1 + \sum_{i,j} a_i a_j K(x_i \cdot x_j) - R^2 \qquad (6\text{-}36)$$

在将式(6-36)的偏差项纳入式(6-34)和一些代数操作后，得到 SVDD 判别函数，即

$$\text{SVDD}(y) = \text{sgn}\left(\sum_i a_i K(y \cdot x_i) - \frac{b}{2} \right) \qquad (6\text{-}37)$$

因此，如果输入标签 y 的输出为正，则判定其为目标，如果 y 的输出为负，则判别其为背景。

6.3　基于空间支持的稀疏表示目标检测方法

6.3.1　方法原理

经典的基于稀疏表示的高光谱图像目标检测方法已经取得了较好的检测效果，但它只利用了图像中蕴含的光谱信息。因此，针对高光谱图像 4-邻域中的空间相关性对目标检测方法的影响，分别采用 4-邻域平滑稀疏模型和 4-邻域联合稀疏模型对高光谱图像进行目标检测，将目标像元及其 4-邻域像元的稀疏表示进行综合考虑，以提高检测方法的效果和效率。假设一幅高光谱图像中的像元 x_1 为待检测像元，其周围空间 4-邻域像元表示分别标记为 $x_i, i = 1, 2, \cdots, 5$，待检测像元及其 4-邻域像元图如图 6-1 所示。

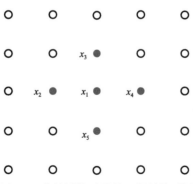

图 6-1　待检测像元及其 4-邻域像元图

在当前像元的空间 4-邻域内考虑其空间相关性，由于当前像元的光谱向量与其 4-邻域像元的光谱向量具有高度相似性，所以这些像元有很大的概率归属于同种地物。图像中相邻像元光谱差别的主要原因是图像采集时来自传感器本身和复

杂多变的大气状况造成的噪声，多次计算求取平均值是降低噪声影响的一种有效手段，因此在综合考虑 4-邻域内 5 个像元的光谱曲线及其对应的稀疏表示后，提出 4-邻域平滑稀疏模型来进行目标检测。

对 4-邻域内的每个像元 x，通过求解最稀疏向量的优化问题可以得到满足 $D\alpha = x$ 的表示 α，即

$$\alpha = \arg\min\|\alpha_1\|_0 \tag{6-38}$$

其中，D 为训练原子的字典；$\|\cdot\|_F$ 表示求解 l_0 范数，也就是向量中包含的非零成员的个数(也可称为向量的稀疏度)。

在获得所有 5 个像元的稀疏表示权系数后，通过计算和比较分别利用背景子空间和目标子空间对原像元光谱曲线进行重建的误差来判别该像元所归属的类别：背景或目标。在 4-邻域平滑稀疏模型中，重新定义分别利用背景子空间和目标子空间对原像元光谱曲线进行重建的误差 $r_b(x_1)$ 和 $r_t(x_1)$，综合计算 5 个像元的重建误差来提高检测性能。所定义的 $r_b(x_1)$ 和 $r_t(x_1)$ 由式(6-39)和式(6-40)给出，即

$$r_b(x_1) = \sqrt{\sum_{i=1}^{5} r_b^2(x_i)} = \sqrt{\sum_{i=1}^{5}\|x_i - D_b\alpha_{bi}\|_2^2} \tag{6-39}$$

$$r_t(x_1) = \sqrt{\sum_{i=1}^{5} r_t^2(x_i)} = \sqrt{\sum_{i=1}^{5}\|x_i - D_t\alpha_{ti}\|_2^2} \tag{6-40}$$

其中，稀疏表示系数 α_{bi} 和 α_{ti} 分别为像元光谱 x_i 的稀疏表示中表示背景字典和目标字典中原子的权系数。

此时，可以设定图像目标检测器的输出，即

$$R(x_1) = r_b(x_1) - r_t(x_1) = \sqrt{\sum_{i=1}^{5} r_b^2(x_i)} - \sqrt{\sum_{i=1}^{5} r_t^2(x_i)} \tag{6-41}$$

同样地，在设定一个阈值 δ 后，根据 $R(x_1)$ 的大小辨别像元的归属，即如果 $R(x_1) > \delta$，则将当前像元 x_1 确定为目标，否则，将其标记为背景。

6.3.2 方法流程

在 4-邻域模型中，当前的待检测像元以及其 4-邻域像元的光谱可以表示为一个 $B \times 5$ 的矩阵 $X = [x_1, x_2, \cdots, x_5]$，矩阵中的每一列 $x_i, i = 1, 2, \cdots, 5$ 都表示为一个像元的光谱向量。

根据空间相关性，相邻像元归属于同种地物的可能性很大，它们的光谱向量具有很高的相似性，因此矩阵 X 中的每列像元光谱 $x_i, i = 1, 2, \cdots, 5$ 的光谱向量具有

很高的相似性，它们可以使用归属于一个超完备字典 D 中只有 K 个原子 $\{d_{\lambda_1},$ $d_{\lambda_2},\cdots,d_{\lambda_K}\}$ 的子字典 D_λ 来线性表示，即

$$x_i = D_\lambda \alpha_i = \alpha_{i,\lambda_1} d_{\lambda_1} + \alpha_{i,\lambda_2} d_{\lambda_2} + \cdots + \alpha_{i,\lambda_K} d_{\lambda_K} \tag{6-42}$$

其中，$\lambda_1, \lambda_2, \cdots, \lambda_K$ 构成的标号集合 $\Lambda_K = \{\lambda_1, \lambda_2, \cdots, \lambda_K\}$ 表示在线性表示 X 中的像元光谱 $x_i, i = 1, 2, \cdots, 5$ 时所使用的字典 D 中系数非零的字典原子的标号。

包含 5 个像元的图像数据矩阵 X 可以被重新写为

$$X = [x_1, x_2, \cdots, x_5] = [D\alpha_1,\ D\alpha_2,\ \cdots,\ D\alpha_5] = D\underbrace{[\alpha_1,\ \alpha_2,\ \cdots,\ \alpha_5]}_{S} = DS \tag{6-43}$$

其中，5 个像元的稀疏表示 $\alpha_i, i = 1, 2, \cdots, 5$ 具有共同的原子标号集合 Λ_K，并且其稀疏表示系数构成的矩阵 S 中只有 K 个非零行，也就是矩阵 S 是行稀疏的。

因此，在给定一个已知的超完备字典 D 后，像元光谱向量的稀疏表示矩阵 S 能够通过求解一个约束问题得到，这一约束问题表示为

$$S = \arg\min \|S\|_{\mathrm{row},0}, \quad DS = X \tag{6-44}$$

其中，$\|S\|_{\mathrm{row},0}$ 为矩阵 S 中非零行的个数，也就是矩阵 S 的稀疏度。

由于求解最小化 l_0 范数的约束问题是一个 NP-hard 问题，不能直接求解出最优值。根据稀疏特性，即 S 的稀疏性，可以用 Frobenius 范数代替 l_0 范数，从而近似地求解稀疏表示矩阵 S，其表达式为

$$S = \arg\min \|S\|_{\mathrm{row},F}, \quad DS = X \tag{6-45}$$

其中，$\|\cdot\|_F$ 代表 Frobenius 范数；$S = [\alpha_1,\ \alpha_2,\ \cdots,\ \alpha_5]$。

通过约束问题求解出稀疏表示矩阵 S 后，利用背景字典 D^b 和目标字典 D^t 分别对原始像元光谱矩阵进行重建，其重建误差可以分别表示为

$$r_b(x) = \|X - D^b S^b\|_F \tag{6-46}$$

$$r_t(x) = \|X - D^t S^t\|_F \tag{6-47}$$

其中，矩阵 S^b 和 S^t 分别为稀疏表示矩阵 S 的前 N_b 行和后 N_t 行，代表稀疏表示矩阵 S 中对应于背景字典 D^b 和目标字典 D^t 的稀疏表示系数；残差 $r_b(x)$ 为利用背景字典 D^b 及其对应的稀疏表示矩阵 S^b 重建像元光谱矩阵 X 的重建误差；残差 $r_t(x)$ 为利用目标字典 D^t 及其对应的稀疏表示矩阵 S^t 重建像元光谱矩阵 X 的重建误差。

在得到重建误差后，通过对误差大小的比较来判断像元 x 的归属。因此，使

用 4-邻域联合稀疏模型进行目标检测的检测器的输出为

$$R(x) = r_b(x) - r_t(x) \tag{6-48}$$

同样，给定一个阈值 δ，如果 $R(x) > \delta$，则将当前检测像元 x 确定为目标，否则，将当前检测像元 x 确定为背景。

6.3.3 实验结果及分析

为了检验和证明本节所提方法的有效性和高效性，在仿真实验中，一共使用了 3 幅高光谱图像数据，仿真实验数据图如图 6-2 所示，仿真实验数据显示了人造数据、玉米种子数据和飞机场数据仿真实验图。在这 3 幅高光谱图像数据的示意图中，显示的是 3 幅图像中第 50 波段的图像。

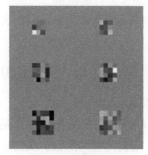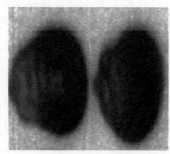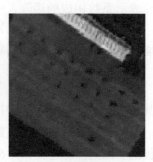

(a) 人造数据　　　　　　　　(b) 玉米种子数据　　　　　　　　(c) 飞机场数据

图 6-2　仿真实验数据图

第一幅高光谱图像数据是一幅人造数据。这幅图像的大小是 30 像元×30 像元，包含 6 个大小分别为 3×3、4×4 和 5×5 的两列目标，这些目标按照图 6-2(a) 所示的排列方式进行布置，共有 100 个目标像元和 800 个背景像元参与了仿真实验。该图像包含 126 个波段的高光谱数据。人造数据图像的构造过程如下：首先，在本节使用的第三幅飞机场数据的所有目标像元中，随机选择 100 个像元，并按照图 6-2(a) 中的目标位置进行排列。然后，从飞机场数据的所有背景像元中随机选择 800 个像元，并将它们排列在目标像元周围，形成了 30×30 共 900 个像元的人造数据。

第二幅高光谱图像数据来自美国得克萨斯农工大学农业生命研究中心的玉米种子数据。拍摄所使用的是一种行扫描推进式高光谱扫描仪，具有 640 个传感器和 160 个光谱通道，光谱覆盖范围为 405～907nm，光谱分辨率为 1nm，且光谱分辨率为 3.1nm，高光谱扫描仪与样本之间的距离为 60cm。在这幅图像数据中，共有 2 个玉米种子，图像的大小为 85 像元×100 像元，如图 6-2(b) 所示。

第三幅高光谱图像是利用先进的机载可见光/红外成像光谱仪采集的飞机场

数据。AVIRIS 是一种采用推扫成像方式的成像光谱仪，波段范围为 0.4～2.45μm，光谱分辨率为 10nm，空间分辨率为 20m×20m。本实验所使用的图像是美国圣地亚哥机场的一部分，覆盖了从可见光到近红外的光谱范围。在去除的吸水带和信噪比较低的波段后，剩下的 126 个波段参与仿真实验。所使用的实验图像大小为 100 像元×100 像元，其中包含了 38 个待检测目标，如图 6-2(c) 所示。

在仿真实验中，主要研究的是 4-邻域模型的稀疏表示在高光谱图像目标检测中的作用。因此，研究对比的是基于 4-邻域平滑稀疏模型和 4-邻域联合稀疏模型的高光谱图像目标检测方法的检测结果，并将这两种方法的检测结果与采用基本稀疏表示(basic sparse representation，BSR)模型的高光谱图像目标检测方法的检测结果进行比较。为了便于仿真实验中的分析与讨论，将利用基本稀疏表示模型进行目标检测的方法定义为 BSR，应用 4-邻域平滑稀疏模型进行目标检测的方法定义为 SR-S；应用 4-邻域联合稀疏模型进行目标检测的方法定义为 SR-U。

在实验中，将对实验结果采用主观和客观的标准进行比较，以便评估不同方法的检测结果。首先，采用目视检查对图像的检测结果进行主观评价。通过对检测结果的二维和三维显示图的观察，可以主观地观察和评价方法的检测精度和鲁棒性。在客观分析中，将使用表达在不同虚警概率下的检测概率大小的 ROC 来评价方法对高光谱图像的检测效果。其中，虚警概率表示本来不是目标而在检测结果中被标记为目标的像元占图像中所有像元的比例；而检测概率表示在检测结果中正确标记为目标的像元数目在图像中所有目标像元中所占的比例。在绘制 ROC 时，根据不同的检测阈值将产生数千种在不同虚警概率下的检测概率结果，这可以很好地反映方法的鲁棒性。此外，对于不同的稀疏表示方法，其运行时间也作为一个参数进行比较，用来评价方法的复杂性。

对于在实验中使用的模拟图像和机场图像的数据集，由于其空间分辨率为 20m×20m，在这两幅图像中，混合像元是一个不可避免的现象，即一个像元的光谱信息对应于不同地物特征的组合。然而，混合像元问题在本节稀疏表示模型中没有考虑，因为对于图像中的一个像元，其属于背景或目标取决于伴随原始光谱数据集合的监督数据。在稀疏表示计算需要的超完备字典中，相应的像元被选择作为字典的背景和目标原子，因此超完备字典中包含了实际为混合像元的原子，换句话说，在稀疏表示模型中将同等对待混合光谱的像元与其他像元。当然，在仿真实验中，不同稀疏表示模型的方法的实验参数设置都是相同的，即相同的目标和背景训练原子被用于所有使用的基于稀疏表示的目标检测器。

为了验证本节所提方法的有效性，在仿真实验中，先使用第一幅图像数据进行第一组实验。在本实验中，将图像左上角的 10×10 共 100 个像元的光谱作为字典，其中包含 90 个背景像元原子和 10 个目标像元原子。人造数据仿真检测结果图如图 6-3 所示。

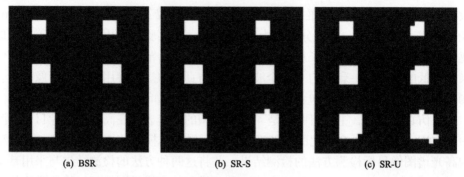

(a) BSR　　　　　　　　(b) SR-S　　　　　　　　(c) SR-U

图 6-3　人造数据仿真检测结果图

为了更充分地显示检测结果，将检测器的输出 $R(x)$ 按照空间位置的排布显示到三维空间中。人造数据检测器输出图如图 6-4 所示。

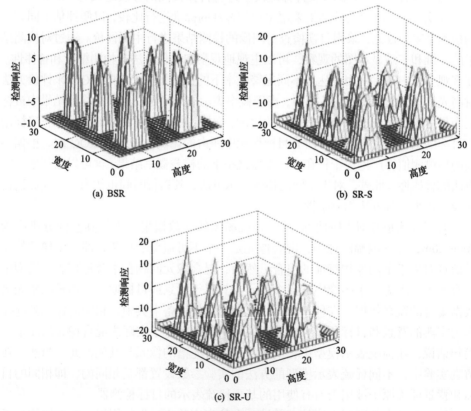

(a) BSR　　　　　　　　　　　　　　　(b) SR-S

(c) SR-U

图 6-4　人造数据检测器输出图

由图 6-3 和图 6-4 可以明显看出，本节所提两种稀疏表示模型在目标检测时都能有效地检测出目标，并且其检测结果与使用原始稀疏表示模型进行检测的结果之间只存在微小差异。同时，还对这三种方法在检测目标时的运行时间进行了统计，人造数据的方法运行时间比较表如表 6-1 所示，表中显示了三种方法在人造数据上的运行时间。尽管程序的运行时间与图像数据的大小和波段数量有关，但在给定图像数据的情况下，各个方法的运行时间仍然提供了一种对方法复杂度进行比较分析的度量。

表 6-1　人造数据的方法运行时间比较表（基于空间支持的稀疏表示目标检测方法）

方法	BSR	SR-S	SR-U
运行时间/s	13.08	12.73	2.29

从表 6-1 中可以看出，BSR 和 SR-S 的运行时间基本相等，但 SR-U 的运行时间要明显少于前两种方法。

在验证了方法的有效性后，使用第二幅和第三幅图像数据对这 3 种方法的检测结果和检测效率进行分析。其中，第二幅图像的仿真实验是模拟目标像元较多的情况；第三幅图像模拟目标像元较少的情况。

在仿真实验中，将第二幅图像和第三幅图像左边 10%的像元作为字典。第二幅图像的字典大小为 85×10 共 850 个字典原子，其中包含 558 个背景像元原子和292 个目标像元原子。第三幅图像的字典大小为 100×10 共 1000 个字典原子，其中包含 959 个背景像元原子和 41 个目标像元原子。三种稀疏表示模型对第二幅和第三幅图像的检测结果图如图 6-5 所示。此外，三种稀疏表示模型对第二幅和第三幅图像检测结果的三维表示图如图 6-6 所示，图 6-6(a)、图 6-6(b)、图 6-6(c)

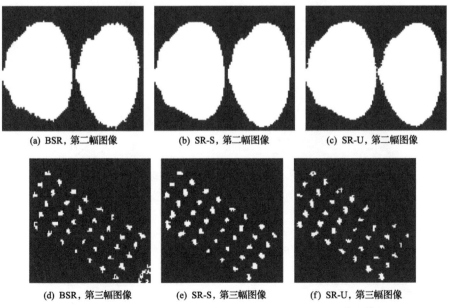

(a) BSR，第二幅图像　　　(b) SR-S，第二幅图像　　　(c) SR-U，第二幅图像

(d) BSR，第三幅图像　　　(e) SR-S，第三幅图像　　　(f) SR-U，第三幅图像

图 6-5　三种稀疏表示模型对第二幅和第三幅图像的检测结果图

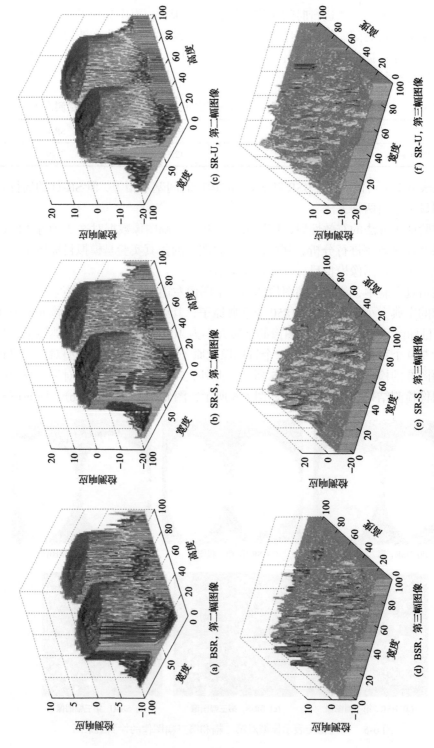

图6-6 三种稀疏表示模型对第二幅和第三幅图像检测结果的三维表示图

分别显示了 BSR、SR-S、SR-U 方法应用于第二幅图像检测器的最终输出结果在三维空间中的值，图 6-6(d)、图 6-6(e)、图 6-6(f) 分别显示了 BSR、SR-S、SR-U 方法应用于第三幅图像检测器的最终输出结果在三维空间中的值。

从图 6-5 和图 6-6 可以看出，SR-S 和 SR-U 两种方法都能较好地检测到目标，SR-S 的检测效果最好，检测到的目标点最为准确，目标地物的边缘也较为光滑，符合实际条件。而 SR-U 的检测结果稍有不足，有一定的漏警发生。

ROC 用于描述不同检测阈值下检测概率 P_d 与虚警概率 P_f 之间的变化关系，提供对方法检测性能的定量分析。将检测概率 P_d 定义为检测到的真实目标像元数目与地面真实目标像元数目的比值；虚警概率 P_f 定义为检测到的虚警像元数目与整幅图像像元数目总和的比值。通过考察检测到的异常像元点是否落入真实目标分布模板区域来判定检测到的是真实目标还是虚警。接收机工作特性曲线图如图 6-7 所示，显示了上述三种方法针对第二幅和第三幅图像数据的接收机工作特性曲线。

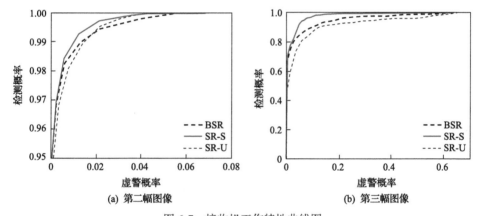

(a) 第二幅图像　　　　　　　　　　(b) 第三幅图像

图 6-7　接收机工作特性曲线图

从图 6-7 可以看出，SR-S 的检测性能最为突出。对于目标字典原子较多情况下的 SR-U 的检测方法，在虚警概率要求不高(即大于 0.02)时，检测性能要优于 BSR；对于目标字典原子较少情况下的 SR-U 的检测方法，其检测性能要比 BSR 稍差。

同时，还对这三种方法在检测目标时的运行时间进行了统计，玉米种子数据和飞机场数据的方法运行时间比较表如表 6-2 所示。

表 6-2　玉米种子数据和飞机场数据的方法运行时间比较表

方法	BSR	SR-S	SR-U
玉米种子数据/s	828.05	827.59	173.9
飞机场数据/s	991.64	991.19	226.85

从表 6-2 可以看出，采用 BSR 和 SR-S 的方法的运行时间都较长，且相差不大，但 SR-U 的方法的运行时间要远少于前两种方法的运行时间，因此其计算效率要远高于前两种方法的计算效率。

根据高光谱图像空间 4-邻域像元的相关性，本节所提 SR-S 和 SR-U 用于高光谱图像目标检测，取得了较好的检测效果。其中，SR-S 的目标检测方法的检测效果最好，明显优于 BSR；SR-U 在检测效果上与另两种方法相比稍有不足，但其检测速度明显快于另两种方法。因此，SR-S 和 SR-U 两种新方法都有一定的研究应用价值。

然而，SR-S 和 SR-U 这两种新方法都是在当前像元的 4-邻域内进行计算的，没有考虑更大范围内的空间相关性。

6.4 基于自适应子字典的稀疏表示目标检测方法

6.4.1 方法原理

在稀疏表示的高光谱图像数据中，一个高光谱图像中的像元光谱向量可以用一个稀疏向量来表示，该稀疏向量给出了在给定超完备字典中每个原子的权值。然而由于稀疏向量的稀疏特性，在普通的基于稀疏表示模型的高光谱图像目标中所使用的稀疏字典，即给定的超完备字典中包含了许多在表示像元光谱向量时没有作用的字典原子。对于给定的超完备稀疏字典，这些没有作用的字典原子的权值为零。在使用的稀疏字典中，去除没有作用的字典原子对像元向量的稀疏表示没有影响。

考虑高光谱图像中的一个像元，则 x 可以由给定的大小为 $B \times N_D$ 的超完备字典中原子的线性组合稀疏表示得到，即

$$x \approx \alpha_1 d_1 + \alpha_2 d_2 + \cdots + \alpha_{N_D} d_{N_D} = \underbrace{\left[d_1, d_2, \cdots, d_{N_D} \right]}_{D} \underbrace{\left[\alpha_1, \alpha_2, \cdots, \alpha_{N_D} \right]^{\mathrm{T}}}_{\alpha} = D\alpha \quad (6\text{-}49)$$

其中，α 为高光谱图像中一个像元光谱向量 x 使用超完备字典 D 的稀疏表示。

从一个真实的高光谱图像数据中随机选择一个地物的像元 x，像元光谱曲线及其稀疏表示图如图 6-8 所示。从图中可以清晰地看到，选取的这一像元光谱所对应的稀疏表示中，仅有 7 个字典原子的稀疏表示系数非零；而其余的 993 个字典原子的稀疏表示系数都为零，也就是说这些字典原子在此像元的稀疏表示中没有作用。在计算此像元的稀疏表示时，使用的稀疏字典中可以直接去除没有作用的字典原子，而对稀疏表示及目标检测的结果没有影响。

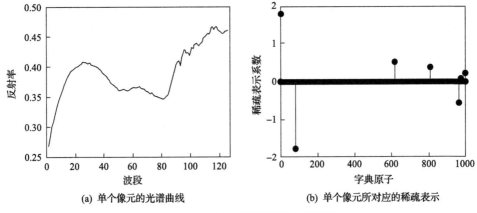

(a) 单个像元的光谱曲线　　　　　　　(b) 单个像元所对应的稀疏表示

图 6-8　像元光谱曲线及其稀疏表示图

　　虽然一般情况下，仅有少数几个字典原子的稀疏表示系数是非零的，需要在计算稀疏表示的字典中保留仅有的这几个字典原子，但如何计算和选择稀疏表示字典中所保留的字典原子仍然是一个需要解决的难题。若在选择所使用的字典原子时发生错误，将对稀疏表示的准确度以及后续的目标检测方法的性能产生影响。若所选取的字典原子不是所需的权值非零的原子，即该原子并不应该包括在所选取的新字典中，则此时并不影响稀疏表示的准确性，仅影响稀疏表示和目标检测的计算效率。若本来所需的权值非零的原子并没有被选取，则会影响稀疏表示的准确性，进而影响最终目标检测方法的结果。6.4.2 节将探讨一种使用 k 最近邻（k-nearest neighbor，KNN）方法的搜索策略来选择所需字典原子的方法在高光谱图像目标检测中的作用。

6.4.2　方法流程

　　稀疏表示方法在稀疏过程中都需要一个稀疏字典。以前的基本的稀疏表示方法和 6.3 节中提出的基于空间支持的稀疏表示方法的稀疏字典使用的都是超完备字典。这些超完备字典包含大量的字典原子，而这些字典原子在参与稀疏表示像元光谱向量时，大部分字典原子的权值为零，这些原子在稀疏表示中没有作用。这些权值为零的字典原子在计算像元稀疏表示系数时，可以被直接忽略，并保持目标检测方法的性能。本节的主要内容是研究一种字典原子搜索方法，进而设计一种自适应子字典。

　　原本使用超完备字典的稀疏表示方法为了准确地表示像元的光谱向量，给定的超完备字典将包含多种类型的字典原子，以表示所有情况的像元光谱。在像元光谱的稀疏表示中，使用的非零权值的字典原子具有与其表示的像元光谱相似的光谱特性。在这种情况下，用稀疏表示来表示光谱向量的误差最小，不会影响下一步的目标检测性能。KNN 方法是一种在特征空间中寻找距离最小的 k 个原子的智能学习方法，由于实现简单等优点，KNN方法已经在数据挖掘、模式识别、图像处理等领域得到广泛应用。该方法适用于设计和计算自适应子字典，进而计算图像中像元光谱的稀疏表示。

KNN方法是在训练集中寻找k个与目标参数相似的超完备字典。对于给定的样本x，从超完备字典D中选取k个字典原子，这些字典原子与样本x具有相似的特性。本节提出了自适应子字典的设计方法，将像元光谱作为给定的样本x，而在稀疏表示中使用给定的超完备字典D。本节使用光谱角余弦(spectral angle cosine，SAC)来计算样本与字典原子的相似度。样本x与字典原子d_i的SAC值为

$$SAC(x,d_i) = \frac{\langle x,d_i \rangle}{\sqrt{\langle x,x \rangle}\sqrt{\langle x,d_i \rangle}} \tag{6-50}$$

在给定原始的超完备字典D和一个样本x后，KNN方法将计算样本x和N_D个字典原子$d_i, i=1,2,\cdots,k$的相似性，然后从中选取相似性最高的k个字典原子$d_i, i=1,2,\cdots,k$。选出的k个字典原子将组成自适应子字典，用于计算样本x的稀疏表示。

要使用KNN方法选取字典原子，仅需要给定选取字典原子的个数k、原始的超完备字典D和一个计量相似性的准则。KNN方法实现过程较为简单，在选定自适应子字典后，任何样本的稀疏表示都可以使用基本的稀疏表示方法和空间支持的稀疏表示方法来计算。

6.4.3　实验结果及分析

为了检验和证明本节所提方法的有效性和高效性，在本节的仿真实验中，一共使用了3幅高光谱图像数据，对于每幅高光谱图像数据都使用四种不同的稀疏表示模型来检测图像中的目标。人造数据、玉米种子数据与黄石公园数据的仿真实验数据图如图6-9所示，在人造数据、玉米种子数据与黄石公园数据的仿真实验数据图中分别给出了三个数据在第50波段的图像。

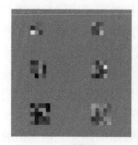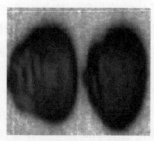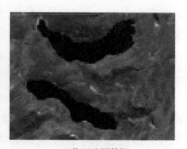

(a) 人造数据　　　　　　(b) 玉米种子数据　　　　　　(c) 黄石公园数据

图6-9　人造数据、玉米种子数据与黄石公园数据的仿真实验数据图

图 6-9(a)是一幅人造数据图像。该图像的大小为 30 像元×30 像元，包含了两列大小分别为 3×3、4×4 和 5×5 共 6 个目标，目标排列如图中所示。该图像共有 100 个目标像元和 800 个背景像元参与了仿真实验。该人造数据也包含了 126 个波段的高光谱数据。该人造图像的构造过程如下：首先，在 6.3 节中使用的第三幅飞机场数据的所有目标像元中，随机选择 100 个像元，按照图 6-9(a)中的目标位置进行排列，然后，在飞机场数据的所有背景像元中，随机选择 800 个像元，将它们排列在目标像元周围，最终构成了大小为 30×30 共 900 个像元的人造数据。

图 6-9(b)所显示的数据来自美国得克萨斯农工大学农业生命研究中心玉米种子的高光谱图像。拍摄所使用的行扫描推进式高光谱扫描仪有 640 个传感器，160 个光谱通道，光谱覆盖范围为 405～907nm，光谱分辨率为 1nm，分辨率为 169 像元每平方厘米，高光谱扫描仪与样本之间的距离为 60cm。在该图像数据中，一共有 2 个玉米种子，图像的大小为 85 像元×100 像元。

图 6-9(c)所显示的是第三幅高光谱图像，该图像是利用先进的机载可见光/红外成像光谱仪采集的数据，波段范围为 0.4～2.45μm，光谱分辨率为 10nm，空间分辨率为 20m×20m。在本实验中，所使用的图像是美国黄石公园的一部分，覆盖了从可见光到近红外的光谱范围，共包含 224 个波段。所用实验图像大小为 75 像元×100 像元，图中包含了两个坐落于图像中央的大湖泊和一个处于右上角的小湖泊，总共 3 个湖泊作为待检测的目标。

在仿真实验中，主要研究基于自适应子字典的稀疏表示在高光谱图像目标检测中的作用，因此研究对比内容为使用自适应子字典计算基本稀疏表示模型和基于自适应邻域的稀疏表示模型的高光谱图像目标检测方法的检测结果，并且将以上两种方法的检测结果与采用超完备字典的基本稀疏表示模型和基于自适应邻域的稀疏表示模型的高光谱图像目标检测方法的检测结果进行比较。本节将针对图 6-9 所示的三幅高光谱图像(一幅模拟图像和两幅真实图像)的目标进行检测，来验证本节所提方法的有效性，其中贪婪追踪(simultaneous subspace pursuit, SSP)方法[39]和反向传播(back propagation, BP)方法[40]是用来检测的。为了便于仿真实验中的分析与讨论，将利用基本稀疏表示模型进行目标检测的方法定义为 BSR。而将使用基于自适应邻域的稀疏表示(adaptive neighbourhood sparse representation, ANHSR)模型进行目标检测的方法定义为 ANHSR。同时，这两种方法在计算稀疏表示系数时使用本节所提基于自适应子字典的稀疏表示模型进行目标检测的方法分别定义为基于自适应子字典的基本稀疏表示(basic sparse representation based on adaptive subdictionary，ASBSR)和基于自适应子字典和自适应邻域的稀疏表示(sparse representation based on adaptive subdictionary and adaptive neighbourhood, ASANHSR)。四种稀疏表示模型及使用的字典表如表 6-3 所示。

表 6-3　四种稀疏表示模型及使用的字典表

方法	求解稀疏方法	字典
BSR	BP 方法求解式(6-42)	超完备字典
ASBSR		自适应子字典
ANHSR	SSP 方法求解式(6-44)	超完备字典
ASANHSR		自适应子字典

　　在仿真实验中，将对实验结果采用主观和客观的标准进行比较，以便评估不同方法的检测结果。首先，目视检查被用来主观地评价图像的检测结果，通过对检测结果的二维显示和三维显示，可以主观地观察和评价方法的检测精度和鲁棒性。在客观分析中，表述在不同的虚警概率下检测概率大小的 ROC 将用来评价方法对高光谱图像的检测效果。

　　在仿真实验中，首先使用模拟图像数据参与实验，从而构成第一组对比实验。针对这一模拟高光谱图像，在稀疏表示模型中，计算所需的超完备字典直接从原始高光谱图像的左上角选取。实验中选取的区域为图像左上角的 10×10 共 100 个像元的光谱作为字典，其中包含了背景像元的字典原子 N_b=91 个，目标像元的字典原子 N_t=9 个。BP 方法用于解决在式(6-43)中描述的 BSR 问题，SSP 方法用于解决在式(6-44)中描述的自适应窗口稀疏表示(adaptive window sparse representation，AWSR)和 ANHSR 问题。

　　在最佳阈值 δ 下，四种使用不同稀疏表示模型和不同字典的高光谱图像目标检测方法的检测结果相同。模拟高光谱图像的检测结果图如图 6-10 所示，图 6-10(a)为 BSR、ASBSR、ANHSR 和 ASANHSR 四种方法的二维检测结果示意图，图 6-10(b)给出了此模拟图像数据第 50 波段图像作为对比。从图中可以看到，所有的目标像元都成功地被稀疏表示检测方法检测到，并没有产生任何虚警。这主要是由于在这一模拟高光谱图像中，背景像元看起来很均匀，而目标像元的光谱有较明显的

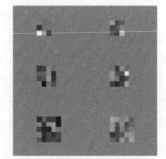

(a) 二维检测结果示意图　　　　　(b) 第50波段图像

图 6-10　模拟高光谱图像的检测结果图

不同性。这也说明，本节所提使用自适应子字典的稀疏表示方法，即 ASBSR 和 ASANHSR 方法都能够成功地检测到图像中的目标。

为了更充分地显示和比较使用不同字典在不同稀疏表示模型下的目标检测结果，将目标检测器输出的检测结果对应的 $R(x)$ 值按照其空间位置的排布在三维空间中显示，模拟高光谱图像的检测结果三维显示图如图 6-11 所示，图 6-11(a)～图 6-11(d) 依次为 BSR、ASBSR、ANHSR 和 ASANHSR 方法检测器的输出 $R(x)$。在三维显示图中，可以观察到更多的关于检测结果的信息。

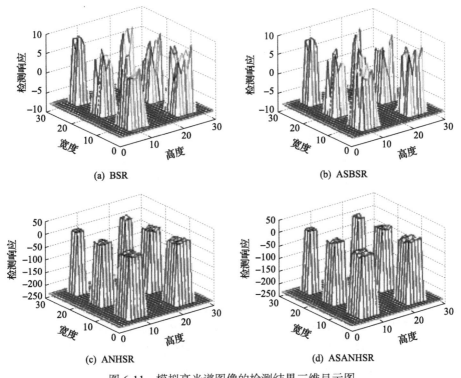

图 6-11　模拟高光谱图像的检测结果三维显示图

从图 6-11 可以看到，使用自适应邻域稀疏表示的 ANHSR 和 ASANHSR 方法的结果比 BSR 和 ASBSR 的结果具有更高和平坦的峰。较高的峰表示其检测结果更具有鲁棒性，因为它允许在进行阈值辨别时，可以在一个较大的范围内选择阈值。使用自适应子字典的 ASBSR 和 ASANHSR 与对应的使用超完备字典的 BSR 和 ANHSR 的检测结果区别不大，只在峰顶部分略有不同。在处理复杂图像时，这些微小区别就会对检测结果产生影响。

由图 6-10 的检测结果图和图 6-11 的检测结果三维显示图可以明显看出，本节所提基于自适应子字典的稀疏表示模型在高光谱图像目标检测中都能有效检测到目标。同时，还对这四种方法在检测目标时的运行时间进行了统计。人造数据的方法运行时间比较表如表 6-4 所示，其中显示了人造数据的方法运行时间比较结果。虽然程序的运行时间与图像数据的大小和波段数量有关，然而在给定一个图像数据的情况下，各个方法的运行时间仍然可以提供一种对方法复杂度比较分析的度量。

表 6-4　人造数据的方法运行时间比较表（基于自适应子字典的稀疏表示目标检测方法）

方法	BSR	ASBSR	ANHSR	ASANHSR
运行时间/s	6.40	5.71	0.53	0.57

从表 6-4 中可以看出，ANHSR 和 ASANHSR 需要较少的运行时间就能实现较好的目标检测效果，其原因是，所使用的自适应空间支持有助于平滑空间中相邻像元之间的不一致性。其结果是，ANHSR 和 ASANHSR 的稀疏表示方法可以很容易地重建原始光谱，从而进行目标检测。使用自适应子字典的 ASBSR 与其对应的使用超完备字典的 BSR 的检测结果相比，运算速度较快，能够更高效地得到检测结果。使用自适应子字典的 ASANHSR 与其对应的使用超完备字典的 ANHSR 的检测结果区别不大，都能够较好地、快速地得到检测结果。当然，由于这一模拟高光谱图像较为简单，所以其运行时间差别不大。

为了更进一步验证本节所提基于自适应子字典的稀疏表示目标检测方法的有效性和高效性，使用第二幅和第三幅两幅真实的高光谱图像进行仿真实验，对这两幅图像使用四种不同字典或稀疏表示模型的方法的检测结果和检测效率进行了对比分析。

对于第二幅高光谱图像，在稀疏表示的超完备字典中的字典原子直接从图像的左边区域选取，选取的图像大小为原图像的 10%，为 85×100 共 850 个字典原子，其中属于背景像元的字典原子 N_b=558 个，而属于目标像元的字典原子 N_t=292 个。玉米种子数据的二维检测结果图如图 6-12 所示，玉米种子数据的三维检测结果图如图 6-13 所示。

(a) BSR　　　　　　　　　　　(b) ASBSR

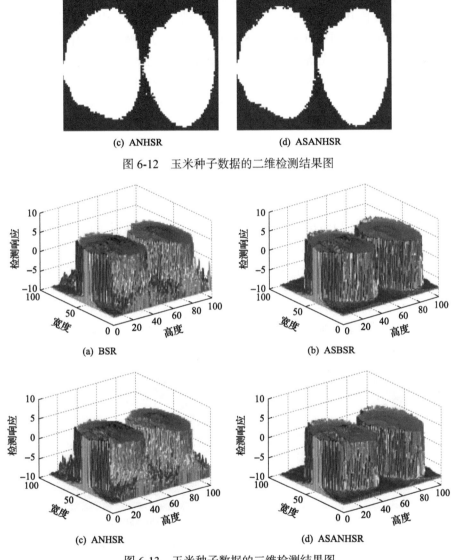

(c) ANHSR　　　　　　　　(d) ASANHSR

图 6-12　玉米种子数据的二维检测结果图

(a) BSR　　　　　　　　(b) ASBSR

(c) ANHSR　　　　　　　　(d) ASANHSR

图 6-13　玉米种子数据的三维检测结果图

　　从这组实验中可以看出，四种方法都能够较好地检测到图像中的目标。从图 6-12 的检测结果中可以看到，对于基本稀疏表示模型，使用自适应子字典的 ASBSR 方法的检测结果略差于使用超完备字典的 BSR 方法，在左侧目标内部有两个漏警点。而使用自适应邻域的稀疏表示模型的 ANHSR 和 ASANHSR 方法都能取得较好的检测结果，尤其是 ASANHSR 方法，其检测结果更符合图像中真实目标的分布。此外，实验表明，ASANHSR 方法的检测效果最好。

　　从图 6-13 的三维检测结果图中可以得到相似的结论，即这四种不同的稀疏表示方法能够在图像中的目标位置得到较高且较平坦的突起峰。使用自适应邻域的稀疏表示模型要比基本稀疏表示模型获得更优的检测结果。由于自适应子字典的使用，从图中可以看到 ASBSR 和 ASANHSR 方法的检测结果具有较为平坦分布的背景，而对于使用超完备字典的 BSR 和 ANHSR 方法，其背景部分都较为杂乱和无序。这说明了自适应子字典在稀疏表示目标检测中的作用。此外，由于具有最为平坦和分明的结果图，所以 ASANHSR 方法的检测效果最好。

在第三组仿真实验中，使用第三幅高光谱图像。同样地，稀疏表示的超完备字典中的字典原子直接从图像的左边区域选取，选取的图像大小为原图像的 10%，为 75×10 共 750 个字典原子，其中属于背景像元的字典原子 N_b=650 个，而属于目标像元的字典原子 N_t=100 个。黄石公园数据的二维检测结果图如图 6-14 所示，黄石公园数据的三维检测结果图如图 6-15 所示。

从这组实验中可以看出，ANHSR 方法的检测结果是最差的。从图 6-14 的二维检测结果中可以看出，BSR 得到的结果最为优秀，仅在图像的右下部分有一个虚警点。而从图 6-15 黄石公园数据的三维检测结果中可以看出，ASANHSR 方法获得的三维结果图最为理想，其目标位置最为突出，而且由于使用了自适应子字典，其背景部分也比其对应的使用超完备字典的 ANHSR 方法更为平坦和明显。这两种基于自适应子字典的稀疏表示目标检测方法都能较好地检测到目标。对于使用基本稀疏表示模型的 BSR 和 ASBSR 方法，其检测结果区别较小，使用自适

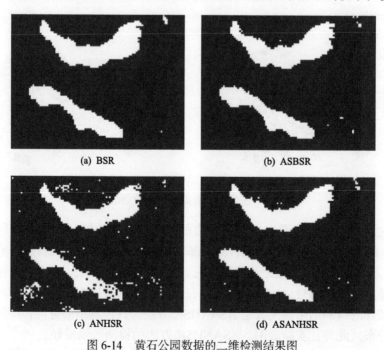

(a) BSR　　　　　　　　　　　　　　　(b) ASBSR

(c) ANHSR　　　　　　　　　　　　　　(d) ASANHSR

图 6-14　黄石公园数据的二维检测结果图

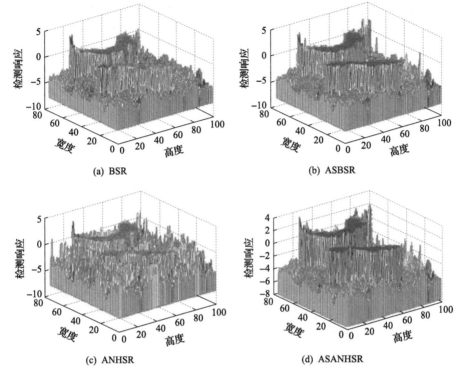

(a) BSR

(b) ASBSR

(c) ANHSR

(d) ASANHSR

图 6-15　黄石公园数据的三维检测结果图

应子字典的 ASBSR 方法的目标同样比使用超完备字典的 BSR 方法突出，本节所提自适应子字典的 ASBSR 方法也能取得较为理想的检测结果。

为了进一步比较这些方法的性能，第二幅和第三幅图像的接收机工作特性曲线被用来描述和评价这四种稀疏表示方法的检测性能。玉米种子数据和黄石公园数据接收机工作特性曲线图如图 6-16 所示。

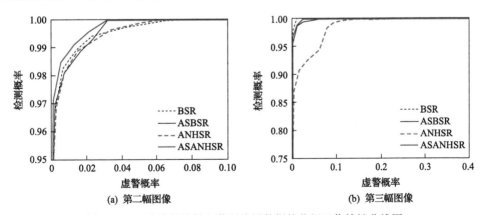

(a) 第二幅图像

(b) 第三幅图像

图 6-16　玉米种子数据和黄石公园数据接收机工作特性曲线图

从图 6-16 中可以明显地看出，由于在稀疏表示中使用了自适应子字典，针对基本稀疏表示模型，BSR 和 ASBSR 方法的接收机工作特性区别不大，即自适应子字典的使用能够得到较为理想的检测结果。而针对自适应邻域上的稀疏表示模型，自适应子字典的使用明显提升了检测方法的性能，尤其是对第三幅黄石公园数据。对于第二幅玉米种子数据，四种稀疏表示方法的性能接近，其中 ASANHSR方法的表现最为优秀。

最后，还对这四种方法在检测目标时的运行时间进行了统计，玉米种子数据和黄石公园数据的方法运行时间比较表如表 6-5 所示。

表 6-5　玉米种子数据和黄石公园数据的方法运行时间比较表

方法	BSR	ASBSR	ANHSR	ASANHSR
玉米种子数据/s	260.46	81.40	73.02	21.61
黄石公园数据/s	330.21	9103	60.33	27.31

从表 6-5 中可以看出，由于自适应邻域的作用，使用自适应邻域的稀疏表示模型要比使用基本稀疏表示模型的方法运行时间短，计算效率高。采用自适应子字典的稀疏表示的 ASBSR 和 ASANHSR 方法与其对应的使用超完备字典的 BSR和 ANHSR 方法计算时间短，因为自适应子字典帮助方法在迭代计算稀疏表示系数时需要考虑的字典原子要远少于超完备字典。其中，ASANHSR 方法在计算效率方面的表现最为优秀和突出。

6.5　基于空谱支持流形式的多任务学习目标检测方法

6.5.1　方法原理

高光谱图像同时提供待检测物体的光谱信息和空间信息，忽略传感器噪声及大气干扰，较小范围内的空间邻域像元通常具有相似的光谱特征。通过同时提取图像中的空间信息和光谱信息，可以有效地降低噪声的影响，提升检测精度。因此，文献[39]～[44]提出了结合空间邻域信息来提升高光谱图像分类和检测方法的性能。两个邻近像元的光谱反射率曲线与联合表示向量图如图 6-17 所示（取前 6个最大值）。

假设 x_i 和 x_j 是两个成分相似的像元，这两个相似像元的联合表示如下。给定已知的字典 $D^k \in R^{l^k}$，x_i 的联合表示为

$$x_i^k = \alpha_{i1}^k d_1^k + \cdots + \alpha_{iN}^k d_N^k = \underbrace{\left[d_1^k, \cdots, d_N^k\right]}_{D^k} \underbrace{\left[\alpha_{i1}^k, \cdots, \alpha_{iN}^k\right]^{\mathrm{T}}}_{\alpha_i^k} = D^k \alpha_i^k + o^k \qquad (6\text{-}51)$$

其中，x_i^k 为像元 x_i 的第 k 个特征；α_i^k 为系数向量，是对应于 D^k 的权重系数；o^k 为随机噪声。

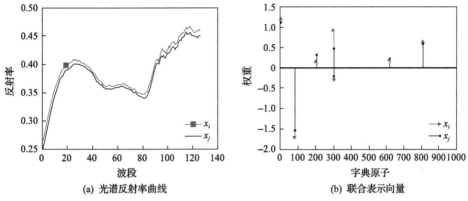

(a) 光谱反射率曲线　　　　　(b) 联合表示向量

图 6-17　两个邻近像元的光谱反射率曲线与联合表示向量图

因为 x_i 和 x_j 包含相似的光谱信息，所以 x_j 可以被 D^k 中相似的原子近似表示为

$$x_j^k = \alpha_{j1}^k d_1^k + \cdots + \alpha_{jN}^k d_N^k = \underbrace{[d_1^k, \cdots, d_N^k]}_{D^k} \underbrace{[\alpha_{j1}^k, \cdots, \alpha_{jN}^k]}_{\alpha_j^k}^{\mathrm{T}} = D^k \alpha_j^k + o^k \quad (6\text{-}52)$$

其中，x_j^k 为像元 x_j 的第 k 个特征；α_j^k 为系数向量，是对应于 D^k 的权重系数；o^k 为随机噪声。

从图 6-17 中可以看出，两个邻近像元的光谱反射率曲线极其相似，并且其联合表示向量也基本相同。

6.5.2　方法流程

本节结合图像的空间邻域信息来提高基于流形式的多任务学习目标检测方法的检测精度，提出一种基于空谱支持流形式的多任务学习目标检测方法，命名为 ICRTD_MTL。在多特征情况下，空间 4-邻域像元通常相关。这意味着，多特征联合表示向量 $\{\alpha_t^k\}_{k=1,\cdots,K;t=1,\cdots,W}$（其中 W 是邻域像元的个数）可以由字典 $\{D^k\}_{k=1,\cdots,K}$ 中共同的原子线性表示。可以预见，同一像元不同特征的联合表示向量 $\{\alpha_t^k\}_{k=1,\cdots,K;t=1,\cdots,W}$ 具有相似性，并提供互补的、额外的信息用于提升高光谱目标检测方法的性能。

在 ICRTD_MTL 中，三种特征构成的张量以 4-邻域像元组的形式逐个输入改进的多任务学习目标检测方法中。在每个特征对后续任务处理具有特定贡献的条件下，利用同时优化权重的目标函数求解联合表示向量。假设 $X = [x_1, \cdots, x_c, \cdots, x_W]$ 是以 x_c 为中心的像元，其中 $W=5$。X 的多特征形式表示为 $\{X^k\}_{k=1,\cdots,K} = \left\{[x_1^k, \cdots,\right.$

$x_c^k, \cdots, x_W^k]_{k=1,\cdots,K}\}$ ，包含 K 个矩阵，大小为 $l^k \times W$ 。 $\{X^k\}_{k=1,\cdots,K}$ 可以表示为

$$X^1 = [x_1^1, \cdots, x_c^1, \cdots, x_W^1] = \begin{bmatrix} (D^{1_t}\alpha_1^1 + D^{1_b}\alpha_1^1)^{\mathrm{T}} \\ \vdots \\ (D^{1_t}\alpha_W^1 + D^{1_b}\alpha_W^1)^{\mathrm{T}} \end{bmatrix}^{\mathrm{T}} = D^{1_t}\begin{bmatrix} (\alpha_1^{1_t})^{\mathrm{T}} \\ \vdots \\ (\alpha_W^{1_t})^{\mathrm{T}} \end{bmatrix}^{\mathrm{T}} + D^{1_b}\begin{bmatrix} (\alpha_1^{1_b})^{\mathrm{T}} \\ \vdots \\ (\alpha_W^{1_b})^{\mathrm{T}} \end{bmatrix}^{\mathrm{T}} + o^1$$

$$= D^{1_t}\varphi^{1_t} + D^{1_b}\varphi^{1_b} + o^1 = D^1\varphi^1 + o^1$$

$$\vdots$$

$$X^K = [x_1^K, \cdots, x_c^K, \cdots, x_W^K] = \begin{bmatrix} (D^{K_t}\alpha_1^K + D^{K_b}\alpha_1^K)^{\mathrm{T}} \\ \vdots \\ (D^{K_t}\alpha_W^K + D^{K_b}\alpha_W^K)^{\mathrm{T}} \end{bmatrix}^{\mathrm{T}} = D^{K_t}\begin{bmatrix} (\alpha_1^{K_t})^{\mathrm{T}} \\ \vdots \\ (\alpha_W^{K_t})^{\mathrm{T}} \end{bmatrix}^{\mathrm{T}} + D^{K_b}\begin{bmatrix} (\alpha_1^{K_b})^{\mathrm{T}} \\ \vdots \\ (\alpha_W^{K_b})^{\mathrm{T}} \end{bmatrix}^{\mathrm{T}} + o^K$$

$$= D^{K_t}\varphi^{K_t} + D^{K_b}\varphi^{K_b} + o^K = D^K\varphi^K + o^K$$

$$(6\text{-}53)$$

其中，$\{\varphi^k\}_{k=1,\cdots,K}$ 为多特征条件下像元与其对应特征字典 $\{D^k\}_{k=1,\cdots,K}$ 的联合表示向量； $\{o^k\}_{k=1,\cdots,K}$ 为一个随机噪声矩阵。

上述模型包含两个优势：第一，未知像元不同特征的联合表示系数满足稳定性及灵活性；第二，在一个小邻域的像元中分享共同的低秩子空间。

接着，联合表示向量矩阵 $\{\varphi^k\}_{k=1,\cdots,K}$ 表示为

$$\{\hat{\varphi}^k\}_{k=1,\cdots,K} = \arg\min_{\alpha^k}\left\{\left\|X^k - D^k\varphi^k\right\|_{\mathrm{F}}^2 + \lambda\left\|Q_k\varphi^k\right\|_{\mathrm{F}}^2\right\}_{k=1,\cdots,K} \tag{6-54}$$

$$Q_k = \frac{1}{1 + \exp\left(-\dfrac{1}{2\delta^2}\left\|\varphi^k - \hat{\varphi}\right\|_{\mathrm{F}}^2\right)} \tag{6-55}$$

其中，$\hat{\varphi} = \sum_{i=1}^{K}\varphi^k / K$ ；λ 为一个规则化参数。

式(6-54)可以利用如下算子求解，即

$$\hat{\varphi}^k = \left((D^k)^{\mathrm{T}}D^k + \lambda Q_k^2 I\right)^{-1}(D^k)^{\mathrm{T}}X^k \tag{6-56}$$

对于未知像元，在获得联合表示系数矩阵 $\{\varphi^k\}_{k=1,\cdots,K}$ 后，目标与背景子空间的残差可以通过式(6-57)求得，即

$$R_t(x) = \sum_{(k=k_t)=1}^{K} \left\| X^k - D^{k_t}\hat{\varphi}^{k_t} \right\|_{\mathrm{F}}^2 \tag{6-57}$$

$$R_b(x) = \sum_{(k=k_b)=1}^{K} \left\| X^k - D^{k_b}\hat{\varphi}^{k_b} \right\|_{\mathrm{F}}^2 \tag{6-58}$$

$$R(x) = R_t(x) - R_b(x) \tag{6-59}$$

其中，如果 $R(x)$ 大于预设阈值，则 x 被判断为目标像元，否则，x 被判断为背景像元。

图解 ICRTD_MTL 流程图如图 6-18 所示，给定高光谱图像，三种形式的光谱衍生特征 $\{X^k\}_{k=1,2,3}$ 被提取，其中，$X^k = [x_1^k, \cdots, x_c^k, \cdots, x_T^k]$，$T$ 为邻域像元的个数。每一个特征矩阵可以由对应特征字典中的原子线性表示。$\{Q_k\}_{k=1,2,3}$ 用于获得不同特征对应的联合表示系数差异性。最终，根据两个子空间的检测结果的差值来检测目标。

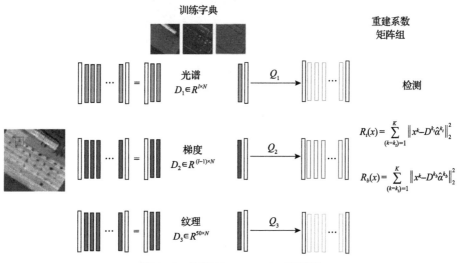

图 6-18　图解 ICRTD_MTL 流程图

本节利用自适应本地字典构建方法构建目标字典与背景字典。该方法可以提取统计独立的目标训练样本与背景训练样本。目标字典 $\{D^{k_t}\}_{i=1,2,\cdots,N_t}$ 来源于检测图像的目标像元。利用双窗方法提取背景字典 $\{D^{k_b}\}_{i=1,2,\cdots,N_b}$。过完备字典的建设方法图如图 6-19 所示，利用外窗的像元构建背景字典，通过上述字典构建方法，由背景像元张成的背景字典具有本地统计性。因此，如果待检测像元为背景像元，则其可以在背景字典中找到相似的信息。如果待检测像元是目标像元，则其不能在背景字典中找到相似的信息,因为背景字典不包含目标像元信息。通常情况下,高光谱图像空间分辨率为米级(m),导致图像中存在混合像元,即一个像元中包含多种地物的光谱信息。这种现象是不可避免的,但是通过自适应本地字典构建方法构建的目标字典与背景字典可以最大限度地保证字典中样本的统计独立性。

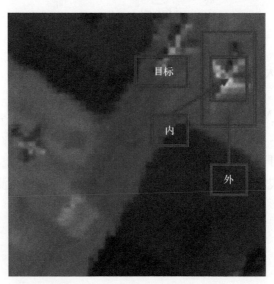

图 6-19　过完备字典的建设方法图

6.5.3　实验结果及分析

三幅高光谱图像数据被用于此次仿真实验,实验的仿真环境为:Windows8.1,处理器为 Inter(R)Core(TM)i5-5257U @2.7GHz,内存容量为 8GB。为了便于参数讨论与分析,将单特征联合表示方法定义为 CRTD,将基于流形式的多任务学习目标检测方法定义为 CRTD_MTL,将基于空谱支持流形式的多任务学习目标检测方法定义为 ICRTD_MTL。

数据集 1 描述:飞机场数据集图如图 6-20 所示,图中显示的是该高光谱的波段 1 图像。该数据为美国圣地亚哥机场的一部分,其图像分辨率为 20m×20m,光谱范围为 400~1800nm(覆盖可见光、近红外及短波红外波段),波长间隔为 10nm。实验数据包含 126 个波段(移除了吸水带及低信噪比波段),大小为 60×60 个像元,包含 105 个目标像元及 3495 个背景像元,数据中包含 3 架飞机作为目标并用于检测,飞机场数据真实地物类别表如表 6-6 所示,表中给出了该数据集中背景与目标的统计数量。将 ICRTD_MTL 方法与传统的目标检测方法进行比较,通过视觉检测方法和定量检测方法体现本节所提方法的性能,验证了方法的有效性,为检测中期森林的范围提供了手段。

图 6-20　飞机场数据集图

表 6-6　飞机场数据真实地物类别表

类别	目标	背景
样本数	105	3495

　　本实验利用相关系数矩阵来表示高光谱图像数据衍生特征的差异性及特征信息的互补性。飞机场数据集对应不同特征的相关系数矩阵图如图 6-21 所示。相关

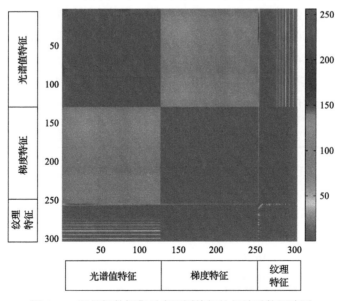

图 6-21　飞机场数据集对应不同特征的相关系数矩阵图

系数矩阵的前 126 行为光谱值特征(spectral value feature，SVF)，接着的 125 行为光谱梯度特征(spectral gradient feature，SGF)，最后 50 行为 Gabor 纹理特征(Gabor texture feature，GTF)。从相关系数矩阵中可以看出，不同特征包含不同的信息，并且这些信息是互补的。

实验参数设置：对于飞机场数据集，在 CRTD_MTL 和 ICRTD_MTL 方法中，字典中样本的个数为 1080，其中 57 个样本来自目标字典 $\sum_{k_t=1}^{3} D^{k_t}$，1023 个样本来自背景字典 $\sum_{k_b=1}^{3} D^{k_b}$，外窗及内窗的尺寸分别为 17×17 和 7×7。在 CRTD 方法中，字典中的样本来自光谱值特征、光谱梯度特征、Gabor 纹理特征。其字典中的样本数量为 360，其中 19 个样本来自目标字典 D^{k_t}，341 个样本来自背景字典 D^{k_b}，内窗及外窗的尺寸分别为 17×17 和 7×7。

参数分析：为了定量分析参数 λ 的影响，计算了三种检测方法的 AUC，即 CRTD(f_{spectral}，f_{gradient}，f_{texture})、CRTD_MTL 和 ICRTD_MTL。三种检测器对飞机场数据的 AUC 值表如表 6-7 所示。可以看出，三种方法的性能对参数较为敏感。CRTD(f_{spectral}，f_{gradient}，f_{texture})、CRTD_MTL 和 ICRTD_MTL 中参数 λ 的值为 10^1、10^0、10^{-1}、10^{-2}、10^{-3}、10^{-4}。对比表 6-7 中的检测 AUC 值可以看出，在所有特征中，除了光谱梯度特征，都获得了较好的检测效果。可以明显看出，不同方法提取的不同特征能够体现数据中可区分信息的不同方面，并且这些信息是互补的。因此，结合这三种信息提高检测器区分目标与背景的能力是合理的，CRTD_MTL 的 AUC 值比 CRTD(f_{spectral}，f_{gradient}，f_{texture})最多高出 0.0022，这证明了多任务学习的有效性。另外，ICRTD_MTL 的曲线下面积指数高于 CRTD_MTL，达到了 0.8958。实验结果证明，ICRTD_MTL 可以利用空间邻域信息和互补特征信息增强其检测精度。

表 6-7 三种检测器对飞机场数据的 AUC 值表

λ	CRTD			CRTD_MTL	ICRTD_MTL
	光谱值	光谱梯度	Gabor 纹理	三特征多任务目标学习	
10^1	0.8400	**0.7841**	**0.8233**	0.6117	0.8701
10^0	0.8648	0.6006	0.7706	0.7755	0.8701
10^{-1}	0.8654	0.5502	0.7948	**0.8698**	0.8793
10^{-2}	0.8633	0.6120	0.7979	0.8629	0.8829
10^{-3}	**0.8676**	0.6511	0.8058	0.8344	**0.8958**
10^{-4}	0.8661	0.6867	0.8110	0.8156	0.8827

视觉检测：检测方法的性能通常依靠检测概率及 ROC 进行评估。但是，在一些情况下，由于检测区域没有完整的地物类别信息，视觉检测成为评价检测效果的唯一标准。飞机场数据检测结果二维图如图 6-22 所示。为了更好地解释检测的效果，飞机场数据检测结果三维图如图 6-23 所示。对于飞机场数据集，ACE 及 GLRT 方法过度抑制了背景。如图 6-23(g) 所示，ICRTD_MTL 具有较好的背景抑制能力，并且目标的展示更加清晰。

方法对比：本节通过对比 ACE、CEM、GLRT、MF、OSP、CRTD 及 ICRTD_MTL 方法的 ROC 及 AUC 值定量分析上述方法的性能。为了公平对比，所有方法处于

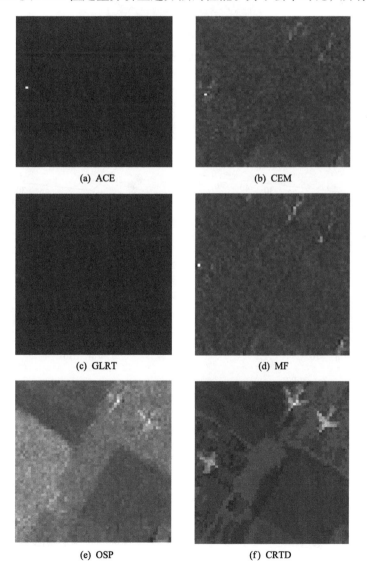

(a) ACE

(b) CEM

(c) GLRT

(d) MF

(e) OSP

(f) CRTD

(g) ICRTD_MTL

图 6-22　飞机场数据检测结果二维图

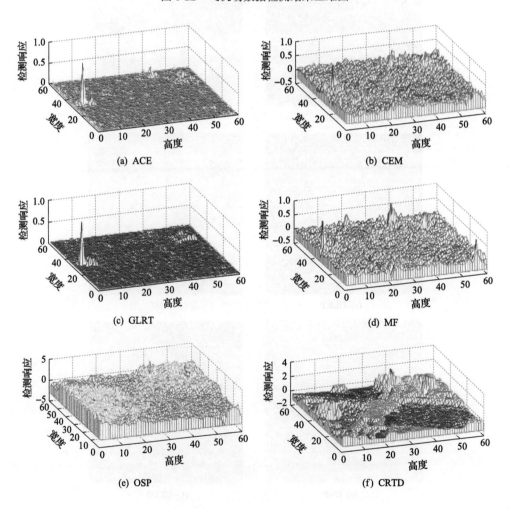

(a) ACE

(b) CEM

(c) GLRT

(d) MF

(e) OSP

(f) CRTD

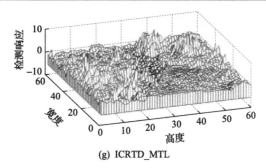

(g) ICRTD_MTL

图 6-23　飞机场数据检测结果三维图

同样的设置(如同样的目标训练样本及背景训练样本)条件下。在 ACE、CEM、GLRT、MF、OSP 方法中，目标光谱特征为从光谱值特征中获得的目标字典中样本的均值。背景光谱特征为从光谱值特征中获得的背景字典中样本的均值。所有参数被调整以获得最好的检测性能。

ROC 对比结果图如图 6-24 所示，图中显示了 7 种方法的 ROC。从图中可以看出，针对此幅数据，ACE、CEM、GLRT、MF 及 OSP 的检测性能较差，因为上述方法中目标光谱特征为单一向量。而 ICRTD_MTL 检测结果好于 ACE、CEM、GLRT、MF、OSP 及 CRTD。

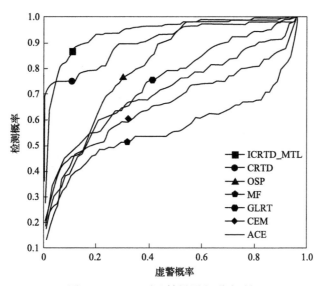

图 6-24　ROC 对比结果图(7 种方法)

为了进一步证明本节所提方法的性能，本节计算了 ROC 的 AUC 值。7 种方法的 AUC 值如表 6-8 所示，且最好的检测结果加粗显示。对于 AUC，其值越大表示检测器性能越好。可以看出，ICRTD_MTL 的检测性能高于其他方法的检测性能(ACE、CEM、GLRT、MF 及 OSP),达到了 0.8958。总的来说,通过空间支持与多任务学习的帮助,本节所提 ICRTD_MTL 获得了最好的检测效果。

表 6-8　7 种方法的 AUC 值

数据集 1	ICRTD_MTL	CRTD	OSP	MF	GLRT	CEM	ACE
AUC 值	**0.8958**	0.8676	0.7700	0.5352	0.7034	0.6303	0.6790

数据集 2 描述:第二幅高光谱图像数据为美国圣地亚哥机场的一部分,飞机场数据(38 架飞机)(波段 1)图如图 6-25 所示。图像中包含 100×100 个像元,图像中包含 539 个目标像元及 9461 个背景像元,其分辨率为 20m×20m,图中的 38 架飞机作为检测目标。光谱值特征 $f_{\text{spectral}} \in R^{126}$、光谱梯度特征 $f_{\text{gradient}} \in R^{125}$ 及 Gabor 纹理特征 $f_{\text{texture}} \in R^{50}$ 用于提升检测效果。飞机场数据真实地物类别表(38 架飞机)如表 6-9 所示。

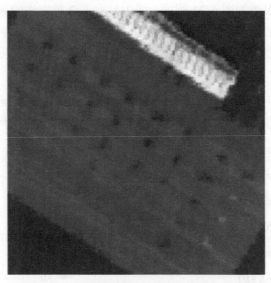

图 6-25　飞机场数据(38 架飞机)(波段 1)图

表 6-9　飞机场数据真实地物类别表(38 架飞机)

类别	目标	背景
样本数	539	9461

实验参数设置:对于飞机场数据(38 架飞机),在 CRTD_MTL 和 ICRTD_MTL 方法中,字典中样本的个数为 3000,其中 120 个样本来自目标字典 $\sum_{k_t=1}^{3} D^{k_t}$,2880

个样本来自背景字典 $\sum_{k_b=1}^{3} D^{k_b}$，外窗及内窗的尺寸分别为 9×9 和 5×5。在 CRTD 方法中，字典中的样本单独来自光谱值特征、光谱梯度特征、Gabor 纹理特征。字典中的样本数量为 960，外窗及内窗的尺寸为 9×9 和 5×5。

参数分析：对于飞机场数据（38 架飞机），本节计算了三种检测方法的 AUC 值，包含 CRTD（f_{spectral}，f_{gradient}，f_{texture}）、CRTD_MTL 和 ICRTD_MTL。三种检测器对飞机场数据（38 架飞机）的 AUC 值表如表 6-10 所示，表中展示了 CRTD_MTL 和 ICRTD_MTL 中参数 λ 值为 10^{-4}、10^{-3}、10^{-2}、10^{-1}、10^{0}、10^{1} 时的 AUC 值。

表 6-10 三种检测器对飞机场数据（38 架飞机）的 AUC 值表

λ	CRTD			CRTD_MTL	ICRTD_MTL
	光谱值	光谱梯度	Gabor 纹理	三特征多任务目标学习	
10^1	0.6568	0.7334	0.6173	0.6602	0.7113
10^0	0.6410	0.7333	**0.6187**	0.6855	0.7546
10^{-1}	0.7446	**0.7520**	0.6173	0.7228	0.7873
10^{-2}	0.7888	0.0734	0.6156	0.7444	0.7935
10^{-3}	0.7935	0.6343	0.6176	0.7902	**0.8097**
10^{-4}	**0.7952**	0.6140	0.6161	**0.7979**	0.7943

在表 6-10 中，CRTD_MTL 的 AUC 值高于 CRTD（f_{spectral}，f_{gradient}，f_{texture}）中的最好结果。另外，ICRTD_MTL 的 AUC 值高于 CRTD_MTL 的最好结果，达到了 0.8097。

视觉检测：飞机场数据检测结果二维图（38 架飞机）如图 6-26 所示。为了更好地展示检测器的效果，飞机场数据检测结果三维图（38 架飞机）如图 6-27 所示。

(a) ACE   (b) CEM

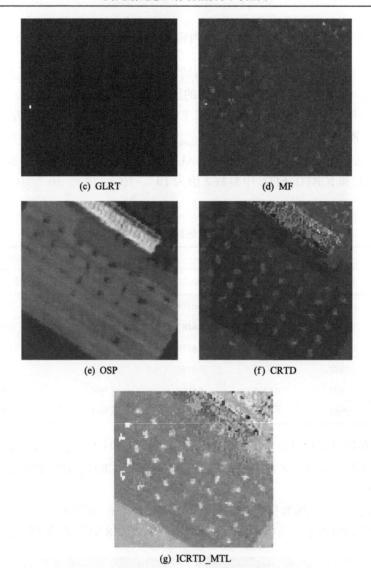

(c) GLRT (d) MF

(e) OSP (f) CRTD

(g) ICRTD_MTL

图 6-26　飞机场数据检测结果二维图(38 架飞机)

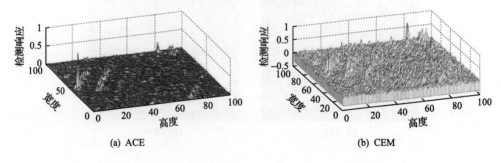

(a) ACE (b) CEM

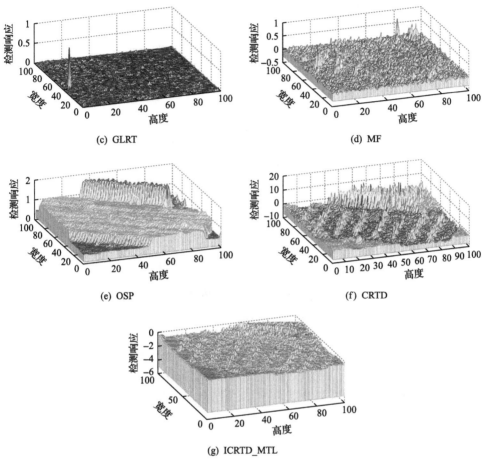

图 6-27　飞机场数据检测结果三维图(38 架飞机)

方法对比：ACE、CEM、GLRT、MF、OSP、CRTD 及 ICRTD_MTL 方法被应用于这幅高光谱图像。ROC 及 AUC 值用于定量分析上述方法的性能。

ROC 对比结果图(38 架飞机)如图 6-28 所示，图中显示了不同方法的 ROC，在这幅高光谱图像中，ACE、CEM、GLRT、MF 及 OSP 的检测性能较差，因为上述方法中目标光谱特征为单一向量。ICRTD_MTL 的检测结果优于 ACE、CEM、GLRT、MF、OSP 及 CRTD。为了进一步证明本节所提方法的性能，记录了 7 种目标检测方法 ACE、CEM、GLRT、MF、OSP、CRTD 和 ICRTD_MTL 的 AUC 值。7 种方法的 AUC 值(38 架飞机)如表 6-11 所示，最佳检测结果加粗显示。可以看出，ICRTD_MTL 的检测性能高于其他方法(ACE、CEM、GLRT、MF 及 OSP)，达到了 0.8097。通过结合数据的邻域信息与多任务学习方法，ICRTD_MTL 获得了最好的检测效果。

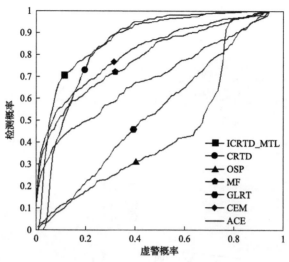

图 6-28　ROC 对比结果图（38 架飞机）

表 6-11　7 种方法的 AUC 值（38 架飞机）

数据集 2	ICRTD_MTL	CRTD	OSP	MF	GLRT	CEM	ACE
AUC 值	**0.8097**	0.7952	0.4081	0.7348	0.4883	0.7620	0.6410

　　数据集 3 描述：第三幅图像为 HyMap 高光谱图像，Santa Rosa 国家公园数据集图如图 6-29 所示，其采集地点为哥斯达黎加 Santa Rosa 国家公园。通过地面数据采集点信息，利用 LiDAR 数据标记早期森林（树高为 0～7m 区域），中期森林（树高为 7.1～16m 区域），晚期森林（树高为 161～35m 区域），用来分析中期森林的范围[26]。右侧图像中包含 207123 个目标像元及 152877 个背景像元，Santa Rosa 国家公园数据集真实地物类别表如表 6-12 所示，表中列出了图像中不同类别像元的样本数。

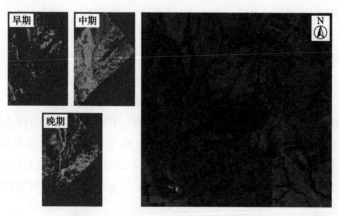

图 6-29　Santa Rosa 国家公园数据集图

表 6-12　Santa Rosa 国家公园数据集真实地物类别表

类别	目标	背景
样本数	207123	152877

该幅图像数据的空间分辨率为 15m×15m，包含 125 个波段，光谱范围为 400～2500nm，图像中包含早期森林、中期森林、晚期森林。图像覆盖区域的面积接近 66.2 km^2，图像大小为 600×600 个像元。提取光谱值特征 $f_{\text{spectral}} \in R^{125}$、光谱梯度特征 $f_{\text{gradient}} \in R^{124}$ 及 Gabor 纹理特征 $f_{\text{texture}} \in R^{50}$。Santa Rosa 国家公园内确定了 35 个地面数据采集点，包含 10 个早期点（early），15 个中期点（intermediate）及 10 个晚期点（late）。这些数据采集点作为训练样本的来源，均匀分布于公园内部，每个采集点的大小为 0.1hm^2。

实验参数设置：对于 Santa Rosa 国家公园，在 ICRTD_MTL 方法中，字典中的样本数为 1350，并且这些样本仅来自光谱值特征、光谱梯度特征和 Gabor 纹理特征。其中，450 个样本来自目标字典 $\sum\limits_{k_t=1}^{3} D^{k_t}$，900 个样本来自背景字典 $\sum\limits_{k_b=1}^{3} D^{k_b}$，外窗及内窗的尺寸分别为 7×7 和 3×3。

参数分析：为了定量分析参数 λ，计算了 ICRTD_MTL 方法的 ROC。ICRTD_MTL 的 ROC 图如图 6-30 所示，ICRTD_MTL 在 Santa Rosa 国家公园数据集上的 AUC 值表如表 6-13 所示。ICRTD_MTL 在 Santa Rosa 国家公园的 AUC 值分别显示了 ICRTD_MTL 在不同参数下的 ROC 和 AUC 值，可以看出，ICRTD_MTL

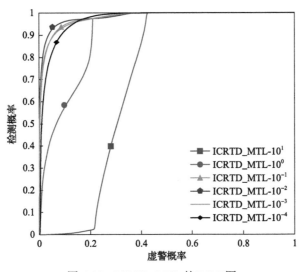

图 6-30　ICRTD_MTL 的 ROC 图

表 6-13　ICRTD_MTL 在 Santa Rosa 国家公园数据集上的 AUC 值表

λ	10	1	10^{-1}	10^{-2}	10^{-3}	10^{-4}
AUC 值	0.6913	0.9057	0.9729	**0.9789**	0.9290	0.9701

的性能对参数较为敏感。为了使方法性能达到最优，参数 λ 的值被仔细选择。ICRTD_MTL 中参数 λ 值的选择范围为 10^1、10^0、10^{-1}、10^{-2}、10^{-3} 和 10^{-4}。从表 6-13 可以看出，ICRTD_MTL 的 AUC 值在 $\lambda=10^{-2}$ 时，检测结果最好（AUC=0.9789）。

　　视觉检测：Santa Rosa 国家公园图像的检测结果图（光谱值特征）如图 6-31 所示，图中展示了利用高光谱图像的光谱值特征求得的 Santa Rosa 国家公园中期森林的检测结果；Santa Rosa 国家公园图像的检测结果图（光谱梯度特征）如图 6-32 所示，图中展示了利用图像的光谱梯度特征求得的实验区中期森林的检测结果；Santa Rosa 国家公园图像的检测结果图（Gabor 纹理特征）如图 6-33 所示，图中展示了利用图像的 Gabor 纹理特征求得的实验区中期森林的检测结果。各图中背景显示了背景子空间的残差，目标显示了目标子空间的残差。

　　ICRTD_MTL 识别结果图如图 6-34 所示，图中展示了 ICRTD_MTL 在 $\lambda=10^{-2}$ 时的检测结果，其中背景表示非中期森林，目标表示中期森林。从图 6-31～图 6-33 显示的结果可知，不同的特征反映了高光谱图像的不同方面。结合上述三种特征，ICRTD_MTL 检测结果的中期森林（红色部分的值）高于单独使用不同特征（光谱值特征、光谱梯度特征及 Gabor 纹理特征）所获得的检测结果，中期森林的边缘较为清晰。从图中也可以看出，中期森林覆盖面积最为广泛，并且具有最大的变异性。

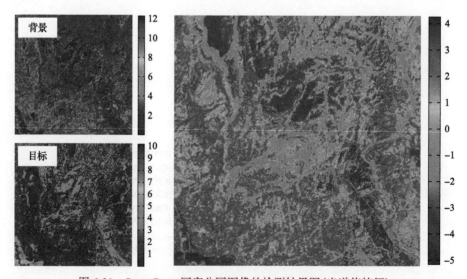

图 6-31　Santa Rosa 国家公园图像的检测结果图（光谱值特征）

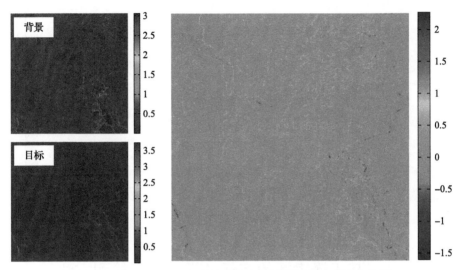

图 6-32　Santa Rosa 国家公园图像的检测结果图（光谱梯度特征）

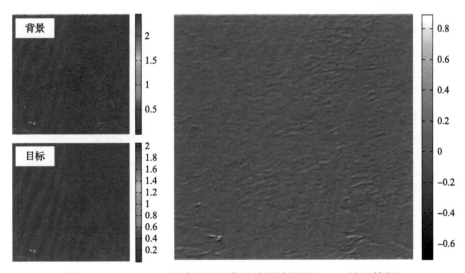

图 6-33　Santa Rosa 国家公园图像的检测结果图（Gabor 纹理特征）

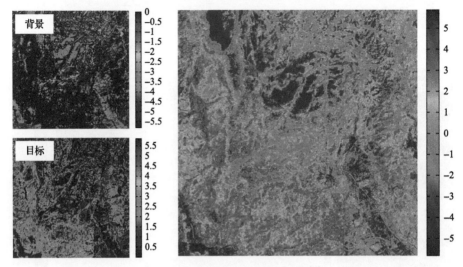

图 6-34　ICRTD_MTL 识别结果图

6.6　基于概率图的多任务学习目标检测方法

6.6.1　方法原理

高光谱图像可以同时提供关于地物的光谱信息及二维空间信息。在多特征学习部分，三种 HyMap 高光谱图像数据的特征被提取，并用于提供丰富的、互补的信息来进行目标检测。三种不同特征分别为光谱值特征、光谱梯度特征及 Gabor 纹理特征[45-47]。图像中每一个像元被表示为由上述特征构成的特征张量。

光谱值特征：高光谱图像的光谱值特征表示光谱在可见光或红外波段的平均颜色变化。光谱值特征与森林的周期、生物量及叶面积指数等相关，即

$$f_{\text{spectral}} = [f_1, \cdots, f_i, \cdots, f_l]^{\text{T}} \in \mathbb{R}^l \tag{6-60}$$

其中，f_i 为第 i 波段的数字量化值。

光谱梯度特征：高光谱图像的光谱梯度特征用于显示森林生物量的变化及森林的结构信息，并用于描述地表场景及入射光线的变化，即

$$\begin{aligned} f_{\text{gradient}} &= [g_1, g_2, \cdots, g_i, \cdots, g_{l-1}]^{\text{T}} \\ &= [f_2 - f_1, f_3 - f_2, \cdots, f_i - f_{i-1}, \cdots, f_l - f_{l-1}]^{\text{T}} \in \mathbb{R}^{l-1} \end{aligned} \tag{6-61}$$

其中，f_i 为第 i 波段的光谱值；g_{l-1} 为第 $l-1$ 波段的梯度向量。

在本研究中，利用 Gabor 滤波器获取 Gabor 纹理特征。在瑞士阿尔卑斯山，

Gabor 纹理特征已经被证明能够有效地描绘森林的类型。在本研究中，Gabor 滤波器包含 5 个尺度和 10 个方向[48]，其表达式为

$$G_{s,d}(x,y) = G_{\hat{v}}(\hat{x}) = \frac{\|\hat{v}\|}{\delta^2} \cdot e^{-\frac{\|\hat{v}\|^2 \cdot \|x\|^2}{2\sigma^2}} \left(e^{i \cdot \hat{v} \cdot \hat{x}} - e^{-\frac{\sigma^2}{2}} \right) \qquad (6\text{-}62)$$

其中，$\hat{x} = (x,y)$ 为空间域函数；$\hat{v} = (\pi/2f^s) \cdot e^{i(\pi d/8)}$ 为频率向量，其中 $f = 2, s = 0,1,2,3,4$ 且 $d = 0,1,\cdots,9$。

通过参数 f 和 d 得到 5 个尺度和 10 个方向的 Gabor 函数。某一特定尺度及方向的 Gabor 纹理特征图像是图像数据第一主成分与 Gabor 函数的卷积。某一特定尺度 s 及方向 f 的 Gabor 纹理特征图像可以表示为

$$F_{s,d}(x,y) = G_{s,d}(x,y) * H(x,y) \qquad (6\text{-}63)$$

每一个像元的 Gabor 纹理特征表示为

$$f_{\text{texture}} = [F_{1,1}(x,y), \cdots, F_{s,d}(x,y)]^{\mathrm{T}} \in R^{50} \qquad (6\text{-}64)$$

利用相关矩阵描述光谱值特征、光谱梯度特征及 Gabor 纹理特征的可区分性。相关矩阵中的值 R 代表由上述特征组成的向量的相关性，R 值越高（通常阈值大于 0.4），由上述特征组成的向量越相关。在该研究中，相关矩阵的前 125 行对应于光谱值特征，接下来的 124 行对应于光谱梯度特征，最后的 50 行对应于 Gabor 纹理特征。

本节提出了一种基于概率图的多任务学习目标检测方法，称为 MTL_NFF。MTL_NFF 是一种无参数的封闭形式的目标检测方法。MTL_NFF 结合了多特征学习，还利用了最大后验概率（maximum posterior probability，MAP）及奇异值分解（singular value decomposition，SVD）组成的概率图优化了各个节点联合表示系数的求解过程。MTL_NFF 用于检测 HyMap 高光谱图像覆盖的 Santa Rosa 国家公园中期森林生物量的变化。MTL_NFF 方法包含两个部分：第一，多特征学习，即利用多特征提取技术提取多种互补的非相关特征，用于增强不同周期森林的统计独立性；第二，最大后验概率，即利用最大后验概率建立字典中先验知识与联合表示系数矩阵求解过程的联系，提升系统的泛化性能。在 MTL_NFF 中，训练数据分为两个类：目标（中期森林）及背景（早期森林和晚期森林）。接着，特征图像中的像元表示为目标样本或背景样本的线性组合。字典中原子对应的系数称为联合表示系数，用于将 HyMap 高光谱图像中的像元分类为目标或背景。对于一个中期森林的像元，其光谱坐落于目标字典对应的联合表示系数所张成的低秩子空间。这表明，中期森林像元在背景字典中（包含早期森林像元及晚期森林像元）不能找

到匹配信息。最终，一个像元的类别由这个像元在目标子字典及背景子字典中的重建值的差值进行判断。如果来自背景字典的差值大于来自目标字典的差值，则这个像元被判断为中期森林像元。因为 HyMap 高光谱图像数据的短波红外 1 波段体现了森林的生物量信息，所以 MTL_NFF 的检测结果主要代表森林生物量的变化。

6.6.2　方法流程

在线性表示模型中，假设 x 为一个目标像元(一个中期森林像元)。目标像元的单特征形式定义为 x^k，其是一个包含 l^k 维的向量。D^{k_t} 表示目标子字典，$d_i^{k_t} \in R^{l^k}$ 表示第 i 个目标样本。目标像元 x 的光谱坐落于一个由目标样本 $\{d_i^{k_t}\}_{i=1,2,\cdots,N_t}$ 张成的低秩子空间。因此，目标像元 x 能够表示为目标样本的线性组合，即

$$x^{k_t} = \alpha_1^{k_t} d_1^{k_t} + \cdots + \alpha_{N_t}^{k_t} d_{N_t}^{k_t} = \underbrace{[d_1^{k_t}, \cdots, d_{N_t}^{k_t}]}_{D^{k_t}} \underbrace{[\alpha_1^{k_t}, \cdots, \alpha_{N_t}^{k_t}]^{\mathrm{T}}}_{\alpha^{k_t}} = D^{k_t} \alpha^{k_t} + o^k \quad (6\text{-}65)$$

其中，x^{k_t} 为目标样本 x 的单特征形式；N_t 为目标样本的数量；α^{k_t} 为目标的联合系数矩阵，其中元素为字典 D^{k_t} 中对应样本的权重；o^k 为随机噪声。

假设 x 是一个背景像元(一个早期像元或晚期像元)，$d_i^{k_b} \in R^{l^k}$ 为第 i 个背景样本。背景样本的单特征形式定义为 x^k，为一个 l^k 维向量。背景像元的光谱坐落于由背景样本 $\{d_i^{k_b}\}_{i=1,2,\cdots,N_b}$ 张成的低秩子空间。背景像元 x 能够描述为背景样本的线性组合，即

$$x^{k_b} = \alpha_1^{k_b} d_1^{k_b} + \cdots + \alpha_{N_b}^{k_b} d_{N_b}^{k_b} = \underbrace{[d_1^{k_b}, \cdots, d_{N_b}^{k_b}]}_{D^{k_b}} \underbrace{[\alpha_1^{k_b}, \cdots, \alpha_{N_b}^{k_b}]^{\mathrm{T}}}_{\alpha^{k_b}} = D^{k_b} \alpha^{k_b} + o^k \quad (6\text{-}66)$$

其中，x^{k_b} 为背景样本的单特征形式；N_b 为背景样本的个数；α^{k_b} 为背景的联合表示向量，其中元素为字典 D^{k_b} 中对应样本的权重；o^k 为随机噪声。

最终，未知的高光谱图像待检测像元可以由目标子空间及背景子空间联合表示。因此，未知像元 x 可以由 D^{k_t} 和 D^{k_b} 的线性组合表示，即

$$x^k = D^{k_t} \alpha^{k_t} + D^{k_b} \alpha^{k_b} + o^k = \underbrace{[D^{k_t}, D^{k_b}]}_{D^k} \underbrace{\begin{bmatrix} \alpha^{k_t} \\ \alpha^{k_b} \end{bmatrix}}_{\alpha^k} + o^k \quad (6\text{-}67)$$

其中，$D^k = [D^{k_t}, D^{k_b}]$ 为一个包含目标字典及背景字典的矩阵；$\alpha^k = [\alpha^{k_t}, \alpha^{k_b}]$ 为

一个包含对应于目标字典及背景字典的联合表示系数矩阵，该联合表示系数矩阵提供了区分目标及背景的信息。

联合表示系数矩阵 α^k 的优化过程求解为

$$\hat{\alpha}^k = \arg\min_{\alpha^k}\left\{\left\|x^k - D^k\alpha^k\right\|_2^2 + \lambda\left\|\alpha^k\right\|_2^2\right\} \tag{6-68}$$

其中，λ 为一个规则化参数，用于防止过拟合，并使得联合表示系数矩阵 $\hat{\alpha}^k$ 具备一定的稀疏性；α^k 的优化求解公式中包含两项，前一项是方差项，后一项用于调节稀疏度，以防止过拟合现象的发生。

在多特征情况下，具备 K 个特征的像元可以表示为

$$x^1 = D^{1_t}\alpha^{1_t} + D^{1_b}\alpha^{1_b} + o^1 = D^1\alpha^1 + o^1$$
$$\vdots \tag{6-69}$$
$$x^k = D^{k_t}\alpha^{k_t} + D^{k_b}\alpha^{k_b} + o^k = D^k\alpha^k + o^k$$

其中，x^k 为 x 的第 k 个特征；D^k 为由训练样本的第 k 个特征组成的字典；α^k 为 D^k 的联合表示系数矩阵。

对于高光谱图像，字典 $D^k \in R^{l^k \times N}$ 用于将 x^k 分解为 $x^k = D^{k_t}\alpha^{k_t} + D^{k_b}\alpha^{k_b} + o^k$。在本节中，利用 MAP 计算最大对数后验概率 $\ln P(\alpha^k \mid x^k, \Sigma^k)$，结果显示在式 (6-70) 中，得到一个简单但有效的计算模型[17]。通过奇异值分解 $[D^k D^{k\mathrm{T}}] = S^k \Sigma^k C^k$，得到 Σ^k，即

$$\hat{\alpha}^k = \arg\max_{\alpha^k} \ln P(\alpha^k \mid x^k, \Sigma^k)$$
$$= \arg\max_{\alpha^k}\left\{\ln P(x^k \mid \alpha^k, \Sigma^k) + \ln P(\alpha^k \mid \Sigma^k)\right\} \tag{6-70}$$
$$= \arg\min_{\alpha^k}\left\{\left\|x^k - D^k\alpha^k\right\|_2^2 + \delta(\alpha^k)^{\mathrm{T}}(\Sigma^k)^{-1}\alpha^k\right\}$$

其中，第二项限制于贝叶斯法；$\Sigma^k = \mathrm{diag}(\lambda_1^k, \cdots, \lambda_N^k)$ 为一个对角矩阵，且 $\lambda_1^k \geqslant \cdots \geqslant \lambda_N^k$。

值得注意的是，特征值越大，其对应的向量越重要。

最终，最大后验概率估计表示为

$$\hat{\alpha}^k = \arg\min_{\alpha^k}\left\|x^k - D^k\alpha^k\right\|_2^2 + \delta(\Sigma^k)^{-1}\left\|\alpha^k\right\|_2^2 \tag{6-71}$$

$\hat{\alpha}^k$ 的最终结果为

$$\{\hat{\alpha}^k\}_{k=1,\cdots,K} = \{(D^k D^{kT} + \delta\,(\Sigma^k)^{-1} I)^{-1} (D^k)^{T} x^k\}_{k=1,\cdots,K} \qquad (6\text{-}72)$$

当获得 $\hat{\alpha}^k$ 时，求解目标的过程可以表示为目标子空间与背景子空间的竞争。因此，两个子空间的差值可以表示为

$$R_t(x) = \sum_{(k=k_t)=1}^{K} \left\| x^k - D^{k_t} \hat{\alpha}^{k_t} \right\|_2^2 \qquad (6\text{-}73)$$

$$R_b(x) = \sum_{(k=k_b)=1}^{K} \left\| x^k - D^{k_b} \hat{\alpha}^{k_b} \right\|_2^2 \qquad (6\text{-}74)$$

$$R(x) = R_b(x) - R_t(x) \qquad (6\text{-}75)$$

如果 $R(x) > \rho$，ρ 为既定阈值，则 x 被判决为目标像元(中期森林像元)；否则，x 被判决为背景像元(早期森林像元或晚期森林像元)。

本节利用两种数据的特征级融合，定量分析森林生物量的变化。特征级融合方法流程图如图 6-35 所示。其中，特征级融合方法包含两个部分：第一部分是利

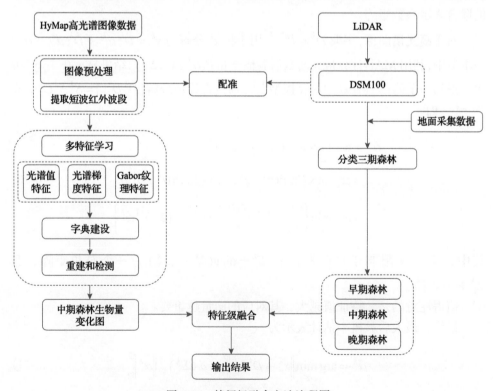

图 6-35　特征级融合方法流程图

用 MTL_NFF 检测中期森林生物量的变化，该方法通过提取多种互补的特征产生一个连续的描述中期森林的生物量变化图。详细讲，给定 HyMap 高光谱图像数据的短波红外 1 波段并提取光谱值特征、光谱梯度特征及 Gabor 纹理特征。图像中的每一个像元可以由其特征字典及特征字典对应的联合向量表示。特征字典中的训练样本根据地面数据采集信息建立。特征的权重向量用于估计特征字典中样本的相关性，并用于检测目标。最终，根据中期森林的联合表示向量与早期森林及晚期森林的联合表示向量的差值得出中期森林生物量的变化图。

第二部分，验证方法的性能并定量分析森林的变化。这一步包含 HyMap 高光谱图像数据和 LiDAR 数据的特征级融合。详细讲，首先将 HyMap 高光谱图像数据和 LiDAR 数据置于同一坐标系下，并从 LiDAR 数据中提取树高特征，然后将像元的空间分辨率重采样为 $15m^2$。接着，根据地面采集的树高特征信息，将 LiDAR 采集的树高分为 3 期，即早期、中期及晚期。根据树高及中期森林生物量变化图将研究区分为 5 类，即早期、早-中期、中-中期、中-晚期及晚期，并判断检测结果的准确性。具体来讲，通过 HyMap 高光谱图像数据获得的中期森林生物量变化图被分为两类，用于区分早期森林到中期森林的过渡区及中期森林到晚期森林的过渡区。接着，利用地面数据采集点实测数据将 LiDAR 数据获得的树高信息分为三类（早期森林、中期森林及晚期森林）。最终，上述特征被融合并分为 5 类，即早期森林、早-中期森林、中-中期森林、中-晚期森林及晚期森林。具体步骤如下：树高 0～7m 被划分为早期森林并标记为–1；树高 7.1～16m 被划分为中期森林并标记为 0；树高 161～35m 被划分为晚期森林并标记为 1。将 MTL_NFF 的检测结果分为两类，结果中的正值标记为 0，结果中的负值标记为–1。特征级融合的策略表如表 6-14 所示，特征级融合的策略显示了不同时期的树高划分及对应的标记值。

表 6-14　特征级融合的策略表

时期	树高	中期森林检测（HyMap）
早期	–1	–1
早-中期	0	–1
中-中期	0	0
中-晚期	1	0
晚期	1	–1

6.6.3　实验结果及分析

HyMap 高光谱图像数据：拍摄于 2005 年 3 月 4 日，被用于绘制中期森林生物量变化图。该幅高光谱图像数据拍摄于无云环境，包含 125 个波段，波长为 450～2500nm（波段间隔为 15～20nm）。这幅图像数据的空间分辨率为 15m^2。利用 HyCorr 软件包将 HyMap 高光谱图像数据的数字值转换为表面反射率。图像覆盖区域的面积接近 66.2km^2。Santa Rosa 国家公园覆盖有大量的森林，并且这些森林可以分为三期：第一期为早期森林，包含草地、灌木及小树，其树高多低于 7.5m。第二期为中期森林，平均树高接近 10m，包含大量的藤蔓植物。第三期为晚期森林，包含多层结构，平均树高大于 15m，且藤蔓植物的数量少于中期森林。

　　HyMap 高光谱图像数据集研究区域图如图 6-36 所示，图中显示了该数据集的研究位置及数据图像。研究地点位于哥斯达黎加 Santa Rosa 国家公园。图 6-36（a）为 HyMap 高光谱图像数据显示的假彩色图像，包含 746nm（红色）、646.1nm（绿色）及 546nm（蓝色）。图 6-36（b）为 LiDAR 数据显示树高。HyMap 高光谱图像数据和 LiDAR 数据在同一周内拍摄。LiDAR 数据通过收集来自目标反射能量的 25%、50%、75%及 100%判断森林的结构。该幅数据的空间分辨率为 20m^2。通过 ENVI 软件将像元的空间分辨率重采样为 15m^2。利用 LiDAR 数据提取树高信息，即通过目标反射能量的 100%判断树高。关于 LiDAR 数据的细节及数据处理方法在文献[49]中进行了描述。

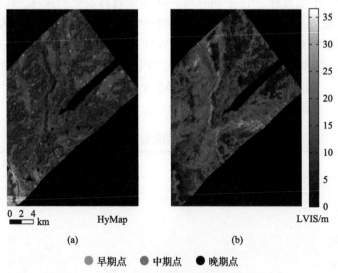

图 6-36　HyMap 高光谱图像数据集研究区域图

　　根据二十多年的连续监测，在 Santa Rosa 国家公园内确定了 35 个地面数据采集点，其中包含 10 个早期点、15 个中期点及 10 个晚期点，上述地面数据采集点作为训练样本的来源，均匀分布于公园内部。每个采集点的大小为 0.1ha，并且位于给定周期森林的内部。为了弥补 GPS 精度不足的问题，利用围绕在采样点 3×3 的窗口提取训练样本[50]。

在干燥季节，短波红外 1 波段（1420～1920nm）被证明能够用于检测中期森林的信息。在此研究中，根据地面数据采集点采集的光谱信息，不同周期森林的短波红外 1 波段的光谱曲线被展示出来[51]。

数据特征提取：针对 HyMap 高光谱图像数据，提取了每个像元的光谱值特征、光谱梯度特征和 Gabor 纹理特征。HyMap 的三种特征图和图像不同特征的相关矩阵图如图 6-37 所示。

在干燥季节，光谱值特征与森林的生物量相关。光谱梯度特征能够定量分析植被与环境之间的差异，并且折射不同阶段森林的生物量变化。Gabor 纹理特征

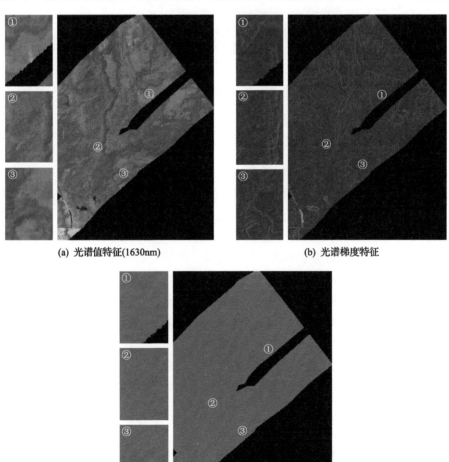

(a) 光谱值特征(1630nm)　　　　　　　　(b) 光谱梯度特征

(c) Gabor纹理特征

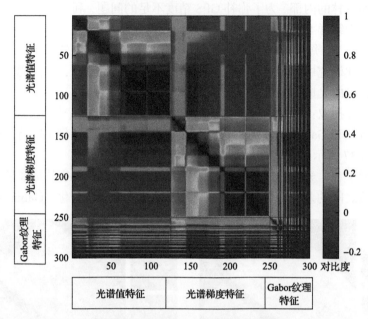

(d) 跨越HyMap图像的不同特征的相关矩阵

图 6-37　HyMap 的三种特征图和图像不同特征的相关矩阵图

具有潜在的描绘森林类型、森林层叠结构、生物量及森林覆盖种类的能力。相关矩阵展示了 HyMap 高光谱图像数据不同特征的可区分性。相关矩阵中的 R 值体现了特征组成的向量的相关性，R 值越高，越相关。

在相关矩阵中，前 125 行对应于光谱值特征，接下来的 124 行对应于光谱梯度特征，最后的 50 行对应于 Gabor 纹理特征。从相关矩阵可知，各个特征的内在相关性($R>0.5$)大于不同特征之间的相关性($R<0.3$)，预示着三种特征是互补的[52]。

根据地面数据采集点实测数据将 LiDAR 数据包含区域的森林分为三个周期：早期森林($0\sim7m$)、中期森林($7.1\sim16m$)、晚期森林($16.1\sim35m$)。利用 LiDAR 获得的三期森林的空间分布图如图 6-38 所示。

实验参数设置：对于 Santa Rosa 国家公园，在 MTL_NFF 方法中，字典中样本的个数为 1350，字典中的样本分别来自光谱值特征、光谱梯度特征、Gabor 纹理特征。其中，450 个样本来自目标字典 $\sum_{k_t=1}^{3} D^{k_t}$，900 个样本来自背景字典 $\sum_{k_b=1}^{3} D^{k_b}$，内窗及外窗的尺寸分别为 7×7 和 3×3。

深度神经网络包含三个自动编码器。其中，隐藏层单元的期望平均活跃程度、权重衰减参数及梯度下降的学习率通过网格搜索法优化寻找。每个自动编码器包含 60 个隐藏层(一共包含 180 个隐藏层)。每个自动编码器的运算需要迭代 400

次。深度神经网络使用的字典中的样本来自光谱值特征。字典中的样本数量为350，其中 150 个样本来自目标字典 D^{k_t}，200 个样本来自背景字典 D^{k_b}。稀疏表示方法的稀疏度由网格搜索法优化寻找，最优值为 4。字典中样本的选择过程与深度神经网络相同。

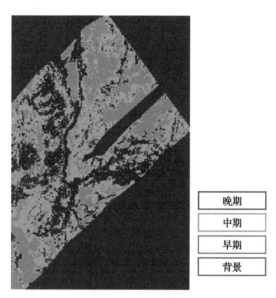

图 6-38　利用 LiDAR 获得的三期森林的空间分布图

MTL_NFF 方法与深度神经网络的检测结果图如图 6-39 所示。图 6-39(a)中值大于零的像元代表中期森林，值小于零的像元代表早期森林或晚期森林。

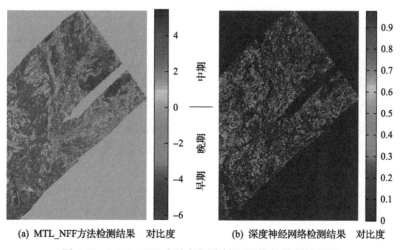

(a) MTL_NFF方法检测结果　对比度　　　　(b) 深度神经网络检测结果　对比度

图 6-39　MTL_NFF 方法与深度神经网络的检测结果图

方法对比：MTL_NFF、DNN 和稀疏表示（sparse representation，SR）方法被应用于这幅高光谱图像数据中。ROC 及 AUC 值用于定量分析上述方法的性能。ROC 对比结果图如图 6-40 所示，从图中可知，MTL_NFF 的检测结果好于 DNN 和 SR。为了进一步证明本节所提方法的性能，记录了 MTL_NFF、DNN 和 SR 目标检测方法的接收机工作特性曲线的 AUC 值。三种方法在 Santa Rosa 国家公园数据集上的 AUC 值表如表 6-15 所示，并且最好的检测结果加粗显示。可以看出，MTL_NFF 的检测性能高于 DNN 和 SR 方法的检测性能，AUC 值达到 0.9729。

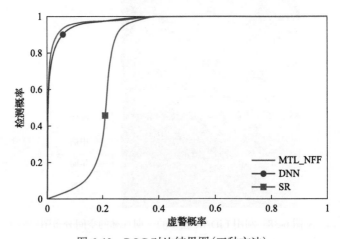

图 6-40　ROC 对比结果图（三种方法）

表 6-15　三种方法在 Santa Rosa 国家公园数据集上的 AUC 值表

方法	MTL_NFF	DNN	SR
AUC 值	**0.9729**	0.9690	0.7971

HyMap 高光谱图像数据和 LiDAR 数据融合，用于验证 MTL_NFF 方法的检测结果并定量分析森林生物量变化（biomass variability）。

对应树高的 MTL_NFF 结果的箱型图如图 6-41 所示。对应树高的 DNN 结果的箱型图如图 6-42 所示。对 MTL_NFF 而言，由图 6-41 可以看出当树高低于 6m 时，根据单因素方差分析的结果，早期森林的生物量显著不同于其他周期森林（$F(1, 97483)=6805.4$，$P<0.0001$）。当树高在 6~8m 时，有一个早期森林及中期森林的过渡区。当树高在 8~17m 时，生物量变化稳定且多大于零。当树高在 17~24m 时，生物量发生变化。当树高在 24~28m 时，晚期森林生物量显著不同于其他周期森林（$F(1, 97483)=139.72$，$P<0.0001$）。通过对比 MTL_NFF 及 DNN 箱型图的中值，可以发现研究区域森林的生长并不服从连续的高斯分布，早期森林明

显不同于中期森林。早期、早-中期、中-中期、中-晚期及晚期森林的空间分布图
如图 6-43 所示。图 6-43(a)和图 6-43(b)给出了两个例子用于展示五期森林的空间
连续性，解释了早期森林与中期森林之间的过渡区及中期森林与晚期森林之间的
过渡区。结果证明，早-中期与中-中期森林的生物量不同($F(1,54823)=308029.9$，
$P<0.0001$)。

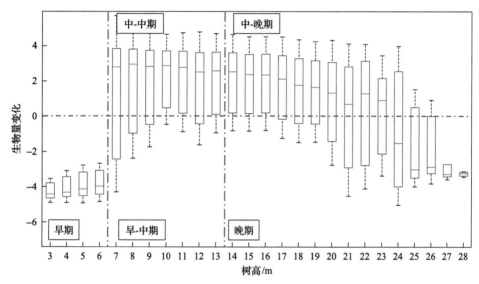

图 6-41　对应树高的 MTL_NFF 结果的箱形图

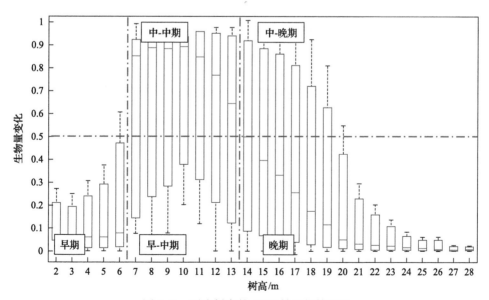

图 6-42　对应树高的 DNN 结果的箱形图

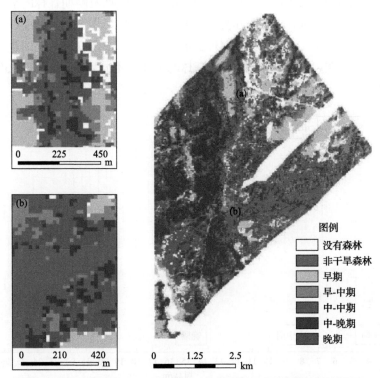

图 6-43　早期、早-中期、中-中期、中-晚期及晚期森林的空间分布图

为了实施保护行动并估计保护行动所产生的效果，必须深入了解研究区域内的森林结构及物种组成。本节所提方法通过定量分析森林的生物量变化，首次证明了中期森林显著不同于早期森林和晚期森林。然后，将森林分为早期森林、中期森林和晚期森林，并考虑了早期森林与中期森林、中期森林与晚期森林过渡区的不同。最终得出结论，即图中黄色及绿色部分可能被盗伐。

6.7　基于非局部自相似性和秩-1 张量分解的
高光谱图像目标检测方法

6.7.1　方法原理

稀疏表示是近年来高光谱图像处理中常用的工具之一[53]。假设未知样本可以用训练样本 $x \in \mathbb{R}^{l_s}$ 表示为

$$x = Dz \tag{6-76}$$

其中，$D = [D_1, D_2, \cdots, D_k] \in \mathbb{R}^{l_s \times k}$ 为从 k 类训练样本中得到的字典，l_s 为光谱的数目；z 为稀疏表示系数。

$$\begin{cases} \hat{z} = \arg\min \|z\|_0 \\ \text{s.t. } x = Dz \end{cases} \tag{6-77}$$

式(6-77)可以用贪婪方法求解，如正交匹配追踪。在得到 z 后，可以通过残差确定测试样本的类别，即

$$\text{class } x = \arg \min_{k=1,2,\cdots,c} \|x - D_k \hat{z}_k\|_2 \tag{6-78}$$

近年来，张量表示在计算机视觉与模式识别领域的应用越来越广泛[54]。与向量(一阶张量)和矩阵(二阶张量)相比较，n 阶张量 $A \in \mathbb{R}^{i_1 \times i_2 \times \cdots \times i_n}$ 可以定义为 n 维数组，第 n 阶称为模式 n，可以通过限制 n 的值来形成某个子集的子张量。对于高光谱图像数据 $A \in \mathbb{R}^{i_1 \times i_2 \times i_3}$，模式 1 与模式 2 表示高光谱图像数据的空间维信息，模式 3 表示光谱维信息，即 i_1、i_2 和 i_3 分别表示行数、列数和光谱数[20]。张量分解与模式 n 的张量矩阵化图如图 6-44 所示。

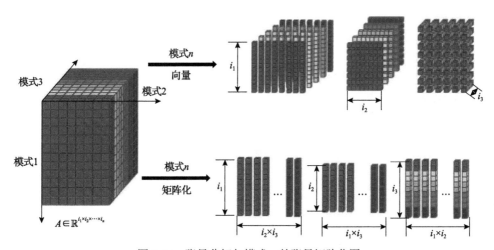

图 6-44　张量分解与模式 n 的张量矩阵化图

通过张量代数原理，可以将高光谱图像划分为若干图像数据块，并将每个图像数据块作为一个整体进行数据处理。通过张量表示可以利用图像原始的空间结构，避免利用矢量表示方法时造成的空间约束信息丢失问题。张量与矢量表示在高光谱图像数据上的区别图如图 6-45 所示。

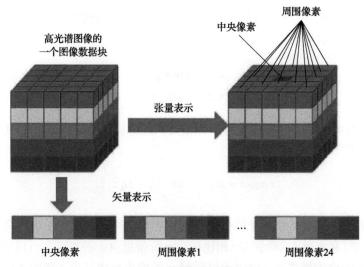

图 6-45　张量与矢量表示在高光谱图像数据上的区别图

张量向量化：vec(·) 运算符表示张量向量化。如果张量 $A \in \mathbb{R}^{i_1 \times i_2 \times \cdots \times i_n}$ 映射到列向量上，那么 vec(A) 映射的第 j 个条目 $A = [\cdots, a_{i_1, \cdots, i_n}, \cdots]$，其中 j 可以表示为

$$j = 1 + \sum_{n=1}^{N} (i_n - 1) \prod_{n'=1}^{n-1} i_{n'} \tag{6-79}$$

克罗内克积(Kronecker product)：如果张量 $A \in \mathbb{R}^{i_1 \times i_2}$ 和 $B \in \mathbb{R}^{i_3 \times i_4}$，那么其克罗内克积可以表示为

$$A \otimes B = \begin{bmatrix} a_{11}B & a_{12}B & \cdots & a_{1k}B \\ a_{21}B & a_{22}B & \cdots & a_{2k}B \\ \vdots & \vdots & & \vdots \\ a_{j1}B & a_{j2}B & \cdots & a_{jk}B \end{bmatrix} \in \mathbb{R}^{(i_1 i_3) \times (i_2 i_4)} \tag{6-80}$$

Khatri-Rao 积：如果 $A \in \mathbb{R}^{i_1 \times i_2}$ 和 $B \in \mathbb{R}^{i_3 \times i_4}$，其列数相同，即 $i_2 = i_4$，那么其 Khatri-Rao 积可以表示为

$$A \odot B = \left[a_1 \otimes a_1, a_2 \otimes a_2, \cdots, a_{i_4} \otimes a_{i_4} \right] \in \mathbb{R}^{(i_1 i_3) \times i_2} \tag{6-81}$$

秩-R 张量分解：如果 $A \in \mathbb{R}^{i_1 \times i_2 \times \cdots \times i_n}$ 且 $A = \sum_{r=1}^{R} a_1^r \circ \cdots \circ a_n^r, a_n^r \in \mathbb{R}^{i_n}$，符号。表示向量外积，则 A 允许秩-R 张量分解。秩-R 张量分解可以表示为 $A = [[A_1, \cdots, A_c]]$，$A_c = [a_c^{(1)}, \cdots, a_c^{(R)}] \in \mathbb{R}^{i_n \times R}$，其中符号[[]]表示秩-$R$ 张量分解。如果 A 允许秩-R

张量分解，那么可以表示为

$$\begin{cases} A_{(c)} = A_c (A_c \odot \cdots \odot A_{c+1} \odot A_{c-1} \odot \cdots \odot A_1)^{\mathrm{T}} \\ \mathrm{vec}(A) = (A_c \odot \cdots \odot A_1) 1_R \end{cases} \tag{6-82}$$

其中，1_R 表示秩-1 张量分解。

6.7.2　方法流程

　　基于非局部自相似性和秩-1 张量分解的高光谱图像目标检测方法利用图像的非局部自相似性构造数据处理的张量块。非局部自相似性是指图像的纹理和结构的重复，即图像中不同位置的图像数据块具有很强的相似性。结合图像稀疏性和非局部自相似性已成功应用于不同的图像处理任务中。

　　基于非局部自相似性和秩-1 张量分解的高光谱图像目标检测方法主要分为两部分。第一部分，首先从原始高光谱图像中提取一些小补丁，每个补丁都是一个三阶张量，由一个位于补丁中心的训练样本和训练样本的几个空间邻域组成。然后，对相似的块进行聚类(同一类别的特征相似度较高)，通过聚类形成的目标或背景字典计算稀疏表示系数，有助于实现块的稀疏表示，提高检测性能。在分块和聚类操作后，获得的所有聚类分组表示为 $\{X_j^k\}_{j=1}^{nk}$，其中，k 表示第 k 个聚类分组，nk 为第 k 个聚类中的分块数目，X_j^k 表示第 k 个聚类分组中的第 j 个高光谱图像分块。第二部分是对每个高光谱图像聚类群进行稀疏处理。由于每一组高光谱图像在块上是相似的，当高光谱图像被分割成块进行稀疏表示时，分组中每个块的稀疏表示系数具有相似的结构。在高光谱图像的块聚类稀疏表示过程中，每个块聚类都有一个共同的空间字典和光谱字典。基于非局部自相似性和秩-1 张量分解的高光谱图像目标检测方法框架图如图 6-46 所示。

　　本节介绍了基于非局部自相似性和秩-1 张量分解的高光谱图像目标检测方法，方法的主要步骤分为两部分，即核心张量的计算和待测像元的判别。

　　基于非局部自相似性和秩-1 张量分解的高光谱图像目标检测方法可以表示为

$$\begin{cases} \min_{D^W, D^H, D^S, Z^{(k)}} \sum_{k=1}^{c} \left\| X^{(k)} - Z^{(k)} \times_1 D^W \times_2 D^H \times_3 D^S \right\|_{\mathrm{F}} \\ \text{s.t.} \ \left\| Z^{(k)} \right\| \leqslant (r_k^W, r_k^H, r_k^S) \end{cases} \tag{6-83}$$

其中，$\text{s.t.} \left\| Z^{(k)} \right\| \leqslant \left(r_k^W, r_k^H, r_k^S \right)$ 为张量分块组稀疏度约束，用来保证表示系数的稀疏性。

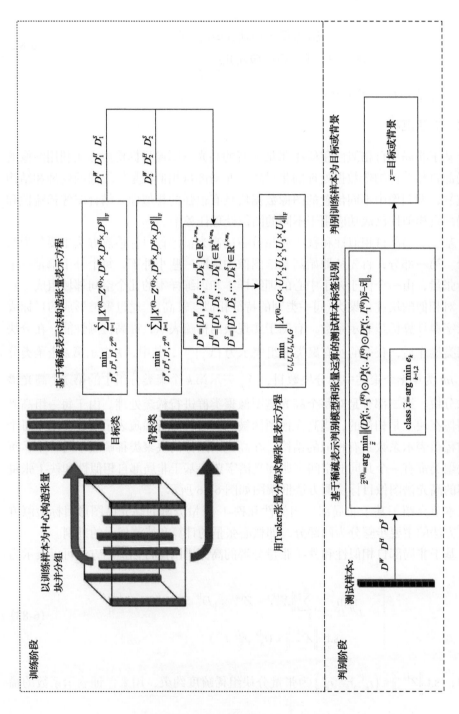

图 6-46 基于非局部自相似性和秩-1 张量分解的高光谱图像目标检测方法框架图

稀疏表示的空间字典和光谱字典分别表示为

$$\begin{cases} D^W = [D_1^W, D_2^W, \cdots, D_k^W] \in \mathbb{R}^{l_w \times m_w} \\ D^H = [D_1^H, D_2^H, \cdots, D_k^H] \in \mathbb{R}^{l_h \times m_h} \\ D^S = [D_1^S, D_2^S, \cdots, D_k^S] \in \mathbb{R}^{l_s \times m_s} \end{cases} \tag{6-84}$$

其中，D_k^W、D_k^H 与 D_k^S 分别为每个聚类使用的子字典；$m_w = \sum\limits_{k=1}^{c} r_k^w$、$m_h = \sum\limits_{k=1}^{c} r_k^h$、

$m_s = \sum\limits_{k=1}^{c} r_k^s$ 为对应字典的原子数目，r_k^w、r_k^h 和 r_k^s 为张量块稀疏参数。

式 (6-83) 可以转换为一系列小问题进行求解，即高光谱图像的每个分块聚类 $X^{(k)}$ 稀疏表示仅与类子字典相关，则式 (6-83) 可以表示为

$$\begin{aligned} & \left\| X^{(k)} - Z^{(k)} \times_1 D^W \times_2 D^H \times_3 D^S \right\| \\ & = \left\| X^{(k)} - \mathrm{sub}(Z^{(k)}) \times_1 D_k^W \times_2 D_k^H \times_3 D_k^S \right\|_{\mathrm{F}} \end{aligned} \tag{6-85}$$

其中，$\mathrm{sub}(Z^{(k)}) \in \mathbb{R}^{r_k^w \times r_k^h \times r_k^s \times nk}$ 为 $Z^{(k)}$ 的核心子张量。

设 $Y = \mathrm{sub}(Z^{(k)})$，则式 (6-85) 可以表示为

$$\min_{D_k^W, D_k^H, D_k^S, Y} \left\| X^{(k)} - Y \times_1 D_k^W \times_2 D_k^H \times_3 D_k^S \right\|_{\mathrm{F}} \tag{6-86}$$

通过这种变换，原始问题 (6-83) 能转换为一系列小问题，使得问题更容易求解。

如果 $D_k^W = {}_1U_1$、$D_k^H = {}_2U_2$、$D_k^S = {}_3U_3$、$Y = G \times_4 U_4$，则式 (6-86) 可以表示为

$$\min_{U_1, U_2, U_3, U_4, G} \left\| X^{(k)} - G \times_1 U_1 \times_2 U_2 \times_3 U_3 \times_4 U_4 \right\|_{\mathrm{F}} \tag{6-87}$$

其中，核心张量 $G \in \mathbb{R}^{r_k^w \times r_k^h \times r_k^s \times r_k^n}$；$U_1 \in \mathbb{R}^{l_k^w \times r_k^w}$、$U_2 \in \mathbb{R}^{l_k^h \times r_k^h}$、$U_3 \in \mathbb{R}^{l_k^s \times r_k^s}$、$U_4 \in \mathbb{R}^{n_k \times r_k^n}$ 为基向量。

式 (6-87) 可以通过 Tucker 分解进行求解，由此也就确定了式 (6-86) 的解。

对于待测像元 $\tilde{x}$ 的检测，为了充分利用其邻域张量块的标签信息，本节利用目标字典与背景字典来约束核心张量 $\tilde{Z}^{(k)}$ 的结构稀疏性，即

$$\begin{cases} \min\limits_{\tilde{Z}^{(k)}} \left\| \tilde{X} - \tilde{Z}^{(k)} \times_1 D_k^W \times_2 D_k^H \times_3 D_k^S \right\| \\ \mathrm{s.t.} \ \left\| \tilde{Z}^{(k)} \right\| \leqslant (\tilde{r}_k^w, \tilde{r}_k^h, \tilde{r}_k^s) \end{cases} \tag{6-88}$$

利用式(6-88)，可以求解核心张量 $\tilde{Z}^{(k)}$。与稀疏表示的方法相同，可以根据最小残差确定待测像元 $\tilde{x}$ 属于目标或者背景，即

$$\text{class } \tilde{x} = \arg \min_{k=1,2} e_k \tag{6-89}$$

其中

$$\begin{cases} e_k = \|\text{vec}(E_k)\|_2 \\ E_k = \tilde{X} - \tilde{Z}^{(k)}(I_1^{(k)}, I_2^{(k)}, I_3^{(k)}) \times_1 D_k^W(:,I_1^{(k)}) \times_2 D_k^H(:,I_2^{(k)}) \times_3 D_k^S(:,I_3^{(k)}) \end{cases} \tag{6-90}$$

其中，$\text{vec}(\cdot)$ 为张量的向量化；$I_1^{(k)}$、$I_2^{(k)}$、$I_3^{(k)}$ 为核心张量 $\tilde{Z}^{(k)}$ 的支撑集。

核心张量 $\tilde{Z}^{(k)}$ 的秩-1 正则分解克罗内克积可以表示为

$$\tilde{Z}^{(k)} = \arg \min_{\tilde{Z}} \left\| \left(D_k^S\left(:,I_3^{(k)}\right) \otimes D_k^H\left(:,I_2^{(k)}\right) \otimes D_k^W\left(:,I_1^{(k)}\right) \right) \tilde{Z} - \tilde{x} \right\|_2 \tag{6-91}$$

根据 6.7.2 节中的张量代数运算，可以将式(6-91)转换为 Khatri-Rao 积的表达式，即

$$\tilde{Z}^{(k)} = \arg \min_{\tilde{Z}} \left\| \left(D_k^S\left(:,I_3^{(k)}\right) \odot D_k^H\left(:,I_2^{(k)}\right) \odot D_k^W\left(:,I_1^{(k)}\right) \right) \tilde{Z} - \tilde{x} \right\|_2 \tag{6-92}$$

基于非局部自相似性和秩-1 张量分解的高光谱图像目标检测方法利用模型权重的秩-1 正则分解的张量代数运算，将高光谱张量的空间信息和光谱信息应用于高光谱目标检测，并提供了张量有助于目标检测的物理解释。特别地，将高光谱张量的维度分解为空间字典与光谱字典分别进行训练，提供了每个维度对目标检测性能的定量表示。更简单地说，就是利用空间字典 D^W 和 D^H 表示每一类别的空间相似性，利用光谱字典 D^S 表示每一类别光谱带效果更加显著。

6.7.3　实验结果及分析

本节采用四个真实的高光谱图像数据集进行实验，并将本节所提方法与六种常用方法的有效性进行比较，比较方法包括经典正交子空间投影方法[55]、基于协同表示方法[56]、利用三维稀疏张量提取的光谱特征结合 ACE 检测器目标检测方法[57]、改进的基于空间平滑光谱字典的稀疏表示方法[58]、多任务学习和目标可靠性分析的目标检测方法[59]、稀疏性和空间相关约束检测方法[60]，上述六种方法可分别简写为 OSP、LCRD、TACE、plSRC、MultiRely、Sparse-SpatialCEM。

本节共使用了四个数据集，分别为 Pavia University、Indian Pines、San Diego Airport 和 HyMap 数据集。这四个数据集的数据具有不同的遥感环境和空间分辨

率，可以更好地反映检测效果。此外，许多目标检测实验都是针对这四个数据集进行的，它们具有很强的通用性[61-63]。第一个实验使用了 Pavia University 数据集、Indian Pines 数据集和 San Diego Airport 数据集。第二个实验使用了 HyMap 数据集。

Pavia University 数据集：第一幅实验图像是由 ROSIS 采集的意大利北部帕维亚大学的真实高光谱数据，波长范围为 0.43～0.86μm。去除受吸水带和噪声影响的波段后，有 103 个可用波段，空间分辨率为 1.3m^2，原始图像数据的空间像元大小为 610×340。Pavia University 数据集图如图 6-47 所示，图中展示了该数据集的图像信息，图 6-47(a) 为伪彩色图像，图 6-47(b) 为真实的特征分布图。Pavia University 数据集由 9 种特征组成，其中选择第六类土壤为目标，其余为背景，图 6-47(c) 为所选目标的真值图。

(a) 伪彩色图像　　　　　　(b) 真实的特征分布图　　　　　(c) 所选目标的真值图

图 6-47　Pavia University 数据集图

Indian Pines 数据集：第二幅实验图像是从美国印第安纳州的一个农场获得的高光谱图像，由一个波长范围为 0.5μm 的 AVIRIS 传感器采集。在去除受吸水带和噪声影响的波段后，第二幅实验图像保留了 220 个可用波段，并具有 20m 的空间分辨率。原始图像数据的空间像元大小为 145×145。Indian Pines 数据集图如图 6-48 所示。

(a) 伪彩色图像　　　　　　(b) 真实的特征分布图　　　　　(c) 所选目标的真值图

图 6-48　Indian Pines 数据集图

San Diego Airport 数据集：第三幅实验图像是由 AVIRIS 传感器收集的圣地亚

哥机场地区的真实高光谱数据，波长范围为 0.4～1.8μm。在去除受吸水带和噪声影响的波段后，第三幅实验图像保留了 126 个可用波段，并具有 4m 的空间分辨率。原始图像数据的空间像元大小为 400×400，截取机场部分的数据作为真实的高光谱实验数据，空间像元大小为 100×100。San Diego Airport 数据集图如图 6-49 所示。

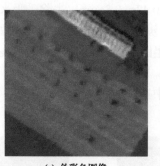 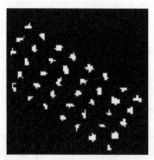

(a) 伪彩色图像　　　　　　　　(b) 所选目标的真值图

图 6-49　San Diego Airport 数据集图

HyMap 数据集：第四幅实验图像是由 HyMap 传感器收集的库克镇地区的真实高光谱数据，波长范围为 0.45～2.5μm。在去除受吸水带和噪声影响的波段后，第四幅实验图像保留了 124 个可用波段，并具有 3m 的空间分辨率，原始图像数据的空间像元大小为 280×800。本节分别测试了 HyMap 数据集图像中的三个车辆目标，分别称为 V_1、V_2 和 V_3。HyMap 数据集图如图 6-50 所示。其中，V_2 有两种不同的光谱特征，本次实验采用了白色卡车的油漆特点。

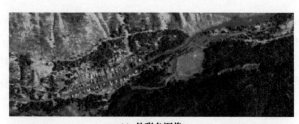

(a) 伪彩色图像

(b) 所选目标的真值图

图 6-50　HyMap 数据集图

为了验证本节所提张量块分解学习(tensor block decomposition learning，TBDL)

方法的性能，本节将其与 OSP、TACE、LCRD、plSRC、MultiRely 和 Sparse-SpatialCEM 共 6 种常用方法进行了比较。OSP 方法将光谱信息作为一个向量，并将其投影到一个正交的子空间中进行目标检测。LCRD 方法基于协同表示，plSRC 方法基于稀疏光谱字典，LCRD 和 plSRC 方法基于光谱-空间信息组合的稀疏表示。基于三维稀疏张量的 TACE 方法以输入数据为向量。MultiRely 方法结合了多任务学习和目标可靠性分析。Sparse-SpatialCEM 方法在稀疏探测器的基础上结合了稀疏和空间相关性。这些比较方法广泛应用于靶标检测领域，并已在许多方面被引用为对比方法。

在实验中，随机选取 5%的样本作为训练样本，其余样本作为测试样本。LCRD 参数设置为：正则化参数 $\lambda=10^{-6}$，外窗口大小为 13×13，内窗口大小为 7×7。plSRC 的邻域窗口大小设置为 7×7。在 TACE 方法中，正则化参数 $\lambda=20$，$\tau=1$ 的分解秩为 $(0.8I_1 \sim 0.8I_2 \sim 10)$，其中 I_1 和 I_2 分别是图像的高度和宽度。TBDL 的张量块大小设置为 9×9，稀疏性为 $S=100$。不同方法设置了不同大小的邻域窗口，但这些最优的设置优化了这些方法的检测性能，并且在性能最优的情况下比较这些方法的性能更为合理。

为了更好地检验 TBDL 方法的有效性，本节采用了两种评价方法[64-66]。对于 Pavia University、Indian Pines 和 San Diego Airport 三个数据集，评价方法使用了 ROC 和 AUC。检测分数表示检测到目标时检测到的错误虚警数量，检测大于或等于目标位置像元的像元数量，显然，得分越低，检测效果越好。

Pavia University 数据集检测结果图如图 6-51 所示；Indian Pines 数据集检测结果图如图 6-52 所示；San Diego Airport 数据集检测结果图如图 6-53 所示。ROC 图及 AUC 值如图 6-54 所示。根据实验结果，进行以下讨论。

OSP 和 TACE 的测试结果比较松散，误差也更多。在 LCRD、plSRC、MultiRely、Sparse-SpatialCEM 和 TBDL 的视觉检测结果中，背景更干净，检测误差更集中。这主要是由于 OSP 和 TACE 只使用高光谱图像的光谱信息，以及 LCRD、plSRC、MultiRely、稀疏空间中心和 TBDL 的光谱空间信息的组合。可以看出，基于光谱信息和空间信息相结合的方法提供了更好的检测结果，验证了高光谱图像空间信息在目标检测中的优势。

与经典的 OSP 检测器相比，利用张量表示光谱信息并结合 ACE 的 TACE 可以提高目标检测效果，但提高程度有限。这主要是由于 TACE 仅基于光谱信息使用高光谱图像的三维稀疏张量表示。这验证了张量表示方法有助于提高使用光谱信息进行目标检测时的检测效果。

在稀疏表示方法中，plSRC 和 MultiRely 方法比 LCRD 具有更好的检测效果。这主要是由于 plSRC 和 MultiRely 有效地使用字典学习方法来更有效地表示测试样本。不同方法的检测结果图、ROC 及 AUC 值，证明了基于字典学习的稀疏表

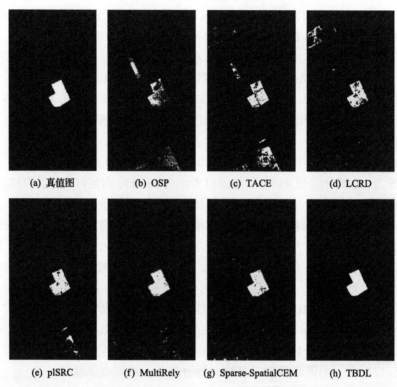

(a) 真值图　　　　　(b) OSP　　　　　(c) TACE　　　　　(d) LCRD

(e) plSRC　　　　　(f) MultiRely　　　(g) Sparse-SpatialCEM　　　(h) TBDL

图 6-51　Pavia University 数据集检测结果图

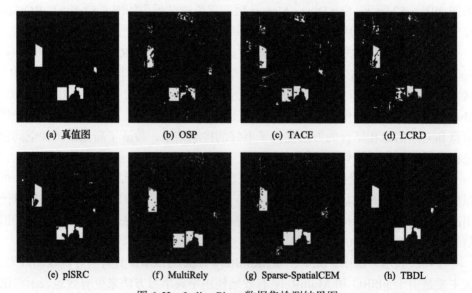

(a) 真值图　　　　　(b) OSP　　　　　(c) TACE　　　　　(d) LCRD

(e) plSRC　　　　　(f) MultiRely　　　(g) Sparse-SpatialCEM　　　(h) TBDL

图 6-52　Indian Pines 数据集检测结果图

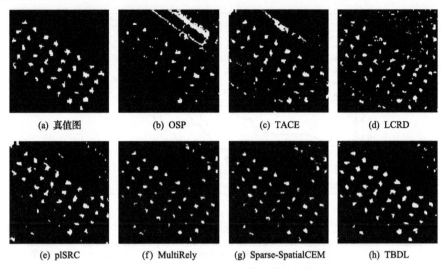

(a) 真值图　　　(b) OSP　　　(c) TACE　　　(d) LCRD

(e) plSRC　　　(f) MultiRely　　　(g) Sparse-SpatialCEM　　　(h) TBDL

图 6-53　San Diego Airport 数据集检测结果图

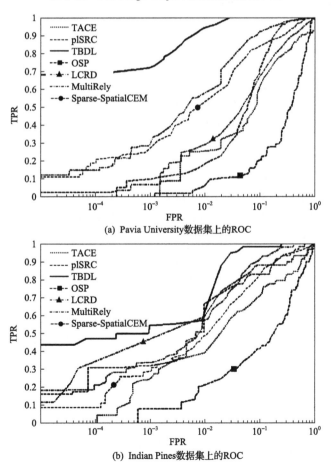

(a) Pavia University数据集上的ROC

(b) Indian Pines数据集上的ROC

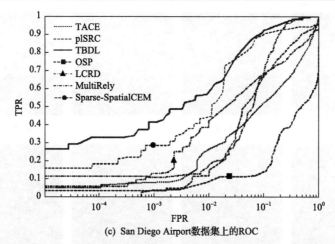

(c) San Diego Airport数据集上的ROC

方法	Pavia University数据集	Indian Pines数据集	San Diego Airport数据集
OSP	60.65	72.4	46.23
TACE	74.5	86.28	74.8
LCRD	81.22	89.78	81.38
plSRC	84.32	95.23	83.6
MultiRely	95.04	96.13	92.64
Sparse-SpatialCEM	92.82	92.73	91.43
TBDL	99.8	99.1	95.88

(d) 不同方法在三幅高光谱图像上的AUC值

图 6-54　ROC 图及 AUC 值

示方法在目标检测中更为有效。

　　基于张量表示或使用空间信息(TACE 和 TBDL)的目标检测方法比基于稀疏表示或使用光谱信息(OSP、LCRD、plSRC、MultiRely 和 Sparse-SpatialCEM)的检测方法具有更好的检测结果。本节所提方法 TBDL 提供了最好的检测结果，与其他方法相比，TBDL 更接近地面的真实值。

　　在三个高光谱图像数据集的 TBDL 实验结果中，Pavia University 数据集的检测结果最好，San Diego Airport 数据集的改进效果最小。如果忽略环境和频谱之间的差异，这主要是因为 TBDL 对集中式目标的检测结果更好。如果目标区域非常窄或松散，这类目标的检测结果会较差，这也反映在 Indian Pines 数据集中。在 Indian Pines 数据集中，TBDL 的检测图中最右区域的检测结果也不如其他地区。这是本研究下一步需要解决的主要问题。

　　本节所提方法采用张量来表示高光谱图像数据，保持高光谱图像数据的空间结构，并利用像元之间的空间相关性来提高目标检测性能。特别是，空间相关性的使用可以显著提高目标或背景聚焦区域的检测结果，因此在三幅高光谱图像数据集 TBDL 的检测图中背景更纯净，误报率较低。

七种方法的运行时间表如表 6-16 所示。TBDL 的运行时间稍长一些，但不超过 5min。TBDL 最重要的计算包括核张量和残差的计算，张量操作不会占用太多的运行时间，但在块稀疏表示过程中需要更多的运行时间。

表 6-16　七种方法的运行时间表　　　　　（单位：s）

数据集	OSP	TACE	LCRD	plSRC	MultiRely	Sparse-SpatialCEM	TBDL
Pavia University	5.53	6.42	51.61	80.54	185.46	82.74	341.23
Indian Pines	79	5.07	32.54	32.56	137.56	76.32	261.25
San Diego Airport	1.12	58	32.58	46.74	105.36	649	1626

本节比较了不同方法在不同训练样本下三个高光谱图像数据集的检测结果。此外，还讨论了窗口大小与 AUC 之间的关系。

各方法在不同训练样本情况下的 AUC 值图如图 6-55 所示，图中显示了当训练样本占比为 0.5%、1%、2%、3%、4%、5%时，不同方法的 AUC 结果图。窗口尺寸大小与 AUC 的变化图如图 6-56 所示，图中显示了不同窗口大小时 TBDL 的 AUC 值。

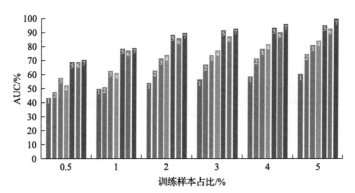

(a) Pavia University数据集

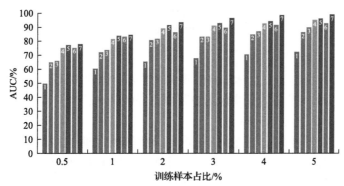

(b) Indian Pines数据集

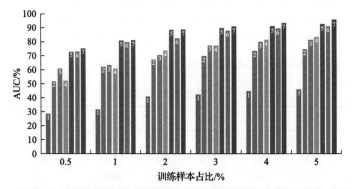

(c) San Diego Airport数据集

图 6-55　各方法在不同训练样本情况下的 AUC 值图

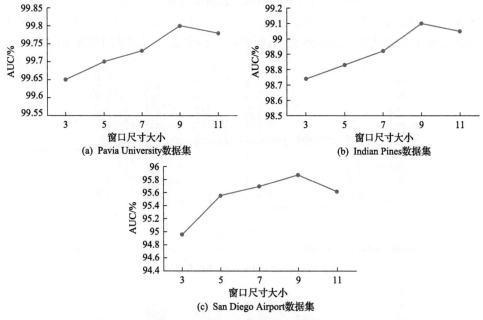

(a) Pavia University数据集　　(b) Indian Pines数据集

(c) San Diego Airport数据集

图 6-56　窗口尺寸大小与 AUC 的变化图

　　训练样本的数量越多，目标检测的效果就越好。当训练样本占比为 0.5%时，TBDL 可以在三个高光谱图像数据集中获得更好的结果；当训练样本占比为 5%时，TBDL 的 AUC 值大于 90%。

　　在三个高光谱图像数据集的 Indian Pines 数据集中，即使选择了少量的训练样本，每种方法的检测结果也会更好。当训练样本占比大于 2%时，除 OSP 外，每种方法的 AUC 值均大于 80%。然而，即使训练样本的数量较少，TBDL 仍然有良好的检测性能。

图 6-56 表明，不同窗口大小的选择对检测结果影响不大。在三个高光谱图像数据集上，AUC 的波动不超过 1%。但这可能会显示出一种下降的趋势，即当选择的窗口太小时，空间信息不足以达到更好的检测结果。当窗口选择太大时，它可能包含不同特征的像元，从而降低检测结果。

接下来，本节使用 HyMap 数据集的分数来验证 TBDL 的性能。

针对 HyMap 数据集不同方法的得分和误报率表如表 6-17 所示（括号内为误报率）。HyMap 数据集检测结果图如图 6-57 所示，图中更加直观地显示了不同方法在 V_1 的目标检测结果。实验结果表明，TBDL 对 V_1、V_2 和 V_3 的检测性能最好。根据表 6-17 中给出的分数，这些方法对所有目标的检测结果都没有达到最好，但

表 6-17　针对 HyMap 数据集不同方法的得分和误报率表

目标	OSP	TACE	LCRD	plSRC	MultiRely	Sparse-SpatialCEM	TBDL
V_1	57445 (0.25645)	8250 (0.03680)	5773 (0.02566)	8660 (0.03863)	4420 (0.01976)	7973 (0.03561)	3206 (0.01430)
V_2	93219 (0.41615)	2685 (0.01195)	14042 (0.06266)	2240 (0.01001)	55370 (0.24617)	111215 (0.49651)	2124 (0.00949)
V_3	120320 (0.53712)	20742 (0.09260)	2130 (0.00951)	27345 (0.12208)	2860 (0.01275)	4061 (0.01813)	2864 (0.01279)

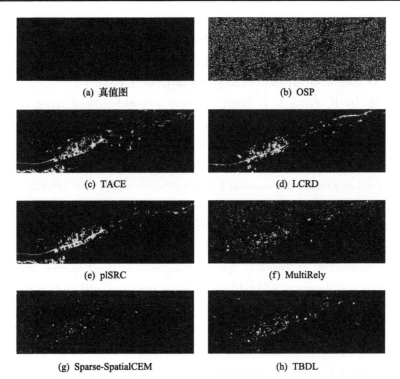

(a) 真值图　　　　　　　　　　(b) OSP

(c) TACE　　　　　　　　　　(d) LCRD

(e) plSRC　　　　　　　　　　(f) MultiRely

(g) Sparse-SpatialCEM　　　　　　(h) TBDL

图 6-57　HyMap 数据集检测结果图

TBDL 的总体性能优于其他方法。因此，可以得出结论，TBDL 在 HyMap 数据集上的性能优于其他比较方法。

参 考 文 献

[1] Chang C I. Statistical detection theory approach to hyperspectral image classification[J]. IEEE Transactions on Geoscience and Remote Sensing, 2019, 57(4): 2057-2074.

[2] Reed I S, Yu X. Adaptive multiple-band CFAR detection of an optical pattern with unknown spectral distribution[J]. IEEE Transactions on Acoustics, Speech, and Signal Processing, 1990, 38(10): 1760-1770.

[3] Guo W, Yang W, Zhang H J, et al. Geospatial object detection in high resolution satellite images based on multi-scale convolutional neural network[J]. Remote Sensing, 2018, 10(1): 131.

[4] He L, Li J, Liu C Y, et al. Recent advances on spectral-spatial hyperspectral image classification: An overview and new guidelines[J]. IEEE Transactions on Geoscience and Remote Sensing, 2018, 56(3): 1579-1597.

[5] Lu X Q, Zhang W X, Li X L. A hybrid sparsity and distance-based discrimination detector for hyperspectral images[J]. IEEE Transactions on Geoscience and Remote Sensing, 2018, 56(3): 1704-1717.

[6] Xie W Y, Li Y S, Zhou W P, et al. Efficient coarse-to-fine spectral rectification for hyperspectral image[J]. Neurocomputing, 2018, 275: 2490-2504.

[7] Li Y S, Xie W Y, Li H Q. Hyperspectral image reconstruction by deep convolutional neural network for classification[J]. Pattern Recognition, 2017, 63: 371-383.

[8] Zhu D H, Du B, Zhang L P. Target dictionary construction-based sparse representation hyperspectral target detection methods[J]. IEEE Journal of Selected Topics in Applied Earth Observations and Remote Sensing, 2019, 12(4): 1254-1264.

[9] Xie W Y, Shi Y Z, Li Y S, et al. High-quality spectral-spatial reconstruction using saliency detection and deep feature enhancement[J]. Pattern Recognition, 2019, 88: 139-152.

[10] Niu Y B, Wang B. Extracting target spectrum for hyperspectral target detection: An adaptive weighted learning method using a self-completed background dictionary[J]. IEEE Transactions on Geoscience and Remote Sensing, 2017, 55(3): 1604-1617.

[11] Chen Y, Nasrabadi N M, Tran T D. Sparse representation for target detection in hyperspectral imagery[J]. IEEE Journal of Selected Topics in Signal Processing, 2011, 5(3): 629-640.

[12] Farrell M D, Mersereau R M. On the impact of PCA dimension reduction for hyperspectral detection of difficult targets[J]. IEEE Geoscience and Remote Sensing Letters, 2005, 2(2): 192-195.

[13] Su H J, Zhao B, Du Q, et al. Kernel collaborative representation with local correlation features

for hyperspectral image classification[J]. IEEE Transactions on Geoscience and Remote Sensing, 2019, 57(2): 1230-1241.

[14] Matteoli S, Diani M, Corsini G. Closed-form nonparametric GLRT detector for subpixel targets in hyperspectral images[J]. IEEE Transactions on Aerospace and Electronic Systems, 2020, 56(2): 1568-1581.

[15] Rambhatla S, Li X G, Ren J N, et al. A dictionary-based generalization of robust PCA with applications to target localization in hyperspectral imaging[J]. IEEE Transactions on Signal Processing, 2020, 68: 1760-1775.

[16] Ren Y M, Liao L, Maybank S J, et al. Hyperspectral image spectral-spatial feature extraction via tensor principal component analysis[J]. IEEE Geoscience and Remote Sensing Letters, 2017, 14(9): 1431-1435.

[17] Liu Y J, Gao G M, Gu Y F. Tensor matched subspace detector for hyperspectral target detection [J]. IEEE Transactions on Geoscience and Remote Sensing, 2017, 55(4): 1967-1974.

[18] Harsanyi J C, Chang C I. Hyperspectral image classification and dimensionality reduction: An orthogonal subspace projection approach[J]. IEEE Transactions on Geoscience and Remote Sensing, 1994, 32(4): 779-785.

[19] Smith M O, Johnson P E, Adams J B. Quantitative determination of mineral types and abundances from reflectance spectra using principal components analysis[J]. Journal of Geophysical Research: Solid Earth, 1985, 80: 797-804.

[20] Shang X D, Song M P, Wang Y L, et al. Target-constrained interference-minimized band selection for hyperspectral target detection[J]. IEEE Transactions on Geoscience and Remote Sensing, 2021, 59(7): 6044-6064.

[21] Haykin S S. Adaptive Filter Theory[M]. London: Pearson Education India, 2002.

[22] Haykin S S. Advances in Spectrum Analysis and Array Processing[M]. Upper Saddle River: Prentice-Hall Inc., 1995.

[23] Miller J W V, Farison J B, Shin Y. Spatially invariant image sequences[J]. IEEE Transactions on Image Processing, 1992, 1(2): 148-161.

[24] Harsanyi J C. Detection and classification of subpixel spectral signatures in hyperspectral image sequences[D]. Baltimore: University of Maryland, 1993.

[25] Golub G H, van Loan C F. Matrix Computations[M]. 4th ed. Baltimore: Johns Hopkins University Press, 2013.

[26] Huete A R. Separation of soil-plant spectral mixtures by factor analysis[J]. Remote Sensing of Environment, 1986, 19(3): 237-251.

[27] Yang S, Shi Z W. SparseCEM and SparseACE for hyperspectral image target detection[J]. IEEE Geoscience and Remote Sensing Letters, 2014, 11(12): 2135-2139.

[28] Frost O L. An algorithm for linearly constrained adaptive array processing[J]. Proceedings of the IEEE, 1972, 60(8): 926-935.

[29] van Veen B D, Buckley K M. Beamforming: A versatile approach to spatial filtering[J]. IEEE ASSP Magazine, 1988, 5(2): 4-24.

[30] Shang X D, Yang T T, Han S C, et al. Interference-suppressed and cluster-optimized hyperspectral target extraction based on density peak clustering[J]. IEEE Journal of Selected Topics in Applied Earth Observations and Remote Sensing, 2021, 14: 4999-5014.

[31] Xu Y, Wu Z B, Xiao F, et al. A target detection method based on low-rank regularized least squares model for hyperspectral images[J]. IEEE Geoscience and Remote Sensing Letters, 2016, 13(8): 1129-1133.

[32] Mayer R, Bucholtz F, Scribner D. Object detection by using "whitening/dewhitening" to transform target signatures in multitemporal hyperspectral and multispectral imagery[J]. IEEE Transactions on Geoscience and Remote Sensing, 2003, 41(5): 1136-1142.

[33] Stellman C M, Hazel G G, Bucholtz F, et al. Real-time hyperspectral detection and cuing[J]. Optical Engineering, 2000, 39(7): 1928-1935.

[34] Kraut S, Scharf L L. The CFAR adaptive subspace detector is a scale-invariant GLRT[J]. IEEE Transactions on Signal Processing, 1999, 47(9): 2538-2541.

[35] Tax D M J, Duin R P W. Support vector data description[J]. Machine Learning, 2004, 54(1): 45-66.

[36] Wang C D, Lai J H. Position regularized support vector domain description[J]. Pattern Recognition, 2013, 46(3): 875-884.

[37] Munoz-Mari J, Bruzzone L, Camps-Valls G. A support vector domain description approach to supervised classification of remote sensing images[J]. IEEE Transactions on Geoscience and Remote Sensing, 2007, 45(8): 2683-2692.

[38] Banerjee A, Burlina P, Diehl C. A support vector method for anomaly detection in hyperspectral imagery[J]. IEEE Transactions on Geoscience and Remote Sensing, 2006, 44(8): 2282-2291.

[39] Nasrabadi N M. Hyperspectral target detection: An overview of current and future challenges[J]. IEEE Signal Processing Magazine, 2013, 31(1): 34-44.

[40] Zhang Y X, Du B, Zhang L P, et al. Joint sparse representation and multitask learning for hyperspectral target detection[J]. IEEE Transactions on Geoscience and Remote Sensing, 2017, 55(2): 894-906.

[41] Chen Y, Nasrabadi N M, Tran T D. Sparse representation for target detection in hyperspectral imagery[J]. IEEE Journal of Selected Topics in Signal Processing, 2011, 5(3): 629-640.

[42] Chen Y, Nasrabadi N M, Tran T D. Simultaneous joint sparsity model for target detection in hyperspectral imagery[J]. IEEE Geoscience and Remote Sensing Letters, 2011, 8(4): 676-680.

[43] Peng J T, Sun W W, Li H C, et al. Low-rank and sparse representation for hyperspectral image processing: A review[J]. IEEE Geoscience and Remote Sensing Magazine, 2022, 10(1): 10-43.

[44] ui Haq Q S, Tao L M, Sun F C, et al. A fast and robust sparse approach for hyperspectral data classification using a few labeled samples[J]. IEEE Transactions on Geoscience and Remote Sensing, 2012, 50(6): 2287-2302.

[45] Li J Y, Zhang H Y, Zhang L P, et al. Joint collaborative representation with multitask learning for hyperspectral image classification[J]. IEEE Transactions on Geoscience and Remote Sensing, 2014, 52(9): 5923-5936.

[46] Zhang X Y, Li P J. Lithological mapping from hyperspectral data by improved use of spectral angle mapper[J]. International Journal of Applied Earth Observation and Geoinformation, 2014, 31: 95-109.

[47] Weldon T P, Higgins W E, Dunn D F. Efficient Gabor filter design for texture segmentation[J]. Pattern Recognition, 1996, 29(12): 2005-2015.

[48] Zhong P, Wang R S. Jointly learning the hybrid CRF and MLR model for simultaneous denoising and classification of hyperspectral imagery[J]. IEEE Transactions on Neural Networks and Learning Systems, 2014, 25(7): 1319-1334.

[49] Castillo M, Rivard B, Sánchez-Azofeifa A, et al. LiDAR remote sensing for secondary tropical dry forest identification[J]. Remote Sensing of Environment, 2012, 121: 132-143.

[50] Pohl C, van Genderen J L. Review article multisensor image fusion in remote sensing: Concepts, methods and applications[J]. International Journal of Remote Sensing, 1998, 19(5): 823-854.

[51] Cao S, Yu Q Y, Sanchez-Azofeifa A, et al. Mapping tropical dry forest succession using multiple criteria spectral mixture analysis[J]. ISPRS Journal of Photogrammetry and Remote Sensing, 2015, 109: 17-29.

[52] Ghimire B, Rogan J, Miller J. Contextual land-cover classification: Incorporating spatial dependence in land-cover classification models using random forests and the Getis statistic[J]. Remote Sensing Letters, 2010, 1(1): 45-54.

[53] Kang X D, Zhang X P, Li S T, et al. Hyperspectral anomaly detection with attribute and edge-preserving filters[J]. IEEE Transactions on Geoscience and Remote Sensing, 2017, 55(10): 5600-5611.

[54] Zhang H K, Li Y, Jiang Y N, et al. Hyperspectral classification based on lightweight 3-D-CNN with transfer learning[J]. IEEE Transactions on Geoscience and Remote Sensing, 2019, 57(8): 5813-5828.

[55] Chang C I. Orthogonal subspace projection(OSP)revisited: A comprehensive study and analysis [J]. IEEE Transactions on Geoscience and Remote Sensing, 2005, 43(3): 502-518.

[56] Kang X D, Duan P H, Xiang X L, et al. Detection and correction of mislabeled training samples

for hyperspectral image classification[J]. IEEE Transactions on Geoscience and Remote Sensing, 2018, 56(10): 5673-5686.

[57] Haut J M, Paoletti M E, Plaza J, et al. Visual attention-driven hyperspectral image classification [J]. IEEE Transactions on Geoscience and Remote Sensing, 2019, 57(10): 8065-8080.

[58] Zhang W X, Lu X Q, Li X L. Similarity constrained convex nonnegative matrix factorization for hyperspectral anomaly detection[J]. IEEE Transactions on Geoscience and Remote Sensing, 2019, 57(7): 4810-4822.

[59] Zhang Y X, Wu K, Du B, et al. Multitask learning-based reliability analysis for hyperspectral target detection[J]. IEEE Journal of Selected Topics in Applied Earth Observations and Remote Sensing, 2019, 12(7): 2135-2147.

[60] Yang X L, Chen J, He Z. Sparse-SpatialCEM for hyperspectral target detection[J]. IEEE Journal of Selected Topics in Applied Earth Observations and Remote Sensing, 2019, 12(7): 2184-2195.

[61] Wang Y, Peng J J, Zhao Q, et al. Hyperspectral image restoration via total variation regularized low-rank tensor decomposition[J]. IEEE Journal of Selected Topics in Applied Earth Observations and Remote Sensing, 2018, 11(4): 1227-1243.

[62] Wang Z W, Nasrabadi N M, Huang T S. Spatial-spectral classification of hyperspectral images using discriminative dictionary designed by learning vector quantization[J]. IEEE Transactions on Geoscience and Remote Sensing, 2014, 52(8): 4808-4822.

[63] Yu C Y, Lee L C, Chang C I, et al. Band-specified virtual dimensionality for band selection: An orthogonal subspace projection approach[J]. IEEE Transactions on Geoscience and Remote Sensing, 2018, 56(5): 2822-2832.

[64] Mou L, Ghamisi P, Zhu X X. Unsupervised spectral-spatial feature learning via deep residual Conv-Deconv network for hyperspectral image classification[J]. IEEE Transactions on Geoscience and Remote Sensing, 2017, 56(1): 391-406.

[65] Ling Q, Guo Y L, Lin Z P, et al. A constrained sparse-representation-based binary hypothesis model for target detection in hyperspectral imagery[J]. IEEE Journal of Selected Topics in Applied Earth Observations and Remote Sensing, 2019, 12(6): 1933-1947.

[66] Kolda T G, Bader B W. Tensor decompositions and applications[J]. SIAM Review, 2009, 51(3): 455-500.

第7章　高光谱图像异常目标检测方法

随着传感器及成像技术的发展和我国高分系列卫星的成功发射与应用，高光谱遥感技术已经成为当前遥感领域的研究热点[1]。高光谱成像光谱仪的光谱分辨率可达到 10nm 或更小，因此高光谱图像具有大量连续的光谱波段，能够提供丰富的地物光谱信息。通过地物光谱信息进行地物判别是可行的，高光谱图像的判别特性主要有两个方面的应用：地物分类和目标检测。高光谱图像目标检测的实质是一个二分类问题，其工作方向是从各种背景中分离出特定的目标。近年来，高光谱图像目标检测技术在民用和军事方面得到了广泛应用。根据是否可获得地物目标的光谱先验信息，目标检测分为有监督和无监督两类。高光谱图像异常目标检测是一种典型的无监督检测，不需要利用地物的光谱先验信息。在一般情况下，很难获得地物目标真实的光谱信息，因此作为盲检测的异常目标检测相比有监督的目标检测更具实用性。异常目标检测可以直接应用于民用和军事等领域，如农业、林业、地质调查、环境监测和战场目标侦察等方面，也成为高光谱遥感领域的研究热点之一。

7.1　高光谱图像异常目标检测方法的种类

高光谱图像异常目标检测是一种不需要光谱先验信息的方法，在实际应用中具有高度的自由度和适应性，是当前高光谱图像处理领域的研究热点和重要方向之一。从分类的角度来看，高光谱图像异常目标检测可以看作二分类问题，即将图像中的像元分为背景像元或异常像元，其中大部分像元属于背景像元。近年来，许多相关研究机构及专家学者对高光谱图像异常目标检测进行了深入研究，并且积累了大量的异常目标检测方法。根据背景建模方式、主要技术手段以及是否利用了高光谱图像的空间信息，现有的高光谱图像异常目标检测方法大致可以分为四类：基于统计模型的异常目标检测方法、基于稀疏表示理论的异常目标检测方法、基于深度学习的异常目标检测方法以及基于空谱联合的异常目标检测方法。

7.1.1　基于统计模型的异常目标检测方法

RX（Reed-Xiao）方法[2]可以看作高光谱图像异常目标检测领域的基准方法。RX 方法假设高光谱图像数据服从高斯分布，通过统计高光谱图像数据均值向量和协方差来计算各像元的马氏距离探测统计值。根据对背景信息利用的不同，RX

方法可以分为全局 RX 方法和局部 RX 方法两种形式[3]。RX 方法假设背景服从高斯分布，而实际的高光谱图像背景中地物分布比较复杂，存在噪声、混合像元等多种干扰，而且存在非线性问题，单一的高斯分布并不能很好地描述背景的数据特性，导致 RX 方法的虚警概率较高。为了克服这一问题，许多针对 RX 的改进方法被相继提出，如基于聚类的异常检测(cluster-based anomaly detection, CBAD)方法[4]和基于高斯混合模型(Gaussian mixture model, GMM)方法[5]等。此外，RX方法采用图像中所有像元估计背景的分布模型参数，导致图像中的异常光谱也会参与背景的估计，这使得背景的协方差矩阵对这种数据污染情况比较敏感，即产生了异常光谱对背景样本的污染问题。为了解决这一问题，许多研究者对 RX 方法进行了相应改进，Weighted-RXD(Reed-Xiao detector)[6]、基于随机选择的异常检测(random-selection-based anomaly detection, RSAD)方法[7]等均为此类方法的代表。

然而，上述 RX 方法及其改进方法都假设目标和背景信息之间为线性关系。实际上，高光谱图像数据的波段间存在非线性的相关性，其背景模型并不总是符合高斯分布统计特性的[8]。针对非线性问题，文献[9]将核学习理论与 RX 方法相结合，采用核函数将原始高光谱图像数据非线性映射到高维的特征空间，提出了核 RX(kernel RX, KRX)方法。KRX 方法充分利用了高光谱图像数据波段间的非线性特性，其实质是在特征空间利用 RX 方法进行异常目标检测，且通过核方法改善了目标和背景信息决策界面的问题。

虽然 RX 方法及其诸多改进方法被相继提出，但是这些方法都是通过统计方法获得背景信息的，因此 RX 方法的核心缺陷并未得到根本解决，只是在一定程度上得到了缓解。为了避免采用统计方法估计背景信息所产生的缺陷和不足，国内外研究者结合多种数学理论和模型，提出了其他种类的异常目标检测方法。

7.1.2 基于稀疏表示理论的异常目标检测方法

基于稀疏表示理论的异常目标检测方法是近年来高光谱图像异常目标检测领域的主流方法，受到了研究者的广泛关注。该方法的基本思想是背景信息可以用典型的光谱向量或者特征向量进行有效表示，然而异常目标不符合这样的特性。例如，文献[10]利用双窗口函数选择待检测像元和背景像元集，计算待检测像元在背景像元集上的稀疏表示系数，通过系数分布的差异来判断待检测像元是否为异常，但该方法存在检测精度较低的问题；文献[11]在此基础上，利用群优化模糊 C 均值聚类方法将原始图像中相似的波段划分到同一子空间，在每一子空间中利用稀疏差异指数的方法进行目标检测，最后将各个子空间的检测结果进行叠加获得最终检测结果，提高了检测精度，并且降低了虚警概率。

文献[12]将稀疏表示理论改进为协同表示理论，该理论可以表述为：高光谱图像背景像元可以由近邻域像元近似地线性表示，但是异常像元却不能由近邻域像元近似地线性表示。依据协同表示理论提出了协同表示检测(collaborative representation-based detection，CRD)及核协同表示检测(kernel collaborative representation-based detector，KCRD)，CRD 和 KCRD 方法均获得了较好的检测结果，并且已经成为高光谱图像异常目标检测领域的基准方法[12]，大量学者在 CRD 方法的基础上提出了改进方法。例如，为了提高 KCRD 方法的检测效率，文献[13]提出了基于逐像元因果系统的高光谱快速核协同表示异常目标检测方法。另外，近年来研究学者也将低秩稀疏矩阵分解技术应用到高光谱图像异常目标检测任务中，提出了一系列异常目标检测方法。该类方法通常将原始高光谱图像数据分解为低秩矩阵、稀疏矩阵和噪声矩阵。低秩矩阵能够捕获主要的背景信息，而稀疏矩阵则能够反映一定的异常信息，例如，低秩稀疏矩阵分解(low-rank and sparse matrix decomposition，LRaSMD)[14]利用鲁棒性的主成分分析将高光谱图像数据分为低秩部分和稀疏部分。低秩稀疏表示(low-rank and sparse representation，LRASR)假设背景数据位于多个低秩子空间，提出了背景字典训练的方法，通过训练的背景字典来分离异常像元[15]。低秩表示模型同样成为高光谱图像异常目标检测研究中的一个基础方法，很多学者对其进行了改进。文献[16]使用全变分算子及图约束对低秩表示模型进行了改进，改进后的方法通过加入全变分正则项来约束背景区域的连续性，以及背景和异常之间的边缘变化；加入图约束正则项来刻画局部几何结构。文献[17]将低秩表示模型与协同表示模型相结合，并采用密度聚类方法选取可靠字典。文献[18]通过局部异常因子选取背景字典，并采用匹配滤波器对低秩表示模型检测出的初步检测结果进行后处理。文献[19]基于图论提出图拉普拉斯矩阵字典方法，并从原始高光谱图像数据中提取纹理特征加入低秩表示模型中。文献[20]采用局部多窗方法对低秩表示系数矩阵进行了平滑操作。

7.1.3　基于深度学习的异常目标检测方法

近年来，高光谱图像异常目标检测方法中也出现了一些基于深度学习的工作。深度学习技术能够提取数据样本的深度特征，并提取更深层次的非线性信息，能够更有效地辨识背景和异常目标。高光谱图像异常目标检测的盲检测特性符合深度学习中无监督学习的任务特点，利用无监督特征学习模型可以准确地挖掘地物的分布特性，在网络的更高层抽象出复杂背景数据的本质特征。因此，研究学者利用深度学习架构在数据特性挖掘方面的优势，探索了其在高光谱图像异常目标检测任务中的具体实现。自动编码器是最常用的无监督特征学习模型，通过编码和解码过程，获取对背景数据的有效表达。文献[21]提出了基于自动编码器的异常目标检测方法，通过编码与解码过程对网络进行学习，背景数据能够以较小的重构误差进行解码恢复，而异常目标会有较大的重构误差值，据此实现异常目标的有效检测。文献[22]则提出了基于堆叠降噪自动编码器的异常目标检测方法，自动学习高光谱图像的非线性深度特征，取得了较好的检测结果。文献[23]提出了基于深度置信网络的无监督特征学习模型，通过神经网络学习高层特征和重构误差函数，并根据统计信息和重构误差设计了自适应加权策略，降低了局部异常的影响。

7.1.4 基于空谱联合的异常目标检测方法

随着高光谱遥感技术的发展，高光谱传感器在具有高的光谱分辨率的同时也具有较高的空间分辨率，因此同时开发高光谱图像的光谱特性和空间特性是高光谱图像处理的发展趋势。在高光谱图像异常目标检测领域，研究人员在研究前述各种方法的基础上，综合利用空间信息，提出了多种基于空间和光谱联合特性的检测方法。例如，文献[24]提出的局部和异常检测(local summation anomaly detection，LSAD)方法把测试点近邻域局部窗的多层局部分布与空间特性和光谱特性相结合，提高了异常目标检测的性能；文献[10]提出了局部稀疏差异(local sparsity divergence，LSD)方法，其基本思想是将目标像元和背景像元分别投影到不同的低秩子空间，目标像元很难由其局部近邻域背景字典表示，因此测试点会在局部近邻域光谱和空间字典中产生不同的稀疏差异，进而判断出异常像元。LSAD 和 LSD 等方法同时考虑了高光谱图像的光谱特性和空间特性，其检测性能优于一般只考虑光谱特性的检测方法。在此基础上，基于张量分解的方法进一步改善了异常目标检测性能，该方法把高光谱图像数据看作一个三阶张量，其中第一维和第二维是空间维，第三维是光谱维，因此三阶张量平等地描述了高光谱图像的空间信息和光谱信息，这也方便同时提取空间异常和光谱异常，例如，在基于偏度检测器(co-skewness detector，COSD)的方法中，提出了偏度张量的概念[25]；在基于低秩和张量机分解的异常检测(low-rank tensor decomposition-based anomaly detection，LTDD)[26]方法中，高光谱图像立方体数据首先被分解成紧密的低秩张量与稀疏张量，随后通过对低秩张量进行 Tucker 分解获得支持异常光谱特性的核心张量，LTDD 方法最后对核心张量采取解混的方式进行异常目标检测。

值得注意的是，上述异常目标检测方法的四种类别只是对现有异常目标检测方法的一种归纳总结，在很多情况下，这些分类并不是互斥的。对于一个具体的异常目标检测方法，其可能属于其中的一类或者几类。

7.2 几种典型的高光谱图像异常目标检测方法

通过 7.1 节的介绍，可以看出异常目标检测方法可以分为不同的类别。本节将对各类别的经典方法进行简单介绍和概括。

7.2.1　RX 方法

RX 方法可以看作高光谱图像异常目标检测领域的基准方法，本节将首先介绍 RX 方法。恒虚警概率检测方法能够在含有噪声的多维光谱波段和通道中，检测到不可忽视的且具有未知相对强度的光学信号。RX 方法属于恒虚警概率检测方法，是在奈曼-皮尔森(Neyman-Person，NP)准则的基础上，从广义似然比检测函数推导而来的[27-30]。从多元信号检测理论的角度，可以将 RX 方法看作二元假设检验问题，在假设目标光谱和背景协方差未知的情况下，通过建立以待检测像元为中心的二元假设来推导决策函数。令 x 表示任一输入像元，则 RX 方法需要判别的二元竞争假设可以表示为

$$\begin{cases} H_0: x = n, & \text{目标缺失} \\ H_1: x = as + n, & \text{目标存在} \end{cases} \tag{7-1}$$

其中，在 H_0 假设下 $a=0$，而在 H_1 假设下 $a>0$；n 为背景杂波信号；s 为目标信号光谱特征。

该模型假设高光谱图像数据来源于两个具有相同协方差矩阵和不同均值向量的概率密度函数。为方便处理，假设 μ_b 代表高光谱图像背景的统计均值向量，C 代表背景协方差矩阵，μ_t 代表目标的统计均值向量，因此在 H_0 假设下，数据(背景信号)可以被建模为高斯正态分布 $N(\mu_b, C)$，其概率密度函数可以表示为

$$p(x \mid H_0) = \frac{1}{(2\pi)^{L/2} |C|^{1/2}} e^{-\frac{1}{2}(x-\mu_b)^{\mathrm{T}} C^{-1}(x-\mu_b)} \tag{7-2}$$

在 H_1 假设下，数据可以被建模为高斯正态分布 $N(\mu_t, C)$，其概率密度函数可以表示为

$$p(x \mid H_1) = \frac{1}{(2\pi)^{L/2} |C|^{1/2}} e^{-\frac{1}{2}(x-\mu_t)^{\mathrm{T}} C^{-1}(x-\mu_t)} \tag{7-3}$$

其中，L 为高光谱图像的光谱波段数；$|\cdot|$ 表示行列式。

利用 NP 准则，计算似然比函数的自然对数形式，即

$$\begin{aligned} y &= \frac{p(x \mid H_1)}{p(x \mid H_0)} \\ &= \frac{1}{2}(x-\mu_b)^{\mathrm{T}} C^{-1}(x-\mu_b) - \frac{1}{2}(x-\mu_t)^{\mathrm{T}} C^{-1}(x-\mu_t) \end{aligned} \tag{7-4}$$

对于式(7-1)的二元假设检测模型，经过一系列简化，RX 方法的广义似然比

函数最终可以表示为

$$\delta^{\mathrm{RXD}}(x) = \left(x - \mu_b\right)^{\mathrm{T}} C^{-1}\left(x - \mu_b\right) \overset{H_1}{\underset{H_0}{\overset{>}{<}}} \eta \tag{7-5}$$

由于异常目标像元与背景像元在光谱特征上具有较大的区分性，从式(7-4)和式(7-5)可以看出，当输入像元是异常目标时，决策函数将会输出一个较大的异常值；反之，当输入像元是背景时，决策函数将会输出一个较小的异常值。这样，高光谱图像中的异常目标就可以从背景中检测出来。

7.2.2 基于稀疏表示理论的高光谱图像异常目标检测方法

稀疏表示方法是最具代表性的线性表示策略。稀疏表示有非常强的能力来解决许多应用领域中存在的问题，尤其是在信号处理、图像处理、机器学习以及计算机视觉等领域。稀疏表示最初来源于压缩感知(compressed sensing, CS)[31-33]理论。CS 理论认为，如果一个信号是稀疏的或者压缩的，那么原始信号可以由很少的测量值进行重建，这降低了采样和计算的成本，并为后续的研究提供了理论基础。

稀疏表示假设一个信号可以由过完备字典及其系数向量的乘积表示，并且在强制该系数向量中元素是稀疏的情况下，求解表示过程中误差最小的问题。稀疏表示是符合现实问题的物理模型，因此在许多应用中具有很好的性能。

对于高光谱图像数据 x，其稀疏表示主要包含两个重要部分：过完备字典和稀疏编码。对于高光谱图像中的各像元 $x_i, 1 \leqslant i \leqslant n$，假设根据某一由 k 个字典原子组成的稀疏字典 $D = [d_1, d_2, \cdots, d_k] \in \mathbb{R}^{p \times k}$，可以稀疏编码 $\alpha_i = [a_{i1}, a_{i2}, \cdots, a_{ik}]^{\mathrm{T}}$ 为线性组合系数对其进行近似线性表示。上述高光谱图像的稀疏表示可以表示为

$$x_i \approx D\alpha_i = a_{i1}d_1 + a_{i2}d_2 + \cdots + a_{ik}d_k \tag{7-6}$$

其中，$d_i, 1 \leqslant i \leqslant k$ 为稀疏字典的第 i 个字典原子。

在高光谱图像的稀疏表示过程中，各个像元 x_i 可以由字典 D 中的 k_0 个字典原子近似线性表示，且 k_0 的个数远少于稀疏字典原子总数 k。各像元对应的稀疏编码向量 α_i 可通过求解如式(7-7)所示的优化问题得到，即

$$\begin{cases} \min\limits_{A,D} \dfrac{1}{2} \sum\limits_{i=1}^{n} \|x_i - Da_i\|_2 \\ \text{s.t. } \|a_i\|_0 \leqslant k_0 \,\forall i \end{cases} \tag{7-7}$$

其中，$A = [a_1, a_2, \cdots, a_n]$ 为稀疏表示模型中的稀疏编码矩阵；$\|\cdot\|_0$ 为 l_0 范数运算，即非零元素的个数运算；k_0 为稀疏编码矩阵 A 中各稀疏编码向量 a_i 的最大稀疏等级。

上述优化问题是一个 NP-hard 问题，而且不能进行联合凸优化求解，但其中的两个成分 A 和 D 均可看作凸优化求解问题，根据其中一个成分给予的固定值对另一个优化问题进行最小化求解，可最终得到 A 和 D 的稳定状态，因此可形成两个迭代优化过程：稀疏编码和字典更新。在稀疏编码过程中，给定一个固定的字典 D，相对应的稀疏编码矩阵 A 可通过正交匹配追踪(orthogonal matching pursuit, OMP)[34]方法获得；在字典更新过程中，给定一个固定的稀疏编码矩阵 A，相对应的字典 D 可通过 K-SVD(singular value decomposition, 奇异值分解)[35]方法得到最优化更新。

在求解出 A 和 D 的最优解 A^* 和 D^* 后，可将重建误差作为判定结果，即

$$d(x_i) = \left\| x_i - D^* a_i^* \right\|_2 \tag{7-8}$$

其中，a_i^* 为最优稀疏编码矩阵 A^* 的第 i 个列向量。

7.2.3　基于协同表示的高光谱图像异常目标检测方法

CRD 的提出依据是背景像元可以由它的空间邻域像元表示，而异常目标不能由它的空间邻域像元表示。CRD 利用同心双层窗获取每个被检测像元的背景。如果分别用 w_{out} 和 w_{in} 表示外窗和内窗的尺寸大小，则可以得到背景集中的像元数目 $N = w_{\text{out}} \times w_{\text{out}} - w_{\text{in}} \times w_{\text{in}}$。本节同样用 $X_b = \{x_i\}_{i=1}^N$ 表示初始背景集，对于每个被检测像元 y，它的协同表示权重向量 α 可以通过使式(7-9)所示的 l_2 范数最小化求得，即

$$\arg \min_a \left\| y - X_b \alpha \right\|_2^2 + \lambda \left\| \alpha \right\|_2^2 \tag{7-9}$$

其中，λ 在本节方法中为一个 Lagrange 乘子，它控制权重向量范数的惩罚程度。

为了使与被检测像元相似的背景集中的像元具有较大的权重系数，不相似的像元对应较小的系数，引入距离加权的 Tikhonov 正则化项 Γ_y 去调节系数大小。Γ_y 是一个对角矩阵，通过计算被检测像元与其近邻域像元的欧氏距离来衡量它们之间的相似度，即

$$\Gamma_y = \begin{bmatrix} \left\| y - x_1 \right\|_2 & & 0 \\ & \ddots & \\ 0 & & \left\| y - x_N \right\|_2 \end{bmatrix} \tag{7-10}$$

为了避免协同表示方法在异质区域赋予背景像元较大的权重系数来表示异常像元，在方法中引入权重向量元素和为 1 的约束条件。此时，目标函数转换为

$$\arg \min_a \left\| \tilde{y} - \tilde{X}_b \alpha \right\|_2^2 + \lambda \left\| \Gamma_y \alpha \right\|_2^2 \tag{7-11}$$

其中，$\tilde{y} = [y;1]$；$\tilde{X}_b = [X_b;1]$，1 为一个元素全为 1 的行向量。

式 (7-11) 可以等价为式 (7-12) 的形式，即

$$\arg \min_a \left[\alpha^T \left(\tilde{X}_b^T \tilde{X}_b + \lambda \Gamma_y^T \Gamma_y \right)^{-1} \alpha - 2\alpha^T \tilde{X}_b^T \tilde{y} \right] \tag{7-12}$$

以 α 为自变量，通过对式 (7-12) 进行求导，并令其为 0，可以得到使目标函数最小时 α 的取值，即

$$\hat{\alpha} = (\tilde{X}_b^T \tilde{X}_b + \lambda \Gamma_y^T \Gamma_y)^{-1} \tilde{X}_b^T \tilde{y} \tag{7-13}$$

最终，CRD 的判决表达式表现为计算被检测像元 y 与其预测值 $\hat{y}$ 之间的欧氏距离，表达式为

$$r = \left\| y - \hat{y} \right\|_2 = \left\| y - X_b \hat{\alpha} \right\|_2 \tag{7-14}$$

CRD 是一种基于线性表示的检测方法，在检测过程中会出现以下五种情况。

第一种情况：如果被检测像元 y 是一个背景像元，其近邻域空间 X_b 中都是与 y 相同类别的背景像元，那么正则化矩阵 Γ_y 对角线元素值都比较小，Γ_y 作用较小。预测值 $\hat{y}$ 将逼近原始值 y，这种情况下 CRD 将正确识别被检测像元，将其判为背景像元。

第二种情况：如果被检测像元 y 是一个背景像元，其近邻域空间 X_b 中存在异常像元或与 y 异类的背景像元，那么 Γ_y 会削弱与被检测像元差别较大的像元对应的权重系数，增大近似像元的权重系数。预测值 $\hat{y}$ 同样会逼近原始值 y，这种情况下 CRD 将正确识别被检测像元，将其判为背景像元。

第三种情况：如果被检测像元 y 是一个异常像元，其近邻域空间 X_b 中只存在背景像元，那么 Γ_y 中背景像元对应的对角线元素值都比较大。预测值 $\hat{y}$ 与 y 差异较大，这时 y 很可能被判为异常像元。

第四种情况：如果被检测像元 y 是一个异常像元，其近邻域空间 X_b 中存在背景像元和几个与 y 不同类的异常像元，那么 Γ_y 对角线元素值都比较大。预测值 $\hat{y}$ 与 y 不相似，这时 y 很可能被判为异常像元。

第五种情况：如果被检测像元 y 是一个异常像元，同时其近邻域空间 X_b 中存在与 y 同类的异常像元，那么异常像元对应的 Γ_y 中元素值都比较小，Γ_y 将使异常像元相应权重系数增大。预测值 $\hat{y}$ 将逼近原始值 y，这种情况下 CRD 将其错误地判为背景像元。

7.2.4　基于低秩稀疏矩阵分解的高光谱图像异常目标检测方法

近年来，能将高光谱图像目标和背景分离的低秩稀疏分解理论在高光谱图像异常目标检测中得到应用，并取得较好的检测结果。在高光谱图像数据中，通常认为背景具有低秩特性，异常像元点通常具有低概率，占据整幅图像非常小的部分，具有稀疏特性[36]。鉴于上述分析，设高光谱图像数据 $X = \left\{ x_i \in \mathbb{R}^D, i = 1, 2, \cdots, N \right\}$，$N$ 是样本总数，D 是波段数，可以将其表示为

$$X = L + S + G \tag{7-15}$$

其中，L 为背景的低秩矩阵；S 为异常的稀疏矩阵；G 为残留噪声。

近些年，研究人员提出了一些致力于发展快速逼近的低秩稀疏矩阵分解优化方法[37]，例如，典型的随机近似矩阵分解[38]指出一个矩阵可以由投影到其随机预测的列空间有效地逼近，可以看作奇异值分解或主成分分析的一种快速逼近；鲁棒主成分分析提供了一种低秩数据和稀疏噪声的盲分解方法[39]。此外，GoDec[40]方法是一种快速逼近方法，用随机近似矩阵分解中的双边随机投影[41]替代耗时的奇异值分解或主成分分析。此外，GoDec 方法可以在研究低秩和稀疏结构的同时考虑叠加噪声。基于双边随机投影的 GoDec 问题可以通过最小化受低秩和稀疏限制的分解误差来求解，即

$$\begin{cases} \min_{B,S} \| X - B - S \|_{\mathrm{F}}^2 \\ \text{s.t. } \mathrm{rank}(B) \leqslant r, \ \mathrm{card}(S) \leqslant kN \end{cases} \tag{7-16}$$

其中，r 为 B 的秩的上限；k 为 S 的基数的上限，反映了图像场景中的稀疏能量，通常定义为 S 的 0 范数。

背景可以近似表示为几个基向量的线性组合，基向量的数量表示背景成分矩阵的秩。这些基向量通常由背景端元、背景协方差矩阵的特征向量和其他特征描述。因为在决定背景成分的秩时，可能并没有考虑到所有的背景成分，所以稀疏成分也可能包含一些背景能量。因此，r 的值可以根据主要的背景端元或者背景类别数目来设置。式 (7-16) 的优化问题可以转换为交替求解以下两个子问题直至收敛，即

$$B_t = \arg \min_{\mathrm{rank}(B) \leqslant r} \| X - B - S_{t-1} \|_{\mathrm{F}}^2 \tag{7-17}$$

$$S_t = \arg \min_{\mathrm{rank}(S) \leqslant kN} \| X - B_{t-1} - S \|_{\mathrm{F}}^2 \tag{7-18}$$

采用基于双边随机投影的低秩逼近理论求解式 (7-17) 的子问题，即

$$Y_1 = XA_1, \qquad Y_2 = X^T A_2 \tag{7-19}$$

其中，$A_1 \in \mathbb{R}^{B \times r}$ 和 $A_2 \in \mathbb{R}^{N \times r}$ 为随机矩阵。

为简单起见，A_1 是由 MATLAB 中的随机矩阵函数生成的标准正态分布随机矩阵，A_2 由 $A_2 = Y_1 = XA_1$ 求得。

基于双边随机投影的 $X \in \mathbb{R}^{N \times B}$ 的 r 秩逼近表达式为

$$B = Y_1 (A_2^T Y_1)^{-1} Y_2^T \tag{7-20}$$

至于式 (7-18) 的子问题，通过 $X - B_{t-1}$ 更新 S_t，即

$$\begin{cases} S_t = P_\Omega (X - B_{t-1}) \\ \text{s.t. } \Omega : \left| (X - B_{t-1})_{i,j \in \Omega} \right| \neq 0, \quad \Omega \geqslant \left| (X - B_{t-1})_{i,j \in \overline{\Omega}} \right|, \quad |\Omega| \leqslant kN \end{cases} \tag{7-21}$$

其中，$P_\Omega(\cdot)$ 为一个矩阵到一个集合 Ω 的映射；Ω 为 $|X - B_{t-1}|$ 前 kN 个最大的非零子集。

随着上述恢复过程的结束，异常的稀疏矩阵 S 从背景的低秩矩阵 L 与残留噪声矩阵 G 中分离出来。在矩阵 S 中每一列 $S_i = \left[s_i^1, \cdots, s_i^m, \cdots, s_i^D \right]^T$ 对应于每个像元光谱的异常分量。因此，矩阵 S 可用来检测高光谱图像数据中的异常目标。考虑到异常矩阵是实向量的集合，本节使用欧氏距离来计算每个像元的异常值。被检测像元 x_i 的异常检测值 d_i 的计算公式为

$$d_i = \sqrt{\left(S_i - \overline{S} \right) \left(S_i - \overline{S} \right)^T} \tag{7-22}$$

其中，S_i 为像元 x_i 光谱的异常分量；$\overline{S}$ 为稀疏矩阵的平均列向量。

较大的异常检测值表示待检测像元有较大的概率判定为异常目标；反之，如果该异常检测值较小，则表明待检测像元能够由邻域像元表示，即待检测像元有较大的概率判定为背景。

7.3　基于局部线性嵌入稀疏差异指数的高光谱图像异常目标检测方法

现有的基于稀疏理论的检测方法主要关注异常目标的光谱稀疏特性，而忽略了其在空间上的特性。实际上，高光谱图像中的异常目标往往是低概率的小目标，它们在空间上也具有稀疏特性。为了解决这个问题，本节提出一种基于局部线性嵌入稀疏差异指数 (sparsity divergence index with local linear embedding，SDI-LLE)

的高光谱图像异常目标检测方法，简称为 SDI-LLE 方法。该方法利用光谱稀疏差异指数计算原始高光谱图像数据的光谱信息，并对经过局部线性嵌入降维的数据进行空间稀疏差异指数计算，充分利用光谱信息和空间信息。通过联合光谱和空间稀疏差异指数，SDI-LLE 方法能够有效地检测异常目标。本节通过实验验证 SDI-LLE 方法的有效性和优越性，并进行参数讨论。

7.3.1　方法原理

局部线性嵌入(local linear embedding，LLE)方法的基本思想是，在保持原图像局部几何结构不变的同时把高维数据映射到低维空间[42]，例如，高维输入数据集 $X = \left\{ x_i \in \mathbb{R}^{D \times N}, i = 1, 2, \cdots, N \right\}$（$D$ 是光谱波段数，N 是样本总数），通过 LLE 的局部线性重构权值矩阵 W，映射到低维空间 $Y = \left\{ y_i \in \mathrm{R}^{d \times N}, i = 1, 2, \cdots, N \right\}(d \ll D)$。

LLE 方法可分为以下三步。

第一步：寻找每个测试点欧氏距离的 k 个近邻域点。

第二步：根据局部数据点的最小化误差线性重构，计算 k 个近邻域点的局部线性重构权值矩阵 W。

第三步：保持局部几何结构，根据局部线性重构权值矩阵 W，计算出低维嵌入流行。

事实上，第二步中的局部线性重构权值矩阵是稀疏的，可以通过其稀疏差异获得可能的异常像元点。在本节优化 LLE 方法中的局部线性重构权值矩阵，以获得更可靠的异常像元点。

LLE 方法中局部线性重构权值矩阵的优化如下：

首先，对于每一个测试像元点 $x_i \in X$（波段数为 D），建立一个同心滑动双窗，双窗中心点即为测试像元点 x_i；内窗和外窗之间的数据定义为测试点 x_i 的邻域数据；邻域数据转换成二维矩阵数据 $X_i = \left\{ x_j^i, j = 1, 2, \cdots, k \right\}, k = w_{\mathrm{out}} \times w_{\mathrm{out}} - w_{\mathrm{in}} \times w_{\mathrm{in}}$。

其次，为了最小化下列重建误差，计算每个测试点邻域像元 x_j^i 的重构权值 W_{ij}；每个测试点 x_i 由其邻域数据 X_i 重构，通过求解约束最小 2 范数获得最优重构权值 W_{ij}，即

$$W_i = \underset{W_i}{\arg \min} \left(\sum_{j=1}^{k} \left\| x_i - W_{ij} x_j^i \right\|^2 \right), \quad W_{ij} \geqslant 0, \quad \sum_{j=1}^{k} W_{ij} = 1 \qquad (7\text{-}23)$$

其中，$W_i = \left[W_{i1}, W_{i2}, \cdots, W_{ik} \right]^{\mathrm{T}}$ 为局部线性重构权值矩阵 W 的第 i 个行向量。

LLE 方法第二步的优化与 CRD 方法相似，是求解使 $\left\| x_i - X_i W_i \right\|^2$ 和 $\left\| W_i \right\|^2$ 都最

小化的权值向量 W_i，目标函数定义为

$$\arg\min_{W_i} \|x_i - X_i W_i\|^2 + \lambda \|W_i\|^2 \tag{7-24}$$

其中，λ 为拉格朗日乘数。

式 (7-24) 可转换为

$$\arg\min_{W_i} [W_i(X_i^{\mathrm{T}} X_i + \lambda I) W_i - 2 W_i^{\mathrm{T}} X_i^{\mathrm{T}} x_i] \tag{7-25}$$

实际上，式 (7-25) 的求解是求极值点的问题，可以对 W_i 进行求导，并令求导后得到的等式为 0 而求得，即

$$\hat{W}_i = (X_i^{\mathrm{T}} X_i + \lambda I)^{-1} X_i^{\mathrm{T}} x_i \tag{7-26}$$

其中，λ 为控制权值向量范数惩罚因子。

然而，不同的邻域像元应施以不同的惩罚因子，在表达式中，与中心像元相似的邻域像元应该有较大的系数，反之，与中心像元不同的邻域像元的系数应该较小。因此，对系数较大的邻域像元施以更重的惩罚因子，而系数较小的邻域像元施以较轻的惩罚因子，即

$$\Gamma_{x_i} = \begin{bmatrix} \|x_i - x_1^i\| & & 0 \\ & \ddots & \\ 0 & & \|x_i - x_k^i\| \end{bmatrix} \tag{7-27}$$

该式计算测试点和 X_i 中每个近邻域点的欧氏距离，以此作为评价相似性的准则。因此，式 (7-24) 的优化表达式为

$$\arg\min_{W_i} \|x_i - X_i W_i\|^2 + \lambda \|\Gamma_{x_i} W_i\|^2 \tag{7-28}$$

在式 (7-28) 中，根据 W_i 中不同的元素测试点和邻域像元点的欧氏距离，惩罚因子的数值发生变化。直观地说，如果邻域点到测试点的欧氏距离小，也就是两个点相似，那么对应的系数就大，反之，对应的系数就小。式 (7-28) 的求解过程与式 (7-24) 相同，求解的结果为

$$\hat{W}_i = (X_i^{\mathrm{T}} X_i + \lambda \Gamma_{x_i}^{\mathrm{T}} \Gamma_{x_i})^{-1} X_i^{\mathrm{T}} x_i \tag{7-29}$$

为了对向量 W_i 进行和为 1 的约束，设 $\tilde{x}_i = [x_i; 1]$ 和 $\tilde{X}_i = [X_i; 1]$，$\tilde{X}_i$ 中的 1 是一

个全为 1 的 $1 \times k$ 行向量，因此新的优化等式可以表示为

$$\underset{\hat{W}_i}{\arg\min} \left\| \tilde{x}_i - \tilde{X}_i \hat{W}_i \right\|^2 + \lambda \left\| \Gamma_{x_i} \hat{W}_i \right\|^2 \tag{7-30}$$

求得的结果为

$$\hat{W}_i = (\tilde{X}_i^{\mathrm{T}} \tilde{X}_i + \lambda \Gamma_{x_i}^{\mathrm{T}} \Gamma_{x_i})^{-1} \tilde{X}_i^{\mathrm{T}} \tilde{x}_i \tag{7-31}$$

核方法能把线性不可分的数据映射到高维特征空间中，使数据可分性增大。式 (7-30) 的核版本与 KCRD 相似，即

$$\underset{\hat{W}_i^*}{\arg\min} \left\| \Phi(\tilde{x}_i) - \Phi \hat{W}_i^* \right\|^2 + \lambda \left\| \Gamma_{\Phi(\tilde{x}_i)} \hat{W}_i^* \right\|^2 \tag{7-32}$$

在式 (7-32) 中，映射函数 Φ 将 $\tilde{x}_i$ 映射到核特征空间中，$\tilde{x}_i \rightarrow \Phi(\tilde{x}_i) \in \mathbb{R}^{L \times 1}$ (L 是特征空间维数，且 $L \gg D$)，$\Phi = [\Phi(\tilde{x}_1^i), \Phi(\tilde{x}_2^i), \cdots, \Phi(\tilde{x}_k^i)] \in \mathbb{R}^{L \times k}$。因此，式 (7-27) 的对角规划矩阵可转换为

$$\Gamma_{\Phi(\tilde{x}_i)} = \begin{bmatrix} \left\| \Phi(\tilde{x}_i) - \Phi(\tilde{x}_1^i) \right\| & & 0 \\ & \ddots & \\ 0 & & \left\| \Phi(\tilde{x}_i) - \Phi(\tilde{x}_k^i) \right\| \end{bmatrix} \tag{7-33}$$

其中，$\left\| \Phi(\tilde{x}_i) - \Phi(\tilde{x}_j^i) \right\| = \left[k(\tilde{x}_i, \tilde{x}_i) + k(\tilde{x}_j^i, \tilde{x}_j^i) - 2k(\tilde{x}_i, \tilde{x}_j^i) \right]^{1/2}$ $(j = 1, 2, \cdots, k)$。

尺寸为 $k \times 1$ 的 $\hat{W}_i^*$ 求解结果为

$$\hat{W}_i^* = (\Phi^{\mathrm{T}} \Phi + \lambda \Gamma_{\Phi(\tilde{x}_i)}^{\mathrm{T}} \Gamma_{\Phi(\tilde{x}_i)})^{-1} \Phi^{\mathrm{T}} \Phi(\tilde{x}_i) = (K + \lambda \Gamma_{\Phi(\tilde{x}_i)}^{\mathrm{T}} \Gamma_{\Phi(\tilde{x}_i)})^{-1} k(\cdot, \tilde{x}_i) \tag{7-34}$$

其中，$k(\cdot, \tilde{x}_i) = [k(\tilde{x}_1^i, \tilde{x}_i), k(\tilde{x}_2^i, \tilde{x}_i), \cdots, k(\tilde{x}_k^i, \tilde{x}_i)]^{\mathrm{T}} \in \mathbb{R}^{k \times 1}$；核函数 $K = \Phi^{\mathrm{T}} \Phi \in \mathbb{R}^{k \times k}$ 为格拉姆矩阵，且 $K_{m,n} = k(\tilde{x}_m^i, \tilde{x}_n^i)$，$m = 1, 2, \cdots, k$，$n = 1, 2, \cdots, k$；在此采用高斯核函数 $k(d_i, d_j) = \exp\left(-\left\| d_i - d_j \right\|_2^2 \Big/ (2c^2) \right)$，且 $\hat{W}^* = [\hat{W}_1^*, \hat{W}_2^*, \cdots, \hat{W}_N^*]$。

依据上述过程得到的优化重构权值矩阵 $\hat{W}^*$，检测结果会比采用原始的 LLE 方法更准确。

LSD 方法分别在光谱域和空间域中采用滑动双窗在局部邻域内获得目标和背景的稀疏差异，之后，异常目标检测通过融合光谱域和空间域稀疏差异指数实现。本节首先分别介绍光谱稀疏差异指数和空间稀疏差异指数，在此基础上，介绍改

进的联合稀疏差异指数。

1. 光谱稀疏差异指数

首先考虑光谱特性,采用 LSD 方法中作为有形物理解释的非负稀疏差异指数 (sparsity divergence index, SDI)[10]。在本节中,SDI 由 LLE 方法中的优化重构权值矩阵进行计算,第 i 个测试点的光谱 SDI 定义为

$$\text{SDI}_{\text{Spec}}(x_i) = \frac{\sum_{j=1}^{k} \left\| \hat{W}_{ij}^* - \sum_{j=1}^{k} \hat{W}_{ij}^* / P \right\|_2^2}{P} \tag{7-35}$$

其中,$\hat{W}_{ij}^*$ 为式 (7-34) 中重构权值向量 $\hat{W}_i^*$ 的一个元素;k 为邻域像元的数量,也是背景字典原子数;P 为稀疏向量 $\hat{W}_i^*$ 的维数。

如果测试像元点是异常像元点,则将很难由背景光谱字典表示,所以 SDI_{Spec} 的值会比较大;反之,如果测试像元点是背景点,则 SDI_{Spec} 的值会比较小。在本节中,异常像元点占整体像元点的百分比是估算的,SDI_{Spec} 的值按降序排列,阈值根据异常像元点的估算百分比和 SDI_{Spec} 的值确定,SDI_{Spec} 值大于阈值的像元点为光谱域异常像元点。

2. 空间稀疏差异指数

本小节介绍高光谱图像异常目标检测的空间稀疏差异指数。实际上,高光谱图像的每个波段可以看作一个二维图像,每个波段可以分别采用二维图像处理方法。在每个波段都采取滑动双窗策略,第 m 波段的第 i 个测试点 x_{mi} 被映射到由局部空间字典表示的子空间中,表达式为

$$\begin{aligned} x_{mi} &\approx \beta_{m1}^i x_{m1}^i + \beta_{m2}^i x_{m2}^i + \cdots + \beta_{mk}^i x_{mk}^i \\ &= \left[x_{m1}^i, x_{m2}^i, \cdots, x_{mk}^i \right] \left[\beta_{m1}^i, \beta_{m2}^i, \cdots, \beta_{mk}^i \right]^{\text{T}} = X_m^i \beta_m^i \end{aligned} \tag{7-36}$$

其中,x_{mk}^i 为测试点 x_{mi} 的邻域像元,也被认为是第 m 个波段的空间背景字典原子;β_{mk}^i 为对应的重构权值。

与式 (7-34) 相似,β_m^i 表示为

$$\begin{aligned} \beta_m^i &= (\Phi^{\text{T}}\Phi + \lambda \Gamma_{\Phi(\tilde{x}_{mi})}^{\text{T}} \Gamma_{\Phi(\tilde{x}_{mi})})^{-1} \Phi^{\text{T}} \Phi(\tilde{x}_{mi}) \\ &= (K + \lambda \Gamma_{\Phi(\tilde{x}_{mi})}^{\text{T}} \Gamma_{\Phi(\tilde{x}_{mi})})^{-1} k(\cdot, \tilde{x}_{mi}) \end{aligned} \tag{7-37}$$

其中，$\tilde{x}_{mi} = [x_{mi};1]$；$\Phi = [\Phi(\tilde{x}_{m1}^i), \Phi(\tilde{x}_{m2}^i), \cdots, \Phi(\tilde{x}_{mk}^i)]$；$K = \Phi^{\mathrm{T}}\Phi$；$\Gamma_{\Phi(\tilde{x}_{mi})}$ 有如下表示形式，即

$$\Gamma_{\Phi(\tilde{x}_{mi})} = \begin{bmatrix} \left\| \Phi(\tilde{x}_{mi}) - \Phi(\tilde{x}_{m1}^i) \right\| & & 0 \\ & \ddots & \\ 0 & & \left\| \Phi(\tilde{x}_{mi}) - \Phi(\tilde{x}_{mk}^i) \right\| \end{bmatrix} \tag{7-38}$$

空间 SDI 是根据异常像元点和背景点在空间字典上具有不同的稀疏差异计算得到的，即

$$\mathrm{SDI}_{\mathrm{Spat}}^m(x_{mi}) = \frac{\sum_{j=1}^k \left\| \beta_{mj}^i - \sum_{j=1}^k \beta_{mj}^i / P \right\|_2^2}{P} \tag{7-39}$$

其中，$\mathrm{SDI}_{\mathrm{Spat}}^m(x_{mi})$ 为 x_{mi} 的空间稀疏差异指数；β_{mj}^i 为 x_{mi} 的重构权值；P 为稀疏向量 β_m^i 的维数。

每个测试点 x_i 的空间 SDI 进行如下计算，即

$$\mathrm{SDI}_{\mathrm{Spat}}(x_i) = \frac{1}{M} \sum_{m=1}^M \mathrm{SDI}_{\mathrm{Spat}}^m(x_{mi}) \tag{7-40}$$

其中，M 为波段数。

如果 x_i 是一个异常像元点，则不能由背景像元稀疏表示且表示向量有相对较高的稀疏差异；反之，如果 x_i 是一个背景点，则空间 SDI 的值较小。阈值的设定方法与空间域的方法相同。

3. 联合稀疏差异指数

联合 LSD 基于如下原理：目标样本不能由光谱域和空间域的近邻域少量背景样本近似表示。与作为权重方法的联合 LSD 不同，改进的联合 SDI 按照式 (7-41) 结合光谱 SDI 和空间 SDI，即

$$\mathrm{SDI}_{\mathrm{Joint}}(x_i) = \frac{\mathrm{SDI}_{\mathrm{Spec}}(x_i) * \mathrm{SDI}_{\mathrm{Spat}}(x_i)}{\sum \mathrm{SDI}_{\mathrm{Spec}}(x_i) * \sum \mathrm{SDI}_{\mathrm{Spat}}(x_i)} \tag{7-41}$$

其中，$\mathrm{SDI}_{\mathrm{Joint}}(x_i)$ 为第 i 个测试点的联合 SDI。

与光谱域和空间域一致，根据式 (7-41) 得到的联合 SDI 进行阈值分割，获得异常像元点。改进的联合 SDI 方法可以比联合 LSD 方法获得更好的检测结果，这

也将在实验部分得到证实。

通常，联合 SDI 方法可以获得比光谱 SDI 方法和空间 SDI 方法更好的检测结果。然而，如果高光谱图像的空间特性较好，当参数设定为某些特定值时，联合 SDI 方法的检测结果可能与空间 SDI 方法的检测结果相同，空间 SDI 方法的检测结果优于联合 SDI 方法的情况也会出现。因此，三种 SDI 方法需要进行对比分析以确定最优的检测结果，这也将在实验部分进行讨论。

7.3.2 方法流程

本节分六个步骤介绍本节所提 SDI-LLE 方法。

第一步：在光谱域，根据式(7-34)求得重构权值矩阵 $\hat{W}^*$。

第二步：根据式(7-35)计算光谱 SDI。

第三步：根据光谱 SDI 获得可能的异常像元点和背景点；估算的可能异常像元点数量要多于实际情况，这会使背景更纯净，获得的背景数据更可靠。

第四步：通过原始 LLE 方法，利用可靠的背景数据获得背景低维流行；由于计算的复杂性，背景数据要分为若干个子集。在此过程中，在可靠的背景数据中几乎没有异常像元点，且目的是构建背景数据的低维流行，所以重构权值矩阵 W_b 选择没有经过优化的；随后，计算 LLE 方法中的矩阵 $M_b = (1 - W_b)^{\mathrm{T}}(1 - W_b)$；因为异常目标是低概率小目标，且异常像元点数量远少于背景点数量，所以整个高光谱图像的低维流行 $Y = \left\{ y_i \in \mathbb{R}^{d \times N}, i = 1, 2, \cdots, N \right\} (d \ll D)$ 可以通过矩阵 M_b 获得，即

$$\begin{cases} Y = \arg\min(Y^{\mathrm{T}} M_b Y) \\ \text{s.t.} \quad \dfrac{1}{N} Y^{\mathrm{T}} Y = I, \sum_{i=1}^{N} Y = 0 \end{cases} \tag{7-42}$$

其中，N 为所有样本点的数量。

第五步：根据式(7-39)和式(7-40)计算整个高光谱图像低维流行的空间 SDI。

第六步：标准化光谱 SDI 和空间 SDI，根据式(7-41)计算联合 SDI；比较三种 SDI 方法的检测结果，选择最优的 SDI 作为本节所提 SDI-LLE 方法；最终的检测结果根据 SDI-LLE 的阈值分割法获得。

7.3.3 实验结果及分析

本节通过三组高光谱图像数据来验证 SDI-LLE 方法的检测性能。第一组图像为帕维亚中心合成高光谱数据图，如图 7-1 所示。背景数据是由 ROSIS 传感器拍摄的意大利北部帕维亚中心地区影像，空间分辨率为 1.3m，波段数为 102，该数据空间尺寸为 1096×1096 个像元，选取由 105×100 像元尺寸作为实验数据的背景

数据。合成数据有 6 个异常目标，对应 6 个异常目标光谱，共有 4 个像元尺寸，分别为 4×3、3×3、2×4 和 2×2。合成方法是把目标信号和白噪声一起分别加入不同背景的数据中。第二组图像为圣地亚哥 38 架飞机真实高光谱数据图，如图 7-2 所示。第三组图像为博茨瓦纳合成高光谱数据图，如图 7-3 所示，其背景数据是由 NASA EO-1 卫星在 2001 年拍摄的位于博茨瓦纳的奥卡万戈三角洲数据，其空间分辨率是 30m，剔除吸水带和噪声的波段，剩余的 145 个波段为可用波段，从

(a) 单波段图像　　　　　　　　　(b) 真值图

图 7-1　帕维亚中心合成高光谱数据图

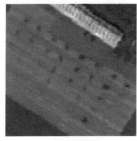 

(a) 单波段图像　　　　　　　　　(b) 真值图

图 7-2　圣地亚哥 38 架飞机真实高光谱数据图

(a) 单波段图像　　　　　　　　　(b) 真值图

图 7-3　博茨瓦纳合成高光谱数据图

该数据截取 400×250 像元尺寸作为实验背景数据；合成方法是把目标信号和白噪声植入背景数据中，合成数据有 7 个异常目标，分别对应 4 组光谱和 5×5、4×4、5×3 和 3×5 这 4 个像元尺寸。

考虑 SDI-LLE 方法采用了核协同表示，利用了滑动双窗策略，对比方法选择局部 RX（local RX，LRX）方法、局部核 RX（local kernel RX，LKRX）方法、KCRD方法；另外，考虑 SDI-LLE 方法利用 LLE 进行了降维，所以对比方法也选择基于 LLE 的 LRX（LLE-LRX）方法；SDI-LLE 方法利用了空谱联合特性，所以对比方法选择 LSD；为了更好地显示 SDI-LLE 方法空谱联合特性的优势，光谱 SDI、空间 SDI 和加权 SDI-LLE（weighted SDI-LLE，WSDI-LLE）也作为对比方法。

首先，采用帕维亚中心合成高光谱数据进行第一组实验。为了对比的公平性，需要获得对比方法的最优检测结果。在帕维亚中心合成高光谱数据上 KCRD 方法的不同双窗尺寸和参数 λ 对应的 AUC 值如表 7-1 所示。径向基函数的核参数 c 的值通常较大，在本实验中 c 的值设为 20；参数 λ 的值经过实验设为 $10^{-12} \sim 10^{-9}$。从检测结果可知，当 λ 小于 10^{-11} 时，AUC 值对 λ 的变化不敏感；KCRD 方法的双窗口尺寸 (w_{in}, w_{out}) 的最优值为 $(5, 13)$。

表 7-1　在帕维亚中心合成高光谱数据上 KCRD 方法的不同双窗尺寸和参数 λ 对应的 AUC 值

参数 λ	w_{in}	w_{out}			
		9	11	13	15
$\lambda=10^{-12}$	3	0.8176	0.9043	0.9306	0.9022
	5	0.7834	0.8710	**0.9310**	0.9126
	7	0.7698	0.7948	0.8928	0.9236
$\lambda=10^{-11}$	3	0.8176	0.9043	0.9306	0.9022
	5	0.7834	0.8710	**0.9310**	0.9126
	7	0.7698	0.7948	0.8928	0.9236
$\lambda=10^{-10}$	3	0.8014	0.8892	**0.9281**	0.9003
	5	0.7579	0.8535	0.9273	0.9101
	7	0.7559	0.7719	0.8738	0.9214
$\lambda=10^{-9}$	3	0.7804	0.8329	**0.8530**	0.8345
	5	0.6668	0.8050	0.8491	0.8374
	7	0.6656	0.7499	0.8065	0.8348

在帕维亚中心合成高光谱数据上对比方法的不同双窗尺寸的 AUC 值如表 7-2所示，表中展示了对比方法 LRX、LKRX、LSD 和 LLE-LRX 不同双窗尺寸对应的 AUC 值。为了公平比较，LKRX 方法中的参数 c 设置为 20。LLE-LRX 和 SDI-LLE方法中的低维波段数都设为 4。在 LSD 方法中，首先采用 PCA 降维，选择最优的4 个主成分进行 LSD。具体地，LRX 方法的最优窗口尺寸为 $(7, 9)$，对应的 AUC

值为 0.9418；LKRX 方法的最优窗口尺寸为 (3，9)，对应的 AUC 值为 0.9486；LSD 方法的最优窗口尺寸为 (7，15)，对应的 AUC 值为 0.8616；LLE-LRX 方法的最优窗口尺寸为 (7，13)，对应的 AUC 值为 0.9309。在光谱 SDI 中，选择参数 $\lambda=10^{-11}$，$(w_{\text{in}}，w_{\text{out}})$ 为 (5，11) 的情况作为对比，其对应的 AUC 值为 0.9164；在空间 SDI 方法中，选择 $k=30$，$d=4$，$(w_{\text{in}}，w_{\text{out}})$ 为 (5，9) 的情况作为对比，其对应的 AUC 值为 0.9485；光谱 SDI 和空间 SDI 的参数设置将在后续部分讨论。WSDI-LLE 方法和本节所提 SDI-LLE 方法对应的 AUC 值分别为 0.9235 和 0.9532。

表 7-2 在帕维亚中心合成高光谱数据上对比方法的不同双窗尺寸的 AUC 值

方法	w_{in}	w_{out}			
		9	11	13	15
LRX	3	0.2745	0.2712	0.2227	0.2446
	5	0.6620	0.6910	0.6071	0.6118
	7	**0.9418**	0.9160	0.8667	0.8269
LKRX	3	**0.9486**	0.9388	0.9307	0.9257
	5	0.9453	0.9360	0.9286	0.9238
	7	0.9373	0.9305	0.9249	0.9208
LSD	3	0.6879	0.6846	0.6887	0.6884
	5	0.8585	0.8428	0.8525	0.8438
	7	0.7634	0.8591	0.8606	**0.8616**
LLE-LRX	3	0.8939	0.9107	0.9204	0.9233
	5	0.9198	0.9235	0.9290	0.9288
	7	0.9194	0.9255	**0.9309**	0.9293

帕维亚中心合成高光谱数据的检测结果图如图 7-4 所示，图中展示了 SDI-LLE 方法与对比方法的检测结果。相比于光谱 SDI、空间 SDI 和 WSDI-LLE 方法，SDI-LLE 方法展现出更好的检测结果。在帕维亚中心合成高光谱数据上各方法的 ROC 和统计可分性分析图如图 7-5 所示。从 ROC 可见，当虚警概率在 0.2~0.5 时，SDI-LLE 方法的 ROC 在 LKRX 方法之下，但当虚警概率小于 0.2 时，SDI-LLE 方法的 ROC 在 LKRX 方法之上；另外，SDI-LLE 方法的 AUC 值为 0.9532，LKRX 方法的 AUC 值为 0.9486，所以 SDI-LLE 方法的总体检测性能优于 LKRX 方法。除 LKRX 方法外，ROC 显示 SDI-LLE 方法的检测性能同样优于其他对比方法。为了进一步探讨 SDI-LLE 方法区分异常目标和背景的能力，利用箱型图分析相应的可分性，箱型图如图 7-5 (b) 所示。箱体中包括剔除了检测结果最大 10% 和最小 10% 的主要像元，每个箱型提供检测测试统计结果的详细值分布，如图例所示。每组中灰色箱体代表真实的目标像元，黑色箱体表示场景中背景像元范围。灰色箱体的下限与对应的黑色箱体的上限之间的距离反映了数据集中目标和背景像元

之间的可分性。如图 7-5(b)所示，SDI-LLE 方法较其他对比方法具有更好的可分性。

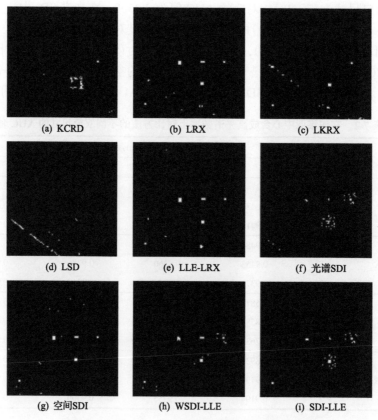

(a) KCRD　　　　　　　　　(b) LRX　　　　　　　　　(c) LKRX

(d) LSD　　　　　　　　　(e) LLE-LRX　　　　　　　　(f) 光谱SDI

(g) 空间SDI　　　　　　　　(h) WSDI-LLE　　　　　　　(i) SDI-LLE

图 7-4　帕维亚中心合成高光谱数据的检测结果图

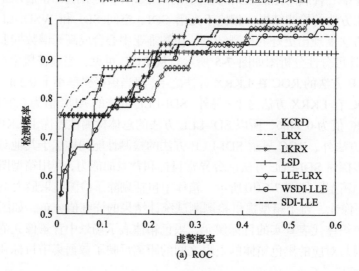

(a) ROC

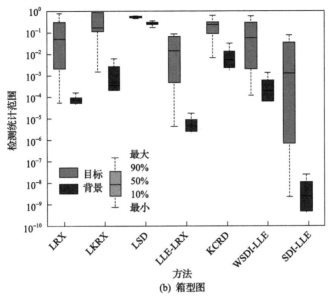

(b) 箱型图

图 7-5　在帕维亚中心合成高光谱数据上各方法的 ROC 和统计可分性分析图

第二组实验数据是圣地亚哥 38 架飞机真实高光谱数据，在圣地亚哥 38 架飞机真实高光谱数据上 KCRD 方法不同双窗尺寸对应的 AUC 值如表 7-3 所示，其中参数 c 设为 2，参数 λ 的取值范围为 $10^{-4} \sim 10^{-2}$，可见，当 $\lambda = 10^{-3}$，(w_{in}, w_{out}) 为 $(7, 9)$ 时，可获得最好的检测性能。在圣地亚哥 38 架飞机真实高光谱数据上对比方法不同双窗尺寸对应的 AUC 值如表 7-4 所示。其中，LKRX 方法中的参数 c 也设为 2；LLE-LRX 方法中的低维波段数与 SDI-LLE 方法相同，设为 4；在 LSD 方法中，首先利用 PCA 进行降维，选择前 4 个主成分进行后续的方法处理。经过大量实验，LRX、LKRX、LSD 和 LLE-LRX 对应的最优窗口尺寸分别为 $(7, 11)$、$(3, 9)$、$(5, 15)$ 和 $(7, 11)$，对应的最优 AUC 值分别为 0.9557、0.7427、0.6909 和 0.9557。

表 7-3　在圣地亚哥 38 架飞机真实高光谱数据上 KCRD 方法不同双窗尺寸对应的 AUC 值

参数 λ	w_{in}	w_{out}			
		9	11	13	15
	3	0.7669	0.7829	0.7696	0.6916
$\lambda = 10^{-4}$	5	0.7818	0.7648	0.7635	0.7251
	7	**0.7920**	0.7521	0.7868	0.7394
	3	0.7956	0.7910	0.7762	0.7136
$\lambda = 10^{-3}$	5	0.7998	0.7818	0.7732	0.7412
	7	**0.8052**	0.7690	0.7875	0.7529
	3	0.7938	0.7857	0.7751	0.7191
$\lambda = 10^{-2}$	5	0.7970	0.7779	0.7713	0.7439
	7	**0.7992**	0.7667	0.7837	0.7539

表 7-4 在圣地亚哥 38 架飞机真实高光谱数据上对比方法不同双窗尺寸对应的 AUC 值

方法	w_{in}	w_{out}			
		9	11	13	15
LRX	3	0.8798	0.8098	0.6875	0.7170
	5	0.9378	0.9165	0.7249	0.7845
	7	0.9552	**0.9557**	0.8893	0.7891
LKRX	3	**0.7427**	0.7285	0.7145	0.7000
	5	0.7346	0.7226	0.7095	0.6954
	7	0.7215	0.7126	0.7009	0.6876
LSD	3	0.3491	0.3633	0.4193	0.3832
	5	0.3568	0.3788	0.3700	**0.6909**
	7	0.3647	0.3538	0.6866	0.6853
LLE-LRX	3	0.8798	0.8098	0.6875	0.717
	5	0.9378	0.9165	0.7249	0.7845
	7	0.9552	**0.9557**	0.8893	0.7891

圣地亚哥 38 架飞机真实高光谱数据的检测结果图如图 7-6 所示。SDI-LLE 方法的检测性能优于对比方法，同样，其检测结果也优于光谱 SDI、空间 SDI 和 WSDI-LLE 方法。在圣地亚哥 38 架飞机真实高光谱数据上各方法的 ROC 和统计可分性分析图如图 7-7 所示，图 7-7(a) 显示了 KCRD 所示对应的 ROC，SDI-LLE 方法可获得比最优对比方法和 WSDI-LLE 方法都好的检测结果，图 7-7(b) 显示了 LRX 所示的统计可分性，在所有测试方法中，SDI-LLE 方法的可分性最佳。

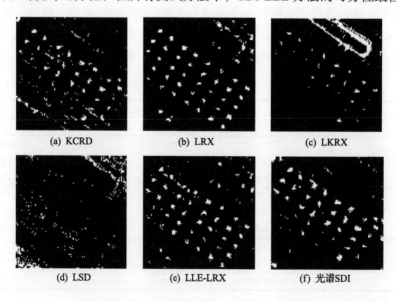

(a) KCRD	(b) LRX	(c) LKRX
(d) LSD	(e) LLE-LRX	(f) 光谱SDI

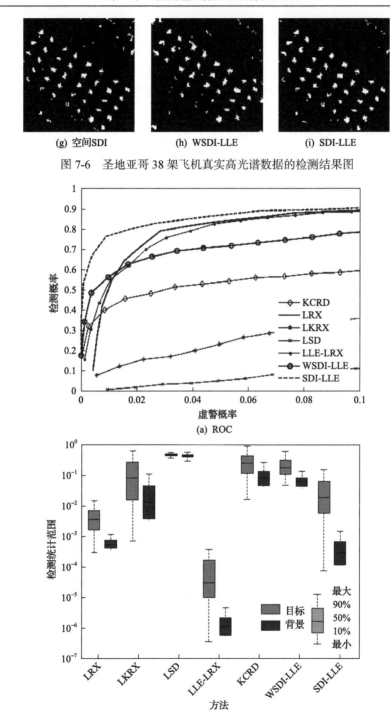

(g) 空间SDI　　　　　　(h) WSDI-LLE　　　　　　(i) SDI-LLE

图 7-6　圣地亚哥 38 架飞机真实高光谱数据的检测结果图

(a) ROC

(b) 箱型图

图 7-7　在圣地亚哥 38 架飞机真实高光谱数据上各方法的 ROC 和统计可分性分析图

为了进一步评价 SDI-LLE 方法的检测性能，利用博茨瓦纳合成高光谱数据进行第三组实验，其中的异常目标较难从背景中区分出来，目标像元在整体图像数据中的占比约为 0.1%。在博茨瓦纳合成高光谱数据上 KCRD 方法的不同双窗尺寸对应的 AUC 值如表 7-5 所示。在博茨瓦纳合成高光谱数据上对比方法的不同双窗尺寸对应的 AUC 值如表 7-6 所示。KCRD 方法中的参数 c 设为 50，λ 的变化范围为 $10^{-12} \sim 10^{-9}$，当 $\lambda \leqslant 10^{-11}$ 且 (w_{in}, w_{out}) 为 $(7, 9)$ 时，KCRD 获得最优的检测性能；LKRX 方法中的参数 c 也设为 50，LLE-LRX 方法中的低维波段数设为 4，这与 SDI-LLE 方法一致；在 LSD 方法中，选择前 20 个主成分。在这组实验中，表 7-6 显示了 LRX、LKRX、LSD 和 LLE-LRX 方法对应的最优双窗尺寸分别为 $(7, 9)$、$(7, 11)$、$(5, 15)$ 和 $(7, 15)$，其对应的最优 AUC 值分别为 0.7123、0.9994、0.9755 和 0.9972。上述的检测结果都用来进行对比，WSDI-LLE 方法和 SDI-LLE 方法对应的 AUC 值分别为 0.9498 和 0.9997。

表 7-5   在博茨瓦纳合成高光谱数据上 KCRD 方法的不同双窗尺寸对应的 AUC 值

参数 λ	w_{in}	w_{out}			
		9	11	13	15
$\lambda=10^{-12}$	3	0.6640	0.7893	0.6576	0.5932
	5	0.8019	0.5721	0.6010	0.5979
	7	**0.8390**	0.6454	0.5342	0.5740
$\lambda=10^{-11}$	3	0.6640	0.7893	0.6576	0.5932
	5	0.8019	0.5721	0.6010	0.5979
	7	**0.8390**	0.6454	0.5342	0.5740
$\lambda=10^{-10}$	3	0.6640	0.7892	0.6578	0.6001
	5	**0.7975**	0.5721	0.5989	0.5967
	7	0.7952	0.6454	0.5341	0.5824
$\lambda=10^{-9}$	3	0.6170	0.7320	0.5858	0.6020
	5	0.7524	0.5150	0.5726	0.6285
	7	**0.7911**	0.5882	0.4707	0.6297

表 7-6   在博茨瓦纳合成高光谱数据上对比方法的不同双窗尺寸对应的 AUC 值

方法	w_{in}	w_{out}			
		9	11	13	15
LRX	3	0.0857	0.0660	0.0639	0.0133
	5	0.2228	0.2111	0.3894	0.1701
	7	**0.7123**	0.6777	0.6812	0.6604
LKRX	3	0.9980	0.9992	0.9993	0.9994
	5	0.9990	0.9993	0.9993	0.9994
	7	0.9991	**0.9994**	0.9994	0.9994

续表

方法	w_{in}	w_{out}			
		9	11	13	15
LSD	3	0.8580	0.8678	0.9291	0.8555
	5	0.8851	0.8948	0.9272	**0.9755**
	7	0.9253	0.9679	0.9538	0.9496
LLE-LRX	3	0.8655	0.9455	0.9742	0.9871
	5	0.9227	0.9734	0.9869	0.9931
	7	0.9622	0.9916	0.9958	**0.9972**

博茨瓦纳合成高光谱数据的检测结果图如图 7-8 所示。在博茨瓦纳合成高光

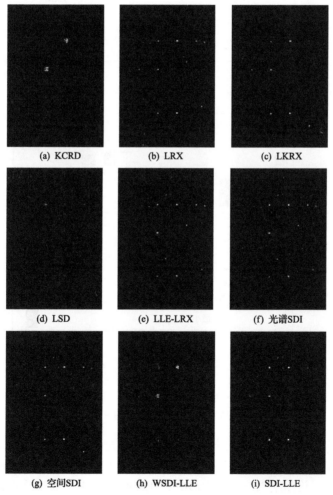

(a) KCRD　　　(b) LRX　　　(c) LKRX

(d) LSD　　　(e) LLE-LRX　　　(f) 光谱SDI

(g) 空间SDI　　　(h) WSDI-LLE　　　(i) SDI-LLE

图 7-8　博茨瓦纳合成高光谱数据的检测结果图

谱数据上各方法的 ROC 和统计可分性分析图如图 7-9 所示。SDI-LLE 方法的优越性由图 7-9 所示的 ROC 和统计可分性分析进一步得到验证，在本组实验中，SDI-LLE 方法的检测性能同样优于对比方法。

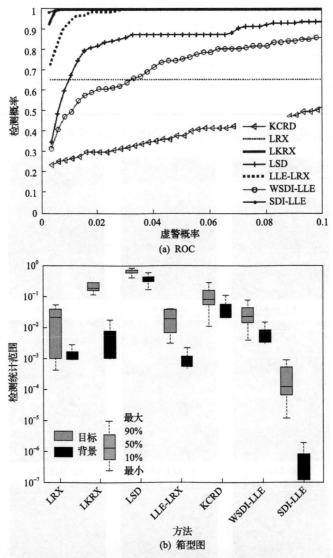

图 7-9　在博茨瓦纳合成高光谱数据上各方法的 ROC 和统计可分性分析图

SDI-LLE 方法由两个主要过程构成，分别为光谱 SDI 和空间 SDI，两个过程中参数的设置对检测结果会产生影响。在光谱 SDI 中，如式 (7-34) 所示的参数 λ 和双窗尺寸会对检测结果产生较大影响；在空间 SDI 中，双窗尺寸的选择同样影响检测结果；另外，在 LLE 流行学习中，近邻域像元数目 k 和低维波段数 d 的设置同样重要。本节利用第一组实验的帕维亚中心合成高光谱数据和第二组的圣地亚哥 38 架飞机真实高光谱数据研究参数设置对检测结果的影响。

首先，利用帕维亚中心合成高光谱数据讨论光谱 SDI 中参数 λ 和双窗尺寸的敏感性。在本次实验中，高斯核函数中的参数 c 通过反复实验，设置为 20。在帕维亚中心合成高光谱数据上光谱 SDI 的双窗尺寸和 λ 对应的 AUC 值如表 7-7 所示，表中展示了各检测方法的 AUC 值。从表中可知，检测结果对双窗尺寸比较敏感：当参数 λ 小于 10^{-11}，AUC 性能平稳，当 λ 大于 10^{-11}，AUC 性能下降。在本实验中，光谱 SDI 的最优参数 λ 小于 10^{-11} 且 (w_{in}, w_{out}) 为 $(5, 11)$，其对应的 AUC 值为 0.9164。

表 7-7　在帕维亚中心合成高光谱数据上光谱 SDI 的双窗尺寸和 λ 对应的 AUC 值

参数 λ	w_{in}	w_{out}			
		9	11	13	15
$\lambda=10^{-12}$	3	0.9026	0.8233	0.8365	0.8885
	5	0.8705	**0.9164**	0.8280	0.8392
	7	0.8281	0.8959	0.8192	0.8169
$\lambda=10^{-11}$	3	0.9026	0.8233	0.8365	0.8885
	5	0.8705	**0.9164**	0.828	0.8392
	7	0.8281	0.8959	0.8192	0.8169
$\lambda=10^{-10}$	3	0.8776	0.8074	0.8337	0.8846
	5	0.8200	**0.8957**	0.8240	0.8339
	7	0.8034	0.8601	0.7994	0.8135
$\lambda=10^{-9}$	3	**0.8475**	0.7488	0.7430	0.7843
	5	0.7282	0.8438	0.7352	0.7293
	7	0.7130	0.8264	0.7280	0.7039

随后，本节研究了在空间 SDI 中，调整双窗尺寸 (d 和 k) 时，空间 SDI 和联合 SDI 方法的 AUC 性能。在空间 SDI 中，设置参数 c 为 20，λ 为 10^{-11}，与光谱 SDI 中的最优值相同。从表 7-7 可见，内窗最优的尺寸是 5×5 个像元点，所以在空间 SDI 中，内窗的最小尺寸设置为 5×5 个像元点。

在帕维亚中心合成高光谱数据上空间 SDI 和联合 SDI 不同双窗尺寸和 d 对应的 AUC 值 ($k=5$) 如表 7-8 所示；在帕维亚中心合成高光谱数据上空间 SDI 和联合 SDI 不同双窗尺寸和 d 对应的 AUC 值 ($k=30$) 如表 7-9 所示；在帕维亚中心合成高光谱数据上空间 SDI 和联合 SDI 不同双窗尺寸和 d 对应的 AUC 值 ($k=150$) 如表 7-10 所示。参数 k 分别设置为较小、适中和较大的值，从表中可见检测性能对参数 d、

k 和空间 SDI 的双窗尺寸比较敏感。由表 7-8 可以看出，当参数 k=5，d=4 且（w_{in}，w_{out}）为（5，11）时，联合 SDI 中的最优 AUC 值为 0.9563。由表 7-9 可知，当 k=30 时，最优的参数设置为 d=2 且（w_{in}，w_{out}）为（5，11）。从分析中注意到，空间 SDI 的 AUC 值为 0.9721，该值优于联合 SDI 中的 0.9673 和光谱 SDI 中的 0.9164，所以选择空间 SDI 中的 0.9721 作为 SDI-LLE 的检测结果。由表 7-10 可知，空间 SDI 最优的 AUC 值是 0.9712，该值小于如表 7-9 所示的最优 AUC 值 0.9721，由此可见，较大的 k 值并不能确保较好的检测结果。

表 7-8　在帕维亚中心合成高光谱数据上空间 SDI 和联合 SDI 不同双窗尺寸
和 d 对应的 AUC 值（k=5）

参数 d	w_{in}	空间 SDI w_{out}			联合 SDI w_{out}		
		9	11	13	9	11	13
d=1	5	**0.9416**	0.9406	0.9363	**0.9535**	0.9527	0.9502
	7	0.9411	0.9385	0.9338	0.9533	0.9520	0.9489
d=2	5	0.8994	0.8954	0.8922	0.9309	0.9273	0.9268
	7	**0.9017**	0.8941	0.8883	**0.9309**	0.9268	0.9240
d=4	5	0.9509	**0.9511**	0.9500	0.9556	**0.9563**	0.9557
	7	0.9502	0.9502	0.9469	0.9559	0.9560	0.9531
d=12	5	**0.8845**	0.8549	0.8385	**0.9278**	0.9173	0.9111
	7	0.8777	0.8413	0.8278	0.9268	0.9119	0.9066

表 7-9　在帕维亚中心合成高光谱数据上空间 SDI 和联合 SDI 不同双窗尺寸
和 d 对应的 AUC 值（k=30）

参数 d	w_{in}	空间 SDI w_{out}			联合 SDI w_{out}		
		9	11	13	9	11	13
d=1	5	0.9693	**0.9708**	0.9688	0.9652	**0.9657**	0.964
	7	0.9700	0.9696	0.9668	0.9655	0.9651	0.9628
d=2	5	0.9711	**0.9721**	0.9698	0.9659	**0.9673**	0.9659
	7	0.9705	0.9708	0.9674	0.9652	0.9662	0.9637
d=4	5	**0.9485**	0.9435	0.9364	**0.9532**	0.9511	0.9475
	7	0.9454	0.9397	0.9317	0.9516	0.9493	0.9451
d=12	5	**0.8888**	0.8707	0.8613	**0.9311**	0.9254	0.9214
	7	0.8804	0.8644	0.8561	0.9280	0.9229	0.9193

表 7-10　在帕维亚中心合成高光谱数据上空间 SDI 和联合 SDI 不同双窗尺寸
和 d 对应的 AUC 值(k=150)

参数 d	w_{in}	空间 SDI			联合 SDI		
		w_{out}			w_{out}		
		9	11	13	9	11	13
d=1	5	0.9701	**0.9712**	0.9689	0.9652	**0.9655**	0.9637
	7	0.9705	0.9704	0.9673	0.9655	0.9649	0.9626
d=2	5	0.9413	**0.9415**	0.9390	**0.9508**	0.9505	0.9490
	7	0.9411	0.9409	0.9353	0.9501	0.9496	0.9462
d=4	5	0.9110	0.8959	0.8837	0.9384	0.9330	0.9284
	7	**0.9245**	0.8893	0.8765	**0.9444**	0.9300	0.9247
d=12	5	**0.8646**	0.8322	0.8168	0.9194	0.9066	0.8984
	7	0.8598	0.8188	0.8066	**0.9202**	0.8999	0.8923

之后,研究 d、k 和空间 SDI 中双窗尺寸变化时,空间 SDI 和联合 SDI 的 AUC
性能。在空间 SDI 中,c 和 λ 分别设置为 2 和 10^{-3},这也是空间 SDI 的最优值。
在圣地亚哥 38 架飞机真实高光谱数据上光谱 SDI 双窗尺寸和 λ 对应的 AUC 值如
表 7-11 所示,在空间 SDI 中,内窗的最小尺寸设置为 5×5 个像元点。在圣地亚哥
38 架飞机真实高光谱数据上空间 SDI 和联合 SDI 不同双窗尺寸和 d 对应的 AUC 值
(k=150)如表 7-12 所示;在圣地亚哥 38 架飞机真实高光谱数据上空间 SDI 和联合
SDI 不同双窗尺寸和 d 对应的 AUC 值(k=5)如表 7-13 所示;在圣地亚哥 38 架飞机
真实高光谱数据上空间 SDI 和联合 SDI 不同双窗尺寸和 d 对应的 AUC 值(k=45)如
表 7-14 所示,参数 k 分别设置为较小、适中和较大的值。从表中可见,检测性能对
参数 d、k 和空间 SDI 的双窗尺寸比较敏感;最优的参数设置为 k=150,d=8 且(w_{in},
w_{out})为(7, 11),其对应的 AUC 值为 0.9636。同样可见,当 k 设置为较大的值时,
最优的窗口尺寸和参数 d 分别为(7, 11)和 8,所以,根据表 7-12,讨论了 d=8 且
空间 SDI 中(w_{in}, w_{out})为(7, 11)时,较大参数 k 对应的 SDI-LLE 方法的 AUC 性能;
SDI-LLE 方法不同 k 值对应的 AUC 性能图(d=8,双窗尺寸为(7, 11))如图 7-10 所
示,图中展示了检测结果变化的大体趋势,当 k 为 130 和 140,其对应的 AUC 值
分别为 0.8745 和 0.9295,均大于当 k 为 45 时对应的 0.8444,且当 k 大于 150,其
检测性能下降。由此可见,较大的 k 值并不能确保较好的检测效果。

表 7-11　在圣地亚哥 38 架飞机真实高光谱数据上光谱 SDI 双窗尺寸和 λ 对应的 AUC 值

参数 λ	w_{in}	w_{out}			
		9	11	13	15
λ=10^{-4}	3	0.8239	0.8674	0.8732	0.7997
	5	0.8476	0.8794	0.8950	0.8158
	7	0.8554	0.8723	**0.9053**	0.8532

续表

参数 λ	w_{in}	w_{out}			
		9	11	13	15
$\lambda=10^{-3}$	3	0.8730	0.8877	0.8752	0.8069
	5	0.8810	0.8983	0.8973	0.8192
	7	0.8859	0.9096	**0.9116**	0.8519
$\lambda=10^{-2}$	3	0.8717	0.8774	0.8646	0.8039
	5	0.8752	0.8873	0.8860	0.8151
	7	0.8810	0.9001	**0.9012**	0.8447

表 7-12 在圣地亚哥 38 架飞机真实高光谱数据上空间 SDI 和联合 SDI 不同双窗尺寸和 d 对应的 AUC 值（$k=150$）

参数 d	w_{in}	空间 SDI w_{out}			联合 SDI w_{out}		
		9	11	13	9	11	13
$d=5$	5	0.8920	0.8361	0.8000	0.9209	0.8788	0.8520
	7	**0.9108**	0.8165	0.821	**0.9321**	0.8613	0.8666
$d=8$	5	0.8884	0.8893	0.9433	0.9201	0.9201	0.9569
	7	0.9431	**0.9535**	0.9517	0.9561	**0.9636**	0.9622
$d=12$	5	0.8941	0.912	0.9151	0.9222	0.9343	0.9377
	7	0.9169	**0.9268**	0.8210	0.9366	**0.9442**	0.8666
$d=20$	5	0.8848	0.9019	0.9058	0.9183	0.9297	0.9333
	7	0.9099	**0.9162**	0.9094	0.9339	**0.9389**	0.9353

表 7-13 在圣地亚哥 38 架飞机真实高光谱数据上空间 SDI 和联合 SDI 不同双窗尺寸和 d 对应的 AUC 值（$k=5$）

参数 d	w_{in}	空间 SDI w_{out}			联合 SDI w_{out}		
		9	11	13	9	11	13
$d=5$	5	0.7780	0.7936	0.7938	0.8219	0.8339	0.8342
	7	0.7935	**0.8029**	0.7978	0.8330	**0.8408**	0.8370
$d=8$	5	0.7779	0.7936	0.7938	0.8219	0.8339	0.8342
	7	0.7934	**0.8029**	0.7978	0.7934	**0.8408**	0.837
$d=12$	5	0.7781	0.7937	0.7940	0.8222	0.8340	0.8343
	7	0.7937	**0.8030**	0.7979	0.8332	**0.8410**	0.8372
$d=20$	5	0.7781	0.7937	0.7939	0.8220	0.8338	0.8341
	7	0.7936	**0.8029**	0.7978	0.8331	**0.8408**	0.8370

表 7-14　在圣地亚哥 38 架飞机真实高光谱数据上空间 SDI 和联合 SDI 不同双窗尺寸和 d 对应的 AUC 值(k=45)

参数 d	w_{in}	空间 SDI w_{out}			联合 SDI w_{out}		
		9	11	13	9	11	13
d=5	5	0.7847	0.7960	0.7920	0.8305	0.8384	0.8364
	7	**0.8060**	0.8046	0.7985	**0.8475**	0.8448	0.8406
d=8	5	0.7828	0.7938	0.7935	0.8299	0.8374	0.8382
	7	**0.8032**	0.8029	0.7957	**0.8461**	0.8444	0.8395
d=12	5	0.7820	0.7953	0.7870	0.8262	0.8358	0.8303
	7	0.7972	**0.8038**	0.7981	0.8368	**0.8424**	0.8385
d=20	5	0.7804	0.7947	0.7936	0.8255	0.8362	0.8359
	7	0.7948	**0.8036**	0.7978	0.8356	**0.8430**	0.8390

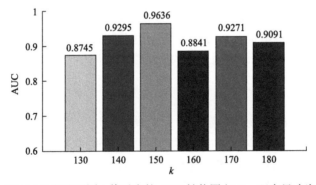

图 7-10　SDI-LLE 方法不同 k 值对应的 AUC 性能图(d=8，双窗尺寸为(7，11))

同样，采用圣地亚哥 38 架飞机真实高光谱数据对参数敏感性进行讨论。首先，观察光谱 SDI 中参数 λ 和双窗尺寸的敏感性；为了观察其他参数的设置对检测结果的影响，经过反复实验，参数 c 的值设为 2；AUC 性能对参数 λ 和双窗尺寸都很敏感，当 $\lambda=10^{-3}$ 且(w_{in}，w_{out})为(7，13)时，可得到最好的检测结果，其对应的 AUC 值为 0.9116。

由上述的实验结果可以看出，检测性能对光谱 SDI 和空间 SDI 中的双窗尺寸、LLE 流行学习中的近邻域数目 k 和低维波段数目 d 是敏感的。没有固定的参数 k 和 d 适合所有的数据，需要测试不同的参数值，才能更好、更全面地分析数据。

最优检测方法的运行时间如表 7-15 所示，表中展示了采用最优参数设置的检测方法的运行时间。虽然双窗尺寸、参数 k 和 d 对检测运行时间有较大的影响，但本节所提 SDI-LLE 方法运算的复杂性明显高于对比方法。运行时间是异常目标检测方法在应用中需要考虑的一个重要因素，所以降低该方法的运算复杂性是未来工作重点。

表 7-15　最优检测方法的运行时间　　　　　　　　（单位：s）

实验数据	LRX	LKRX	LSD	LLE-LRX	KCRD	SDI-LLE
帕维亚中心合成高光谱数据	17.63	134.97	20.62	3.23	512.18	1134.87
圣地亚哥 38 架飞机真实高光谱数据	29.99	83.83	38.52	22.39	417.91	2609.83
博茨瓦纳合成高光谱数据	341.45	1488.94	862.22	33.30	311.14	28332.21

7.4　基于局部密度的自适应背景纯化的高光谱图像异常目标检测方法

本节所提背景纯化方法是一种非参数方法，可以应用于大多数局部异常目标检测方法中。本节将所提背景纯化方法应用于参数方法 LRXD(local Reed-Xiao detector)和非参数方法基于协同表示的异常目标检测中。

7.4.1　方法原理

密度指单位空间中物体的数量。而全局的密度只是描述事物的总体稀疏情况，对个体特性反映较少。局部密度模型通过截取物体邻域空间来计算局部密度。局部密度可以反映该物体本身在总体中的分布情形，是与其他事物聚集还是游离于数据主体之外。将局部密度模型应用于高光谱图像中，可以通过局部密度反映各像元的异常程度。密度函数定义和效果示意图如图 7-11 所示。以像元 p 为球心，以一定距离为半径构造超球体，将像元 p 的密度定义为：超球体内像元的数目与该超球体体积的比值，函数表示为

$$\begin{cases} \mathrm{DEN}(p) = \left| \{q \,|\, \mathrm{distance}(q,p) < d, d > 0\} \right| \big/ V \\ V = \pi^{L/2} d^L \big/ \Gamma(1 + L/2) \end{cases} \tag{7-43}$$

其中，d 为超球体半径；$|\cdot|$ 为数据集合中像元的数量；$\mathrm{distance}(q, p)$ 为像元 p 与 q 的间距；p、q 为背景中的像元；$\mathrm{distance}(\bullet)$ 为欧氏距离、光谱角或其他距离的度量方法；V 为以 d 为半径的超球体体积；L 为高光谱图像波段数；$\Gamma(\bullet)$ 为 Gamma 函数。

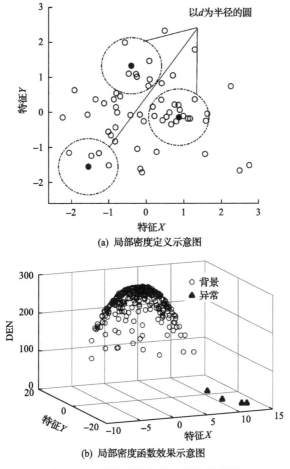

(a) 局部密度定义示意图

(b) 局部密度函数效果示意图

图 7-11　密度函数定义和效果示意图

若 d 是一个常数，则 V 不变，式(7-43)可以简化为

$$\text{DEN}(p) = \left| \left\{ q \big| \text{distance}(q,p) < d, d > 0 \right\} \right| \tag{7-44}$$

即像元密度可以简化为求超球体内像元的数目。由于异常点在高光谱图像中稀疏分布，且异常像元数目远少于背景像元数目，所以背景像元的局部密度远大于异常像元的局部密度，局部密度函数效果示意图如图 7-11(b)所示。可以看出，背景像元局部密度值大部分在 100 以上，而异常像元局部密度值则比较小，它们的局部密度值有较大差异。

　　本节选用欧氏距离来计算像元间距。由于已经将高光谱数据进行归一化，像元间的最大距离为 $\sqrt{L}$，L 为高光谱图像波段数。在计算像元间距时，将其除以 $\sqrt{L}$ 进行归一化，以便之后半径 d 的选取。

半径 d 的取值会对像元密度的计算产生较大影响：若 d 取值过大，则易将背景像元与异常像元混合于超球体中，此时无论是背景像元还是异常像元都具有较大的密度；若 d 取值过小，则会对像元进行过度分割，像元密度过小，同样会造成异常像元与背景像元密度相近的情况。所以，d 取值过大或过小都会对异常分离造成不利影响。由于同类地物的像元聚合程度很高，同类地物的像元可以聚集于一个小半径的超球体中，本节设定 d 的取值区间为 $[0.01, 0.05]$。

在确定 d 的取值后，根据式 (7-44) 计算背景矩阵 X_b 各个像元 x_i 的密度 den_i，得到背景像元密度向量 $\text{den} = [\text{den}_1, \text{den}_2, \cdots, \text{den}_N]$。然后根据背景像元密度大小，通过两次分割将异常像元分离。初次分割通过设定一定的比例分割出稳健的背景像元：设异常像元在初始背景中的占比不超过 10%，确定背景像元中密度最大的 80% 为背景像元，而异常像元存在于剩余的 20% 像元中。如式 (7-45) 所示，将这 20% 的像元记为 X_s，其密度记为 den_s，即

$$\begin{cases} \text{den} = [\underset{80\%\text{最大元素}}{\text{den}_l} \quad \underset{20\%\text{最小元素}}{\text{den}_s}] \\ X_b = [\underset{80\%\text{最大元素}}{X_l} \quad \underset{20\%\text{最小元素}}{X_s}] \end{cases} \tag{7-45}$$

二次分割通过最大类间方差法将 X_s 中的异常像元进行分离。最大类间方差法是一种基于自动聚类的图像分割策略，在图像分割中得到了广泛应用。根据图像灰度特性，最大类间方差法自适应选择阈值将图像分成背景和目标。该阈值使得这两部分的方差达到最大，或者说使这两部分的类内方差最小。本节将最大类间方差法应用于局部密度向量的分割。首先将 den_s 进行灰度化，即

$$\text{den}_{sg} = \text{round}(255 \times \text{den}_s / \max(\text{den}_s)) \tag{7-46}$$

其中，$\max(\bullet)$ 为其中元素的最大值；$\text{round}(\bullet)$ 为四舍五入取整。

然后遍历灰度值（$[0, 255]$ 区间内的整数），将其作为阈值将 den_{sg} 分成异常和背景两部分。计算这两部分间的方差，当两部分间的方差最大时，记录该灰度值 th，即

$$\begin{cases} \text{th} = \underset{\text{th}}{\arg\max} \, \omega_0(\mu_0 - \mu)^2 + \omega_1(\mu_1 - \mu)^2 \\ = \underset{\text{th}}{\arg\max} \, \omega_0\omega_1(\mu_0 - \mu_1)^2 \\ \omega_0 = \sum_{i=0}^{\text{th}-1} p_i, \quad \omega_1 = \sum_{i=\text{th}}^{255} p_i, \quad \mu_0 = \sum_{i=0}^{\text{th}-1} ip_i / \omega_0, \quad \mu_1 = \sum_{i=\text{th}}^{255} ip_i / \omega_1 \end{cases} \tag{7-47}$$

其中，p_i 为灰度级 i 在 den_{sg} 中出现的概率；ω_0 为 den_{sg} 中小于 th 的元素所占比

例；ω_1 为 den_{sg} 中大于等于 th 的元素所占比例；μ_0、μ_1、μ 分别为 den_{sg} 中小于 th 的元素的均值、den_{sg} 中大于等于 th 的元素的均值、den_{sg} 的均值。

当存在多个灰度值满足条件时，取它们的平均值作为最终阈值 th。接着，将 th 去灰度化，得到局部密度向量分割阈值 th_f。最后将 den_{sg} 中不小于 th_f 的元素对应的像元判别为背景像元，更新为纯化背景 X_{rb}，即

$$X_{rb} = \left\{ x_i \middle| den_i \geqslant th_f, den_i = \text{DEN}(x_i) \right\}, \quad i = 1, 2, \cdots, N \tag{7-48}$$

从上述介绍中可以很明显地看到，在计算像元局部密度时，半径 d 需要依靠研究人员的经验并通过多次实验比较进行选取。针对此问题，本节实现了超球体半径自适应选择。

首先，计算各背景像元到初始背景中其他像元的欧氏距离，得到距离矩阵 D 为

$$D = \left[\text{dt}_1, \text{dt}_2, \cdots, \text{dt}_N \right], \quad \text{dt}_i = \left[\text{dt}_{i1}, \text{dt}_{i2}, \cdots, \text{dt}_{ij}, \cdots, \text{dt}_{iN} \right]^{\text{T}}$$
$$\text{dt}_{ij} = \text{distance}(x_i, x_j), \quad i, j = 1, 2, \cdots, N, \quad i \neq j \tag{7-49}$$

由于异常目标在高光谱图像中出现概率低，同时尺寸较小，本节考虑采用距离矩阵 D 的双重平均数、双重中位数或平均数与中位数的组合作为超球体半径。同类背景像元之间的距离远小于背景像元与异常像元之间的距离。这样以背景像元为中心构造的超球体中包含的像元数目将远超以异常像元为中心构造的超球体中包含的像元数目。

$$d = \begin{cases} \text{mean}(\text{mean}(D)) \\ \text{median}(\text{median}(D)) \\ \text{mean}(\text{median}(D)) \\ \text{median}(\text{mean}(D)) \end{cases} \tag{7-50}$$

其中，$\text{mean}(\bullet)$ 和 $\text{median}(\bullet)$ 分别为取平均数和取中位数。

内层函数以各列向量 dt_i 为操作对象，得到各列的平均数或中位数，组成一个 $1 \times N$ 行向量，然后通过外层函数得到半径。本节选取了美国加利福尼亚州南部萨利纳斯山谷数据中的 163 个像元(包括 150 个像元对应葡萄地，9 个像元对应生菜地和 4 个像元对应休耕地)对式(7-50)所列 4 种半径选择方法的效果进行测试，葡萄地像元视为背景像元，生菜地像元和休耕地像元视为异常像元，两种超球体半径计算方法的效果比较图如图 7-12 所示。直观来看，平均中位数与中位平均数有近似的效果，对背景像元和异常像元的分离效果比较好。本节选择将平均中位数作为选择半径的计算方法。

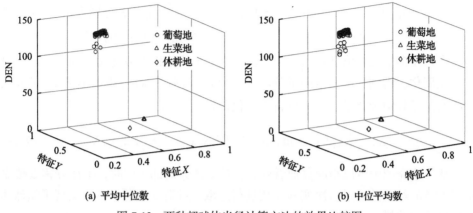

图 7-12　两种超球体半径计算方法的效果比较图

7.4.2　方法流程

在获得半径 d 后，本节所提背景纯化方法命名为基于局部密度的自适应背景纯化方法(adaptive background refinement method based on local density, ABRMLD)，它与 LRXD 及 CRD 的联合检测过程总结如下。

第一步：输入高光谱图像数据。

第二步：对于每个被检测像元 y，通过双层窗模型构建初始背景矩阵 X_b。

第三步：根据式(7-49)得到距离矩阵 D，并将其平均中位数作为超球体半径 d。根据式(7-44)计算背景集中每个像元的局部密度。

第四步：以像元局部密度为异常指标，通过式(7-45)~式(7-48)完成对初始背景的纯化，得到纯化背景矩阵 X_{rb}。

第五步：如式(7-5)或式(7-14)所示，利用 LRXD 或 CRD 对 y 进行判别，需要注意的是初始背景矩阵 X_b 已被纯化背景矩阵 X_{rb} 所替代。

第六步：根据设定的阈值，将检测结果大于阈值的像元判为异常目标，并在高光谱图像中进行标记。

7.4.3　实验结果及分析

ABRMLD，其与 LRXD 的联合检测方法称为 ABRMLD-LRXD，其与 CRD 的联合检测方法称为 ABRMLD-CRD。为测试 ABRMLD-LRXD 与 ABRMLD-CRD 的检测性能，本节利用两组真实高光谱数据进行仿真实验。

SpecTIR 数据采集于 SpecTIR 高光谱机载曼彻斯特实验，由 ProSpecTIR-VS2 成像仪拍摄于 2010 年 7 月 29 日。SpecTIR 数据包含 360 个波段，波段范围为 0.39~2.45μm，光谱分辨率为 5nm，全图大小为 3137×320，空间分辨率为 1m。SpecTIR1 数据图如图 7-13 所示，选取了 SpecTIR 数据中大小为 100×100 的区域用于实验，记为 SpecTIR1 数据。该区域包含不同尺寸($9m^2$、$4m^2$、$0.25m^2$)和材质(棉或聚酯纤维)的布料，共有 15 个待检测目标，包含 72 个异常目标像元。SpecTIR2 数据图如图 7-14 所示，选取了 SpecTIR 数据中大小为 120×80 的区域用于实验，记为 SpecTIR2 数据。SpecTIR2 数据主要包含树木、草地、公路、汽车等地物，右下角有小部分河流。本节将 SpecTIR2 数据中的 4 辆汽车及 2 个路标作为待检测异常目标，共包含 62 个像元。

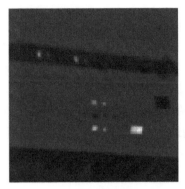

(a) 第60波段图像	(b) 异常目标的真实分布

图 7-13　SpecTIR1 数据图

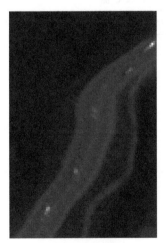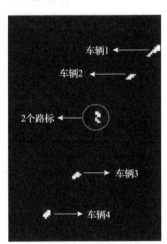

(a) 第60波段图像	(b) 异常目标的真实分布

图 7-14　SpecTIR2 数据图

本节通过与 LRXD、阻塞自适应计算效率的离散参数(blocked adaptive computationally efficient outlier nominators，BACON)、RSAD、局部异常度量(partial average deviation，PAD)和 CRD 等方法的检测结果进行对比，评价本节所提 ABRMLD-LRXD、ABRMLD-CRD 的检测性能。由于 CRD 对 η 的大小不敏感，

在本节不会对其进行讨论,直接将它设定为 1。

由于 LRXD、ABRMLD-LRXD、CRD 和 ABRMLD-CRD 都是采用双层窗模型的局部异常目标检测方法,它们的检测概率与内外窗的尺寸有一定的关系,一组适宜的窗尺寸参数可以得到较高的检测概率。内窗尺寸一般根据实验者感兴趣目标大小确定。外窗尺寸大于内窗尺寸,以保证内窗中存在一定数量的像元。由于窗尺寸的选择有较大的弹性,在本节实验中,内窗尺寸 w_{in} 设置为 3、5 或 7,外窗尺寸 w_{out} 设置为 11、13 或 15。

SpecTIR1 数据下 LRXD、ABRMLD-LRXD、CRD 和 ABRMLD-CRD 在不同窗尺寸下的 AUC 值如表 7-16 所示,SpecTIR2 数据下 LRXD、ABRMLD-LRXD、CRD 和 ABRMLD-CRD 在不同窗尺寸下的 AUC 值如表 7-17 所示。从这两个表可以看出,一般情况下引入 ABRMLD 可以提高方法的检测性能。如表 7-16 所示,对于 SpecTIR1 数据,上述四种方法分别在 (w_{in}, w_{out}) 设置为 (7, 11)、(5, 11)、(3, 15) 和 (3, 11) 时 AUC 性能表现达到最优。各方法的 AUC 最优值在表 7-16 中加粗显示。对于 SpecTIR2 数据,表 7-17 表明上述四种方法分别在 (w_{in}, w_{out}) 设置为 (7, 11)、(7, 11)、(7, 13) 和 (5, 15) 时 AUC 性能表现达到最优。

表 7-16　SpecTIR1 数据下 LRXD、ABRMLD-LRXD、CRD 和 ABRMLD-CRD 在不同窗尺寸下的 AUC 值

(w_{in}, w_{out})	LRXD	ABRMLD-LRXD	CRD	ABRMLD-CRD
(3, 11)	0.9830	0.9958	0.9911	**0.9978**
(3, 13)	0.9739	0.9903	0.9914	0.9957
(3, 15)	0.9720	0.9908	**0.9920**	0.9953
(5, 11)	0.9906	**0.9971**	0.9919	0.9970
(5, 13)	0.9830	0.9945	0.9915	0.9958
(5, 15)	0.9790	0.9901	0.9916	0.9957
(7, 11)	**0.9925**	0.9969	0.9880	0.9958
(7, 13)	0.9841	0.9956	0.9873	0.9952
(7, 15)	0.9721	0.9901	0.9881	0.9947

表 7-17　SpecTIR2 数据下 LRXD、ABRMLD-LRXD、CRD 和 ABRMLD-CRD 在不同窗尺寸下的 AUC 值

(w_{in}, w_{out})	LRXD	ABRMLD-LRXD	CRD	ABRMLD-CRD
(3, 11)	0.9137	0.9818	0.9813	0.9957
(3, 13)	0.9112	0.9624	0.9859	0.9972
(3, 15)	0.8982	0.9663	0.9885	0.9975

$(w_{\text{in}}, w_{\text{out}})$	LRXD	ABRMLD-LRXD	CRD	ABRMLD-CRD
(5, 11)	0.9651	0.9917	0.9832	0.9966
(5, 13)	0.9636	0.9849	0.9876	0.9978
(5, 15)	0.9474	0.9795	0.9901	**0.9982**
(7, 11)	**0.9896**	**0.9970**	0.9912	0.9963
(7, 13)	0.9823	0.9923	**0.9962**	0.9976
(7, 15)	0.9711	0.9711	0.9947	0.9980

　　LRXD、ABRMLD-LRXD、CRD 和 ABRMLD-CRD 的 AUC 最大差值及标准差如表 7-18 所示。可以看出，在四种方法中 LRXD 在两组数据下的 AUC 最大差值及标准差最大，说明其检测概率受窗尺寸变化的影响最大。ABRMLD-CRD 在两组数据下的 AUC 最大差值及标准差最小，说明其检测概率受窗尺寸变化的影响最小。通过比较方法引入 ABRMLD 前后的检测结果可以看出，引入 ABRMLD 后，方法的 AUC 最大差值及标准差都有所下降。这说明，ABRMLD 不仅可以提高方法的检测性能，还可以削弱窗尺寸对方法检测性能的影响，增强方法检测的稳定性。

表 7-18　LRXD、ABRMLD-LRXD、CRD 和 ABRMLD-CRD 的 AUC 最大差值及标准差

参数		LRXD	ABRMLD-LRXD	CRD	ABRMLD-CRD
SpecTIR1	最大差值	0.0205	0.0070	0.0047	0.0031
	标准差	7.55×10^{-3}	3.07×10^{-3}	1.92×10^{-3}	9.49×10^{-4}
SpecTIR2	最大差值	0.0914	0.0346	0.0149	0.0027
	标准差	3.35×10^{-2}	1.21×10^{-2}	4.93×10^{-3}	8.41×10^{-4}

　　七种检测方法在 SpecTIR1 数据下的 ROC 比较图如图 7-15 所示。七种检测方法在 SpecTIR2 数据下的 ROC 比较图如图 7-16 所示。其中，LRXD、ABRMLD- LRXD、CRD 和 ABRMLD-CRD 的 ROC 对应表 7-16 和表 7-17 中 AUC 最大值。如图 7-15 所示，对于 SpecTIR1 数据，ABRMLD-LRXD 和 ABRMLD-CRD 的检测性能优于其他 5 种检测方法，其可以在更低的虚警概率下，使检测概率达到 100%，对应虚警概率分别为 0.28 和 0.37。而 ABRMLD-LRXD 与 ABRMLD-CRD 相比，ABRMLD-LRXD 在虚警概率小于 0.02 时，其检测概率低于 ABRMLD-CRD，而在虚警概率为 0.02～ 0.037 时，其检测概率略好于 ABRMLD-CRD。CRD 与 LRXD 表现较差，CRD 在低虚警概率时，其检测概率一般小于其他方法，当 LRXD 检测概率达到 100%时，其虚警概率同样变得很大。观察图 7-16 可以发现，在 SpecTIR2 数据下 ABRMLD-LRXD 和 ABRMLD-CRD 的检测性能表现依然优于其他五种检测方法。

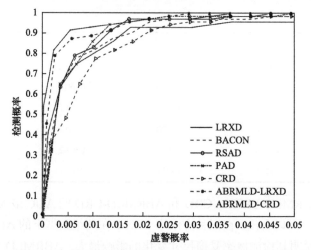

图 7-15　七种检测方法在 SpecTIR1 数据下的 ROC 比较图

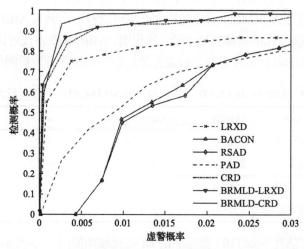

图 7-16　七种检测方法在 SpecTIR2 数据下的 ROC 比较图

　　为了显示上述七种检测方法检测效果的细节，七种检测方法在 SpecTIR1 数据下的三维检测结果图如图 7-17 所示，七种检测方法在 SpecTIR2 数据下的三维检测结果图如图 7-18 所示。通过对比引入 ABRMLD 前后方法的检测结果，可以看出一些异常像元和背景像元的检测值差异增大，这为区分异常和背景提供了便利。从图 7-17 可以看出，在 SpecTIR1 数据中 BACON、RSAD 和 PAD 有许多非目标像元有较高的检测值。从图 7-18 可以很明显地看出，BACON、RSAD 和 PAD 在检测 SpecTIR2 数据右下角的河流时，会得到较大的检测值，而其他 4 种方法得到的检测值较小。这是因为 BACON、RSAD 和 PAD 是基于全局 RXD 的检测方法，它们会将高光谱图像中全局出现概率低但局部范围分布较广的地物识别为异常目

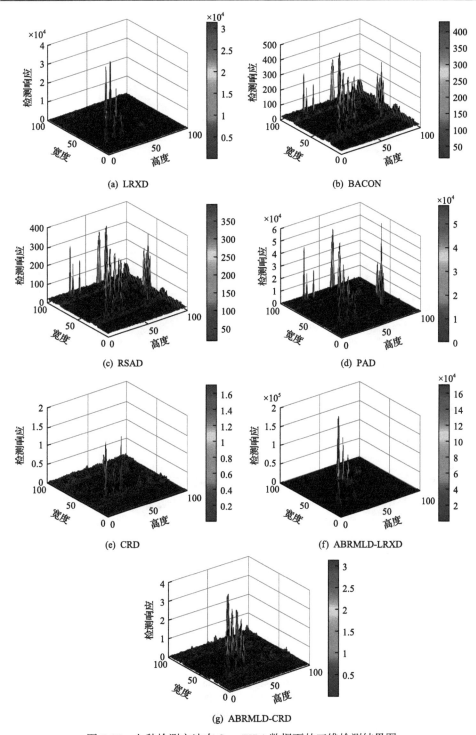

图 7-17 七种检测方法在 SpecTIR1 数据下的三维检测结果图

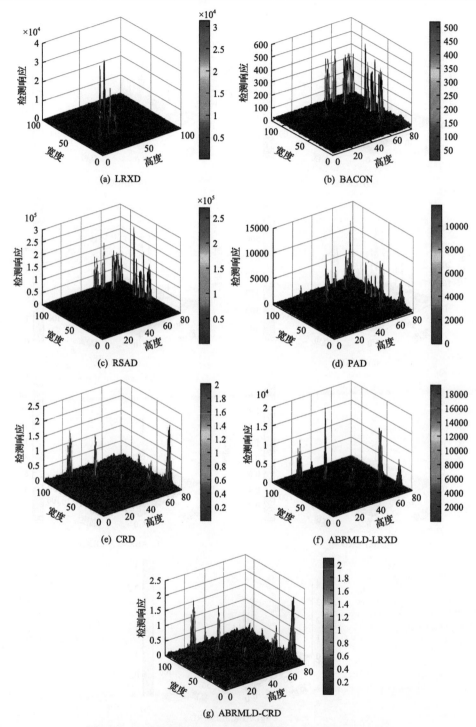

图 7-18　七种检测方法在 SpecTIR2 数据下的三维检测结果图

标。这为异常目标检测带来了较大干扰。而 LRXD、ABRMLD-LRXD、CRD 和 ABRMLD-CRD 等局部检测方法，根据感兴趣目标确定窗尺寸参数，对此类地物分布情况具有较好的抑制作用。

7.5　基于张量分解的高光谱图像异常目标检测方法

现有的基于低秩稀疏分解的高光谱图像异常目标检测方法主要在光谱域对高光谱图像进行分解，忽略了其空间信息，导致检测精度不够高。在高光谱图像处理领域，同时考虑高光谱图像数据的光谱特性和空间特性可以取得更好的处理效果。高光谱图像数据可以看作一个三阶张量，其中，前两维表示空间维，第三维表示光谱维。近年来，基于张量分解的高光谱图像异常目标检测方法取得了较好效果。

7.5.1　方法原理

高光谱图像数据集三阶张量表示和分解图如图 7-19 所示。首先，高光谱图像数据集表示成一个三阶张量 $\Gamma \in \mathbb{R}^{I_1 \times I_2 \times I_3}$，其中 I_1、I_2 和 I_3 分别表示高光谱图像的高、宽和光谱维数；之后，将 Tucker 分解应用到张量表示中；最后，沿着三个方向模型的因子矩阵和核心张量可以表示为

$$\Gamma \approx G \times_1 A \times_2 B \times_3 C \tag{7-51}$$

其中，$A \in \mathbb{R}^{I_1 \times J_1}$、$B \in \mathbb{R}^{I_2 \times J_2}$ 和 $C \in \mathbb{R}^{I_3 \times J_3}$ 为因子矩阵；$G \in \mathbb{R}^{J_1 \times J_2 \times J_3}$ 为核心矩阵；$g_{i_1 i_2 i_3}$ 为 G 的元素，表示不同成分之间的互连程度。

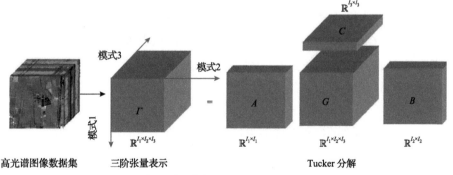

图 7-19　高光谱图像数据集三阶张量表示和分解图

式(7-51)的 Tucker 分解如式(7-52)所示，即

$$\tau_{i_1 i_2 i_3} = \sum_{j_1=1}^{J_1} \sum_{j_2=1}^{J_2} \sum_{j_3=1}^{J_3} g_{j_1 j_2 j_3} a_{i_1 j_1} b_{i_2 j_2} c_{i_3 j_3} \tag{7-52}$$

其中，J_1、J_2 和 J_3 分别为因子矩阵 A、B 和 C 的成分数目（如列）。

利用式（7-53）求解 Tucker 分解的优化问题，即

$$\begin{cases} e = \min_{\Gamma, A, B, C} \left\| \Gamma - G \times_1 A \times_2 B \times_3 C \right\|_F^2 \\ \text{s.t. } G \in \mathbb{R}^{J_1 \times J_2 \times J_3}, \\ \quad A \in \mathbb{R}^{I_1 \times J_1}, B \in \mathbb{R}^{I_2 \times J_2}, C \in \mathbb{R}^{I_3 \times J_3} \\ \quad A^T A = I, B^T B = I, C^T C = I \end{cases} \tag{7-53}$$

因为 A、B 和 C 有正交列，$G \approx \Gamma \times_1 A^T \times_2 B^T \times_3 C^T$ 可以从式（7-53）中求得。式（7-53）的最小化问题等于如下最大化问题，即

$$\begin{cases} g = \max_{A, B, C} \left\| \Gamma \times_1 A \times_2 B \times_3 C \right\|_F^2 \\ \text{s.t. } A \in \mathbb{R}^{I_1 \times J_1}, B \in \mathbb{R}^{I_2 \times J_2}, C \in \mathbb{R}^{I_3 \times J_3} \\ \quad A^T A = I, B^T B = I, C^T C = I \end{cases} \tag{7-54}$$

利用三阶张量交替最小二乘方法求解式（7-54）的优化问题。该解决方案利用了一个事实，即当其他两个矩阵是固定的，可以简单地通过特征值分解问题获得任何一个因子矩阵。本节设 $J_n = I_n, n = 1, 2, 3$ 来确保由所有特征值和特征向量组成的信息的完整性，因此三个因子矩阵 A、B 和 C 是方形矩阵，并且核心张量的大小与输入张量相同[43]。

实际上，所有的如式（7-51）所示的三个因子矩阵都能分成两部分，矩阵 A 可以分成 $A_B \in \mathbb{R}^{I_1 \times r_1}$ 和 $A_I \in \mathbb{R}^{I_1 \times (I_1 - r_1)}$，矩阵 B 可分为 $B_B \in \mathbb{R}^{I_2 \times r_2}$ 和 $B_I \in \mathbb{R}^{I_2 \times (I_2 - r_2)}$，矩阵 C 可分为 $C_B \in \mathbb{R}^{I_3 \times r_3}$ 和 $C_I \in \mathbb{R}^{I_3 \times (I_3 - r_3)}$，相应的核心张量 G 能分成八个张量子集，即 $g_{BBB} \in \mathbb{R}^{r_1 \times r_2 \times r_3}$、$g_{IBB} \in \mathbb{R}^{(I_1 - r_1) \times r_2 \times r_3}$、$g_{BIB} \in \mathbb{R}^{r_1 \times (I_2 - r_2) \times r_3}$、$g_{BBI} \in \mathbb{R}^{r_1 \times r_2 \times (I_3 - r_2)}$、$g_{IIB} \in \mathbb{R}^{(I_1 - r_1) \times (I_2 - r_2) \times r_3}$、$g_{IBI} \in \mathbb{R}^{(I_1 - r_1) \times r_2 \times (I_3 - r_3)}$、$g_{BII} \in \mathbb{R}^{r_1 \times (I_2 - r_2) \times (I_3 - r_3)}$ 和 $g_{III} \in \mathbb{R}^{(I_1 - r_1) \times (I_2 - r_2) \times (I_3 - r_3)}$。背景信息能由三个模型上的较大主成分表示，异常信息和噪声信息能由三个模型的较小主成分表示。最后张量子集的重构表示为

$$\begin{cases} \Gamma_{III} = g_{III} \times_1 A_I \times_2 B_I \times_3 C_I \\ \\ g_{III} = g_{(I_1 - r_1):I_1, (I_2 - r_2):I_2, (I_3 - r_3):I_3} \\ \\ A_I = A_{:,(I_1 - r_1):I_1}, \quad B_I = B_{:,(I_2 - r_2):I_2}, \quad C_I = C_{:,(I_3 - r_3):I_3} \end{cases} \tag{7-55}$$

其中，$\varGamma_{III}$ 为主要的异常信息和噪声信息，背景信息可以由式(7-56)求得，即

$$\varGamma_B = \varGamma - \varGamma_{III} \tag{7-56}$$

其中，$\varGamma_B$ 剔除了异常和噪声污染，为较纯净的背景信息。

　　在剔除异常和背景信息后，背景张量包括全局的背景信息，在本节中，利用基于滑动双窗策略的马氏距离方法进行异常目标检测。局部马氏距离检测示意图如图 7-20 所示。图 7-20(a)为背景数据 X_B，图 7-20(b)为原始数据 X。对于每个测试点 $x_i \in X$（尺寸为 $D \times 1$，且 D 是光谱波段数目），建立一个以像元 x_i 为中心点的同心滑动双窗，如图 7-20(b)所示，该滑动双窗同样应用在背景数据中的相同位置，如图 7-20(a)所示。图 7-20(a)中内外窗之间的数据被定义为图 7-20(b)中测试点 x_i 的局部背景数据，也就是说，原始高光谱图像数据中测试点的局部背景数据即为背景数据中内外窗之间的数据。将测试点 x_i 的局部背景数据转换成二维矩阵 $X_{B_i} = \left\{ b_j^i, j = 1, 2, \cdots, k \right\}\left(k = w_{\text{out}} \times w_{\text{out}} - w_{\text{in}} \times w_{\text{in}}\right)$，之后测试点 x_i 的局部马氏距离检测可以通过式(7-57)求得，即

$$\begin{cases} D_{\text{Tensor-LMD}}(x_i) = (x_i - \mu_i)^{\text{T}} \varGamma_i^{-1}(x_i - \mu_i) \\ \mu_i = \dfrac{1}{k}(b_1^i + b_2^i + \cdots + b_k^i) \\ \varGamma_i = \dfrac{1}{k}(X_{B_i} - \mu_i)^{\text{T}} \times (X_{B_i} - \mu_i) \end{cases} \tag{7-57}$$

　　基于张量分解的局部马氏距离(Tensor decomposition-based local Mahalanobis distance，Tensor-LMD)方法是一个基于滑动双窗策略的局部马氏距离方法，该方法充分利用了由张量分解得到的背景成分。

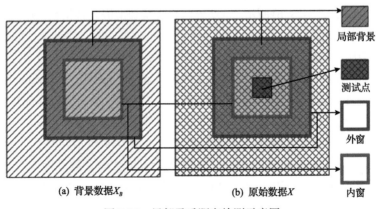

(a) 背景数据X_B　　　　　　(b) 原始数据X

图 7-20　局部马氏距离检测示意图

7.5.2　方法流程

本节介绍 Tensor-LMD 方法的流程，分为以下四个步骤实现。

第一步：对高光谱图像数据进行三阶张量分解。

第二步：在三个模型上分别采用较小的主成分剔除异常信息和噪声信息，获得较为纯净的背景信息。

第三步：在背景高光谱图像数据集和原始高光谱图像数据集的相同位置点上分别采用同尺寸的滑动双窗策略，利用局部马氏距离方法，根据式(7-57)求出每一个测试点的 $D_{\text{Tensor-LMD}}(x_i)$。

第四步：在获得所有测试点的 $D_{\text{Tensor-LMD}}(x_i)$ 后，最终的检测结果通过阈值分割法求得。

7.5.3　实验结果及分析

本节利用四组高光谱数据来验证 Tensor-LMD 方法的检测性能。第一组实验数据为帕维亚中心合成高光谱数据图，如图 7-1 所示；第二组实验数据为圣地亚哥 3 架飞机真实高光谱数据图，如图 7-21 所示；第三组实验数据为圣地亚哥 38 架飞机真实高光谱数据图，如图 7-2 所示。帕维亚大学合成高光谱数据是由 ROSIS 传感器拍摄的意大利北部帕维亚大学影像，空间分辨率为 1.3m，波段数为 103，该数据空间尺寸为 610×610 个像元，选取 300×200 个像元尺寸作为第四组实验数据的背景数据，异常目标被分别嵌入不同的背景数据中，按照公式 $S = B \times (1 - p) + T \times p$ 进行合成，其中 T 是纯异常目标光谱，B 是所选的背景光谱，p 是异常目标混合的百分比。帕维亚大学合成高光谱数据图如图 7-22 所示。帕维亚大学合成高光谱数据光谱范围图如图 7-23 所示。该数据的第 60 个波段数据如图 7-23(a)所示，总共有 25 个异常目标，共 4 种像元尺寸，分别为 2×1、1×2、2×2 和 3×2；分别对应 6 组目标光谱，如图 7-23(b)所示，这些异常目标稀疏地嵌入背景数据中，图 7-23(a)为 3 个主要背景光谱。

在本节中，对比基础方法选择 RX 和 LRX；考虑 Tensor-LMD 和基于低秩和稀疏矩阵分解的马氏距离(low-rank and sparse matrix decomposition-based Mahalanobis distance, LSMAD)方法都用到了去冗余思想，且 LSMAD 方法为新方法，所以将其选作对比方法；TenB 方法作为基于张量理论的新方法也作为对比方法。本节所提方法所用测试方法的参数说明如表 7-19 所示。为了对比公平，对比方法都采用最优的参数设置。四组实验数据测试方法的参数设置如表 7-20 所示。本节实验均在 Inteli7 的 CPU，16GB 内存的计算机上运行，语言环境为 MATLAB 2011b。

(a) 单波段图像　　　　　　　　　(b) 真值图

图 7-21　圣地亚哥 3 架飞机真实高光谱数据图(120×120 像元)

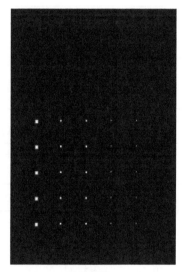

(a) 单波段图像　　　　　　　　　(b) 真值图

图 7-22　帕维亚大学合成高光谱数据图

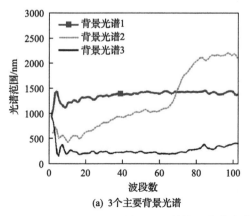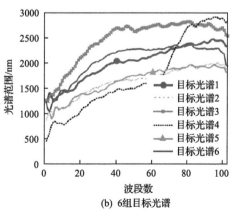

(a) 3个主要背景光谱　　　　　　　(b) 6组目标光谱

图 7-23　帕维亚大学合成高光谱数据光谱范围图

表 7-19 本节所提方法所用测试方法的参数说明

方法	参数	参数说明
LRX	$(w_{in},\ w_{out})$	双窗尺寸
LSMAD	r	低秩矩阵最大秩
	k	稀疏矩阵基数
TenB	r_1	模型 1 上主成分
	r_2	模型 2 上主成分
	r_3	模型 3 上主成分
Tensor-LMD	r_1	模型 1 上主成分
	r_2	模型 2 上主成分
	r_3	模型 3 上主成分
	$(w_{in},\ w_{out})$	双窗尺寸

表 7-20 四组实验数据测试方法的参数设置

方法	参数	帕维亚中心合成高光谱数据	圣地亚哥 3 架飞机真实高光谱数据	圣地亚哥 38 架飞机真实高光谱数据	帕维亚大学合成高光谱数据
LRX	$(w_{in},\ w_{out})$	(7, 9)	(13, 15)	(9, 11)	(7, 9)
LSMAD	r	1	4	2	1
	k	10^4	10^5	10^4	10
TenB	$(r_1,\ r_2,\ r_3)$	(14, 14, 8)	(6, 6, 3)	(2, 2, 4)	(3, 3, 8)
Tensor-LMD	$(r_1,\ r_2,\ r_3)$	(10, 10, 16)	(3, 3, 3)	(8, 8, 8)	(4, 4, 4)
	$(w_{in},\ w_{out})$	(7, 9)	(13, 15)	(9, 11)	(7, 9)

四组实验数据背景数据的第 100 个波段图如图 7-24 所示。可以看出，通过在三个模型上分别剔除异常和噪声信息，能够得到较为纯净的背景数据。

帕维亚中心合成高光谱数据检测结果图如图 7-25 所示；圣地亚哥 3 架飞机真实高光谱数据检测结果图如图 7-26 所示；圣地亚哥 38 架飞机真实高光谱数据检测结果图如图 7-27 所示；帕维亚大学合成高光谱数据检测结果图如图 7-28 所示。对于帕维亚中心合成高光谱数据，从图 7-25 可以看出，Tensor-LMD 方法的检测效果要明显优于对比方法 RX、LSMAD 和 TenB，但与 LRX 方法的检测结果相比，看不出明显的优势。对于圣地亚哥 3 架飞机真实高光谱数据，从图 7-26 可以看出，Tensor-LMD 方法的检测结果要明显优于四种对比方法。对于圣地亚哥 38 架飞机真实高光谱数据，从图 7-27 可以看出，Tensor-LMD 方法的检测结果要明显优于对比方法 RX、LSMAD 和 TenB，但与 LRX 方法的检测结果相比，也看不出明显的优势。对于帕维亚大学合成高光谱数据，从图 7-28 可以看出，Tensor-LMD 方法的检测结果优于对比方法 RX、LSMAD 和 TenB，但与 LRX 方法的检测结果相比，其优势不明显。四组实验数据的 ROC 图如图 7-29 所示。可见，Tensor-LMD 方法的 ROC 几乎一直在四种对比方法之上。从上述分析可见，Tensor-LMD 方法的检测性能是优于四种对比方法的。

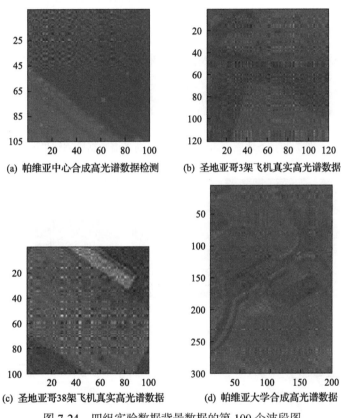

(a) 帕维亚中心合成高光谱数据检测　　(b) 圣地亚哥3架飞机真实高光谱数据

(c) 圣地亚哥38架飞机真实高光谱数据　　(d) 帕维亚大学合成高光谱数据

图 7-24　四组实验数据背景数据的第 100 个波段图

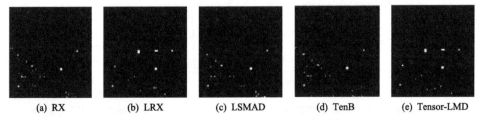

(a) RX　　　　(b) LRX　　　　(c) LSMAD　　　　(d) TenB　　　　(e) Tensor-LMD

图 7-25　帕维亚中心合成高光谱数据检测结果图

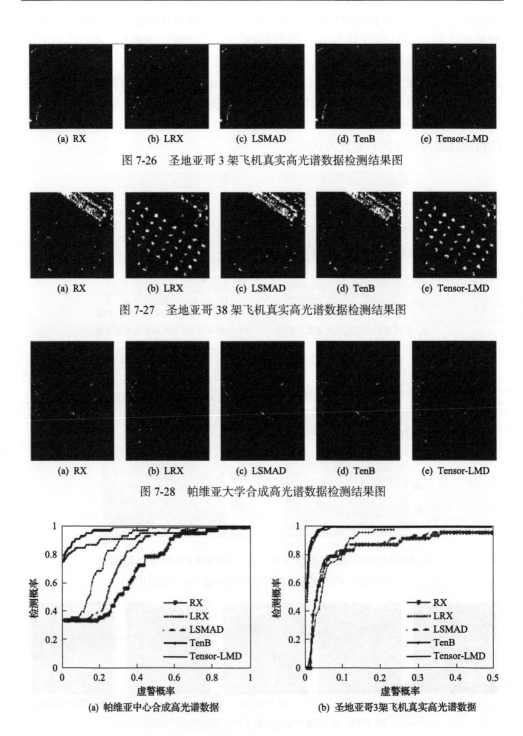

图 7-26　圣地亚哥 3 架飞机真实高光谱数据检测结果图

图 7-27　圣地亚哥 38 架飞机真实高光谱数据检测结果图

图 7-28　帕维亚大学合成高光谱数据检测结果图

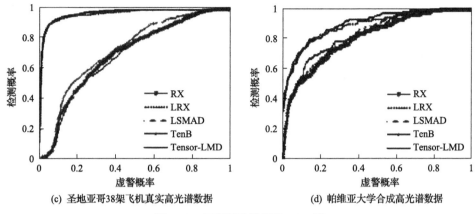

(c) 圣地亚哥38架飞机真实高光谱数据　　　(d) 帕维亚大学合成高光谱数据

图 7-29　四组实验数据的 ROC 图

另外,采用评价异常和背景可分性的可分性图来进一步评价测试方法的性能,四组实验数据的可分性图如图 7-30 所示,箱体中包括剔除了检测结果最大 10%和最小 10%的主要像元。对于帕维亚中心合成高光谱数据和帕维亚大学合成高光谱数据,分别如图 7-30(a)和(d)所示,Tensor-LMD 方法异常目标和背景像元之间的间隔要大于 RX、LRX 和 LSMAD 方法,小于 TenB 方法,然而,Tensor-LMD 方法压缩背景信息的能力要优于 TenB 方法。对于圣地亚哥 3 架飞机真实高光谱数

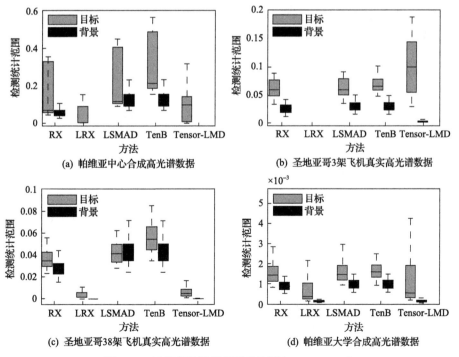

(a) 帕维亚中心合成高光谱数据　　　　　　　(b) 圣地亚哥3架飞机真实高光谱数据

(c) 圣地亚哥38架飞机真实高光谱数据　　　　(d) 帕维亚大学合成高光谱数据

图 7-30　四组实验数据的可分性图(Tensor-LMD)

据，如图 7-30(b)所示，Tensor-LMD 方法异常目标和背景像元之间的间隔要远大于四种对比方法，且 Tensor-LMD 方法能有效地压缩背景信息。对于圣地亚哥 38 架飞机真实高光谱数据，如图 7-30(c)所示，Tensor-LMD 方法异常目标和背景像元之间的间隔要略大于四种对比方法，且 Tensor-LMD 方法能有效地压缩背景信息。从上述分析可见，对四组高光谱实验数据，Tensor-LMD 方法异常目标和背景的可分性以及压缩背景信息的能力是令人满意的。

综上所述，对于本节所提四组实验数据，Tensor-LMD 方法可以获得比 RX、LRX、LSMAD 和 TenB 方法更好的异常目标检测结果。

此外，四组实验数据的运行时间如表 7-21 所示，尽管参数的设置如 r、k、$(r_1$、r_2、$r_3)$ 和双窗尺寸对检测结果会产生较大影响，但总体来说，Tensor-LMD 方法的计算复杂性和运行时间要高于四种对比方法，这是由于 Tensor-LMD 方法虽由张量分解和局部马氏距离检测两部分组成，但其运行时间是可以接受的。

表 7-21 四组实验数据的运行时间（Tensor-LMD） （单位：s）

实验数据	RX	LRX	LSMAD	TenB	Tensor-LMD
帕维亚中心合成高光谱数据	1.41	13.26	6.88	12.93	21.73
圣地亚哥 3 架飞机真实高光谱数据	1.35	28.83	12.87	18.22	65.02
圣地亚哥 38 架飞机真实高光谱数据	1.12	18.52	8.77	28.63	30.69
帕维亚大学合成高光谱数据	2.99	97.32	39.24	201.66	155.47

在 Tensor-LMD 方法中，模型 1 上主成分 r_1，模型 2 上主成分 r_2，模型 3 上主成分 r_3 和双窗尺寸 (w_{in}, w_{out}) 这四个参数对检测结果有较大的影响。

首先，固定双窗尺寸 (w_{in}, w_{out})，观察 AUC 值对参数 r_1、r_2 和 r_3 的敏感性。与 TenB 方法相似，设 $r_1 = r_2$，与 STM 方法相似，采用三维图来表示 AUC 值随参数 $(r_1、r_2、r_3)$ 的变化，四组实验数据 Tensor-LMD 方法关于参数 $(r_1、r_2、r_3)$ 的 AUC 性能图如图 7-31 所示。

其中，(r_1, r_2) 是空间维数，r_3 是光谱维数。对于帕维亚中心合成高光谱数据，双窗尺寸设置为 $(7, 9)$，这也是 LRX 方法中最优的双窗尺寸，如图 7-31(a)所示，当 (r_1, r_2, r_3) 设为 $(10, 10, 16)$ 时，获得最优的 AUC 值。对于圣地亚哥 3 架飞机真实高光谱数据，双窗尺寸设为 LRX 方法中的最优尺寸 $(13, 15)$，如图 7-31(b)所示，当 (r_1, r_2, r_3) 设为 $(3, 3, 3)$ 时，获得最优的 AUC 值。对于圣地亚哥 38 架飞机真实高光谱数据，双窗尺寸设为 LRX 方法中的最优尺寸 $(9, 11)$，如图 7-31(c)所示，当 (r_1, r_2, r_3) 设为 $(8, 8, 8)$ 时，获得最优的 AUC 值。对于帕维亚大学合成高光谱数据，双窗尺寸设为 LRX 方法中的最优尺寸 $(7, 9)$，如图 7-31(d)所示，

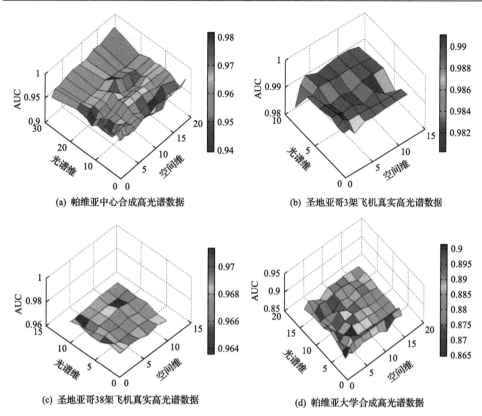

(a) 帕维亚中心合成高光谱数据　　　(b) 圣地亚哥3架飞机真实高光谱数据

(c) 圣地亚哥38架飞机真实高光谱数据　　　(d) 帕维亚大学合成高光谱数据

图 7-31　四组实验数据 Tensor-LMD 方法关于参数 $(r_1 、 r_2 、 r_3)$ 的 AUC 性能图

当 $(r_1,\ r_2,\ r_3)$ 设为 $(4,\ 4,\ 4)$ 时，获得最优的 AUC 值。总之，参数 $r_1 、 r_2$ 和 r_3 的设置对检测结果有较大的影响。

　　最后，分析当参数 $(r_1,\ r_2,\ r_3)$ 设为固定值时，检测结果 AUC 值对双窗尺寸 $(w_{\mathrm{in}},\ w_{\mathrm{out}})$ 的敏感性。四组实验数据 Tensor-LMD 方法关于 $(w_{\mathrm{in}},\ w_{\mathrm{out}})$ 的 AUC 值如表 7-22 所示，对于帕维亚中心合成高光谱数据，最优的双窗尺寸为 $(7,\ 9)$；对于圣地亚哥 3 架飞机真实高光谱数据，最优的双窗尺寸为 $(13,\ 15)$；对于圣地亚哥 38 架飞机真实高光谱数据，最优的双窗尺寸为 $(9,\ 11)$；对于帕维亚大学合成高光谱数据，最优的双窗尺寸为 $(7,9)$；其对应的最优 AUC 值分别为 0.9816、0.9911、0.9714 和 0.9014。

表 7-22　四组实验数据 Tensor-LMD 方法关于 $(w_{\mathrm{in}},\ w_{\mathrm{out}})$ 的 AUC 值

实验数据	w_{in}	w_{out}				
		9	11	13	15	17
	5	0.7742	0.7436	0.6846	0.7510	0.8021
帕维亚中心合成高光谱数据	7	**0.9816**	0.9497	0.9308	0.9062	0.8738
	9	—	0.9559	0.9232	0.8970	0.8685

续表

实验数据	w_{in}	w_{out}				
		9	11	13	15	17
圣地亚哥 3 架飞机真实高光谱数据	9	—	0.9378	0.9253	0.8892	0.8271
	11	—		0.9808	0.9772	0.9040
	13	—	—		**0.9911**	0.9693
	15	—	—	—	—	0.9900
圣地亚哥 38 架飞机真实高光谱数据	5	0.9458	0.9296	0.8758	0.7878	0.7662
	7	0.9583	0.9670	0.8852	0.8165	0.7487
	9	—	**0.9714**	0.9542	0.8744	0.7226
	11			0.9591	0.9064	0.7398
帕维亚大学合成高光谱数据	5	0.7461	0.6399	0.6419	0.6635	0.6919
	7	**0.9014**	0.8579	0.7927	0.7615	0.7780
	9		0.8639	0.8252	0.7486	0.7637

7.6　基于低秩稀疏分解和空谱联合栈式自动编码器的高光谱图像异常目标检测方法

本节利用深度学习理论，将栈式自动编码器和低秩稀疏分解理论相结合，提出一种基于低秩稀疏分解(low-rank sparse decomposition，LS)和空谱联合栈式自动编码器(spectral-spatial stacked autoencoder，SSSAE)的高光谱图像异常目标检测方法，称为 LS-SSSAE。LS-SSSAE 方法利用了深度学习理论去除冗余信息，获得深度空谱联合特征，降低了方法的复杂度。本节通过实验验证方法的有效性和优越性，并进行参数讨论。

7.6.1　方法原理

单层自动编码器流程图如图 7-32 所示，由输入层、隐藏层和重构层组成的神经网络实质上是一个单层的自动编码器。输入层和重构层均有 d 个单元，隐藏层有 n 个单元且产生深度特征。训练的目的是使重构层尽可能地接近输入层，即使重构向量和输入向量之间的误差尽可能小[42]。首先，输入 $x \in \mathbb{R}^d$ 被映射到隐藏层，得到 $y \in \mathbb{R}^n$，这个过程称为编码器；随后，y 通过解码器映射到输出层(也称为重构层)，输出由 $z \in \mathbb{R}^d$ 表示，其和输入层有相同的尺寸。上述编码器和解码器由如下两个公式表示，即

$$\begin{cases} y = f(W_y x + b_y) \\ z = f(W_z y + b_z) \end{cases} \tag{7-58}$$

其中，W_y 和 W_z 分别为输入层到隐藏层和隐藏层到输入层的权重；b_y 和 b_z 分别为隐藏单元和输出单元的基础；f 为激活函数，在本节中，f 设置为 Sigmoid 函数。

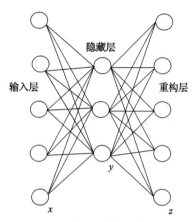

图 7-32　单层自动编码器流程图

采用标准 BP 方法和随机权重初始化来训练单层自动编码器[44]。在训练完成后，去掉重构层和对应的参数。比输入层维数低的隐藏层是通过降维的方法从输入层去掉冗余信息而获得的，隐藏层含有学习特征，这些特征可以进行后续的处理，如分类、目标检测以及高维数的输入产生深度特征等。

栈式自动编码器通过逐层叠加自动编码器的输入层和隐藏层而获得[45]。通过训练 3 层自动编码器得到的栈式自动编码器示例图如图 7-33 所示。第一个单层的自动编码器将输入数据映射到第一个隐藏层。在完成第一个单层自动编码器的训练后，将重构层去除，并将隐藏层作为第二个单层自动编码器的输入层。后续的

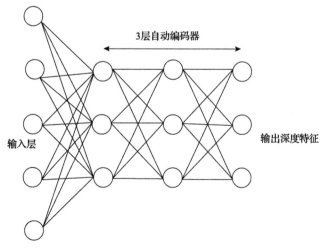

图 7-33　栈式自动编码器示例图

自动编码器的输入层始终是前一个自动编码器的隐藏层。每一层都使用标准的 BP 方法进行训练。在训练每个单层自动编码器后，去除对应的重构层和参数。隐藏层的数量是一个重要的参数，本节隐藏层的数量首先设为 1，用来与其他对比方法进行比较，后续分别设为 2、3、4 和 5，进行进一步讨论。

在获得高光谱数据的光谱特征和空间特征后，会确立一个空谱联合的三维特征矩阵，利用基于滑动双窗策略的局部马氏距离方法进行异常目标检测，即

$$\begin{cases} D_{\text{LRaSMD-SSSAE}}(x_i) = (x_i - \mu_i)^{\text{T}} \Gamma_i^{-1}(x_i - \mu_i) \\ \mu_i = \dfrac{1}{k}(x_1^i + x_2^i + \cdots + x_k^i) \\ \Gamma_i = \dfrac{1}{k}(x_i - \mu_i)^{\text{T}}(x_i - \mu_i) \end{cases} \tag{7-59}$$

其中，x_i 为空谱联合特征矩阵的测试点；$x_j^i(j = 1, 2, \cdots, k, k = w_{\text{out}} \times w_{\text{out}} - w_{\text{in}} \times w_{\text{in}})$ 为测试点的邻域点。

7.6.2 方法流程

基于低秩稀疏分解和空谱联合栈式自动编码器的高光谱图像异常目标检测方法框架图如图 7-34 所示。该方法分为以下五个步骤。

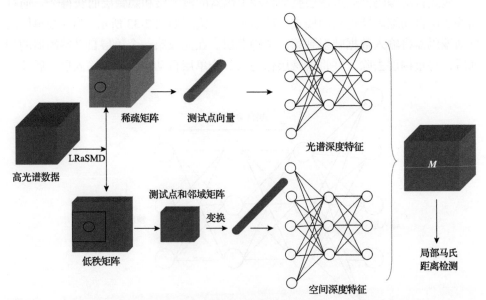

图 7-34 基于低秩稀疏分解和空谱联合栈式自动编码器的高光谱图像异常目标检测方法框架图

第一步：对于高光谱数据 $X \in \mathbb{R}^{N \times B}$（$N$ 是样本点数目，B 是光谱波段数目），

采用去分解(go decomposition，GoDec)方法进行低秩稀疏矩阵分解，获得低秩矩阵 $L \in \mathbb{R}^{N \times D}$ $(D \ll B)$ 和稀疏矩阵 $S \in \mathbb{R}^{N \times B}$。

第二步：采用高光谱数据的稀疏矩阵求得光谱深度特征，每一个测试像元向量的光谱深度特征通过栈式自动编码器求得。

第三步：采用高光谱数据的低秩矩阵求得空间深度特征，对于每一个测试点，首先，在低秩矩阵 L 上采用滑动窗(窗口尺寸为 $a \times a$ 像元)；之后，$a \times a \times D$ 像元尺寸的矩阵变换成 $a^2 D \times 1$ 像元尺寸的向量；最后，栈式自动编码器对 $a^2 D \times 1$ 像元尺寸的向量提取空间深度特征。

第四步：对于每一个测试点，连接光谱深度特征和空间深度特征形成向量 $I_i, i = 1, 2, \cdots, N$，组合所有的 I_i 形成一个特征矩阵 M。

第五步：在特征矩阵 M 上，采用局部马氏距离方法求得检测结果。

7.6.3　实验结果及分析

本节采用三幅高光谱数据来验证 LS-SSSAE 方法的有效性。帕维亚中心合成高光谱数据图如图 7-1 所示，为第一组数据。圣地亚哥 3 架飞机真实高光谱数据图(60×60 像元)如图 7-35 所示，为第二组数据。此数据由 AVIRIS 传感器采集，波长为 0.4~1.8μm，去掉对应的低信噪比波段，具有 126 个可用波段，空间分辨率为 3.5m。圣地亚哥 38 架飞机真实高光谱数据图如图 7-2 所示，为第三组数据，此数据同样由 AVIRIS 传感器采集。

 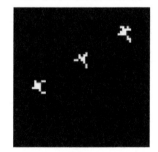

(a) 第100个波段图　　　　　　　(b) 真值图

图 7-35　圣地亚哥 3 架飞机真实高光谱数据图(60×60 像元)

在本节中，LS-SSSAE 方法采用了局部马氏距离方法作为其核心方法，因此选择 LRX 作为基础对比方法。另外，LS-SSSAE 方法利用了空谱联合特性，因此选择 LSD 作为另一个对比方法。此外，还引入了 LSMAD 方法作为一种基于低秩稀疏分解的典型异常目标检测新方法。四种测试方法的参数设置如表 7-23 所示。为了保证公平比较，对比方法使用了最优参数配置，测试数据的参数设置如表 7-24 所示。本节中的所有实验都在配置为 i7-4770k CPU，16GB 内存，并且使用

MATLAB2011b 语言环境的计算机上进行。

表 7-23 四种测试方法的参数设置

方法	参数
LRX	双窗尺寸 (w_{in}, w_{out})
LSD	最优主成分 P
	双窗尺寸 (w_{in}, w_{out})
LSMAD	低秩矩阵的最大秩 r
	稀疏矩阵的基数 k
LS-SSSAE	低秩矩阵的最大秩 r
	稀疏矩阵的基数 k
	低秩矩阵中的滑动双窗尺寸 $w \times w$
	提取空间特征数量 a_L
	提取光谱特征数量 a_S
	训练批数 b_e
	每批数量 b_b
	隐藏层数量 N_L
	进行局部马氏距离方法检测的双窗尺寸 (w_{in}, w_{out})

表 7-24 测试数据的参数设置

方法	参数	帕维亚中心合成高光谱数据	圣地亚哥 3 架飞机真实高光谱数据	圣地亚哥 38 架飞机真实高光谱数据
LRX	(w_{in}, w_{out})	(7, 9)	(13, 15)	(9, 11)
LSD	P	8	2	8
	(w_{in}, w_{out})	(5, 9)	(5, 9)	(7, 17)
LSMAD	r	1	4	2
	k	10^5	10^5	10^4
LS-SSSAE	r	4	4	2
	k	10^5	10^5	10^4
	$w \times w$	3×3	3×3	3×3
	a_L	1	8	13
	a_S	8	8	2
	b_e	10	10	10
	b_b	100	100	100
	N_L	1	1	1
	(w_{in}, w_{out})	(7, 9)	(13, 15)	(9, 11)

帕维亚中心合成高光谱数据的二维检测结果图如图 7-36 所示。帕维亚中心合成高光谱数据 ROC 和可分性图如图 7-37 所示。从图中可以看出，LS-SSSAE 方法的检测结果优于 LRX 和 LSMAD 方法。对于 LSD 方法，在图 7-36(b) 中显示异常像元点的像元值较高，但是其他一些像元点，如图像左下角的像元也显示较高的像元值，这会增大虚警概率，降低检测结果。在图 7-37(a) 中，LS-SSSAE 方法的 ROC 始终在 LRX 和 LSMAD 方法的 ROC 之上；当虚警概率小于 0.25 时，LS-SSSAE 方法的 ROC 在 LSD 方法的 ROC 之上。LS-SSSAE 方法的 ROC 下的面积大于其他三种对比方法。图 7-37(b) 展示了异常像元点和背景的可分性图，用于进一步评价测试方法的性能。在 LS-SSSAE 方法中，表示异常的箱体和表示背景的箱体之间的间隔大于 LRX 方法，但小于 LSD 和 LSMAD 方法；然而，LS-SSSAE 方法在压缩背景信息方面的能力优于 LSD 和 LSMAD 方法。综上所述，针对本组实验数据，LS-SSSAE 方法的整体检测性能优于 LRX、LSD 和 LSMAD 方法。

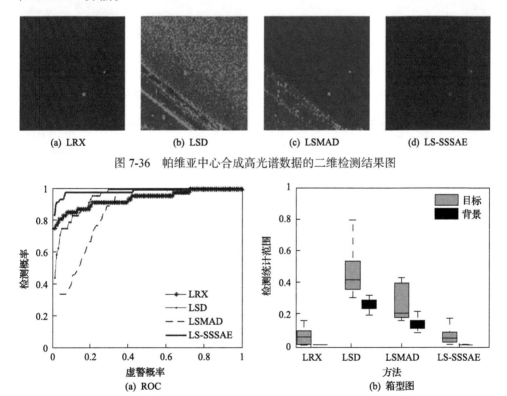

(a) LRX　　　　　(b) LSD　　　　　(c) LSMAD　　　　　(d) LS-SSSAE

图 7-36　帕维亚中心合成高光谱数据的二维检测结果图

图 7-37　帕维亚中心合成高光谱数据 ROC 和可分性图

圣地亚哥 3 架飞机真实高光谱数据的二维检测结果图如图 7-38 所示。圣地亚哥 3 架飞机真实高光谱数据 ROC 和可分性图如图 7-39 所示。从图中可以观察到，

LS-SSSAE 方法的检测结果优于 LSMAD 方法。对于 LRX 方法，在图 7-38(a)中，异常目标点显示较高的像元值，但是其他一些像元点也显示较高的值，如图像左下角的像元点。对于 LSD 方法，在图 7-38(b)中，异常目标点显示较高的像元值，但是其他一些像元点也显示较高的值，如图像左下角和上方的像元点。对于 LRX 和 LSD 方法，一些背景点也显示较高的像元值，这会增大虚警概率，并降低检测结果。在图 7-39(a)中，LS-SSSAE 方法的 ROC 始终在 LRX、LSD 和 LSMAD 方法的 ROC 之上。从图 7-39(b)可见，LS-SSSAE 方法的异常目标和背景之间的间隔大于 LSMAD 方法，但小于 LRX 和 LSD 方法；然而，LS-SSSAE 方法在压缩背景信息方面的能力要优于三种对比方法。综上所述，针对本组实验数据，LS-SSSAE 方法的检测性能总体上优于 LRX、LSD 和 LSMAD 方法。

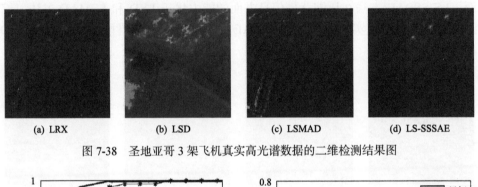

(a) LRX　　　　　　(b) LSD　　　　　　(c) LSMAD　　　　　　(d) LS-SSSAE

图 7-38　圣地亚哥 3 架飞机真实高光谱数据的二维检测结果图

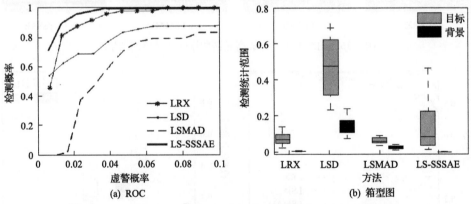

(a) ROC　　　　　　　　　　　　　　　(b) 箱型图

图 7-39　圣地亚哥 3 架飞机真实高光谱数据 ROC 和可分性图

圣地亚哥 38 架飞机真实高光谱数据的二维检测结果图如图 7-40 所示。圣地亚哥 38 架飞机真实高光谱数据 ROC 和可分性图如图 7-41 所示。观察图可以发现，LS-SSSAE 方法的检测结果优于 LRX 和 LSMAD 方法。在图 7-40(d)中，异常像元点的显示明显高于图 7-40(a)、(b)和(c)中的异常像元点。在图 7-41(a)中，LS-SSSAE 方法的 ROC 始终在 LSD 和 LSMAD 方法的 ROC 之上；当虚警概率大于 0.08 时，LS-SSSAE 方法的 ROC 也在 LRX 方法的 ROC 之上。LS-SSSAE 方法的 ROC 下的面积大于三种对比方法。从图 7-41(b)所示的可分性图中可以看出，LS-SSSAE 方法的异常目标和背景之间的间隔要大于三种对比方法，并且在压缩背景信息方面具有较强的能力。综上所述，针对本组实验数据，LS-SSSAE 方法的检测性能总体上优于 LRX、LSD 和 LSMAD 三种对比方法。

(a) LRX　　　　(b) LSD　　　　(c) LSMAD　　　　(d) LS-SSSAE

图 7-40　圣地亚哥 38 架飞机真实高光谱数据的二维检测结果图

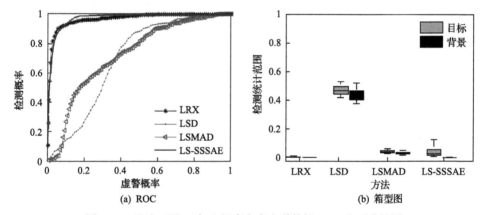

(a) ROC　　　　　　　　　　(b) 箱型图

图 7-41　圣地亚哥 38 架飞机真实高光谱数据 ROC 和可分性图

基于上述的分析可以得到如下结论，对于三组实验数据，LS-SSSAE 方法的检测性能总体上优于 LRX、LSD 和 LSMAD 三种对比方法。三组实验数据的运行时间如表 7-25 所示，表中展示了四种测试方法对应的运行时间，尽管参数的设置对运行时间有较大的影响，但是 LS-SSSAE 方法的运行时间是令人满意的。

表 7-25　三组实验数据的运行时间　　　　　　　　　（单位：s）

实验数据	LRX	LSD	LSMAD	LS-SSSAE
帕维亚中心合成高光谱数据	17.63	21.81	6.79	10.23
圣地亚哥 3 架飞机真实高光谱数据	30.15	10.04	13.38	20.35
圣地亚哥 38 架飞机真实高光谱数据	18.61	47.05	8.77	11.25

在本节所提方法 LS-SSSAE 中，参数低秩矩阵的最大秩 r、稀疏矩阵的基数 k、低秩矩阵中的滑动双窗尺寸 $w \times w$、提取空间特征数量 a_L、提取光谱特征数量 a_S、训练批数 b_e、每批数量 b_b、隐藏层数量 N_L 和进行局部马氏距离方法检测的双窗尺寸 (w_{in}, w_{out}) 的设置对检测结果会产生较大的影响。在本节中，利用 LS-SSSAE 方法关于不同参数设置的 AUC 性能进行参数敏感性的讨论。

首先，将其他参数设为固定值，讨论检测结果对参数 $w \times w$、a_L 和 a_S 的敏感性。对于帕维亚中心合成高光谱数据，参数 r、k、b_e、b_b、N_L 和 (w_{in}, w_{out}) 分别设置为 4、10^5、10、100、1 和 (7，9)。帕维亚中心合成高光谱数据 LS-SSSAE 方法关于参数 $w \times w$、a_L 和 a_S 的 AUC 值如表 7-26 所示，当 $w \times w$ 为 5×5、a_L=4 和 a_S=8 时，LS-SSSAE 方法获得最优的 AUC 性能。在低秩矩阵上采用滑动窗口获得空间提取特征，当 $w \times w$ 为 3×3 和 5×5 时，AUC 性能较好。这是因为随着窗口尺寸继续增大，超过一定范围窗口内会包含其他异常像元点，降低检测结果。对于表 7-26 中的每个窗口尺寸 $w \times w$，在 AUC 性能最优的情况下，空间提取特征数量 a_L 是小于光谱提取特征数量 a_S 的，这表明，对于本组实验数据，光谱信息在达到最优检测结果时起着更重要的作用，相比之下，空间信息的作用较小。

表 7-26　帕维亚中心合成高光谱数据 LS-SSSAE 方法关于参数 $w \times w$、a_L 和 a_S 的 AUC 值

$w \times w$	a_L	a_S								
		1	2	4	6	8	10	15	20	30
3×3	1	0.8260	0.8501	0.8829	0.9850	**0.9864**	0.9577	0.9852	0.9793	0.9179
	2	0.8746	0.9110	0.9131	0.9863	0.9816	0.9587	0.9824	0.9745	0.9485
	4	0.8672	0.8890	0.9013	0.9871	0.9870	0.9579	0.9834	0.9559	0.9082
	6	0.9179	0.9209	0.9244	0.9823	0.9864	0.9607	0.9811	0.9611	0.9361
	8	0.9105	0.9205	0.9331	0.9723	0.9790	0.9627	0.9707	0.9443	0.9521
	15	0.9225	0.9278	0.9378	0.9624	0.9802	0.9267	0.9139	0.9586	0.9654
5×5	2	0.8223	0.889	0.9000	0.9876	0.9857	0.9563	0.9882	0.9605	0.8519
	4	0.8464	0.8793	0.8949	0.9819	**0.9887**	0.9615	0.9833	0.9711	0.9510
	6	0.9112	0.9348	0.9480	0.9798	0.9820	0.9594	0.9774	0.9673	0.9454
	10	0.9239	0.9289	0.9336	0.9598	0.9730	0.9231	0.9349	0.8618	0.8905
	15	0.8940	0.9062	0.9026	0.9303	0.9389	0.8904	0.8474	0.8842	0.9294
	20	0.8771	0.8760	0.8702	0.8834	0.8756	0.8304	0.8885	0.9282	0.9364
7×7	2	0.8012	0.8811	0.8846	**0.9855**	0.9837	0.9436	0.9830	0.9465	0.8295
	4	0.8838	0.8991	0.8945	0.9765	0.9747	0.9261	0.9708	0.9131	0.8486
	6	0.8966	0.9175	0.9214	0.9847	0.9857	0.9540	0.9790	0.9513	0.9076
	8	0.8318	0.8574	0.8634	0.9543	0.9638	0.9046	0.9326	0.8580	0.8468
	20	0.7914	0.7903	0.7930	0.8270	0.8314	0.7914	0.8481	0.8750	0.8881
	30	0.7594	0.7806	0.9317	0.7948	0.8380	0.8375	0.8902	0.9006	0.8915

对于圣地亚哥 3 架飞机真实高光谱数据，参数 r、k、b_e、b_b、N_L 和 (w_{in}, w_{out}) 分别设置为 4、10^5、10、100、1 和 (13, 15)。圣地亚哥 3 架飞机真实高光谱数据 LS-SSSAE 方法关于参数 $w×w$、a_L 和 a_S 的 AUC 值如表 7-27 所示，当 $w×w$ 为 5×5、a_L=20 和 a_S=1 或 2 时，获得最优的 AUC 性能。对于表 7-27 中的每一个 $w×w$，在 AUC 性能最优的情况下，空间提取特征数量 a_L 大于光谱提取特征数量 a_S，这也说明，对本组实验数据来说，空间信息在最优检测结果中的作用要大于光谱信息。

表 7-27　圣地亚哥 3 架飞机真实高光谱数据 LS-SSSAE 方法
关于参数 $w×w$、a_L 和 a_S 的 AUC 值

$w×w$	a_L	a_S							
		1	2	4	6	8	10	15	30
3×3	1	0.9816	0.9678	0.9925	0.985	0.9844	0.9856	0.9854	0.9821
	2	0.9912	0.9867	0.9928	0.9864	0.9829	0.9749	0.9812	0.9849
	4	0.9936	0.9923	0.9913	0.9896	0.9882	0.9862	0.9831	0.9791
	6	0.9944	0.9932	0.9949	0.9905	0.9883	0.9817	0.9847	0.9835
	8	0.9945	0.9944	0.9941	0.9926	0.9932	0.9918	0.9909	0.989
	15	**0.9947**	0.9945	0.994	0.9938	0.9937	0.9926	0.992	0.9906
5×5	4	0.9501	0.9297	0.9362	0.9593	0.9568	0.9445	0.944	0.9503
	6	0.9927	0.9905	0.9894	0.9896	0.9893	0.9847	0.9816	0.9762
	10	0.9935	0.9935	0.993	0.9927	0.9927	0.9919	0.9915	0.9885
	15	0.9945	0.9944	0.9937	0.9934	0.9932	0.991	0.9897	0.9826
	20	**0.9949**	**0.9949**	0.9942	0.9937	0.9933	0.9915	0.9897	0.9829
	30	0.9934	0.9932	0.9926	0.992	0.9907	0.9892	0.987	0.9784
7×7	4	0.9735	0.953	0.9757	0.9853	0.9841	0.9765	0.9626	0.954
	6	**0.9918**	0.9911	0.9895	0.9874	0.9876	0.9817	0.9704	0.9662
	8	0.9867	0.9858	0.9827	0.9869	0.9844	0.9769	0.9724	0.9634
	20	0.9912	0.9906	0.9889	0.9883	0.9843	0.9789	0.9712	0.9422
	30	0.9879	0.9874	0.9852	0.9844	0.9799	0.9756	0.9653	0.9483
	50	0.9469	0.9417	0.9268	0.9217	0.9204	0.9236	0.9252	0.9411

对于圣地亚哥 38 架飞机真实高光谱数据，参数 r、k、b_e、b_b、N_L 和 (w_{in}, w_{out}) 分别设置为 2、10^4、10、100、1 和 (9, 11)。圣地亚哥 38 架飞机真实高光谱数据 LS-SSSAE 方法关于参数 $w×w$、a_L 和 a_S 的 AUC 值如表 7-28 所示，当 $w×w$ 为 3×3、a_L=13 和 a_S=2 时，获得最优的 AUC 性能。对于表 7-28 中的每一个 $w×w$，在 AUC 性能最优的情况下，空间提取特征数量 a_L 大于光谱提取特征数量 a_S，这也说明，对本组实验数据来说，空间信息在最优检测结果中的作用要大于光谱信息。

表 7-28　圣地亚哥 38 架飞机真实高光谱数据 LS-SSSAE 方法
关于参数 $w×w$、a_L 和 a_S 的 AUC 值

$w×w$	a_L	a_S								
		1	2	4	6	8	10	15	20	30
3×3	4	0.9403	0.9370	0.9303	0.9302	0.9271	0.9259	0.9245	0.9194	0.9133
	8	0.9566	0.9558	0.9522	0.9510	0.9523	0.9505	0.9494	0.9470	0.9444
	11	0.9692	0.9694	0.9686	0.9668	0.9685	0.9674	0.9672	0.9670	0.9664
	13	0.9736	**0.9737**	0.9731	0.9715	0.9733	0.9724	0.9723	0.9720	0.9712
	15	0.9712	0.9711	0.9707	0.9689	0.9706	0.9695	0.9691	0.9693	0.9693
	17	0.9704	0.9705	0.9696	0.9682	0.9695	0.9688	0.9688	0.9688	0.9679
5×5	4	0.9116	0.9098	0.9083	0.9067	0.9083	0.9070	0.9071	0.9067	0.9062
	6	0.9190	0.9173	0.9155	0.9145	0.9157	0.9148	0.9145	0.9145	0.9140
	8	0.9359	0.9352	0.9339	0.9323	0.9336	0.9331	0.9330	0.9334	0.9326
	15	**0.9540**	0.9533	0.9520	0.9506	0.9521	0.9516	0.9513	0.9512	0.9505
	20	0.9493	0.9485	0.9477	0.9464	0.9477	0.9473	0.9473	0.9472	0.9466
	30	0.9166	0.9159	0.9146	0.9145	0.9152	0.9152	0.9160	0.9163	0.9167
7×7	8	0.8753	0.8734	0.8716	0.8704	0.8718	0.8709	0.8710	0.8710	0.8707
	15	0.9065	0.9055	0.9040	0.9027	0.9039	0.9039	0.9039	0.9042	0.9040
	20	0.9096	0.9089	0.9075	0.9067	0.9073	0.9071	0.9072	0.9076	0.9072
	30	0.8762	0.8754	0.8750	0.8743	0.8754	0.8749	0.8757	0.8765	0.8770
	40	**0.9129**	0.9124	0.9121	0.9112	0.9110	0.9105	0.9107	0.9097	0.9080
	50	0.8961	0.8962	0.8963	0.8964	0.8970	0.8972	0.8980	0.8984	0.8989

其次，将其他参数值固定，讨论双窗尺寸 (w_{in}, w_{out}) 对检测结果的影响。对于帕维亚中心合成高光谱数据，参数 r、k、$w×w$、a_L、a_S、b_e、b_b 和 N_L 分别设为 4、10^5、3×3、1、8、10、100 和 1，帕维亚中心合成高光谱数据 LS-SSSAE 方法关于参数 (w_{in}, w_{out}) 的 AUC 值如表 7-29 所示，当双窗尺寸 (w_{in}, w_{out}) 为 (7, 9) 时，获得最优的 AUC 值。

表 7-29　帕维亚中心合成高光谱数据 LS-SSSAE 方法关于参数 (w_{in}, w_{out}) 的 AUC 值

w_{in}	w_{out}						
	5	7	9	11	13	15	17
3	0.5741	0.7583	0.8817	0.9307	0.9521	0.9604	0.9652
5	—	0.8996	0.9621	0.9766	0.9790	0.9781	0.9784
7	—	—	**0.9864**	0.9850	0.9841	0.9805	0.9798
9	—	—	—	0.9838	0.9810	0.9784	0.9777
11	—	—	—	—	0.9800	0.9750	0.9759

对于圣地亚哥 3 架飞机真实高光谱数据，参数 r、k、$w \times w$、a_L、a_S、b_e、b_b 和 N_L 分别设为 4、10^5、3×3、8、1、10、100 和 1，圣地亚哥 3 架飞机真实高光谱数据 LS-SSSAE 方法关于参数 (w_{in}, w_{out}) 的 AUC 值如表 7-30 所示，当双窗尺寸 (w_{in}, w_{out}) 为 (13，23) 和 (13，25) 时，获得最优的 AUC 值。

表 7-30　圣地亚哥 3 架飞机真实高光谱数据 LS-SSSAE 方法关于参数 (w_{in}, w_{out}) 的 AUC 值

w_{in}	w_{out}								
	15	17	19	21	23	25	27	29	31
7	0.9720	0.9800	0.9849	0.9878	0.9900	0.9912	0.9917	0.9914	0.9911
9	0.9831	0.9872	0.9900	0.9916	0.9927	0.9934	0.9937	0.9929	0.9922
11	0.9919	0.9929	0.9938	0.9942	0.9946	0.9948	0.9946	0.9934	0.9925
13	0.9945	0.9943	0.9946	0.9947	**0.9949**	**0.9949**	0.9945	0.9932	0.9922
15	—	0.9945	0.9945	0.9944	0.9945	0.9945	0.9942	0.9929	0.9918

对于圣地亚哥 38 架飞机真实高光谱数据，参数 r、k、$w \times w$、a_L、a_S、b_e、b_b 和 N_L 分别设为 2、10^4、3×3、13、2、10、100 和 1，圣地亚哥 38 架飞机真实高光谱数据 LS-SSSAE 方法关于参数 (w_{in}, w_{out}) 的 AUC 值如表 7-31 所示，当双窗尺寸 (w_{in}, w_{out}) 为 (7，11) 时，获得最优的 AUC 值。双窗尺寸设置需要满足如下要求：内窗尺寸要大于或等于异常目标，外窗尺寸要大于内窗尺寸，然而，外窗尺寸大于一定值后，将包含其他异常目标，这会增大虚警概率，降低检测性能。

表 7-31　圣地亚哥 38 架飞机真实高光谱数据 LS-SSSAE 方法关于参数 (w_{in}, w_{out}) 的 AUC 值

w_{in}	w_{out}				
	9	11	13	15	17
3	0.9561	0.9676	0.9711	0.9702	0.9651
5	0.9712	0.9765	0.9762	0.9735	0.9664
7	0.9725	**0.9775**	0.9761	0.9725	0.964
9	—	0.9737	0.9739	0.9699	0.9592
11	—	—	0.9686	0.9649	0.9515

接下来，将其他参数设为固定值，讨论训练批数 b_e 和每批数量 b_b 对检测结果的影响。对于帕维亚中心合成高光谱数据，参数 r、k、$w \times w$、a_L、a_S、(w_{in}, w_{out}) 和 N_L 分别设为 4、10^5、3×3、1、8、(7,9) 和 1，帕维亚中心合成高光谱数据 LS-SSSAE 方法关于参数 b_e 和 b_b 的 AUC 值如表 7-32 所示，当 b_e=1 和 b_b=100 或 150 时，获得最优的 AUC 值。对于圣地亚哥 3 架飞机真实高光谱数据，参数 r、k、$w \times w$、a_L、a_S、(w_{in}, w_{out}) 和 N_L 分别设为 4、10^5、3×3、8、1、(13，25) 和 1，圣地亚哥 3 架飞机真实高光谱数据 LS-SSSAE 方法关于参数 b_e 和 b_b 的 AUC 值如表 7-33 所示，

当 b_e=8 和 b_b=150 时，获得最优的 AUC 值。对于圣地亚哥 38 架飞机真实高光谱数据，参数 r、k、$w \times w$、a_L、a_S、(w_{in}, w_{out}) 和 N_L 分别设为 2、10^4、3×3、13、2、(7，11) 和 1，圣地亚哥 38 架飞机真实高光谱数据 LS-SSSAE 方法关于参数 b_e 和 b_b 的 AUC 值如表 7-34 所示，当 b_e=15 和 b_b=200 及 b_e=30 和 b_b=400 时，获得最优的 AUC 值。由表 7-34 可见，随着 b_e 和 b_b 的增大，检测效果整体呈下降趋势（尽管 b_e=30，b_b=200 也取得了最优值，但多数其他较大的 b_e、b_b 组合的检测效果不如较小的 b_e、b_b 组合的检测效果）。

表 7-32　帕维亚中心合成高光谱数据 LS-SSSAE 方法关于参数 b_e 和 b_b 的 AUC 值

b_e	b_b						
	50	100	150	250	350	500	700
1	0.9882	**0.9903**	**0.9903**	0.9901	0.9892	0.9881	0.9866
2	0.9872	0.9844	0.9849	0.9856	0.986	0.9861	0.9847
8	0.9856	0.9866	0.9868	0.9872	0.9875	0.9883	0.9891
10	0.9854	0.9864	0.9866	0.9868	0.9872	0.9879	0.9886
15	0.9848	0.9859	0.9861	0.9863	0.9867	0.9873	0.9879
30	0.9673	0.9849	0.9854	0.9855	0.9858	0.9863	0.9868
50	0.9612	0.9838	0.9846	0.9849	0.9852	0.9857	0.9861

表 7-33　圣地亚哥 3 架飞机真实高光谱数据 LS-SSSAE 方法关于参数 b_e 和 b_b 的 AUC 值

b_e	b_b				
	50	100	150	200	300
8	0.9943	0.9950	**0.9958**	0.9957	0.9956
10	0.9942	0.9949	0.9957	0.9957	0.9956
15	0.9944	0.9945	0.9948	0.9957	0.9957
30	0.9943	0.9941	0.9943	0.9943	0.9947
50	0.9944	0.9943	0.9944	0.994	0.9941

表 7-34　圣地亚哥 38 架飞机真实高光谱数据 LS-SSSAE 方法关于参数 b_e 和 b_b 的 AUC 值

b_e	b_b				
	50	80	100	200	400	500
8	0.9772	0.9775	0.9775	0.9769	0.9758	0.9756
10	0.9769	0.9775	0.9775	0.9771	0.9759	0.9757
15	0.9764	0.9769	0.9772	**0.9776**	0.9769	0.9760
30	0.9757	0.9761	0.9762	0.9770	**0.9776**	0.9773
50	0.9763	0.9758	0.9756	0.9765	0.9775	0.9775

最后，将其他参数设为固定值，讨论检测结构对隐藏层数目 N_L 的敏感性。对

于帕维亚中心合成高光谱数据，参数 r、k、$w \times w$、a_L、a_S、b_e、b_b 和 (w_{in}, w_{out}) 分别设为 4、10^5、3×3、1、8、1、100 和 $(7, 9)$；对于圣地亚哥 3 架飞机真实高光谱数据，参数 r、k、$w \times w$、a_L、a_S、b_e、b_b 和 (w_{in}, w_{out}) 分别设为 4、10^5、3×3、8、1、8、150 和 $(13, 25)$；对于圣地亚哥 38 架飞机真实高光谱数据，参数 r、k、$w \times w$、a_L、a_S、b_e、b_b 和 (w_{in}, w_{out}) 分别设为 2、10^4、3×3、13、2、15、200 和 $(7, 11)$。三组高光谱数据 LS-SSSAE 方法关于参数 N_L 的 AUC 值如表 7-35 所示，当 N_L 分别设为 2、3 和 1 时，三组实验数据分别得到最优的 AUC 值。从上述分析可见，较大的 N_L 值不能确保更好的检测结果。

表 7-35　三组高光谱数据 LS-SSSAE 方法关于参数 N_L 的 AUC 值

实验数据	N_L				
	1	2	3	4	5
帕维亚中心合成高光谱数据	0.9903	**0.9905**	0.9815	0.9868	0.9679
圣地亚哥 3 架飞机真实高光谱数据	0.9958	0.9956	**0.9962**	0.9929	0.9870
圣地亚哥 38 架飞机真实高光谱数据	**0.9776**	0.9728	0.9640	0.9510	0.9204

7.7　基于空谱联合低秩稀疏分解的高光谱图像异常目标检测方法

本节首先介绍空谱联合稀疏差异指数，结合低秩稀疏分解，提出一种基于空谱联合低秩稀疏分解的高光谱图像异常目标检测方法，称为 LS-SS，联合背景低秩部分的空间信息和稀疏异常部分的光谱信息进行异常目标检测，用实验数据验证方法的有效性和优越性，并进行参数讨论。

7.7.1　方法原理

1. 光谱稀疏差异指数

高光谱数据的低秩矩阵和稀疏矩阵分解后，低秩矩阵表示背景信息，稀疏矩阵包含异常目标信息。SDI 是非负值，更符合真实的物理分析，在本节仍采用优化的 SDI 进行异常目标检测。在本节中，基于稀疏矩阵 $S = \left\{ s_i \in \mathbb{R}^D, i = 1, 2, \cdots, N \right\}$（$N$ 是样本总数，D 是光谱波段数）的 SDI 定义为光谱 SDI，表示为

$$\mathrm{SDI}_{spec}(i) = \frac{\sum\limits_{j=1}^{D} \left\| s_{ij} - \sum\limits_{j=1}^{D} s_{ij} / D \right\|_2^2}{D} \tag{7-60}$$

其中，$s_i = \{s_{ij}, j = 1, 2, \cdots, D\}$；$\mathrm{SDI}_{\mathrm{spec}}(i)$ 为第 i 个测试点的光谱 SDI。

之后，给定阈值，决定测试点是否为异常像元点，如果测试点 $\mathrm{SDI}_{\mathrm{spec}}$ 的值大于阈值，即为光谱域异常像元点。

2. 空间稀疏差异指数

本节空间域的稀疏差异指数用来描述空间特性，空间稀疏差异指数基于高光谱图像的每个波段，实际上，高光谱图像的每个波段可以看作一个二维图像，在每个波段都采用滑动双窗策略。将第 m 个波段的第 i 个测试点 x_{mi} 映射到局部空间字典的子空间中，可表示为

$$
\begin{aligned}
x_{mi} &\approx \alpha_{m1}^i x_{m1}^i + \alpha_{m2}^i x_{m2}^i + \cdots + \alpha_{mk}^i x_{mk}^i \\
&= \left[x_{m1}^i, x_{m2}^i, \cdots, x_{mk}^i \right] \left[\alpha_{m1}^i, \alpha_{m2}^i, \cdots, \alpha_{mk}^i \right]^{\mathrm{T}} = X_m^i \alpha_m^i
\end{aligned}
\tag{7-61}
$$

其中，x_{mk}^i 为测试点 x_{mi} 的邻域像元；α_{mk}^i 为对应的重构权重系数；x_{mk}^i 也可看作第 m 个波段的空间背景字典原子。

α_m^i 表示为

$$
\alpha_m^i = (\Phi^{\mathrm{T}} \Phi + \lambda \Gamma_{\Phi(\tilde{x}_{mi})}^{\mathrm{T}} \Gamma_{\Phi(\tilde{x}_{mi})})^{-1} \Phi^{\mathrm{T}} \Phi(\tilde{x}_{mi}) = (K + \lambda \Gamma_{\Phi(\tilde{x}_{mi})}^{\mathrm{T}} \Gamma_{\Phi(\tilde{x}_{mi})})^{-1} k(\cdot, \tilde{x}_{mi}) \tag{7-62}
$$

其中，$\tilde{x}_{mi} = [x_{mi}; 1]$；$\Phi = [\Phi(\tilde{x}_{m1}^i), \Phi(\tilde{x}_{m2}^i), \cdots, \Phi(\tilde{x}_{mk}^i)]$；$K = \Phi^{\mathrm{T}} \Phi$；$\lambda$ 为正则化参数。

$\Gamma_{\Phi(\tilde{x}_{mi})}$ 表示为

$$
\Gamma_{\Phi(\tilde{x}_{mi})} = \begin{bmatrix} \left\| \Phi(\tilde{x}_{mi}) - \Phi(\tilde{x}_{m1}^i) \right\| & & 0 \\ & \ddots & \\ 0 & & \left\| \Phi(\tilde{x}_{mi}) - \Phi(\tilde{x}_{mk}^i) \right\| \end{bmatrix} \tag{7-63}
$$

空间稀疏差异指数的计算根据异常和背景在空间字典上有不同的稀疏差异来进行，表示为

$$
\mathrm{SDI}_{\mathrm{spat}}^m(x_{mi}) = \frac{\sum\limits_{j=1}^{P} \left\| \alpha_{mj}^i - \sum\limits_{j=1}^{P} \alpha_{mj}^i / P \right\|_2^2}{P} \tag{7-64}
$$

其中，$\mathrm{SDI}_{\mathrm{spat}}^m(x_{mi})$ 为 x_{mi} 的空间 SDI；α_{mj}^i 为 x_{mi} 的重构权重系数；P 为稀疏向量 α_m^i 的维数。

每个测试点的空间 SDI 表示为

$$\text{SDI}_{\text{spat}}(i) = \frac{1}{M}\sum_{m=1}^{M}\text{SDI}_{\text{spat}}^{m}(x_{mi}) \tag{7-65}$$

其中，M 为测试数据集的波段数；$\text{SDI}_{\text{spat}}(i)$ 为第 i 个测试点的空间 SDI。

如果测试点的 $\text{SDI}_{\text{spat}}(i)$ 大于阈值，则测试点为空间域的异常像元点。

3. 空谱联合稀疏差异指数

在本节，与联合 LSD 相似，空谱联合 SDI 表示为

$$\text{SDI}_{\text{spec-spat}}(i) = a\text{SDI}_{\text{spec}}(i) + (1-a)\text{SDI}_{\text{spat}}(i), \quad 0 \leqslant a \leqslant 1 \tag{7-66}$$

其中，$\text{SDI}_{\text{spec-spat}}(i)$ 为第 i 个测试点的空谱联合 SDI。

通过设置不同的权重系数 a 获得最优的检测结果。总体来说，空谱联合 SDI 要优于光谱 SDI 或者空间 SDI 的检测结果，但是，在有些情况下，即当 $a=1$ 或者 $a=0$ 时，最优的检测结果等于光谱 SDI 或者空间 SDI 的检测结果。总之，当 $\text{SDI}_{\text{spec-spat}}(i)$ 的值大于阈值，测试点被检测为异常像元点，反之，测试点被检测为背景像元点。

7.7.2　方法流程

本节介绍基于空谱联合低秩稀疏分解的高光谱图像异常目标检测方法流程，该方法的实现需要如下八个步骤。

第一步：利用 GoDec 方法对高光谱图像数据进行低秩矩阵和稀疏矩阵分解，求得稀疏矩阵 S。

第二步：根据式(7-60)计算基于稀疏矩阵 S 的光谱 SDI。

第三步：根据光谱 SDI 获得可能的异常像元点和可靠的背景点。

第四步：对可能的异常像元点数目的估算要大于实际情况，这会使背景数据更纯净，也更可靠。

第五步：应用线性局部切线空间对齐(linear local tangent space alignment, LLTSA) 方法对可靠的背景数据进行降维，进而获得整幅高光谱图像数据的低维流行。

第六步：利用 LLTSA 方法可获得背景数据的低维流行和变换矩阵；之后，整幅高光谱图像数据的低维流行可以通过变换矩阵线性变换求得；在本节中，为便于计算和比较，低维流行的数目设置为与低秩矩阵 L 的最大秩 r 相同。

第七步：根据式(7-64)和式(7-65)，计算整幅高光谱图像数据低维流行的空间 SDI。

第八步：根据式(7-66)，计算空谱联合 SDI，由阈值分割法获得最后的检测结果。

7.7.3 实验结果及分析

本节采用四幅高光谱数据来验证 LS-SS 方法的有效性。帕维亚中心合成高光谱数据图如图 7-1 所示；圣地亚哥 3 架飞机真实高光谱数据图如图 7-35 所示；圣地亚哥 38 架飞机真实高光谱数据图如图 7-2 所示；萨利纳斯谷合成高光谱数据图如图 7-42 所示。

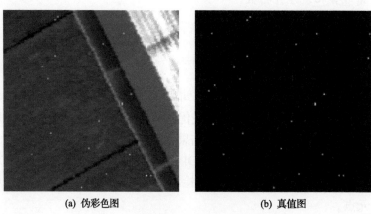

(a) 伪彩色图　　　　　　　　　(b) 真值图

图 7-42　萨利纳斯谷合成高光谱数据图

本节选择了 LKRX、LSD 和 LSMAD 这三种方法作为对比方法。相关测试方法的参数如表 7-36 所示。为了对比公平，对比方法均采用最优参数，相应测试数据的参数如表 7-37 所示。本节所有实验均在 CPU 为 i7-4770k，内存为 16G，语言环境为 MATALB2011b 的计算机上进行。

表 7-36　相关测试方法的参数

方法	参数
LKRX	双窗尺寸 (w_{in}, w_{out})
LSD	最优主成分 P
	双窗尺寸 (w_{in}, w_{out})
LSMAD	低秩矩阵的最大秩 r
	稀疏矩阵的基数 k
	双窗尺寸 (w_{in}, w_{out})
LS-SS	权重系数 a
	低秩矩阵的最大秩 r
	稀疏矩阵的基数 k
	双窗尺寸 (w_{in}, w_{out})
	正则化参数 λ

表 7-37 相应测试数据的参数

方法	参数	数据			
		帕维亚中心	圣地亚哥 3 架飞机	圣地亚哥 38 架飞机	萨利纳斯谷
LKRX	$(w_{in},\ w_{out})$	(3, 9)	(7, 15)	(3, 9)	(3, 19)
LSD	P	8	4	8	11
	$(w_{in},\ w_{out})$	(5, 9)	(11, 13)	(7, 17)	(5, 11)
LSMAD	r	4	4	2	12
	k	105	102	102	103
	$(w_{in},\ w_{out})$	(11, 13)	(15, 27)	(7, 11)	(5, 9)
LS-SS	a	0	0.1	0	0.2
	r	6	2	12	10
	k	104	104	106	103
	$(w_{in},\ w_{out})$	(9, 13)	(13, 15)	(9, 11)	(3, 5)
	λ	10^{-6}	10^{-7}	10^{-9}	10^{-8}

　　各方法在帕维亚中心合成高光谱数据的检测结果图如图 7-43 所示；各方法在圣地亚哥 3 架飞机真实高光谱数据的检测结果图如图 7-44 所示；各方法在圣地亚哥 38 架飞机真实高光谱数据的检测结果图如图 7-45 所示；各方法在萨利纳斯谷合成高光谱数据的检测结果图如图 7-46 所示。从这四组检测结果图中，可以直观地发现本节所提 LS-SS 方法对四幅实验数据中异常目标的检测结果优于三种对比方法的检测结果，其虚警概率较低。

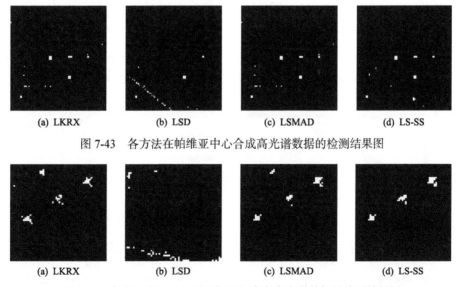

　　(a) LKRX　　　　　　(b) LSD　　　　　　(c) LSMAD　　　　　　(d) LS-SS

图 7-43 各方法在帕维亚中心合成高光谱数据的检测结果图

　　(a) LKRX　　　　　　(b) LSD　　　　　　(c) LSMAD　　　　　　(d) LS-SS

图 7-44 各方法在圣地亚哥 3 架飞机真实高光谱数据的检测结果图

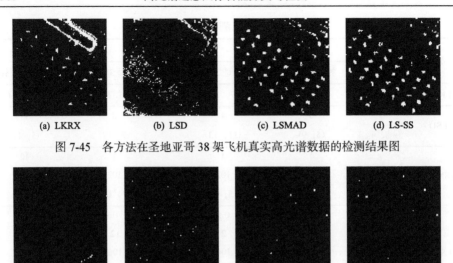

图 7-45　各方法在圣地亚哥 38 架飞机真实高光谱数据的检测结果图

图 7-46　各方法在萨利纳斯谷合成高光谱数据的检测结果图

前三组实验数据的检测效果通过 ROC 来评价，ROC 和 AUC 条状图如图 7-47

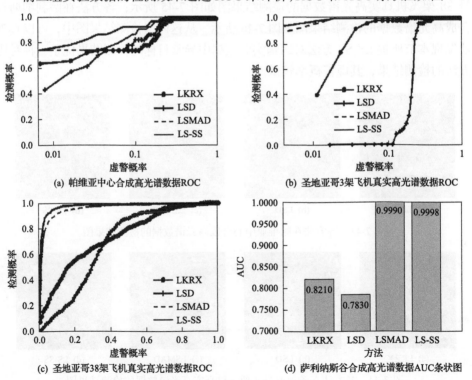

图 7-47　ROC 和 AUC 条状图

所示, LS-SS 方法的 ROC 总是在对比方法的 ROC 之上; 萨利纳斯谷合成高光谱数据的异常目标像元点数量少, 所以采用 AUC 条状图进行评价, 如图 7-47(d) 所示, LS-SS 方法的 AUC 值大于对比方法。总的来说, 从图 7-47 的检测结果可见, LS-SS 方法的检测结果优于三种对比方法。

另外, 采用评价异常和背景可分性的可分性图来进一步评价测试方法的性能, 四组实验数据的可分性图如图 7-48 所示。箱体中包括剔除了检测结果最大 10% 和最小 10% 的主要像元, 每列顶部和底部的线条是标准化的极值, 分别为 0 和 1, 箱体中间的直线是像元的平均值; 灰色箱体表示异常像元值的分布, 黑色箱体包括背景像元; 箱体的位置反映了像元分布的趋势性和紧凑性, 也就是说, 箱体的位置反映了异常和背景的可分性。

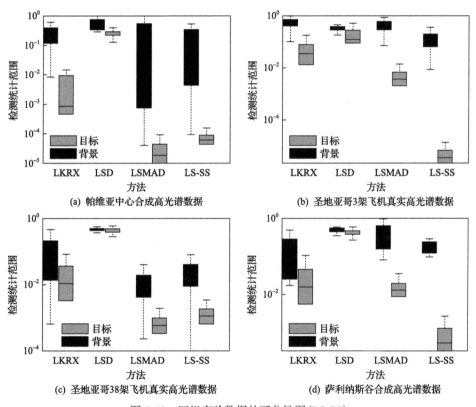

图 7-48 四组实验数据的可分性图(LS-SS)

对于帕维亚中心合成高光谱数据, 如图 7-48(a) 所示, LS-SS 方法的异常箱体和背景箱体之间的间隔要大于 LSD 方法的, 另外, LS-SS 方法压缩背景信息的能力要优于 LKRX 和 LSMAD 方法, 但是弱于 LSD 方法; 对于圣地亚哥 3 架飞机真实高光谱数据, 如图 7-48(b) 所示, LS-SS 方法的箱体间隔远大于三种对比方法,且压缩背景信息的能力也优于三种对比方法；对于圣地亚哥 38 架飞机真实高光谱数据，如图 7-48(c) 所示，LS-SS 方法的箱体间隔要远大于 LKRX 和 LSD 方法，几乎等于 LSMAD 方法，但是 LS-SS 方法压缩背景信息的能力要弱于 LSD 方法；对于萨利纳斯谷合成高光谱数据，如图 7-48(d) 所示，LS-SS 方法的箱体间隔要远大于三种对比方法，另外，LS-SS 方法压缩背景信息的能力要优于 LKRX 方法，但是弱于 LSD 和 LSMAD 方法。综上所述，对于四组实验数据，通常情况下，LS-SS 方法区分背景信息和异常目标的能力要优于三种对比方法，但是，其压缩背景信息的能力不是所有测试方法中最优的。

　　基于上述分析，对于上述四组实验数据，可以得出 LS-SS 方法的检测结果要优于 LKRX、LSD 和 LSMAD 三种对比方法的结论。

　　此外，四组实验数据的运行时间如表 7-38 所示，LS-SS 方法的运行时间在可接受范围内；尽管参数的设置(如 k、d 和双窗尺寸)对运行时间有很大影响，但 LS-SS 方法整体计算复杂性要大于三种对比方法；因为时间损耗是异常目标检测器实际应用的一个重要影响因素，未来的努力方向是优化方法，提高检测速度。

表 7-38　四组实验数据的运行时间(LS-SS)　　　　　(单位：s)

实验数据	LKRX	LSD	LSMAD	LS-SS
帕维亚中心合成高光谱数据	131.49	21.81	24.67	998.35
圣地亚哥 3 架飞机真实高光谱数据	289.84	3.84	16.63	57.83
圣地亚哥 38 架飞机真实高光谱数据	134.09	47.05	31.45	468.89
萨利纳斯谷合成高光谱数据	3701.12	46.34	32.51	169.28

　　在 LS-SS 方法中，有五个主要的参数设置会对检测结果产生影响，分别为 a、r、k、(w_{in}, w_{out}) 和 λ；在本节中，利用 LS-SS 方法关于不同参数设置的 AUC 性能进行参数敏感性的讨论。

　　首先，讨论检测结果对参数 a 的敏感性，此时参数 r、k、(w_{in}, w_{out}) 和 λ 设为固定值，四组实验数据 LS-SS 方法关于参数 a 的 AUC 性能图如图 7-49 所示。对于帕维亚中心合成高光谱数据，当 $r = 6$、$k = 10^4$ 和 (w_{in}, w_{out}) 为 (9，13) 时，$\lambda = 10^{-1}$、10^{-5} 和 10^{-11} 的三条曲线如图 7-49(a) 所示；从 $\lambda = 10^{-11}$ 和 10^{-5} 对应的曲线可见，当 $a = 0$ 时，获得最优的 AUC 性能，AUC 值随着 a 的增大而减小，当 $a = 1$ 时，获得最小的 AUC 值；从 $\lambda = 10^{-1}$ 的曲线可见，当 $0 \leqslant a \leqslant 0.5$ 时，AUC 值基本稳定，当 $0.6 \leqslant a \leqslant 1$ 时，随着 a 的增大而逐渐减小，当 $a = 0.1$ 时，得到最优的 AUC 性能，当 $a = 1$ 时，得到最小的 AUC 值。因此，对于帕维亚中心合成高光谱数据，空间成分在最优的检测结果中起主要作用。

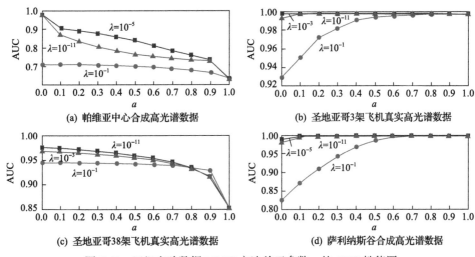

图 7-49　四组实验数据 LS-SS 方法关于参数 a 的 AUC 性能图

对于圣地亚哥 3 架飞机真实高光谱数据，当 $r=2$、$k=10^4$ 和 $(w_{\text{in}}, w_{\text{out}})$ 为 $(13, 15)$ 时，$\lambda=10^{-1}$、10^{-3} 和 10^{-11} 的三条曲线如图 7-49(b) 所示。从曲线 $\lambda=10^{-11}$ 和 10^{-3} 可见，AUC 性能在较大范围内是稳定的；从曲线 $\lambda=10^{-11}$ 可见，当 $a=0.1$ 和 $a=1$ 时，分别得到最优和最小的 AUC 值，因此空间成分在最优的检测结果中起主要作用；从 $\lambda=10^{-3}$ 的曲线可见，当 $a=0.4$、0.5 和 0.6 时，获得最优的 AUC 性能，当 $a=0$ 时，获得最小的 AUC 值，因此空间成分和光谱成分在最优检测结果中基本起到同样的作用；从 $\lambda=10^{-1}$ 曲线可见，当 $a=0$ 时，获得最小的 AUC 值，之后，随着参数 a 的增大，AUC 值逐渐增大，当 $a=0.8$ 时，获得最优的 AUC 值，因此在最优的检测结果中，光谱成分起到主要的作用。

对于圣地亚哥 38 架飞机真实高光谱数据，当 $r=8$、$k=10^5$ 和 $(w_{\text{in}}, w_{\text{out}})$ 为 $(9, 11)$ 时，$\lambda=10^{-1}$、10^{-3} 和 10^{-11} 对应的三条曲线如图 7-49(c) 所示。这三条曲线的特性与图 7-49(a) 四组实验数据 LS-SS 方法关于参数 λ 的 AUC 性能所示的曲线特性相似，因此空间成分在最优的检测结果中起主要作用。

对于萨利纳斯谷合成高光谱数据，当 $r=10$、$k=10^3$ 和 $(w_{\text{in}}, w_{\text{out}})$ 为 $(5, 9)$ 时，$\lambda=10^{-1}$、10^{-5} 和 10^{-11} 对应的三条曲线如图 7-49(d) 所示。这三条曲线的特性与图 7-49(b) 相似，当 $\lambda=10^{-11}$ 时，空间成分在最优的检测结果中起主要作用，当 $\lambda=10^{-1}$ 时，光谱成分在最优的检测结果中起主要作用，当 $\lambda=10^{-5}$ 时，空间成分和光谱成分在最优的检测结果中起到基本相同的作用。

从上述分析可见，参数 a 的设置在检测结果中起到调节光谱成分和空间成分的作用，对检测结果起到较大的影响，因此为了参数讨论公平起见，在接下来的实验中，参数 a 均设置为最优值。

之后，固定参数 a、$(w_{\text{in}}, w_{\text{out}})$ 和 λ，对检测结果关于参数 r 和 k 的敏感性进

行讨论。在 LRaSMD 模型中，秩与主要背景成分的类别有密切关系，所以合理的秩的数值通常较小。关于不同的 r 和 k，帕维亚中心合成高光谱数据 LS-SS 方法关于参数 r 和 k 的 AUC 性能如表 7-39 所示。对于帕维亚中心合成高光谱数据，λ 和 (w_{in}, w_{out}) 值分别设置为 10^{-8} 和 $(7, 11)$。从表 7-39 可见，r 的最优值为 6，AUC 性能随着 r 的增大而下降，当 $r=6$ 且 $k=10^4$ 时，获得最优的 AUC 值。对于圣地亚哥 3 架飞机真实高光谱数据，λ 和 (w_{in}, w_{out}) 的值分别设置为 10^{-9} 和 $(7, 11)$。圣地亚哥 3 架飞机真实高光谱数据 LS-SS 方法关于参数 r 和 k 的 AUC 性能如表 7-40 所示，当 $r=1$ 时，AUC 性能随着 k 的增大而增大，当 $k=3 \times 10^5$ 时，获得最优的检测结果。对于圣地亚哥 38 架飞机真实高光谱数据，λ 和 (w_{in}, w_{out}) 分别设置为 10^{-9} 和 $(9, 11)$。圣地亚哥 38 架飞机真实高光谱数据 LS-SS 方法关于参数 r 和 k 的 AUC 性能如表 7-41 所示，AUC 值随着 r 的增大而逐渐增大，r 和 k 最优的参数设置分别为 12 和 10^6。萨利纳斯谷合成高光谱数据 LS-SS 方法关于参数 r 和 k 的 AUC 性能如表 7-42 所示。对于萨利纳斯谷合成高光谱数据，λ 和 (w_{in}, w_{out}) 分别设置为 10^{-8} 和 $(5, 9)$，从表 7-42 可见，r 和 k 的最优参数设置为 12 和 10^5。

表 7-39　帕维亚中心合成高光谱数据 LS-SS 方法关于参数 r 和 k 的 AUC 性能

k	r				
	4	6	8	10	12
10^2	0.9610	0.9692	0.9578	0.9544	0.9419
10^3	0.9620	0.9700	0.9610	0.9470	0.9316
10^4	0.9525	**0.9779**	0.9726	0.9541	0.9341
10^5	0.8110	0.8265	0.8940	0.8813	0.6796

表 7-40　圣地亚哥 3 架飞机真实高光谱数据 LS-SS 方法关于参数 r 和 k 的 AUC 性能

k	r						
	1	2	3	4	6	8	12
10^3	0.9856	0.9898	0.9821	0.9885	0.9467	0.9514	0.9404
10^4	0.9969	0.9971	0.9966	0.9879	0.9714	0.9648	0.9380
10^5	0.9972	0.9969	0.9954	0.9877	0.9655	0.9737	0.9395
3×10^5	**0.9973**	0.9784	0.9789	0.9308	0.9689	0.9679	0.9509

表 7-41　圣地亚哥 38 架飞机真实高光谱数据 LS-SS 方法关于参数 r 和 k 的 AUC 性能

k	r					
	4	6	8	10	12	14
10^3	0.9466	0.9620	0.9724	0.9680	0.9713	0.9623
10^4	0.9483	0.9647	0.9715	0.9733	0.9748	0.9619
10^5	0.9685	0.9730	0.9762	0.9733	0.9723	0.9637
10^6	0.9559	0.9709	0.9737	0.9723	**0.9783**	0.9555

表 7-42　萨利纳斯谷合成高光谱数据 LS-SS 方法关于参数 r 和 k 的 AUC 性能

k	r				
	8	10	12	14	16
10^2	0.9861	0.9911	0.9943	0.9938	0.9765
10^3	0.9896	0.9973	0.9970	0.9890	0.9859
10^4	0.9927	0.9943	0.9975	0.9900	0.9883
10^5	0.9790	0.9985	**0.9994**	0.9925	0.9955
10^6	0.9769	0.9937	0.9663	0.9345	0.9940

基于上述分析可见，LS-SS 方法中参数 r 的设置通常和 LSMAD 方法中不同，这主要是因为 LSMAD 方法利用了背景低秩光谱信息来计算背景统计，但是在 LS-SS 方法中，同时考虑了低维空间信息和稀疏光谱信息。另外，LS-SS 方法中参数 k 对检测结果也会产生明显的影响，主要原因如下：基数参数 k 控制稀疏矩阵的稀疏能量，随着 k 值的增大，在稀疏矩阵中会有越来越多的稀疏特征，然而，随着 k 值继续增大，背景像元的一些光谱特性也会包含在稀疏矩阵中，异常和背景信息的可分性将降低。

接下来，讨论当参数 a、r、k、λ 固定时，AUC 检测性能对双窗尺寸 (w_{in}, w_{out}) 的敏感性。应用滑动双窗策略在低维流行上获取高光谱数据的空间特性，不同 (w_{in}, w_{out}) 值对应的 AUC 值。帕维亚中心合成高光谱数据 LS-SS 方法关于双窗尺寸的 AUC 性能如表 7-43 所示。对于帕维亚中心合成高光谱数据，λ、r 和 k 分别设置为 10^{-7}、6 和 10^4，如表 7-43 所示，(w_{in}, w_{out}) 的最优值为 $(7, 17)$。对于圣地亚哥 3 架飞机真实高光谱数据，λ、r 和 k 分别设置为 10^{-9}、2 和 10^4。圣地亚哥 3 架飞机真实高光谱数据 LS-SS 方法关于双窗尺寸的 AUC 性能如表 7-44 所示，(w_{in}, w_{out}) 的最优值为 $(15, 25)$ 或 $(17, 25)$。对于圣地亚哥 38 架飞机真实高光谱数据，λ、r 和 k 分别设置为 10^{-9}、8 和 10^5，圣地亚哥 38 架飞机真实高光谱数据 LS-SS 方法关于双窗尺寸的 AUC 性能如表 7-45 所示，(w_{in}, w_{out}) 的最优值为 $(9, 11)$。对于萨利纳斯谷合成高光谱数据，λ、r 和 k 分别设置为 10^{-8}、10 和 10^3，萨利纳斯谷合成高光谱数据 LS-SS 方法关于双窗尺寸的 AUC 性能如表 7-46 所示，(w_{in}, w_{out}) 的最优值为 $(3, 5)$。

表 7-43　帕维亚中心合成高光谱数据 LS-SS 方法关于双窗尺寸的 AUC 性能

w_{in}	w_{out}						
	7	9	11	13	15	17	19
5	0.9114	0.9433	0.9601	0.9696	0.9719	0.9737	0.9742
7	—	0.9748	0.9779	0.9805	0.9798	**0.9806**	0.9786
9	—	—	0.9769	0.9801	0.9794	0.9803	0.9785
11	—	—	—	0.9799	0.9779	0.9801	0.9791
13	—	—	—	—	0.9751	0.9802	0.9775

表 7-44　圣地亚哥 3 架飞机真实高光谱数据 LS-SS 方法关于双窗尺寸的 AUC 性能

w_{in}	w_{out}									
	9	11	13	15	17	19	21	23	25	27
5	0.9970	0.9970	0.9970	0.9970	0.9970	0.9970	0.9970	0.9970	0.9970	0.9970
7	0.9970	0.9971	0.9971	0.9971	0.9971	0.9971	0.9971	0.9971	0.9970	0.9970
9	—	0.9971	0.9971	0.9971	0.9971	0.9971	0.9971	0.9971	0.9971	0.9970
11	—	—	0.9977	0.9978	0.9979	0.9976	0.9978	0.9978	0.9978	0.9976
13	—	—	—	0.9980	0.9983	0.9984	0.9986	0.9987	0.9988	0.9981
15	—	—	—	—	0.9988	0.9986	0.9987	0.9989	**0.9990**	0.9980
17	—	—	—	—	—	0.9988	0.9987	0.9988	**0.9990**	0.9979

表 7-45　圣地亚哥 38 架飞机真实高光谱数据 LS-SS 方法关于双窗尺寸的 AUC 性能

w_{in}	w_{out}					
	7	9	11	13	15	17
3	0.8956	0.9152	0.9418	0.9535	0.9577	0.9577
5	0.9051	0.9417	0.9591	0.9650	0.9657	0.9631
7	—	0.9642	0.9727	0.9741	0.9712	0.9657
9	—	—	**0.9762**	0.9737	0.9688	0.9622
11	—	—	—	0.9675	0.9622	0.9554

表 7-46　萨利纳斯谷合成高光谱数据 LS-SS 方法关于双窗尺寸的 AUC 性能

w_{in}	w_{out}					
	5	7	9	11	13	15
3	**0.9998**	0.9991	0.9974	0.9970	0.9970	0.9970
5	—	0.9988	0.9972	0.9970	0.9970	0.9970
7	—	—	0.997	0.9969	0.9969	0.9969
9	—	—	—	0.9969	0.9969	0.9969

　　从上述分析可见，双窗尺寸的设置应该按照如下原则：内窗尺寸要等于或者大于异常目标尺寸，外窗尺寸要大于内窗尺寸。然而，外窗尺寸过大可能会包含其他的异常目标，从而降低检测性能。在 LS-SS 方法中，滑动双窗策略应用在低维流行中，获得空间特性，所以其最优双窗尺寸设置与对比方法不同。

　　最后，讨论当参数 a、r、k 和双窗尺寸 (w_{in}, w_{out}) 固定时，AUC 性能关于参数 λ 的敏感性。正则化参数 λ 控制权向量的范数惩罚，如式 (7-62) 所示。四组实验数据 LS-SS 方法关于参数 λ 的 AUC 性能如图 7-50 所示。对于帕维亚中心合成高光谱数据，r、k 和 (w_{in}, w_{out}) 分别设置为 6、10^4 和 $(9, 13)$，如图 7-50(a) 所示，比较明显地观察到在范围 $\lambda=10^{-12}\sim10^{-5}$，AUC 性能对参数 λ 不敏感，当 $\lambda=10^{-6}$ 时，获得最优的 AUC 性能，为 0.9833，当 $\lambda\geqslant10^{-4}$ 时，AUC 值随着 λ 的增大迅速下降。对于圣地亚哥 3 架飞机真实高光谱数据，r、k 和 (w_{in}, w_{out}) 分别设置为 2、10^4 和 $(13，15)$，如图 7-50(b) 所示，AUC 值首先随着 λ 的增大而增大，当 $\lambda=10^{-7}$ 时，获得最优的 AUC 值，为 0.9986，之后，AUC 值起伏下降。对于圣地亚哥 38 架飞机真实高光谱数据，r、k 和 (w_{in}, w_{out}) 分别设置为 8、10^5 和 $(9，11)$，如图 7-50(c) 所示，比较明显地观察到在范围 $\lambda=10^{-12}\sim10^{-5}$，AUC 性能对参数 λ 不敏感，当 $\lambda=10^{-8}$ 时，获得最优的 AUC 性能，为 0.9762，当 $\lambda\geqslant10^{-4}$ 时，AUC 值随着 λ 的增大迅速下降。对于萨利纳斯谷合成高光谱数据，r、k 和 (w_{in}, w_{out}) 分别设置为 10、10^3 和 $(5，9)$，如图 7-50(d) 所示，AUC 值首先起伏，当 $\lambda=10^{-6}$ 和 10^{-5} 时，获得最优的 AUC 值，为 0.9978，之后，AUC 值随着 λ 的增大而下降。总之，参数 λ 的设置对检测结果有较大影响。

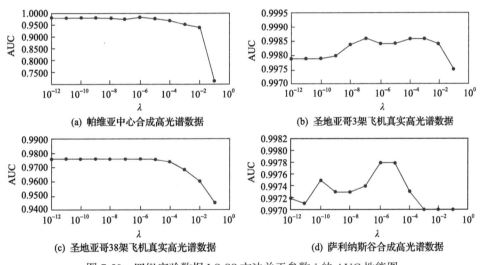

(a) 帕维亚中心合成高光谱数据　　　　　　　(b) 圣地亚哥3架飞机真实高光谱数据

(c) 圣地亚哥38架飞机真实高光谱数据　　　　(d) 萨利纳斯谷合成高光谱数据

图 7-50　四组实验数据 LS-SS 方法关于参数 λ 的 AUC 性能图

参 考 文 献

[1] 刘文清. "高分五号卫星载荷研制"专辑[J]. 大气与环境光学学报, 2019, 14(1): 5.

[2] Reed I S, Yu X. Adaptive multiple-band CFAR detection of an optical pattern with unknown spectral distribution[J]. IEEE Transactions on Acoustics, Speech, and Signal Processing, 1990, 38(10): 1760-1770.

[3] Qu Y, Wang W, Guo R, et al. Hyperspectral anomaly detection through spectral unmixing and dictionary-based low-rank decomposition[J]. IEEE Transactions on Geoscience and Remote Sensing, 2018, 56(8): 4391-4405.

[4] Carlotto M J. A cluster-based approach for detecting man-made objects and changes in imagery[J]. IEEE Transactions on Geoscience and Remote Sensing, 2005, 43(2): 374-387.

[5] Matteoli S, Diani M, Theiler J. An overview of background modeling for detection of targets and anomalies in hyperspectral remotely sensed imagery[J]. IEEE Journal of Selected Topics in Applied Earth Observations and Remote Sensing, 2014, 7(6): 2317-2336.

[6] Guo Q D, Zhang B, Ran Q, et al. Weighted-RXD and linear filter-based RXD: Improving background statistics estimation for anomaly detection in hyperspectral imagery[J]. IEEE Journal of Selected Topics in Applied Earth Observations and Remote Sensing, 2014, 7(6): 2351-2366.

[7] Liu W H, Feng X P, Wang S A, et al. Random selection-based adaptive saliency-weighted RXD anomaly detection for hyperspectral imagery[J]. International Journal of Remote Sensing, 2018, 39(8): 2139-2158.

[8] Billor N, Hadi A S, Velleman P F. BACON: Blocked adaptive computationally efficient outlier nominators[J]. Computational Statistics & Data Analysis, 2000, 34(3): 279-298.

[9] Kwon H, Nasrabadi N M. Kernel RX-algorithm: A nonlinear anomaly detector for hyperspectral imagery[J]. IEEE Transactions on Geoscience and Remote Sensing, 2005, 43(2): 388-397.

[10] Yang Z Z, Sun H, Ji K F, et al. Local sparsity divergence for hyperspectral anomaly detection[J]. IEEE Geoscience and Remote Sensing Letters, 2014, 11(10): 1697-1701.

[11] 成宝芝, 赵春晖, 张丽丽. 子空间稀疏表示高光谱异常检测新算法[J]. 哈尔滨工程大学学报, 2017, 38(4): 640-645.

[12] Li W, Du Q. Collaborative representation for hyperspectral anomaly detection[J]. IEEE Transactions on Geoscience and Remote Sensing, 2015, 53(3): 1463-1474.

[13] Zhao C H, Li C, Yao X F, et al. Real-time kernel collaborative representation-based anomaly detection for hyperspectral imagery[J]. Infrared Physics & Technology, 2020, 107: 103325.

[14] Sun W W, Liu C, Li J L, et al. Low-rank and sparse matrix decomposition-based anomaly detection for hyperspectral imagery[J]. Journal of Applied Remote Sensing, 2014, 8(1): 083641.

[15] Xu Y, Wu Z B, Li J, et al. Anomaly detection in hyperspectral images based on low-rank and sparse representation[J]. IEEE Transactions on Geoscience and Remote Sensing, 2016, 54(4): 1990-2000.

[16] Cheng T K, Wang B. Graph and total variation regularized low-rank representation for hyperspectral anomaly detection[J]. IEEE Transactions on Geoscience and Remote Sensing, 2020, 58(1): 391-406.

[17] Su H J, Wu Z Y, Zhu A X, et al. Low rank and collaborative representation for hyperspectral anomaly detection via robust dictionary construction[J]. ISPRS Journal of Photogrammetry and Remote Sensing, 2020, 169: 195-211.

[18] Yu S Q, Li X P, Zhao L Y, et al. Hyperspectral anomaly detection based on low-rank representation using local outlier factor[J]. IEEE Geoscience and Remote Sensing Letters, 2021, 18(7): 1279-1283.

[19] Song S Z, Yang Y X, Zhou H X, et al. Hyperspectral anomaly detection via graph dictionary-based low rank decomposition with texture feature extraction[J]. Remote Sensing, 2020, 12(23): 3966.

[20] Tan K, Hou Z F, Ma D L, et al. Anomaly detection in hyperspectral imagery based on low-rank representation incorporating a spatial constraint[J]. Remote Sensing, 2019, 11(13): 1578.

[21] Hu X, Xie C, Fan Z, et al. Hyperspectral anomaly detection using deep learning: A review[J]. Remote Sensing, 2022, 14(9): 1973.

[22] Zhao C H, Li X Y, Zhu H F. Hyperspectral anomaly detection based on stacked denoising autoencoders[J]. Journal of Applied Remote Sensing, 2017, 11(4): 042605.

[23] Ma N, Peng Y, Wang S J. On-line hyperspectral anomaly detection with hypothesis test based model learning[J]. Infrared Physics & Technology, 2019, 97: 15-24.

[24] Du B, Zhao R, Zhang L P, et al. A spectral-spatial based local summation anomaly detection method for hyperspectral images[J]. Signal Processing, 2016, 124(6): 115-131.

[25] Geng X R, Sun K, Ji L Y, et al. A high-order statistical tensor based algorithm for anomaly detection in hyperspectral imagery[J]. Scientific Reports, 2014, 4: 6869.

[26] Peng J T, Sun W W, Li H C, et al. Low-rank and sparse representation for hyperspectral image processing: A review[J]. IEEE Geoscience and Remote Sensing Magazine, 2022, 10(1): 10-43.

[27] Hunt B, Cannon T. Nonstationary assumptions for Gaussian models of images[J]. IEEE Transactions on Systems, Man & Cybernetics, 1976, 6(12): 876-881.

[28] Chen J Y, Reed I S. A detection algorithm for optical targets in clutter[J]. IEEE Transactions on Aerospace and Electronic Systems, 1987, (1): 46-59.

[29] Nasrabadi N M. Hyperspectral target detection: An overview of current and future challenges[J]. IEEE Signal Processing Magazine, 2013, 31(1): 34-44.

[30] Manolakis D, Marden D, Shaw G A. Hyperspectral image processing for automatic target detection applications[J]. Lincoln Laboratory Journal, 2003, 14(1): 79-116.

[31] Hastings A, Abbott K C, Cuddington K, et al. Transient phenomena in ecology[J]. Science, 2018, 361: 6412.

[32] Candes E J, Romberg J, Tao T. Robust uncertainty principles: Exact signal reconstruction from highly incomplete frequency information[J]. IEEE Transactions on Information Theory, 2006, 52(2): 489-509.

[33] Candes E J, Romberg J. Quantitative robust uncertainty principles and optimally sparse decompositions[J]. Foundations of Computational Mathematics, 2006, 6(2): 227-254.

[34] Chen S, Billings S A, Luo W. Orthogonal least squares methods and their application to non-linear system identification[J]. International Journal of Control, 1989, 50(5): 1873-1896.

[35] Aharon M, Elad M, Bruckstein A. K-SVD: An algorithm for designing overcomplete dictionaries for sparse representation[J]. IEEE Transactions on Signal Processing, 2006, 54(11): 4311-4322.

[36] Zhang Y X, Du B, Zhang L P, et al. A low-rank and sparse matrix decomposition-based Mahalanobis distance method for hyperspectral anomaly detection[J]. IEEE Transactions on Geoscience and Remote Sensing, 2016, 54(3): 1376-1389.

[37] Nassif A B, Talib M A, Nasir Q, et al. Machine learning for anomaly detection: A systematic review[J]. IEEE Access, 2021, 9: 78658-78700.

[38] Halko N, Martinsson P G, Tropp J A. Finding structure with randomness: Lis algorithms for constructing approximate matrix decompositions[J]. STAM Review, 2011, 53(2): 217-288.

[39] Candès E J, Li X D, Ma Y, et al. Robust principal component analysis? [J]. Journal of the ACM, 2011, 58(3): 1-37.

[40] Bouwmans T, Javed S, Sultana M, et al. Deep neural network concepts for background subtraction: A systematic review and comparative evaluation[J]. Neural Networks, 2019, 117: 8-66.

[41] Zhang H Y, He W, Zhang L P, et al. Hyperspectral image restoration using low-rank matrix recovery[J]. IEEE Transactions on Geoscience and Remote Sensing, 2014, 52(8): 4729-4743.

[42] Ma L, Crawford M M, Tian J W. Anomaly detection for hyperspectral images based on robust locally linear embedding[J]. Journal of Infrared, Millimeter, and Terahertz Waves, 2010, 31(6): 753-762.

[43] Zhang X, Wen G J, Dai W. A tensor decomposition-based anomaly detection algorithm for hyperspectral image[J]. IEEE Transactions on Geoscience and Remote Sensing, 2016, 54(10): 5801-5820.

[44] Lukas V, Pavel M. Stacked autoencoders for the P300 component detection[J]. Frontiers in Neuroscience, 2017, 11: 302.

[45] Bengio Y, Lamblin P, Popovici D, et al. Greedy layer-wise training of deep networks[C]. Proceedings of the 19th International Conference on Neural Information Processing Systems, Cambridge, 2006: 153-160.